国家重点研发计划课题“城镇精准时空信息快速获取与处理技术”（编号：2018YFB0505401)和国家自然科学基金面上项目“基于层次化卷积网络的遥感图像多层次特征表达及检索研究”(编号：41771452)等项目资助出版

遥感图像智能检索技术

Intelligent Remote Sensing Image Retrieval Technology

程起敏　编著

WUHAN UNIVERSITY PRESS
武汉大学出版社

图书在版编目(CIP)数据

遥感图像智能检索技术/程起敏编著.—武汉：武汉大学出版社,2021.3
ISBN 978-7-307-22139-0

Ⅰ.遥…　Ⅱ.程…　Ⅲ.遥感图像—智能检索系统—研究　Ⅳ.TP75

中国版本图书馆 CIP 数据核字(2021)第 028434 号

责任编辑:胡　艳　　责任校对:汪欣怡　　版式设计：韩闻锦

出版发行：**武汉大学出版社**　(430072　武昌　珞珈山)
(电子邮箱：cbs22@ whu.edu.cn　网址：www.wdp. com.cn)
印刷:湖北恒泰印务有限公司
开本:787×1092　1/16　印张:17.5　字数:426 千字　插页:1
版次:2021 年 3 月第 1 版　2021 年 3 月第 1 次印刷
ISBN 978-7-307-22139-0　定价:90.00 元

序

遥感科学技术作为不可替代的唯一的全球观测手段，是在全球化格局下实施可持续发展战略的基础性技术支撑，为解决全球资源和环境问题提供了强有力的手段。目前人类对地综合观测能力达到空前水平，世界各国相继提出了一系列大型国际遥感计划，开启了商业高分辨率遥感卫星时代。我国已启动高分辨率对地观测系统重大专项和空间数据基础设施卫星计划，目前已发射的在轨运行卫星达数百颗，天-空-地-海平台的立体组网和多传感器多源数据的融合，逐步形成集高空间、高光谱、高时间分辨率和宽地面覆盖于一体的卫星对地观测系统，推动遥感领域进入以高精度、准实时、全天候获取和自动化快速处理为特征的遥感大数据新时代。

遥感大数据的政治经济价值和战略意义不言而喻。但是，虽然目前遥感数据获取与信息服务能力得到了前所未有的发展，依然存在瓶颈性难题，现有的遥感影像分析和海量数据处理技术难以满足当前遥感大数据应用的需求，遥感科学和技术前沿问题研究薄弱，还没有形成完整的大数据分析理论和技术体系。如何快速、自动地进行遥感大数据的处理和分析，进而完成空间数据产品的主动、智能的信息服务，是大数据时代对地观测领域面临的严峻课题，是科学方法的主动创新和深度革命。

遥感大数据智能检索的任务，是面向地球观测数据获取能力飞速增长对信息高效、快速服务的各项重大需求，利用人工智能的理论、方法和技术，挖掘出隐藏在遥感大数据背后的知识，驱动决策的智能化，从而推动遥感科学技术更好地服务于社会可持续发展、国家的全球战略和国民经济建设。遥感大数据的智能检索既是科学研究的前沿，也是遥感领域各类应用提出的迫切需求。

我十分欣慰地看到《遥感图像智能检索技术》即将付梓出版，本书是我的博士生程起敏多年来专注于遥感图像检索研究的积累，我乐意为之作序。2001 年至 2004 年，程起敏跟随我在中国科学院遥感应用研究所从事遥感应用研究，完成了题为“基于内容的遥感影像库检索关键技术研究”的博士论文。科研不是一蹴而就的，很高兴看到像她这样的年轻学者能扎根于遥感领域，围绕遥感信息获取的关键科学技术难题，多年如一日潜心开展研究，这种不断创新、踏踏实实的精神和态度难能可贵。遥感大数据的智能检索，要走向实用，还要经历一段很长的发展道路，所幸我们正处于大数据与人工智能飞速发展的新时代，这是时代赋予的前所未有的重大机遇，期待她和同行在该方向取得更丰硕的成果。

本书内容深入浅出，注重理论和实践相结合，既是基础性的研究成果，也是通向实用的技术指南，具有较强的可操作性。无论对于希望了解遥感图像检索技术的教学、科研工作者，还是工程人员来说，这都是一部值得推荐的著作。

2021 年 1 月

前　言

随着对地观测技术的发展，可获取的遥感数据呈爆炸式增长，标志着人类已经进入遥感大数据时代。高分辨率遥感图像作为最重要的遥感数据源类型，呈现出多样性、复杂性和海量性特点；而传统的数据处理方法难以满足遥感大数据处理和分析的高精度、实时性及多样化需求。如何利用新兴的科学技术和手段，从具有时空复杂性和海量多样性特点的遥感大数据中挖掘有用的信息和知识，是遥感大数据处理和分析面临的挑战，也是遥感图像处理领域亟待解决的科学问题。遥感大数据的智能检索，为实现从数据到知识的转化，破解遥感对地观测“大数据，小知识”困局提供了解决途径，既是科学研究的前沿，也是遥感领域各类应用提出的迫切需求。

遥感图像检索研究从起步以来的20余年，经历了从文本到内容、从传统到智能的发展，这是数据、算法、硬件和需求共同驱动的结果。传统遥感图像检索采用人工设计方法提取遥感图像低层视觉特征，特征的相似性通过预定义的距离函数进行度量，检索结果与用户意图之间往往存在较大差距。21世纪以来，兴起于机器学习领域的深度学习技术引起学术界的广泛关注，并逐渐成为语音识别、自然语言处理以及图像识别等领域的研究热点。大数据和大模型以及摩尔定律所带来的硬件技术革命，大大影响并推动着图像检索向着智能化、高效化的方向发展。深度学习技术通过建立多层网络结构对图像内容进行逐级特征表达，为缩小低层视觉特征与高层语义之间的“语义鸿沟”，实现海量遥感图像的智能检索提供了有力的技术支撑。

尽管深度学习在自然图像检索领域已经取得很多研究成果，但在遥感图像检索领域尚处于起步研究阶段，仍缺乏系统性阐述，究其原因在于：第一，相比自然图像，遥感图像是大场景成像，具有地物种类繁多、场景复杂多样、尺度依赖等特点，需要挖掘更完备的隐含特征才能反映丰富的遥感图像语义内容；第二，如何高效组织和管理多源异构的遥感大数据，并综合考虑检索的语义准确性、时效性以及存储容量三方面的应用需求，是遥感图像检索从实验走向实用的关键。总之，遥感大数据的智能检索，需要基于快速发展的人工智能理论和技术，探索新的适用于遥感领域的解决方案，而目前仍存在很多尚待解决的难题。

本书是作者将自己在遥感图像检索领域的多年研究积累整理而成的，全书共分为九章：第一章是绪论，分析了遥感大数据时代背景下研究图像检索的意义和面临的挑战。第二章总结了遥感图像检索基础理论和体系架构、公开的标准遥感图像数据集以及典型的遥感图像检索系统，从全局的角度对遥感图像检索的理论、方法和技术进行了概要性描述。

第三章到第八章围绕遥感图像智能检索技术的核心理论方法展开深入的系统性阐述，具体包括：第三章和第四章分别阐述了基于人工设计特征和深度特征的遥感图像特征表达及提取，这是直接影响遥感图像检索性能的核心和基础；第五章阐述了深度度量学习模型的思想和方法，通过将深度学习和度量学习统一到一个学习框架，实现面向具体任务的智能检索；第六章阐述了基于深度学习的遥感图像分布式检索框架，通过分布式和深度学习的结合，使深度学习的应用突破数据和模型规模的限制；第七章阐述了深度哈希学习的理论和方法，以及基于深度哈希的遥感图像检索技术，因为大数据时代的检索既要保证语义相似性，又要满足时效性和存储容量方面的实际应用需求；第八章阐述了遥感图像描述生成以及基于遥感图像描述生成的检索流程和架构，为遥感图像的图文跨模态检索提供了具体的解决方案。值得说明的是，第三章至第八章的内容既注重理论分析，又通过实验对算法进行了充分的验证和分析，力图通过图文并茂的方式，增强可读性和操作性。第九章对遥感图像智能检索的热点及未来研究方向进行了展望。

感谢我的博士生导师徐冠华院士为本书作序。徐老师把我领进遥感图像检索的大门，在我博士毕业后多次鼓励并支持我继续从事遥感大数据智能检索的深入研究。徐老师对待科研的创新精神和严谨态度，以及他对遥感事业的执着和情怀，深深影响着我。无论做人还是做事，徐老师永远是我的榜样。

感谢课题组成员在部分章节的实验及文字校对方面所做的工作。感谢所有曾经直接或者间接帮助过我的老师、同学、同事和朋友们。感谢家人的支持、陪伴和爱。

本书撰写期间，正值新冠肺炎疫情肆虐全球，致敬所有逆行者。

本书参阅了大量文献，并引述了相关成果。在此，对这些学者表示诚挚的感谢。本书的出版得到了国家重点研发计划课题“城镇精准时空信息快速获取与处理技术”（编号：2018YFB0505401）和国家自然科学基金面上项目“基于层次化卷积网络的遥感图像多层次特征表达及检索研究”（编号：41771452）等项目的资助。

由于作者水平有限，书中不妥与疏漏之处在所难免，恳请各位专家、同行批评指正。欢迎读者交流讨论。

程起敏

2021 年 1 月于武汉

目　录

第1章 绪　　论

21世纪是数据爆炸式增长的时代。大数据为各行各业提供了挖掘信息和知识的宝藏，也对传统数据处理技术提出了挑战；人工智能技术的兴起和蓬勃发展为大数据的智能处理和知识挖掘带来了前所未有的契机。

本章首先分析了遥感大数据时代背景下研究图像检索的意义和面临的挑战；然后回顾了遥感图像检索技术的起源以及从文本到内容、从传统到智能的发展历程，总结了人工智能时代的遥感图像检索，其智能化主要体现在三个方面：检索的特征、度量及模式；最后重点阐述了遥感图像智能检索涉及的主要关键技术，并对研究前景进行了展望。

1.1 遥感大数据时代图像检索的意义

美国前副总统阿尔·戈尔(Al Gore)于1998年首次提出“数字地球”的概念，为人们勾勒出一个虚拟地球蓝图。数字地球的提出改变了人们认识地球的传统时空观念，是对真实地球及其相关现象的统一性的数字化重现，提供了人类定量化研究地球、认识地球、科学利用地球的先进工具。数字地球技术用数字化手段管理地球数据，进而支持环境监测、灾害管理、森林预警、农情监测、城市规划等众多领域的实际应用。20世纪中后期，对地观测技术、大规模并行处理器、高宽带网络、基于网络的分布式计算操作系统以及海量空间数据存储和压缩处理技术等，为数字地球和数字城市的建设和发展提供了强有力的硬件和技术支撑。

21世纪以来，随着物联网、云计算、人工智能和5G/6G通信等技术的快速发展以及信息基础设施的构建和完善，全球数据呈指数级增长，数以亿万计的各类传感器获取的数据量级已达PB(petabyte)、EB(exabyte)甚至ZB(zettabyte)级。*Nature*和*Science*分别于2008年和2011年出版了专刊*Big Data*和*Dealing With Data*探讨对大数据的研究，标志着人类进入全球大数据时代。2012年，美国奥巴马政府正式发布和启动“大数据研究和发展倡议”(big data research and development initiative)，即国家信息基础设施计划(national information infrastructure，NII)，其意义堪比美国政府1993年提出的信息高速公路计划。我国原科技部部长徐冠华院士指出，未来应该在大数据平台、智能信息处理算法和主动服务模式等方面开展创新性研究、拓展科学事业、发展新的方法论，以应对地球观测数据获取能力飞速增长对信息高效、快速服务的重大需求。据统计，2018年全球智能手机用户已达26亿，其中中国智能手机用户总量超过7亿；物联网的提出促使城市拥有了上千万个智能传感器，截至2018年，中国城市已拥有2000多万个视频摄像头，可提供PB和EB级的连续图像。目前，无论是科研机构、政府部门还是商业领域，都已经意识到大数据作为社会经济发展要素和战略资产的重大意义，将其视为挖掘信息和知识的宝藏；而大数据科学作为一个横跨信息科学、社会科学、网络科学、心理学、经济学等诸多领域的新型交叉学科，已经成为各行各业的研究热点[2]。

在遥感和对地观测领域，目前人类对地球的综合观测能力达到空前水平，特别是21世纪以来，亚米级(0.1~0.5m)空间分辨率遥感卫星纷纷上天，推动各国开启了商业高分辨率遥感卫星的新时代，掀起了全球高分辨率遥感卫星研制新高潮[3]。美国国家航空航天局(national aeronautics and space administration，NASA)宣布斥资1000亿美元发展其空间探测计划；欧洲实施启动了全球环境与安全监测(GMES)计划，法国、意大利和德国等国争先恐后发展了各自的对地观测计划。此外，俄罗斯、加拿大、日本、印度也都在极力发展自己的对地观测计划。在我国，在高分辨率对地观测国家重大专项和空间数据基础设施卫星计划的支持下，国产高分辨率遥感卫星迎来密集发射期，我国相继发射了资源系列、遥感系列和高分系列高分辨卫星，用于满足正常需求和基于特定任务目标需求的快速响应、持续动态监测等数据获取需求。目前，全世界代表性的商业民用卫星包括美国陆地卫星LandSat、IKONOS系列、Quickbird、Worldview系列、GeoEye系列，加拿大RadarSAT系列卫星，法国SPOT系列、Pleiades系列，欧空局ERS、ENVIAT、Sentinel-2A系列，德国RapidEye、TerraSAR-X系列，意大利COSMO-SkyMed系列，俄罗斯Monitor-E1系列和Kondor卫星等，日本ALOS系列，中国的资源系列卫星、环境系列卫星、“天绘”卫星、“实践”9号、高景一号、高分系列卫星等。对地观测卫星的空间分辨率、光谱分辨率、时间分辨率不断提高，全天时、全天候、全方位对地精细化观测能力不断增强，可获取的遥感数据呈现多元化、海量化、现势化趋势，标志着目前人类已经进入遥感大数据时代[2]。天地一体化的遥感观测能力与智能计算技术的突飞猛进，无疑为遥感技术的进步、发展和改革提供了难得的机遇，为从数字地球发展到智慧地球提供了坚实的数据、平台和技术支撑。近十年，全世界越来越多的国家已开始建设智慧地球和智慧城市。

一方面，遥感大数据为各类重大应用需求提供了更丰富的数据源，人们对提取和挖掘隐藏在遥感大数据背后的各种信息和知识并服务于各个领域(如城市精细化管理、灾害响应、反恐预警等)提出了更高的要求；然而，另一方面，目前对于海量遥感数据的有效组织、管理、浏览、查询、检索的能力，却仍旧远远滞后于遥感图像数据本身增长的速度，传统的数据处理方法难以满足遥感大数据处理和分析的高时效性需求[4]。日益增长的应用需求与发展相对滞后的技术之间的矛盾，造成了遥感大数据面临“大数据、小知识”的应用瓶颈。此外，由于大量堆积的数据得不到有效利用，海量数据长期占用有限存储空间，造成了“数据灾难”问题。如何基于对地球观测信息的理解和应用需求，构建适用于遥感大数据的模型、方法与系统工具，提升大数据处理的时效性与智能化水平，实现海量多源异构遥感大数据的智能信息提取与知识挖掘，从而驱动决策支持的智能化，已成为大数据时代遥感和对地观测领域面临的刻不容缓的严峻课题。

大数据和硬件技术革命给机器学习特别是深度学习，带来了前所未有的发展机遇。虽然深度学习的名词兴起时间不长，但是它所基于的神经网络模型和数据驱动的核心思想由来已久。从感知器到神经网络的发展再到深度学习的萌芽，深度学习的发展过程可谓一波三折。直到2006年，Geoffrey Hinton提出“深度置信网”(deep belief net，DBN)，神经网络的应用取得突破性发展，才重新点燃人工智能领域对于神经网络的研究热情，改变了统计机器学习占据主导地位的局势，并由此掀起深度学习的研究热潮。2012 年，Krizhevsky 等人构建了第一个具有现代意义的卷积神经网络 AlexNet，充分证实了深度学习在处理大数据方面的优势。之后深度学习网络不断完善，各种网络模型层出不穷，在图像识别和信息提取方面取得了历史性突破。相对于简单学习或浅层模型而言，深度学习通过深层的神经网络结构，逐级表示越来越抽象的概念或模式，展示了强大的特征学习能力，而且具有较好的泛化能力。

在遥感领域，在深度学习算法兴起之前，已有很多遥感数据智能处理方面的研究。20 世纪 90 年代占据主流地位的机器学习算法包括支持向量机(support vector machine，SVM)和集成学习方法(如 Boosting、随机森林等)等。深度学习在计算机视觉领域的成功，也极大地推动了其在遥感领域的发展。2014 年以来，深度学习在遥感图像场景分类、目标检测、语义分割及检索等方面都得到了较为深入的研究和应用。然而，遥感大数据具有体量巨大(volume)、种类繁多(variety)、动态多变(velocity)、冗余模糊(veracity)、高价值(value)的 5V 特性[2]，遥感图像呈现出明显的尺度依赖、噪声干扰严重、地物种类繁多、场景复杂、同物异谱及异物同谱等现象，而且缺乏大量带标签的样本数据，使得适用于自然图像数据集的网络模型直接迁移到遥感领域时存在局限性，需要研究针对遥感大数据信息挖掘特性的深度神经网络模型和方法。

总之，遥感大数据时代的到来不仅促进了遥感数据处理和分析方法的快速发展，也改变了人们利用遥感数据认知世界的方式，数据模型驱动、大数据智能分析和知识挖掘成为遥感大数据时代的标志和特征，这是对现有遥感应用模式的一场深刻变革[8]。大数据时代的遥感数据检索任务，正是在高效组织和管理海量遥感大数据的基础上，利用人工智能的理论和技术，智能、准确、高效地检索出符合用户需求和感兴趣的信息，实现从数据到知识的转化，提高全天时、全天候、全方位的对地精细化观测水平下遥感大数据的利用效率，以期在可预期的未来，提高空间信息网络系统的智能化水平、感知认知能力和应急响应能力，实现智能化空天信息的实时服务[3]。基于遥感大数据的智能检索，已经成为"智慧地球"建设中解决信息智能提取和知识挖掘难题的关键技术。对遥感图像智能检索技术的研究，既丰富了"大数据科学"的内涵，又可以有效破解遥感对地观测所面临的"大数据，小知识"困局，具有十分重要的科学价值和现实意义。

1.2　遥感图像检索技术的起源和发展

在过去的几十年，图像检索技术经历了从文本到内容的发展，基于内容的图像检索又经历了从传统到智能的发展，目前已经形成基于内容的图像检索基本理论体系。传统的图像检索采用人工设计方法提取图像低层视觉特征，特征的相似性通过预定义的距离函数进行度量，低层视觉特征和高层语义之间存在"语义鸿沟"，制约了图像检索性能的提升。21 世纪以来，大数据和大模型以及摩尔定律所带来的硬件技术革命，大大影响并推动着图像检索向着智能化、高效化的方向发展。

1.2.1　从文本到内容

图像检索技术的研究可以追溯到 20 世纪 70 年代。早期的图像检索技术普遍采用基于文本或关键词的方式，即首先对图像进行文本注释，然后通过文本或关键词之间的精确匹配实现图像检索，被称为基于文本的图像检索(text-based image retrieval，TBIR)。然而，正所谓“一幅图像胜过千言万语”，基于文本的图像检索存在一些明显的不足之处，如图1-1所示。这些不足大致可以归纳为以下三个方面：

(1)不同的人对于同一幅图像往往存在不同的理解和认知，因此很可能会用不同的文本或关键词对其进行描述。如图1-1(a)所示，甲可能描述为“人、灯、鲜花”，而乙则可能描述为“聚会、微笑、同学”。这种描述歧义会造成基于文本或关键词的检索精度降低。另外，随着图像数量的急剧增加，人工注释文本信息的工作量将变得难以承受。

(2)并非所有的图像都能通过文字或关键词进行完整、全面、准确的描述，例如情感。如图1-1(b)所示，图像所表达出来的复杂情感难以用几个关键词进行准确的描述。

(3)对于特定领域的图像(如医学、遥感等)，需要标注人员具备相应的专业知识。这种对专家知识的高度依赖性，阻碍了TBIR的实际应用。如对图1-1(c)所示的医学图像进行标注时，需要标注人员有医学背景知识，具备解译核磁共振图像的能力。

(a)不同的人对于同一幅图像可能采用不同的文本进行描述(描述歧义)

(b)图像所表达出来的复杂情感难以用文本准确描述

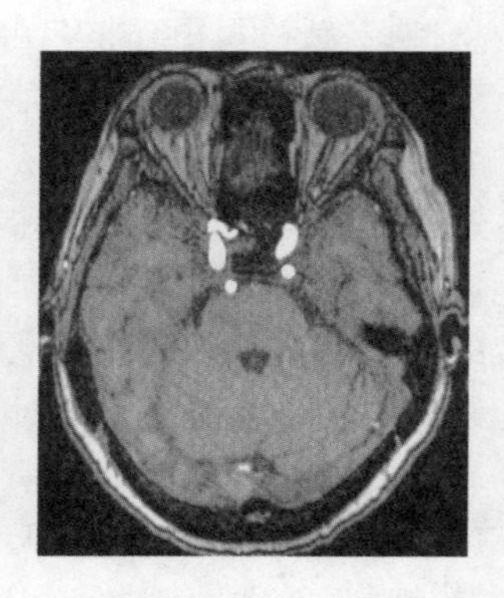

(c)特定领域的图像在标注时高度依赖专家知识

图1-1 TBIR的局限性

随着数字图像数据的急剧增加，TBIR的问题越来越突出。人们开始尝试从理解图像本身的角度实现图像检索，基于内容的图像检索(content-based image retrieval，CBIR)技术于20世纪90年代初应运而生，并迅速成为计算机视觉、信息检索、数据挖掘等领域的研究热点。基于内容的图像检索，是从不同于传统的基于文本或者关键词的图像检索技术的角度出发，试图通过图像内容①来有效利用图像数据资源的一项技术。基于内容的图像检索采用从图像中自动提取的视觉特征代替文本或关键词描述图像，能够有效克服文本描述歧义、繁重的人工标注工作以及对用户专业背景知识的依赖等问题。从基于文本到基于内容的发展，体现了图像检索技术发展的必然趋势。

① 这里“内容”区别于“文本”，是基于人对图像的理解和认知。

1.2.2 从传统到智能

基于内容的图像检索自从20世纪90年代起步以来，大致经历了早期、快速发展和智能化三个发展阶段。其中，早期阶段和快速发展阶段属于传统的图像检索研究阶段。

一、早期阶段(1994—2000年)

早期的CBIR研究已经注意到，人们在观察一幅图像时，往往更关注灰度变化剧烈的部分(如边缘)，而非图像全部内容，因此在提取图像特征之前，首先通过图像预处理，如增强对比度或锐化以突出细节信息，尽可能减少感知鸿沟(sensory gap)，即真实世界与图像等记录之间存在的差异。CBIR自起步就受到来自各国政府组织、商业机构和研究部门的普遍重视，以及MPEG等国际标准化组织的认同和支持。一些代表性图像检索系统，包括QBIC(1995)、VIRAGE(1997)、Photobook(1994)、VisualSEEK和WebSEEK(1997)、NeTra(1995)、WBIIS(1998)等，都是在这个阶段开发的。在这个阶段，图像内容大多采用图像的颜色、纹理、形状等全局特征来描述。

二、快速发展阶段(2000—2006年)

进入21世纪以后，无论是工业界还是学术界，人们对于CBIR研究的热情继续高涨。其中一个表现是：以“Image retrieval”作为关键词，可检索到的公开发表的论文数量呈指数增长。这一阶段的研究与早期阶段相比，体现出以下几个方面的特色：

(1)在图像特征表达方面：图像特征出现多样化趋势，不仅描述图像颜色、纹理、形状的全局特征更加丰富，而且加强了对图像局部不变特征的描述；同时，更注重图像的区域特征描述，并且在图像同质区域特征的基础上，通过对各区域之间的空间关系进行建模，有效增强了图像特征的空间表达能力。此外，除了传统的人工设计特征之外，得益于机器学习理论和技术的发展，人们还提出了一些从图像数据中学习特征的方法。

(2)在相似性度量方面：突破传统的向量空间度量模型，提出度量学习的思想，即针对不同的检索任务，采用不同的距离度量函数。

(3)在应用领域方面：随着成像技术的发展，基于内容的图像检索的应用领域拓宽到特定领域(如医学和遥感领域)，以解决特定领域的检索难题。

此外，为了进一步提高检索性能，检索中应用了聚类技术并加强了相关反馈机制，以满足不断增长的数据量和不断提高的应用需求。

三、智能化阶段(2006年至今)

在这一阶段，大数据和硬件技术革命极大地推进了人工智能技术的发展，人工智能无处不在。作为人工智能领域发展最快的一个分支，深度学习通过构建深层神经网络结构，将图像的内容表示为逐级分层的抽象模式，其强大的特征学习能力不仅可以获取比人工设计特征更高的图像语义特征，而且具有较好的泛化能力；除了从大量的训练数据中学习图像特征，还可以学习度量图像之间相似性的函数。智能化阶段的查询条件不再是单一模态，检索的目的也不再局限于搜索与查询图像视觉上高度相似的图像，而是从感知和认知层面，检索更符合用户意图、包含潜在隐含语义特征的各种模态的数据。

总之，大数据、大模型让机器具备了解决过去只有人类才能解决的问题的能力，同时也改变了人类获取信息和知识的思维方式。

1.2.3 大数据时代遥感图像检索的智能化体现

传统的图像检索在满足实际应用需求时存在很大的挑战，最大的难题就在于“语义鸿沟”，即基于图像原始像素的低层表达与人眼所感知和理解的高层语义之间存在的差异。语义鸿沟不仅体现在图像的特征表达，而且也体现在特征向量的相似性度量。以图 1-2 为例，图 1-2(a)所示的两幅图像语义类别相同，但二者的低层视觉特征(如直方图)具有明显的差异；图 1-2(b)所示的两幅图像主观感觉相似，低层视觉特征也相似，却属于不同的语义类别。

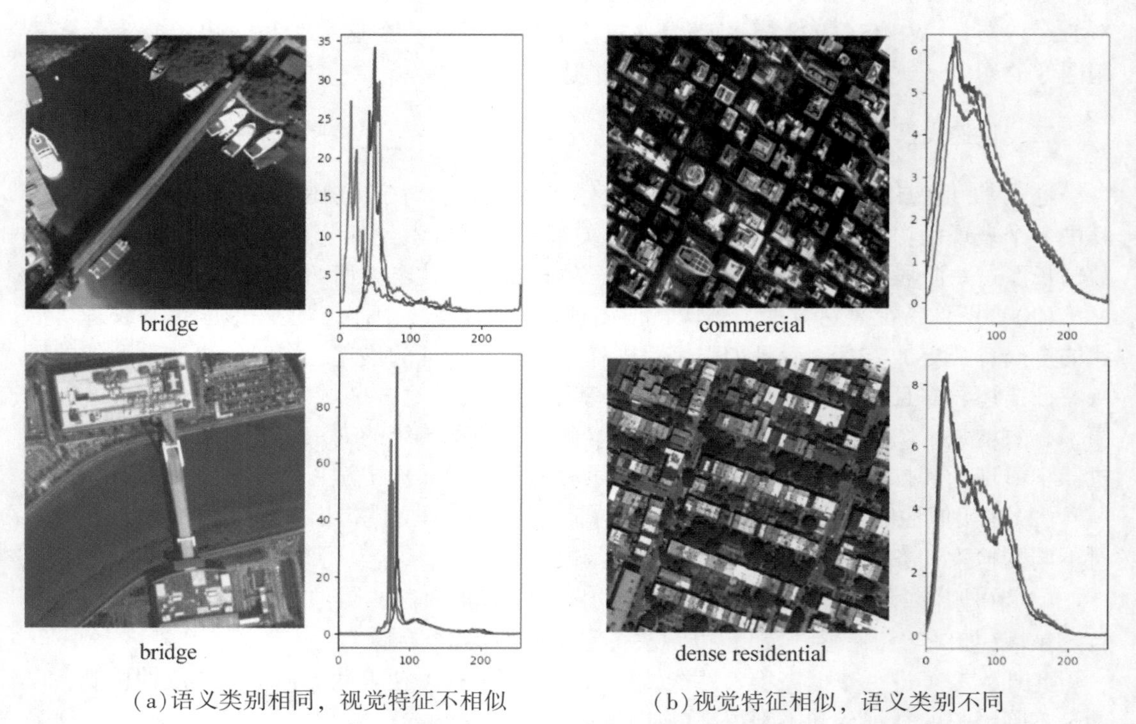

(a)语义类别相同，视觉特征不相似　　(b)视觉特征相似，语义类别不同

图 1-2 传统图像检索的语义鸿沟问题示例

除了图像的内容表达，相似性度量模型也是影响图像检索系统性能的关键因素。以图 1-3 为例，相似性度量时选择预先定义的距离函数，在实际应用中，与人类的视觉感知有很大的差异；而且选择不同的距离函数，检索结果也往往不同。其中，红色框表示错误检索类别。

研究人员为克服语义鸿沟问题开展了大量研究。其中，机器学习被认为是能够解决语义鸿沟的可行方案。机器学习既是人工智能的一个研究分支，又是实现人工智能的手段。

(a) 相似性度量时选择预定义的距离函数(欧氏距离)，与人类的视觉感知存在很大的差异

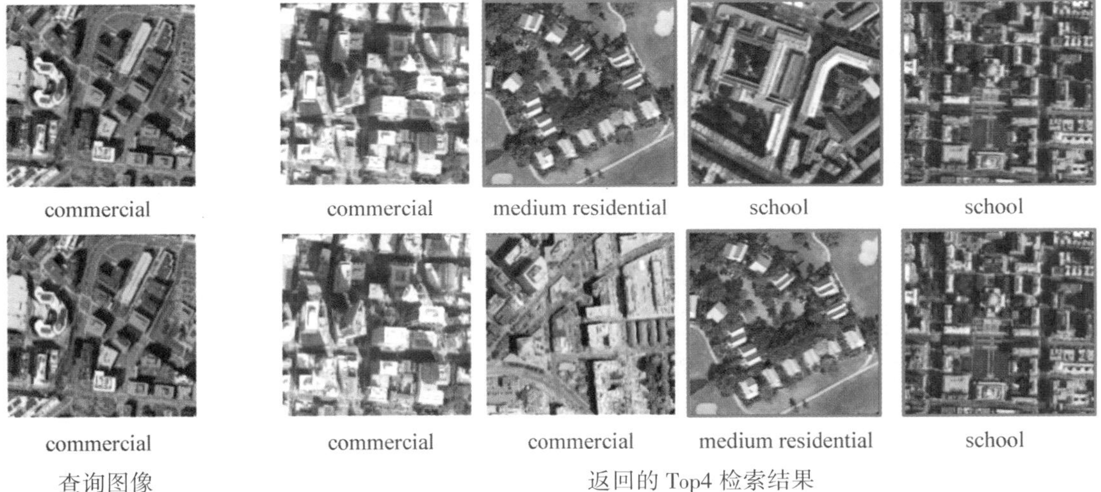

(b) 相似性度量时选择预定义的距离函数(上排采用欧氏距离，下排采用余弦距离)

图 1-3 相似性度量模型对图像检索性能的影响

20 世纪 70 年代中期以后，人工智能研究从“推理期”发展到“知识期”，大量专家系统问世，并在很多研究领域取得成果，但是专家系统面临知识工程瓶颈，即需要人把知识交给计算机，而这是很困难的。在这样的背景下，一些学者有了“让机器自己能够学习知识”的想法。基于神经网络的机器学习之所以在 21 世纪重新迎来发展机遇，并以深度学习之名在计算机科学和计算机应用技术领域掀起浪潮，得益于大数据时代和硬件技术的革命。深度学习，狭义上讲，就是由很多层构成的神经网络。从理论的角度讲，深度模型的层数越深、参数越多、模型复杂度越高、容量越大，就越有可能完成更复杂的学习任务。但是如果没有足够大量的数据样本和强大而低廉的计算能力，则模型的训练效率低，且很容易

陷入过拟合。由摩尔定律带来的硬件运算能力的大幅提升，有效改善了训练低效问题，前所未有的大量数据降低了过拟合的风险，使得过去机器难以完成的任务成为现实，出现了一系列强大的深度学习框架（如 Caffe、Torch、Tensorflow、CNTK、Apache MXNet 等），各类深层神经网络模型不断推陈出新。此外，神经学科和心理学领域的研究也不断进步。这些成果为近十年来深度学习取得长足发展提供了坚实的动力，使之成为人工智能领域中最能体现智能性、发展最快的研究分支。

利用人工智能技术特别是深度学习实现遥感图像检索，其智能性主要体现在以下几方面：

1. 特征提取智能化——从特征提取到特征学习

传统的图像检索研究在描述图像的内容表达时，通常由人类专家来设计特征提取方法，特征的好坏对泛化性能有很大的影响。深度学习模型通过构建深层的神经网络结构，堆叠多个隐藏层，实现对输入信号逐层加工，即通过多层处理，逐渐从初始的低层特征表示转化为高层特征表示，从而用简单模型完成复杂任务。这是一个特征学习的过程，而且参数越多的网络模型能够完成的任务越复杂。与自然图像相比，遥感图像的属性多样性（地物表面属性和社会属性）和应用多样性，对遥感图像的特征表达提出了更高的要求。如图 1-4 所示，用户感兴趣的可能是单一地物目标，也可能是多种目标综合体，如机场、港口、停车场等。因此，只有通过学习构建遥感图像的逐层抽象和空间约束模型，才能满足遥感图像检索的多样性需求。从被动的特征提取到主动的特征学习，体现了遥感图像特征表达向智能化方向的迈进。

airplane

ship

(a)单一地物目标

airport

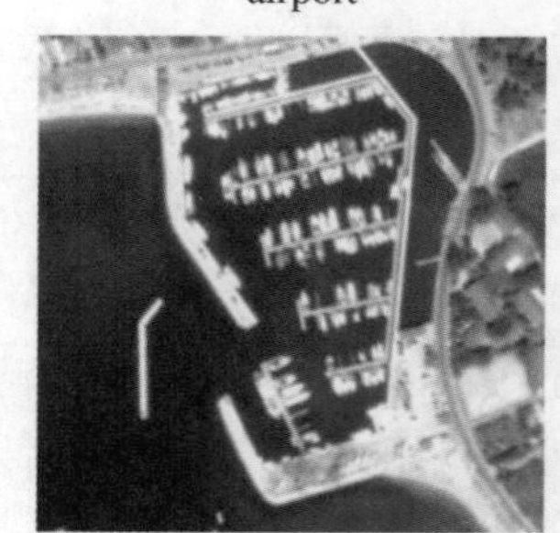

harbor

(b)目标综合体

图 1-4　遥感图像的检索需求多样性

2. 度量智能化——从预设距离函数到度量学习

传统的图像检索研究在度量查询图像与候选图像之间的相似性时，通常采用某种预定义的距离函数，如欧氏距离、Minkkowsky 距离、余弦距离等。然而，遥感数据的大场景成像特点决定了同一幅遥感图像往往包含多种地物类型且背景信息复杂，而同一类地物在不同成像条件获取的图像可能呈现出不一样的视觉特征，并且具有十分明显的尺度效应；此外，不同的光照条件、大气参数、季节、天气参数都会对遥感图像特征产生影响。由这些因素产生了明显的类内差异和高度的类间相似，使得采用预定义的距离函数来度量图像之间相似性时，会与人的感知存在较大差异，如图 1-5 所示。

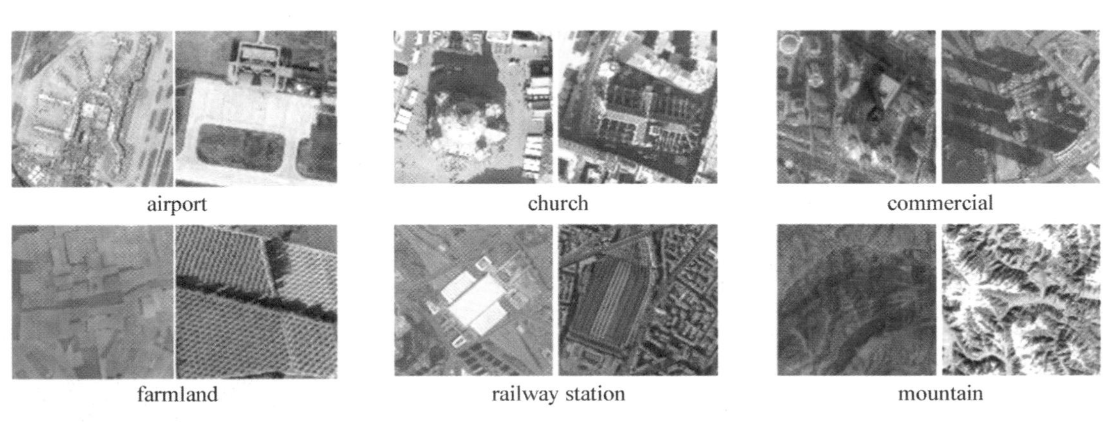

(a)分别由尺度不同、风格不同、成像条件不同造成的类内差异

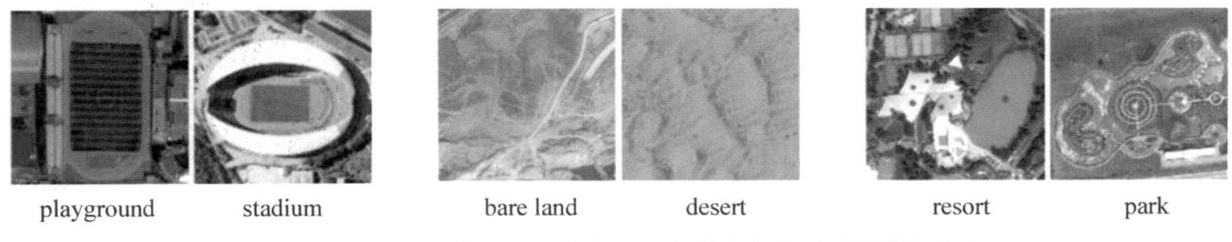

(b)分别由目标相似、纹理相似、空间分布相似造成的类间相似

图 1-5 遥感图像的类内差异和类间相似①

度量学习根据不同的任务自主学习出一种最优的度量模型，可以实现在特定任务条件下，相同语义类别的图像之间距离最小化，而不同语义类别的图像之间距离最大化。随着深度学习的发展，人们提出了融合深度学习和度量学习的深度度量学习模型，既充分利用了深度神经网络强大的特征学习能力和端到端训练的优势，又能够有效克服传统度量学习在处理类别数多而类内样本数有限任务时的局限性，为解决复杂场景遥感图像检索的相似性度量带来了令人期待的效果。

① http://www.lmars.whu.edu.cn/xia/AID-project.html.

3. 检索模式智能化——从单一检索到跨源跨域多样化检索

传统的遥感图像检索多为单一检索，即数据集包含的往往是单一来源的数据(如可见光图像)，一幅图像通常只标注一个语义类别标签(如河流、道路、密集建筑等)。而遥感图像大多是包含多种地物类型的复杂场景，单个标签不足以体现遥感图像丰富的场景语义信息，基于单标签的检索难以满足用户的精细检索需求。此外，随着传感器技术的发展，使得可获取的多源遥感数据大幅增加，比如同一个区域可能包含不同类型的数据，如全色影像、多光谱影像和SAR影像；而且，随着智能终端的迅速普及，空间数据的范畴，无论是在深度上还是广度上，都有了明显的拓展，这种拓展对于以更便捷的方式获取广义空间信息服务具有深层次的意义。幸运的是，人工智能技术在语音识别、自然语言处理、图像描述生成等领域的突破，为遥感数据的跨源跨域多样化检索提供了技术支撑。在这样的技术和应用背景下，仅以某种单一模态数据(如图像)作为查询条件的传统检索模式，已不能满足实际需求，研究跨文本、语音、图像、视频等多种模态的跨源跨域多样化检索(如图1-6所示)的现实意义不言而喻。

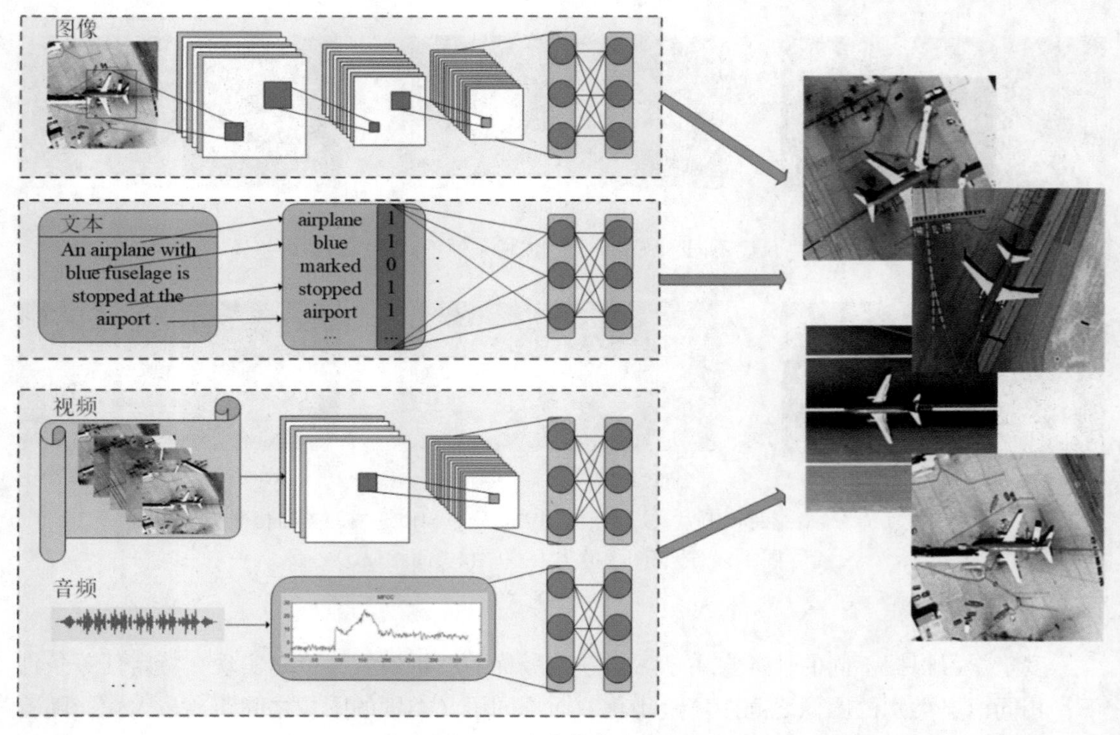

图1-6　检索模式多样化

早在21世纪初，就有学者关注到跨模态研究的意义并做了一些探索性工作，但当时研究的侧重点基本都是基于图像-文本两种模态，而且研究的基本思路大多是将每种模态的所有样本映射到公共特征空间，再基于公共特征空间的表达实现跨模态检索，映射过程仍存在语义鸿沟。在遥感领域，自2018年以来出现了一些利用深度神经网络解决遥感图像跨模态检索的研究工作，例如通过构建多模态判别性共享特征空间保持多模态的语义对齐，对研究遥感大数据的跨源跨域多样化检索具有借鉴意义。

人工智能时代遥感图像检索的智能化不仅仅体现在特征提取、相似性和检索模式三个方面。我们知道，尽管深度学习可以自动学习到有用的特征，使得很多计算机视觉任务摆脱了对特征工程的依赖，但是随着网络性能的不断上升，网络结构越来越复杂，性能提升会越来越不容易。自 2016 年起出现了一些关于神经结构搜索(neural architecture search, NAS)的研究，这种自动机器学习技术(auto machine learning, AutoML)的目标是当给定数据和任务时，无需任何人工干预，让计算机自动搜索或者设计出具有强大学习能力和泛化能力的简单易用的网络模型，而不是依赖众多超参数，从而有效地降低了深度学习模型的设计和实现成本。显然，这种完全不依赖人工干预而自动搜寻最合适的网络模型也极大地体现了大数据处理和分析的智能化。

总之，传统图像检索向智能化图像检索的发展，无论是从被动的人工设计特征到主动的特征学习，从预设距离函数到度量学习，还是从单一模式的检索到多标签跨模态的多样化检索，从精心设计深度网络模型到无需调参的模型自动搜索和构建，这个发展过程既是技术进步的必然趋势，也充分体现了检索思维的革新。

1.3 遥感图像智能检索的关键技术

大数据时代的信息检索服务模型如图 1-7 所示。数据中心存储了来自于天基、空基、地基的时空大数据，云计算平台利用数据挖掘和人工智能算法，从这些大数据中挖掘出潜在的知识和规律，构建深层模型。当各行各业的用户提交查询请求(如查询图像、草图、目标或其它模态的查询条件)时，云计算平台将查询数据映射为其抽象描述，通过深层模型和智能算法实时返回与查询请求语义高度匹配、符合用户视觉感知特性的查询结果，应用领域包括物流管理、应急响应、灾害预警、城市规划等。用户无需具备专业背景知识，且可以通过反馈调整检索需求。

在基于深度学习的遥感图像检索综述方面，已有很多研究，参见文献[18]~[22]。涉及的主要关键技术可以总结为以下五个方面：遥感内容的多层次表达模型、深度度量学习模型、遥感数据的多模态学习和跨模态检索、深度哈希学习以及分布式环境下的遥感图像智能检索。

1.3.1 遥感图像内容的多层次表达模型

遥感图像检索的精度在很大程度上取决于图像特征是否能够准确、有效地描述图像内容。研究遥感大数据的特征计算方法，从光谱、纹理、结构等低层特征出发，抽取多源特征的本征表示，跨越从局部特征到目标特征的语义鸿沟，进而建立遥感大数据的目标一体化表达模型，是遥感大数据表达的核心问题。传统的图像检索通过提取图像的颜色、纹理、形状等低层视觉特征，或者根据低层视觉特征聚合得到中层视觉特征来描述图像内容，这种依赖于单一或组合的低层或中层人工设计特征的检索，适用于尺度小、场景简单且检索需求不高的应用。然而，随着遥感大数据时代的到来，遥感图像的语义复杂性和检

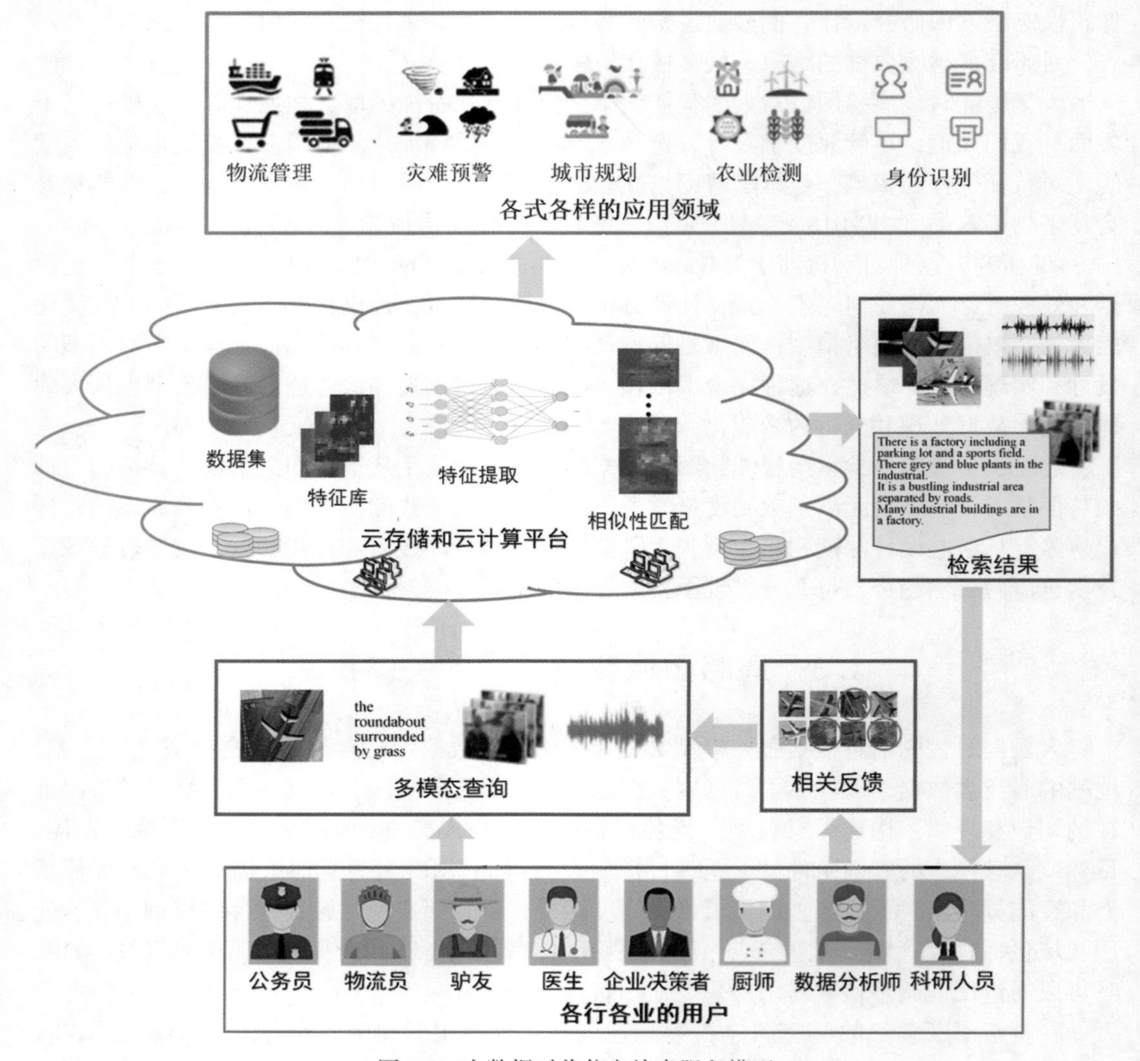

图 1-7　大数据时代信息检索服务模型

索需求的多样性对遥感图像的内容表达提出了新的挑战。

自从 2006 年加拿大多伦多大学教授 Hinton 等提出通过“逐层初始化”算法来训练深层网络以来，深度学习技术以其良好的特征学习能力引起了学术界的普遍关注，并逐渐成为语音识别、自然语言处理以及图像理解和识别等领域的研究热点。基于神经网络学习图像特征的方法一般分为两类：一是无监督的浅层学习(如稀疏编码和自编码网络)，训练时不需要或仅需要少量的带标签数据样本，但是图像特征表达能力有限，属于浅层网络；二是有监督的深层学习(如卷积神经网络)，与浅层网络相比，深层网络通常包含几十甚至上百个网络层，可以实现由低到高的逐层特征学习，因此具有更强的特征表达能力。代表性的卷积神经网络包括 AlexNet、VGG、GoogLeNet、ResNet、DenseNet 等。但是，从头开始训练(training from scratch)一个新的深层卷积神经网络需要大量带标签的数据样本，而在遥感领域这样的带标签样本是稀缺的。

在实际应用中，一般通过迁移学习(transfer learning)解决带标签训练数据样本有限的问题。迁移学习旨在从一个或多个源任务中提取知识，并将知识应用于目标任务。例如，将在大数据集上预先训练的网络模型“迁移”到目标领域解决特定任务。迁移学习已被证明在遥感图像检索研究中可以获得比传统人工特征优越的性能。具体的迁移方式包括预训练和精调(fine-tuning，又称微调)两种，预训练是直接使用在自然图像集(如ImageNet)学习到的网络结构和参数，不需要额外的数据再对网络进行训练，用于目标任务时，只需要用目标数据集替换原网络的输入数据，并根据目标数据集的不同对网络最后分类层的参数进行更改即可；精调则是用有限的带标签训练样本对整个预训练网络进行参数调整，即将预训练网络当前的参数作为训练起点，用目标数据继续对其进行训练或者是冻结预训练网络某几层参数，对其它网络参数进行调整，这种方式能够很大程度上减少对训练数据的依赖，通常能够取得比直接采用预训练网络更为理想的效果。针对一些具体的任务，为了提高特征判别能力，有时将不同的深度特征或者将深度特征和浅层特征综合起来，以更好地表达遥感图像内容。

2014年，Ian J. Goodfellow等人提出一种无监督的深度学习模型——生成对抗网络模型(generative adversarial nets，GAN)，在计算机视觉的许多领域产生了巨大的影响力，特别是在图像生成方面有非常卓越的表现。生成对抗网络的基本思想是通过生成模型(generative model)和判别模型(discriminative model)之间的互相博弈学习，生成与真实数据分布一致的数据。基于GAN网络训练不稳定的问题，Alec Radford等人在2016年提出一种改进的对抗生成网络模型——深度卷积对抗生成网络(deep convolutional GAN，DCGAN)，通过将卷积神经网络和生成对抗网络相结合，实现从大量未标注数据中学习有用的特征表达，并用于其它监督学习任务。生成对抗网络在遥感领域的应用包括图像超分辨、图像融合、图像或场景分类等。例如，Lin D.等人首次将GAN应用于遥感领域，他们基于DCGAN提出一种多层特征匹配生成对抗网络模型(MARTA GANs)，用于从无标注数据中学习遥感图像的表示，在公开的标准遥感数据集分类实验中，获得了优于其它无监督学习方法的性能。

总之，面对海量多源的遥感大数据，如何从中挖掘到更具判别性的图像特征，并通过融合不同层次的特征构建层次化特征模型，是实现遥感图像智能、准确、高效检索的关键。

1.3.2 基于深度度量学习的遥感图像智能检索

如何度量两个样本之间的距离或相似性，是机器学习和计算机视觉的重要问题，在基于内容的图像检索中有非常重要的地位。一个好的距离度量模型，直接影响到机器学习算法的性能。传统的距离度量大多是首先对数据样本做归一化预处理，然后采用某个预设距离函数计算样本之间的相似性。图像检索系统中常用的距离度量函数包括欧氏距离、直方图交、余弦距离等，都是将图像的视觉特征向量视为向量空间中的点，用两点之间的距离表示它们所对应的图像之间的距离，以此衡量图像之间的相似性。这种基于向量空间的距离度量虽然计算简便，但是在实际应用中与人类的视觉感知有很大的差异，且对于数据的鲁棒性很差。而且针对相同的检索任务，不同的距离度量模型可能产生不同的排序结果。遥感图像数据具有比自然图像更加明显的背景复杂多样、目标信息丰富、噪声干扰严重、尺度依赖等特点，即使是从相同区域获取的数据，也可能因为成像条件不同而包含不同的语义信息，这对于距离度量模型的选择提出了更高的挑战。

因此，研究人员想到，如果能够结合数据自身特点，“学习”一种最优距离度量模型，使得语义类别相同的图像之间距离最小化，而语义类别不同的图像之间距离最大化，则可以满足不同的应用需求。这种根据不同的任务自主学习出特定的距离度量模型的想法，正是“度量学习”(metric learning，ML)的基本思想。目前已经针对度量学习方法开展了广泛的研究，并且在人脸识别、图像分类、目标识别、多媒体检索、跨模态匹配等视觉理解任务中取得了成功的应用。与传统的欧氏距离等度量函数相比，度量学习通过学习得到距离度量模型，能够克服人工设计距离度量函数的局限性，有效增强特征的判别能力，更符合人类视觉感知特性。

度量学习方法通常可以分为非监督和监督两大类。非监督度量学习试图学习一种低维子空间保持样本之间距离信息；监督度量学习则通过利用训练样本的信息对目标函数进行优化，从而寻找一种合适的距离度量模型，是目前研究的主流。然而，传统的度量学习方法通常是学习一种线性映射，无法保持数据样本之间的非线性关系。尽管研究人员提出通过核函数解决非线性问题，但是在实际应用中存在核函数的选择困难且不够灵活等问题。

受深度学习在描述非线性数据方面强大能力的激励，近几年来，融合了深度学习和度量学习的深度度量学习(deep metric learning，DML)得到了格外的关注。深度度量学习利用深度神经网络结构，学习一种从原始样本到嵌入空间的非线性映射。在该映射下，采用常用的距离函数(如欧氏距离)就可以反映样本之间的相似性：类内样本距离更近，类间样本距离更远。深度度量学习将特征学习和距离度量学习统一到一个框架中，充分利用了深度神经网络强大的特征学习能力和端到端训练的优势，能够有效克服传统度量学习在处理类别数多而类内样本数有限任务时的一些局限性，如缺少类内约束、分类器优化困难等，已经成为近年来机器学习最具吸引力的研究热点之一，不仅在计算机视觉领域有成功的应用，在文本和语音数据分析任务方面也表现出优越的性能。

度量损失函数在深度度量学习中起到了非常重要的作用，常用的损失函数包括对比损失、三元组损失、四元组损失、n-pair 损失、提升结构化损失等。此外，网络架构和样本选择策略也是影响深度度量学习性能的重要因素。在网络架构方面，在深度度量学习中常用的两种典型的网络架构是 Siamese 网络和 Triplet 网络，它们分别利用成对约束和三元组约束训练网络；在样本选择策略方面，深度度量学习对于数据有高度依赖性，即使已经创建了良好的数学模型和网络架构，如果只是简单的随机选取数据样本，依然会导致模型收敛缓慢，使得网络的学习能力有限。为了提高网络的特征判别能力，可以仅挖掘对训练更有意义的正负样本，即“难例挖掘”(hard negative mining)，或者选择比类内样本距离远而又不足够远出间隔的类间样本来进行训练，即“半难例挖掘”(semi-hard negative mining)。

深度度量学习在遥感图像检索和分类方面的研究还比较有限，已提出的方法包括在传统的深度学习模型的目标函数中嵌入度量学习正则化项、通过构建三元组深度神经网络将遥感图像数据映射到语义空间、提出新的损失函数如三角损失函数和相似性保持损失函数等，基于深度度量学习的遥感图像智能检索还有待进一步深入研究。

1.3.3 遥感大数据的多模态学习和跨模态检索

随着智能移动终端、社交网络和自媒体平台的快速发展，每个人随时随地都可以自由地发布、传递和接收各种多媒体数据，同一语义类别的信息可能存在文本、图像、音频、视频、3D 模型等在内的多种类型的数据表现形式。跨模态检索就是要从这些低层特征异构、高层语义相关的多模态数据中，利用不同模态数据的互补信息，实现从一种模态数据到其它模态数据的语义关联。与单模态检索相比，跨模态检索可以实现“以所有查所需”(retrieve whatever they want by submitting whatever they have)，检索模式更加灵活和实用，应用领域包括图像描述生成、视频描述、音-视频语音识别、问答系统等。总之，跨模态检索是由数据(互联网多媒体数据)、技术(各种模态数据语义理解和异构特征空间学习)和需求(多样化检索需求)共同驱动的新兴研究方向。

跨模态检索的核心在于建立不同模态数据之间的关联模型。多模态关联建模的一种主流思路是公共空间学习方法，即学习不同模态特征的公共空间，并在公共空间中度量样本之间的相似性。公共空间学习方法的基本思想来源于：共享相同语义的数据之间应该存在潜在关联，因此能够学习出一个公共的高层语义空间。具体而言，首先获取各个模态的抽象表示(即表示学习)，并将不同模态的抽象表示显式投影到公共表示空间，然后在该空间中建立不同模态高层抽象之间的关联(即关联学习)以便进行相似性度量。用于跨模态相似性度量的常用方法包括基于图方法或者近邻分析方法等。

近年来，深度学习在图像、语音、自然语言处理等领域取得的重大进展，充分展示了深度学习具有处理不同模态信息的能力，为建立跨模态数据检索提供了有力的工具。将深度学习用于跨模态检索的研究包括将受限玻尔兹曼机(RBM)的扩展应用于公共空间学习、将 DNN 和典型关联分析(canonical correlation analysis，CCA)结合起来作为深度典型相关分析(DCCA)、深度标准相关自动编码器(DCCAE)、具有多个深度网络的跨媒体多深度网络(CMDN)等。在遥感领域，由于可获取的多源遥感数据呈爆炸式增长但缺乏语义标注，近几年来，遥感图像数据的多模态学习和跨模态检索得到了越来越多的关注。但是由于研究起步较晚，研究成果还十分有限。代表性的工作有：U. Chaudhuri 等人提出一种可以实现跨全色波段遥感图像和多光谱遥感图像两种模态的深度检索框架——CMIR-NET，并在多标签遥感公开数据集上进行了验证；Lu Xiaoqiang 研究团队考虑到语音作为一种更自然、更有效的人机交互的方式，提出跨语音-图像的深度检索框架，以满足应急响应的检索需求。

然而，目前大多数跨模态检索研究针对的是其中两种模态，如跨图像-文本检索和跨图像-语音检索，如何联合学习两种以上模态数据的公共空间，进一步提高跨模态检索的性能，是未来研究的重点。

1.3.4 基于深度哈希的遥感图像智能检索

随着数据规模的增加和应用需求的提高，大多数计算机视觉任务在表示图像内容时，采用的特征向量维数越来越高，而遥感图像通常是包含了丰富而复杂内容的大尺度场景，特征向量的维度往往高达成千上万甚至更高。显然，如果仍然采用过去基于完全枚举法的线性搜索方式，在查询图像与目标图像的特征向量之间进行线性相似性度量，非常耗时，且空间资源消耗很大，无法满足实际应用需求。如何在图像数据量大、特征维度高的情况下，提高检索算法效率并保证语义相似性，是遥感大数据检索要解决的难题。

近似最近邻搜索(approximate nearest neighbor, ANN)正是为了解决高维特征向量带来的高额计算代价以及相应的高存储空间成本问题而提出来的，已经在信息检索、计算机视觉、数据挖掘等领域得到了越来越广泛的研究和应用，例如以图搜图、电影推荐、视频检索等。其中，最经典的基于树结构的近似最近邻搜索，采用空间索引的思想，将数据空间中相互靠近的点视为在特征上具有相似性，根据数据划分或者空间划分的方式建立索引，在基于内容的图像检索研究早期有较广泛的应用。但是，尽管基于树结构的索引在处理维数较低的情况时，能大大降低搜索的计算复杂度，在处理高维数据时却存在"维数灾难"(curse of dimensionality)，而且基于树结构的索引所耗费的内存资源也成为影响系统性能的瓶颈，这些不足制约了其在大规模图像检索中的发展。

近年来流行的基于哈希的近似最近邻搜索，通过将高维向量映射为紧凑的哈希码，然后对比哈希码的汉明距离实现相似性查询，既省时又省空间，能够有效克服传统方法处理高维数据时的"维数灾难"，在计算机视觉和模式识别等领域得到了普遍的关注。现有的大规模图像检索通常是通过使用哈希方法来实现的。目前已经提出的众多哈希方法中，根据是否依赖数据，可以将哈希方法分为数据独立的哈希和数据依赖的哈希，数据依赖的哈希方法又称为哈希学习方法(learning to Hash)，代表了目前哈希研究的主流。哈希学习过程可以分为哈希编码和哈希排序，哈希编码的关键是保持原始空间与投影空间之间的语义相似性，因此设计一个好的哈希函数，是影响哈希学习性能的关键因素。

随着深度学习的兴起和蓬勃，研究人员将深度学习引入哈希学习领域，深度哈希成为哈希学习的重要研究方向。但是最早提出的基于深度学习的哈希算法，如语义哈希，仍然采用人工设计特征作为网络输入，并没有充分利用深度神经网络强大的特征学习能力，影响了检索准确率的提升。2014 年，Rongkai Xia 等人提出的卷积神经网络哈希采用卷积神经网络学习特征，取得了比人工设计特征更优的性能。此后，人们在设计端到端模式的同时也对学习特征和哈希函数方面开展了更为深入的研究，特别是利用成对或者三元组的语义相似性为约束训练深度神经网络的深度监督哈希。除了哈希函数的学习，另外一些研究则侧重于基于深度学习的哈希码排序。

深度学习哈希为遥感大数据高效率、高精度和低存储消耗的检索提供了有效的解决方案。近几年，研究人员从不同的角度提出了一些基于哈希学习的遥感图像检索方法，从基于人工设计特征的核哈希到深度哈希网络、从单一数据源的深度哈希到跨源数据的深度哈希、从二进制哈希到基于量化的深度哈希等。尽管已经取得了一些研究成果，但是仍有很多难题有待解决，比如目前所提方法的验证所选用的遥感数据集规模有限(多选用 UCMD 数据集和 AID 数据集)，缺乏在更大规模数据集上的性能分析；数据源远不够丰富，还没有提出跨多种数据源如 SAR、LiDAR、众源(crowd source)等的深度哈希方法，分布式深度哈希在遥感领域的应用研究还很欠缺，等等，而这些研究对于推进遥感大数据检索走向实用化至关重要。

1.3.5 分布式环境下的大规模遥感图像智能检索

在大数据浪潮推动下，有标签训练数据的规模得到了飞速增长。庞大的训练数据为训练大模型提供了基础，但同时需要耗费大量的计算资源和训练时间。近年来涌现的大规模机器学习模型，动辄拥有几百万甚至上百亿个参数，具有超强的表达能力，可以帮助人们解决高难度学习问题；但同时对计算能力和存储容量提出了新的挑战。在计算能力方面，高计算复杂度会导致单机训练可能会消耗无法接受的时长，需要使用并行度更高的处理器或计算机集群来完成训练任务；在存储容量方面，需要采用分布式存储才能满足存储需求。分布式机器学习已经成为人工智能和大数据时代解决最有挑战性问题的主流方案，几乎涵盖了计算机科学的各个领域。

目前，各大公司和科研机构相继开发了各种分布式系统，其中最受瞩目、应用最广的开源分布式系统框架是由 Apache 开发的分布式系统基础架构 Hadoop，能够在分布式集群环境下使用简单编程模型计算机，实现大数据的分布式存储和管理。分布式计算框架也层出不穷，其中针对固定数据集的批处理框架 MapReduce 和在 MapReduce 基础上优化的流处理框架 Spark，以其高扩展性、可靠性和高容错性，得到普遍关注和应用。云存储和云计算技术为改善遥感大数据的“数据孤岛”(即数据独立、分散管理)现状、实现遥感大数据的有效存储和高效管理提供了切实可行的平台和方案，也为在此基础上的遥感图像智能服务提供了保障。

近年来，深度学习在人工智能的很多领域都取得了重大突破。然而，面对越来越复杂的任务，为了充分利用获取的海量数据，人们构建的神经网络规模越来越大、结构越来越复杂。除了模型训练，深度学习涉及的其它海量数据处理任务，如数据清洗、数据转换、数据增强、特征提取等，对计算资源和训练时间的要求都达到了其它机器学习算法无法比拟的程度，迫切需要通过分布式大数据集群来解决。融合了分布式技术和深度学习的分布式深度学习，通过利用集群的分布式资源，提高深度神经网络模型训练效率，使网络模型的应用范围能够突破不断增长的数据量和模型规模的限制。

需要注意的是，分布式深度学习并不是分布式技术和深度学习技术的简单结合。构建分布式深度学习框架需要考虑如何划分训练数据、分配训练任务、调配计算资源、整合分布式训练结果，以期在训练精度和效率之间达到较好的平衡。分布式深度学习的并行通常分为模型并行(model parallelism)和数据并行(data parallelism)两种，分别通过对模型结构和训练数据进行划分实现。比较而言，模型并行实现难度较高，需要考虑模型的结构特点、子模型之间的依赖关系和通信强度，较多适用于网络模型过大、单机内存无法加载的情况；而数据并行方法易部署，容错率和集群利用效率更高。在实际应用中，模型并行和数据并行并非互斥，例如可以构建一个多 GPU 系统的集群，对单个节点使用模型并行(将模型拆分到各个 GPU 中)，而在节点间进行数据并行。目前已提出的分布式深度学习框架包括 Caffe-on-Spark、deeplearning4j、SparkNet 和 BigDL 等。

分布式深度学习在计算机视觉任务中的应用包括图像检索、图像分类、人脸识别、行为识别等。在遥感领域的研究包括：Ahmad 等(2016)研究了在 Hadoop 平台上利用机器学习方法从 ENVISAT 卫星影像上提取连续特征(如河流、道路等)的方法；M. H. Nguyen 等

(2019)将基于无监督深度学习的高分辨率卫星影像分析扩展到分布式平台，他们的数据源为从 Digital Globe 下载的圣地亚哥城市影像，覆盖了社会经济状况不同的城区、郊区和开放空间区域，影像的覆盖面积为 1 530km^2，总数据量为 37.64GB，被切分为 200×200 像素的 334144 个数据块。在他们的研究中，基于卷积神经网络的特征提取采用基于多 GPU 的 Keras 完成，而聚类分析则分别部署在两个不同的分布式平台 Spark 和 Dark 上以进行对比分析，实验结果表明，Spark 的运行效率更高，但是需要更多的内存。D. Lunga 等(2020)提出一种顾及遥感图像语义和光谱特征的数据划分策略，以及一个在 Spark 平台下实现高性能遥感图像分析的工作流，并在大范围遥感图像(787300km^2)上对其有效性进行了验证。

总之，目前分布式环境下的遥感图像检索研究仍处于起步阶段，无论是模型网络结构的划分还是训练数据的划分，都需要依赖专家知识人工设计，划分的粒度还远不够精细。如何基于不断发展和进步的新技术和硬件，将海量、多源、异构的遥感图像的多模态多标签特征学习、度量学习和深度哈希，依据具体检索任务，实现网络结构、数据和算法的自动部署和自适应调整，从而满足遥感大数据检索的实际应用需求，仍有很多难题有待解决。

◎ 参考文献

[1]徐冠华，柳钦火，陈良富，等. 遥感与中国可持续发展：机遇和挑战[J]. 遥感学报，2016，20(005)：679-688.

[2]李德仁，张良培，夏桂松. 遥感大数据自动分析与数据挖掘[J]. 测绘学报. 2014，43(12)：1211-1216.

[3]李德仁. 脑认知与空间认知——论空间大数据与人工智能的集成[J]. 武汉大学学报(信息科学版)，2018，43(12)：1761-1767.

[4]Y Ma，et al. Remote sensing big data computing：Challenges and opportunities[J]. Future Gener. Comput. Syst.，2015，51：47-60.

[5]Hinton G E，Osindero S，Teh Y W. A fast learning algorithm for deep belief nets[J]. Neural computation，2006，18(7)：1527-1554.

[6]Alex Krizhevsky，I Sutskever，G Hinton. Image net classification with deep convolutional neural networks[J]. Neural Information Processing Systems，2012.

[7]Lei Ma. Deep learning in remote sensing applications：a meta-analysis and review[J]. IS-PRS，2019

[8]张兵. 遥感大数据时代与智能信息提取[J]. 武汉大学学报(信息科学版)，2018-09-19.

[9]程起敏. 遥感图像检索技术[M]. 武汉：武汉大学出版社，2011.

[10]Hirata K.，Kato T. Query by visual example content based image retrieval[J]. In Proc. of 3rd Int. Conf. on Extending Database Tech.，EDBT'92，1992：56-71.

[11]Y Rui，T S Huang and Shih-Fu Chang. Image retrieval：current techniques，promising directions，and open issues[J]. Journal of Visual Communication and Image Representation，

1999, 10(1): 39-62.
[12]Datta R, Joshi D, Jia L I, et al. Image retrieval: ideas, influences, and trends of the new age[J]. Acm Computing Surveys, 2008, 40(2): 1-60.
[13]Wan J, Wang D, Hoi S C H, et al. Deep learning for content-based image retrieval: a comprehensive study: proceedings of the 22nd ACM international conference on Multimedia[C]. Orlando, Florida, USA, 2014.
[14]周志华. 机器学习[M]. 北京: 清华大学出版社, 2016.
[15]Yaxiong Chen, Xiaoqiang Lu, Shuai Wang. Deep cross-modal image-voice retrieval in remote sensing[J]. IEEE Transactions on Geoscience and Remote Sensing, 2020.
[16]Elsken T, Hendrik Metzen J, Hutter F. Neural architecture search: a survey[J]. arXiv, 2018.
[17]Yao Q, Wang M, Chen Y, et al. Taking human out of learning applications: a survey on automated machine learning[J]. arXiv preprint arXiv: 1810. 13306, 2018.
[18]Zhang L, Zhang L, Du B. Deep learning for remote sensing data: a technical tutorial on the state of the art[J]. IEEE Geoscience and Remote Sensing Magazine, 2016, 4(2): 22-40.
[19]Zhu X X, Tuia D, Mou L, et al. Deep learning in remote sensing: a comprehensive review and list of resources[J]. IEEE Geoscience and Remote Sensing Magazine, 2017, 5(4): 8-36.
[20]Ball J E, Anderson D T, Chan C S. Comprehensive survey of deep learning in remote sensing: theories, tools, and challenges for the community[J]. Journal of Applied Remote Sensing, 2017, 11(4): 42609.
[21]Xia G, Tong X, Hu F, et al. Exploiting deep features for remote sensing image retrieval: a systematic investigation[J]. arXiv preprint arXiv: 1707. 07321, 2017.
[22]Sudha S K, Aji S. A review on recent advances in remote sensing image retrieval techniques [J]. J Indian Soc Remote Sens, 2019, 47: 2129-2139.
[23]Zhou W, Li C. Deep feature representations for high-resolution remote-sensing imagery retrieval. arXiv, 2016: 1610. 03023
[24]Ge Y, Jiang S, Xu Q, et al. Exploiting representations from pre-trained convolutional neural networks for high-resolution remote sensing image retrieval[J]. Multimedia Tools & Applications, 2017(5): 1-27.
[25]周维勋. 基于深度学习特征的遥感影像检索研究[D]. 武汉: 武汉大学, 2019.
[26]Hu F, Tong X, Xia G, et al. Delving into deep representations for remote sensing image retrieval: 2016 IEEE 13th International Conference on Signal Processing (ICSP)[C]. Chengdu, China, 2016. IEEE.
[27] Goodfellow I, Pouget-Abadie J, Mirza M, et al. Generative adversarial nets[J]. Advances in Neural Information Processing Systems, 2014, 27: 2672-2680.
[28]W Ma, Z Pan, J Guo and B Lei. Super-resolution of remote sensing images based on transferred generative adversarial network[J]. IGARSS 2018—2018 IEEE International Geosci-

ence and Remote Sensing Symposium, Valencia, 2018: 1148-1151. doi: 10.1109/IGARSS. 2018. 8517442.

[29] H Zhang, Y Song, C Han and L Zhang. Remote sensing image spatiotemporal fusion using a generative adversarial network[J]. IEEE Transactions on Geoscience and Remote Sensing, doi: 10. 1109/TGRS. 2020. 3010530.

[30] Lin D, Fu K, Wang Y, et al. MARTA GANs: unsupervised representation learning for remote sensing image classification[J]. IEEE Geoence & Remote Sensing Letters, 2017, 14 (11): 2092-2096.

[31] D Guo, Y Xia and X Luo. GAN-based semisupervised scene classification of remote sensing image[J]. IEEE Geoscience and Remote Sensing Letters, doi: 10. 1109/LGRS. 2020. 3014108.

[32] Xing E P, Ng A Y, Jordan M I, et al. Distance metric learning, with application to clustering with side-information[C]. Proceedings of the 15th International Conference on Neural Information Processing Systems. Cambridge, USA, 2002: 521-528.

[33] Moutafis P, Leng M, Kakadiaris I A. An overview and empirical comparison of distance metric learning methods[J]. IEEE Transactions on Cybernetics, 2016: 1-14.

[34] Dewei L, Yingjie T. Survey and experimental study on metric learning methods[J]. Neural Networks, 2018, 105: S0893608018301850-.

[35] Liu Yang, Rong Jin. Distance metric learning: a comprehensive survey[J]. Michigan State Universiy, 2006, 2(2): 4.

[36] Weinberger K Q. Distance metric learning for large margin nearest neighbor classification [J]. Jmlr, 2009, 10.

[37] Xie P, Xing E. Large scale distributed distance metric learning[J]. Eprint Arxiv, 2014.

[38] Lu J, Hu, J, Zhou J. Deep metric learning for visual understanding: an overview of recent advances. IEEE Signal Process. Mag. 2017, 34: 76-84.

[39] Mahmut KAYA, Hasan Sakir Bilge. Deep metric learning: a survey[J]. Symmetry, 2019, 11(9): 1066.

[40] S Roy, E Sangineto, B Demir, N Sebe. Deep metric and HashCode learning for content-based retrieval of remote sensing images[J]. Proc. IEEE Int. Geosci. Remote Sens. Symp., 2018: 4539-4542.

[41] Cheng G, Yang C, Yao X, et al. When deep learning meets metric learning: remote sensing image scene classification via learning discriminative CNNs[J]. IEEE Transactions on Geoence and Remote Sensing, 2018: 2811-2821.

[42] Cao R, Zhang Q, Zhu J, et al. Enhancing remote sensing image retrieval with triplet deep metric learning network[J]. International Journal of Remote Sensing, 2019.

[43] Yun M S, Nam W J, Lee S W. Coarse-to-fine deep metric learning for remote sensing image retrieval[J]. Remote Sensing, 2020, 12(2): 219.

[44] Hongwei Zhao, Lin Yuan, Haoyu Zhao. Similarity retention loss (srl) based on deep met-

ric learning for remote sensing image retrieval[J]. ISPRS Int. J. Geo-Inf., 2020, 9(2): 61. https: //doi. org/10. 3390/ijgi9020061

[45]J Liu, C Xu, and H Lu. Cross-media retrieval: state-ofthe-art and open issues[J]. Int. J. of Multimedia Intelligence and Security, 2010, 1: 33-52.

[46]Y Peng, X Huang, Y Zhao. An overview of crossmedia retrieval: concepts, methodologies, benchmarks, and challenges[J]. IEEE Transactions on Circuits and Systems for Video Technology, 2018, 28(9): 2372-2385.

[47]冯方向. 基于深度学习的跨模态检索研究[D]. 北京: 北京邮电大学, 2015.

[48]J Ngiam, A Khosla, M Kim, et al. Multimodal deep learning[J]. Proc. Int. Conf. Mach. Learn (ICML), 2011: 689-696.

[49]G Andrew, R Arora, J Bilmes, K Livescu. Deep canonical correlation analysis[J]. Proc. Int. Conf. Mach. Learn (ICML), 2010: 3408-3415.

[50]W Wang, R Arora, K Livescu, J A Bilmes. On deep multiview representation learning[J]. Proc. Int. Conf. Mach. Learn(ICML), 2015: 1083-1092.

[51]Y Peng, X Huang, J Qi. Cross-media shared representation by hierarchical learning with multiple deep networks[J]. Proc. Int. Joint Conf. Artif. Intell. (IJCAI), 2016: 3846-3853.

[52] Chaudhuri U, Banerjee B, Bhattacharya A, et al. Cmir-net: a deep learning based model for cross-modal retrieval in remote sensing[J]. Pattern Recognition Letters, 2020, 131: 456-462.

[53]Gou Mao, Yuan Yuan, and Lu Xiaoqiang. Deep cross-modal retrieval for remote sensing image and audio[J]. 2018 10th IAPR Workshop on Pattern Recognition in Remote Sensing (PRRS). IEEE: 1-7.

[54]Yaxiong Chen, Xiaoqiang Lu, Shuai Wang. Deep cross-modal image-voice retrieval in remote sensing[J]. IEEE Transactions on Geoscience and Remote Sensing, 2020.

[55]Jianan Chen, Lu Zhang, Cong Bai, Kidiyo Kpalma. Review of recent deep learning based methods for image-text retrieval[J]. IEEE Conference on Multimedia Information Processing and Retrieval (MIPR), 2020: 167-172.

[56]Jun Wang. Learning to Hash for indexing big data[J]. A Survey, 2015.

[57]R Salakhutdinov, G E Hinton. Semantic hashing[J]. Int. J. Approx. Reasoning, 2009, 50(7): 969-978.

[58]Rongkai Xia, Yan Pan, Hanjiang Lai, et al. Supervised Hashing for image retrieval via image representation learning[J]. AAAI 2014.

[59] Zhao F, Huang Y, Wang L, et al. Deep semantic ranking based hashing for multi-label image retrieval[C]. Proceedings of the IEEE Conference on Computer Vision and Pattern Recognition, 2015: 1556-1564.

[60]Lu J, Liong V E, Zhou J. Deep Hashing for scalable image search[J]. IEEE Transactions on Image Processing, 2017, 26(5): 2352-2367.

[61]Wu-Jun Li, Sheng Wang, Wang-Cheng Kang. Feature learning based deep supervised hashing with pairwise labels[J]. IJCAI, 2016.

[62]X Zhang, L Zhang, H Y Shum. Qsrank: query-sensitive Hash code ranking for efficient-neighbor search[J]. Proc. IEEE Conf. Comput. Vis. Pattern Recognit., 2012: 2058-2065.

[63]A Gordo, F Perronnin, Y Gong, S Lazebnik. Asymmetric distances for binary embeddings [J]. IEEE Trans. Pattern Anal. Mach. Intell., 2014, 36(1): 33-47.

[64]Yuan Cao, Heng Qi, Jien Kato, Keqiu Li. Hash ranking with weighted asymmetric distance for image search[J]. IEEE Transactions on Computational Imaging, 2017, 3(4).

[65]B Demir, L Bruzzone. Hashing-based scalable remote sensing image search and retrieval in large archives[J]. IEEE Transactions on Geoscience and Remote Sensing, 2016, 54(2): 892-904.

[66]Y Li, Y Zhang, X Huang, et al. Large-scale remote sensing image retrieval by deep hashing neural networks[J]. IEEE Transactions on Geoscience and Remote Sensing, 2018, 56(2): 950-965.

[67]Yansheng Li, Yongjun Zhang, Xin Huang, Jiayi Ma. Learning source-invariant deep hashing convolutional neural networks for cross-source remote sensing image retrieval[J]. IEEE Transactions on Geoscience and Remote Sensing, 2018, 56(11).

[68]S Roy, E Sangineto, B Demir, N Sebe. Deep metric and hashcode learning for content-based retrieval of remote sensing images[J]. IGARSS. IEEE, 2018: 4539-4542.

[69]刘铁岩，陈薇，王太峰，高飞. 分布式机器学习——算法、理论与实践[M]. 北京：机械工业出版社，2018.

[70]H Li, Peng Su, Zhizhen Chi, Jingjing Wang. Image retrieval and classification on deep convolutional SparkNet[J]. 2016 IEEE International Conference on Signal Processing, Communications and Computing (ICSPCC), Hong Kong, 2016: 1-6. doi: 10. 1109/ICSPCC. 2016. 7753615.

[71] Jang G, Lee J, Lee J G, et al. Distributed fine-tuning of CNNs for image retrieval on multiple mobile devices[J]. Pervasive and Mobile Computing, 2020: 101134.

[72] Dong L, Lv N, Zhang Q, et al. A distributed deep representation learning model for big image data classification[J]. arXiv preprint arXiv: 1607. 00501, 2016.

[73]J Lv, B Wu, C Liu, X Gu. PF-Face: a parallel framework for face classification and search from massive videos based on spark[J]. 2018 IEEE Fourth International Conference on Multimedia Big Data (BigMM), Xi'an, 2018: 1-7. doi: 10. 1109/BigMM. 2018. 8499447.

[74]N A Tu, T Huynh-The, K Wong, et al. Distributed feature extraction on apache spark for human action recognition[J]. 2020 14th International Conference on Ubiquitous Information Management and Communication (IMCOM), Taichung, Taiwan, 2020: 1-6. doi: 10. 1109/IMCOM48794. 2020. 9001680.

[75]Ahmad, Awais, Paul, et al. Real-time continuous feature extraction in large size satellite

images[J]. Journal of Systems Architecture, 2016.

[76] M H Nguyen, J Li, D Crawl, J Block and I Altintas. Scaling deep learning-based analysis of high-resolution satellite imagery with distributed processing[J]. 2019 IEEE International Conference on Big Data (Big Data), Los Angeles, CA, USA, 2019: 5437-5443. doi: 10.1109/BigData47090. 2019. 9006205.

[77] Matthew Rocklin. Dask: parallel computation with blocked algorithms and task scheduling [J]. Proceedings of the 14th Python in Science Conference, Kathryn Huff and James Bergstra, Eds., 2015: 130-136.

[78] D Lunga, J Gerrand, L Yang, C Layton and R Stewart. Apache spark accelerated deep learning inference for large scale satellite image analytics[J]. IEEE Journal of Selected Topics in Applied Earth Observations and Remote Sensing, 2020, 13: 271-283. doi: 10.1109/JSTARS. 2019. 2959707.

第2章　遥感图像检索基础理论和体系架构

自20世纪70年代第一颗陆地观测卫星成功发射并提供影像数据以来，人们就开始利用计算机对遥感图像进行处理和分析的研究，试图使用定量化、自动化的方法来提取遥感图像的波谱特征和空间特征(纹理、形状、大小、阴影、位置和布局等)。20世纪90年代以后，在空间科技进步与军事需求共同推动下发展起来的高分辨率遥感技术，逐渐进入商业和民用领域。1999年美国空间成像公司(Space Imaging)发射的IKONOS卫星和2001年美国数字全球公司(Digital Globe)发射的QuickBird卫星，开启了全球高分辨率遥感卫星新时代。目前人们已经能够越来越迅捷地获取覆盖全球的“三高”(空间分辨率、高光谱分辨率、高时间分辨率)遥感影像数据，如何充分利用这些数据，使之服务于环境监测、灾害管理、森林预警、农情监测、城市规划等众多领域，成为研究的重点。

基于内容的图像检索是根据图像的视觉内容组织图像的技术，涵盖了计算机视觉、机器学习、信息检索、人机交互、数据库系统、数据挖掘、心理学、统计学等众多领域的理论、方法和技术，历经近30年的发展，逐渐形成了一套基本的概念、理论和方法体系。基于内容的遥感图像检索起步于20世纪90年代中期，已经成为解决海量遥感图像信息提取和知识挖掘等任务的重要手段。本章介绍图像检索的理论基础、图像检索系统体系架构及主要性能评价指标，以及公开的标准遥感图像数据集及典型的遥感图像检索系统。

2.1　图像检索的理论基础

本节介绍图像检索的理论基础，具体包括检索行为、内容和相似性以及图像内容的多层次表达模型。

2.1.1　检索行为、内容和相似性

基于内容的图像检索的本质问题有两个：一是如何用数学模型描述图像的内容，二是如何基于图像的抽象表达评估相似性。基于内容的图像检索的基本思想就是，依据描述图像内容的各种抽象表达进行近似的匹配。

一、检索行为

关于检索行为，一般分为三种：特定目标检索(target-search)、类别检索(category search)和关联检索(search by association)，可以从检索意图和宽泛性两个维度加以分析，如表2-1所示。其中，特定目标检索指的是用户有明确的检索意图，通过提交一幅包含待检索目标的示例图像，系统返回与之高度近似的检索集合；类别检索的含义要比特定目标检索宽泛，指的是用户明确想要检索的类别，系统返回的检索结果与提交的查询图像属于

同一个类别，但存在差异性；关联检索的含义则更加宽泛，指的是用户对于检索的目标和类别都没有明确的意图，系统会根据用户浏览大数据集时选取的感兴趣图像，不断改进查询条件，使用户最终得到符合自己需求的检索结果。

表 2-1 从检索意图和宽泛性两个维度上分析三种不同的检索行为

检索类别	检索意图	宽泛性
特定目标检索	明确	有限制
类别检索	部分明确	较宽泛
关联检索	不明确	宽泛

二、检索需求内容

无论哪种类型的检索，准确描述图像的内容都是影响基于内容的图像检索性能的关键。与基于文本的图像检索相比，文本是由人类创造产生的，而图像则是人们对自己所看见的景物的复制或重现，图像中包含的内容难以用语言做精准而具体的描述。过去的几十年间，研究人员致力于训练计算机学习理解图像，并对图像内容自动进行文本标注，取得了显著的成效。但是，相对于经历了漫长进化过程的人类视觉系统而言，计算机对图像的自动解译仍然有很长的路要走。这种由计算机从视觉数据中提取到的信息与用户在给定情境下对该数据的主观理解之间缺乏一致性而产生的差异，被称为语义鸿沟。早期的图像分析方法从基于像素的角度理解图像，通过人工设计各种特征提取算法获取对图像内容的表达。目前人们普遍认同要从语义的角度理解图像，即图像特征要能够表达那些显式或隐式包含在图像中的、最接近人类理解层面的信息。如何克服语义鸿沟，是包括图像检索在内的众多计算机视觉任务要解决的首要问题。

三、相似性

相似性是人们感知、判别、分类和推理等认知活动的基础，人类认识世界的过程正是将新的事物或者现象与人类已知的知识进行类比的过程。相似性，可以分为主观相似性和客观相似性。主观相似性是人的主观认知过程，是人们根据自己对世界的认识、所处的环境和判别的目的而做出的一种主观的、整体的判断；客观相似性是两个对象在多维空间中的某种函数关系，可以通过对其特征进行度量。相似性也可以分为概念相似性(conceptual similarity)和感知相似性(perceptual similarity)。概念相似性又称为语义相似性(semantic similarity)，指的是两个对象在抽象的概念或语义特征上的类似程度；感知相似性又称为视觉相似性(visual similarity)或物理相似性(physical similarity)，指的是两个对象视觉特征之间的类似程度。在基于内容的图像检索中，如何协调语义和视觉特征之间的相互关系，是图像相似性度量的重要问题。

2.1.2 图像内容的多层次表达模型

图像的内容包含多个层次的含义(如图 2-1 所示)，从下到上分别为：感知层

(perceptive level)、认知层(cognitive level)和情感层(affective level)。

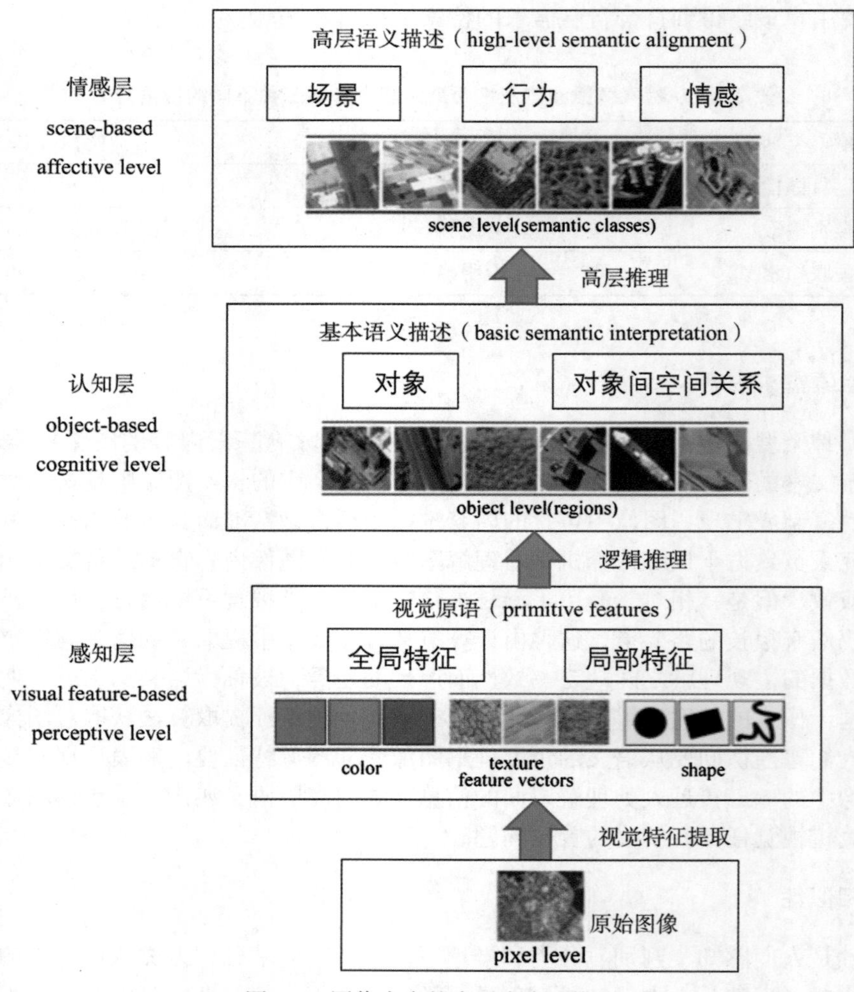

图 2-1　图像内容的多层次表达模型

第一层感知层是图像的视觉原语，用图像的全局特征(颜色、纹理、形状、轮廓等)和局部特征(角点等)等低层视觉特征来表达。好的视觉特征要能够区分不同地物的类型，使得提取的信息具有类内差异最小、类间差异最大的特点。

第二层认知层提供了图像的基本语义解译(逻辑语义描述)，包含了图像中的对象以及对象间的空间关系。认知层首先需要通过图像同质区域分割、目标检测和提取等技术获取图像中的多个对象或目标，识别出图像中包含的对象类别，然后利用数据挖掘等技术获取不同对象的空间关系(拓扑关系、方位关系、距离关系等)，是一个逻辑推理的过程。

第三层情感层提供了图像的高层语义解译，获取的语义信息更加抽象，从低到高可进一步分为场景层、行为层、情感层，代表了人对图像内容的理解，包含了个人的主观行为及情感因素，可以通过场景分析、自然语言处理、机器翻译等技术获取，是一个高级推理的过程，往往建立在知识和学习的基础上。其中，行为层和情感层主要针对自然图像，遥感图像数据一般仅涉及场景层，这里的场景(如图 2-2 所示)是对多个地物目标、环境以及语义的综合。

airport

industrial district

parking lot

图 2-2 典型的遥感图像场景

2.2 图像检索系统体系架构

基于内容的图像检索是为了克服基于文本的图像检索所存在的弊端而提出来的，图像的特征提取及相似性匹配，是构成基于内容的图像检索系统的两个基本模块。其中，特征提取模块负责将图像映射到特征空间，负责特征提取或特征学习、特征融合以及降维等；相似性匹配模块负责度量特征向量之间的距离，从而进一步度量两幅图像的语义相似性。对于特定的检索任务，一个合适的距离度量模型会产生更令人满意的检索结果。此外，图像检索系统中常常会增加相关反馈模块，根据用户对上一次检索排序结果的交互式反馈自动调整检索结果，使其逐渐符合用户的需求。图 2-3 给出了一个遥感图像检索体系架构

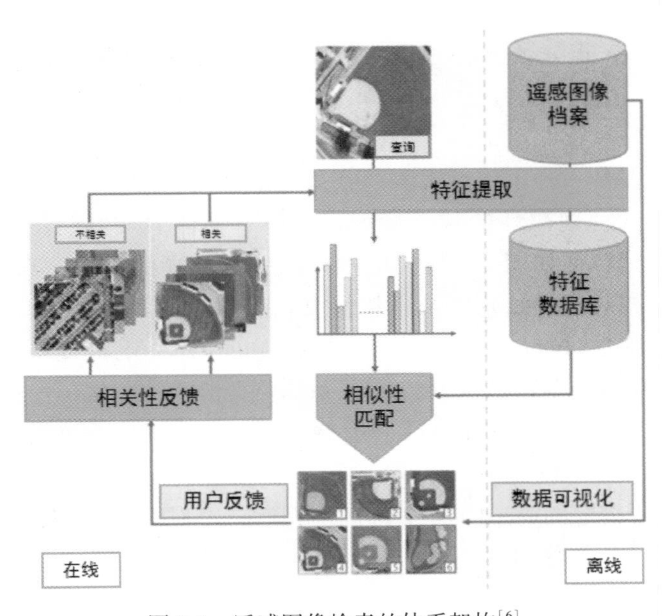

图 2-3 遥感图像检索的体系架构[6]

图，通过特征提取模块创建图像库和特征库之间的映射，相似性匹配的结果通过可视化返回给用户，用户可以通过相关反馈优化检索结果。

图像检索过程一般分为离线建库和在线检索两个阶段，下面以遥感图像检索为例。

(1)离线建库在进行检索之前，首先要对多源的原始遥感数据进行存储、组织及管理，提取图像特征、对特征进行聚类及构建索引，构成特征库。

(2)在线检索。用当户提交一幅查询图像时，检索系统提取其图像特征并与特征库的特征向量进行相似性匹配，将距离值最小的一组图像返回给用户；用户可以通过交互式反馈，对检索结果进行逐步优化，直到符合检索意图。

2.2.1 图像特征提取

图像特征提取可以分为三个层次：低层视觉特征提取、中层视觉特征提取和高层视觉特征提取。

一、低层视觉特征提取

低层视觉特征(low-level features)是通过分析图像的像素分布规律获取的特征，如图像的颜色特征、纹理特征和形状特征等，属于视觉原语。

1. 颜色特征

颜色特征是最简单最直观的图像全局特征，颜色特征描述了自然图像最突出的信息。采用颜色特征描述图像内容的优点包括：颜色特征非常稳定，对于旋转、平移、尺度变化以及形状变化等都不敏感，而且颜色特征提取和基于颜色直方图的相似性匹配计算比较简单；缺点是颜色特征难以和空间特征相关联。

常用的颜色特征描述子包括：全局颜色直方图、累积直方图、颜色矩、颜色集、显著特征局部颜色直方图、重叠区域颜色矩、颜色相关图、规则分块局部颜色直方图、颜色一致性向量等。

2. 纹理特征

一般认为，纹理是一种不依赖于颜色或亮度的、反映图像中同质现象、局部呈现不规则性而整体呈现某种规律性的视觉特征，是所有物体表面共有的内在特性。自然图像和遥感图像的纹理特征如图 2-4(a)(b)所示。关于纹理的描述，Tamura 等人提出了 6 个与人类视觉感知相对应的纹理特征：粗糙度(coarseness)、对比度(contrast)、方向性(directionality)、线像性(linelikeness)、规则性(regularity)、毛糙度(roughness)；Haralick 等人将纹理定义为离散色调特征及其空间关系的均匀性(uniformity)、密度(density)、粗细度(coarseness)、粗糙度(roughness)、规律性(regularity)、强度(intensity)和方向性(directionality)。

纹理特征是基于内容的遥感图像检索中研究最多、应用最广的低层视觉特征。很多研究认为纹理特征是遥感图像分割、分类、目标识别等应用中，最为基本和重要的特征之一，尤其是当遥感图像上目标的光谱信息比较接近时，纹理信息具有较强的区分能力。遥感图像的同质区域分割常常基于纹理特征进行。

木纹　　布纹　　大理石花纹

(a)自然图像的纹理特征

森林　　农田　　城市建筑群

(b)遥感图像的纹理特征

图 2-4　纹理图像示例

常用的纹理特征提取方法包括：灰度共生矩阵法、数学形态学法、句法纹理分析、马尔可夫随机场模型法、Gabor 滤波器、局部二进制模式、小波变换、Contourlet 变换等。其中，包括 Gabor 滤波器、小波变换、Contourlet 变换等在内的多尺度纹理分析方法，同时具有空域和频率局部化特性，而人眼视觉皮层中特定的视觉细胞与空间特定频率特性及方向相对应，这种处理模式与多尺度纹理分析方法相一致，因此多尺度分析方法对于图像的纹理特征有很好的判别能力。

3. 形状特征

形状特征对于图像的目标识别及分类具有不可取代的作用，包含了一定程度的语义信息。在基于内容的图像检索中，目标的形状通常采用边缘和区域特征来描述。基于区域的形状描述方法注重形状的全局特征，而描述形状局部特征的能力相对有限，常采用几何参数，如面积、周长、中心、对称性、散射性等来描述，也可以采用各种矩描述算子来描述，如几何不变矩、Legendre 矩、Zernike 矩(Zernike moments descriptors，ZMD)、复数矩、正交的 Fourier-Mellin 矩，以及网格描述算子(grid descriptors)等。基于轮廓的形状描述方法具有较强的局部形状特征描述能力，通过比较形状的二维轮廓的接近程度进行形状匹配。常用的基于轮廓的形状描述方法有多边形近似(polygonal approximation)、自回归模型

(autoregressive models)、傅里叶描述子(Fourier descriptors，FD)、曲率尺度空间描述算子(curvature scale space descriptors，CSSD)等。

随着可获取图像空间分辨率的提高，图像内容越来越丰富，可以观察到更多细节信息。局部特征描述子(如 SIFT、DenseSIFT、HOG、LBP 等)提供了一种描述图像上以兴趣点为中心的显著块(salient patches)特征的方法，细节表达能力强且满足不变性，应用于图像检索时，比全局特征更适合描述目标及其相互之间的关系。

考虑到单一的低层视觉特征判别能力有限，在实际应用中，研究人员常将不同类型的特征描述子综合起来描述图像内容，以提高检索性能。

二、中层视觉特征提取

与低层视觉特征相比，中层视觉特征(mid-level features)将低层的原始图像视觉特征嵌入视觉词汇空间，相比低层特征，它能够更好地描述图像语义。中层视觉特征对于尺度、光照、旋转等变化具有更高的不变性，能更好地表达复杂图像的纹理和结构特征。提取图像中层特征的一般思路是先获取图像的局部特征，然后应用编码技术将其聚合为整体表达。常用的中层视觉特征包括视觉词袋(bag of visual words，BoVW)、改进的费舍尔向量(improved fisher vectors，IFV)和局部聚集向量(vector of locally aggregated descriptors，VLAD)等。

其中，BoVW 是应用最广的编码技术，最早用于文本检索。用于图像检索的基本思想是将图像视为一种文档，而图像的不同局部区域被视为构成图像的词汇。BoVW 采用 k-means 聚类算法对提取的图像特征点(如 SIFT 特征)进行聚类，得到 k 个聚类中心，每个聚类中心代表字典(码本 codebook)的一个视觉单词(codeword，即码字)，然后将图像的每个视觉单词与字典的各视觉单词(即聚类中心)依次进行比较并归类到最近的聚类中心，并统计出现的次数，从而得到图像的 k 维 BoVW 特征。

IFV 与 BoVW 的不同之处在于：BoVW 把局部特征点用 k-means 算法进行聚类，用距离特征点最近的聚类中心去代替特征点；而 IFV 是把局部特征点用混合高斯分布(gaussian mixture model，GMM)聚类，考虑了特征点到各聚类中心的距离，即用所有聚类中心的线性组合去表示特征点。VLAD 是 BoVW 的改进，不同之处在于：对于 BoVW 来说，需要使用 k-means 算法聚类学习一个由 k 个视觉单词构成的字典(码本)，图像的每个局部特征会被分配到与之最近的视觉单词；而 VLAD 对于每个视觉单词，会累积局部特征分配到视觉单词的差异。对比三种中层视觉特征，VLAD 与 BoVW 相似的地方在于：都是只考虑离特征点最近的聚类中心，但保存了各特征点到最近的聚类中心的距离；VLAD 与 IFV 相似的地方在于都考虑了局部特征的每一个维度。

三、高层视觉特征提取

2012 年，Krizhevsky 等人在图像分类任务上取得的成功掀起了卷积神经网络在计算机视觉领域的研究热潮。卷积神经网络模型可以模拟非常复杂的非线性函数，从卷积神经模型获取的深度特征包含了高层语义信息，属于图像的高层视觉特征(high-level features)，已经被验证能够解决不同的计算机视觉问题，如图像分类、目标检测、图像识别和图像检索等。如前所述，考虑到从头训练一个深层网络模型需要大量的带标签数据样本，而在遥感领域样本数据的标注需要专业人员投入大量的时间和精力，通常采用基于预训练网络或者精调网络的迁移学习，获取图像的全连接层特征和卷积层特征作为图像的高层视觉特征，这些深度特征以其强大的泛化能力，也被用于解决复杂的跨域问题。

2.2.2 相似性度量

图像的相似性度量(即距离度量)是根据距离模型搜索与查询图像距离最近的一组候选图像，并对相似集合进行排序的过程。距离度量模型的选择会直接影响图像检索性能。对于相同的检索任务，不同的距离度量模型会产生不同的排序结果。传统的相似性度量方法基于向量空间进行，即将图像的视觉特征向量看作向量空间中的点，用两点之间的距离表示它们所对应的图像(查询图像和候选图像)内容之间的语义相似性。设 $x=(x_1, x_2, \cdots, x_n)$ 和 $y=(y_1, y_2, \cdots, y_n)$ 表示两幅图像的任意 n 维特征向量，以下介绍常用的距离度量函数。

一、Minkowski 距离

Minkowski 距离是基于 L_p 范数定义的，如下式所示：

$$L_p(x, y)=\left(\sum_{i=1}^{n}|x_i-y_i|^p\right)^{\frac{1}{p}} \tag{2.1}$$

当 $p=1$ 时，$L_1(x, y)$ 称为曼哈顿距离(Manhattan distance)或城区距离，如下式所示：

$$L_1(x, y)=\sum_{i=1}^{n}|x_i-y_i| \tag{2.2}$$

当 $p=2$ 时，$L_2(x, y)$ 称为欧氏距离(Euclidean distance)，如下式所示：

$$L_2(x, y)=\left(\sum_{i=1}^{n}(x_i-y_i)^2\right)^{\frac{1}{2}} \tag{2.3}$$

欧氏距离是向量空间最常用的距离模型。欧氏距离可以进一步处理得到加权欧氏距离，如下式所示：

$$L_2(x, y)=\left(\sum_{i=1}^{n}w_i(x_i-y_i)^2\right)^{\frac{1}{2}} \tag{2.4}$$

其中，w_i 表示特征分量的权重，可以看出，加权欧氏距离考虑了不同特征分量的重要性。

当 $p\to\infty$时，$L_\infty(x, y)$ 称为切比雪夫距离(Chebyshev distance)，如下式所示：

$$L_\infty(x, y)=\lim_{p\to\infty}\left(\sum_{i=1}^{n}|x_i-y_i|^p\right)^{\frac{1}{p}}=\max|x_i-y_i| \tag{2.5}$$

二、直方图交

直方图交(histogram intersection)一般用于以直方图方式表示图像特征向量情况时的距

离度量，具有计算简单快速且能较好抑制背景影响的优点。计算公式如下：

$$d(x,\ y)=1-\sum_{i=1}^{n}\min(x_i,\ y)\tag{2.6}$$

上式可进一步归一化：

$$d(x,\ y)=1-\frac{\sum_{i=1}^{n}\min(x_i,\ y_i)}{\min\left(\sum_{i=1}^{n}x_i,\ \sum_{i=1}^{n}y_i\right)}\tag{2.7}$$

三、χ^2距离

χ^2距离指的是每两个个体间各个属性的差异性，值较大，说明个体与变量取值有显著关系，个体间变量取值差异较大。计算公式如下：

$$d(x,\ y)=\sum_{i=1}^{n}\frac{(x_i-y_i)^2}{2(x_i+y_i)}\tag{2.8}$$

四、余弦距离

余弦距离(cosine similarity)是通过测量两个向量之间夹角的余弦值来衡量两个向量之间相似度的方法。余弦距离计算的是两个向量间的方向差异，计算公式如下：

$$d(x,\ y)=1-\cos\theta=1-\frac{x^{\mathrm{T}}y}{|x||y|}\tag{2.9}$$

其中，$|x|$ 和 $|y|$ 分别表示两个向量的模。

五、K-L 距离和 Jeffrey 散度

K-L 距离(Kullback-Leibler divergence)也称 K-L 散度，用于计算两个概率分布之间的差异程度，是从信息论的角度定义的一种距离模型，以相对熵的形式度量真实概率分布与假定概率分布之间的距离。计算公式如下：

$$d(x,\ y)=\sum_{i=1}^{n}x_i\log\frac{x_i}{y_i}\tag{2.10}$$

其中，$x_i\geqslant 0,\ y_i\geqslant 0,\ \sum_{i=1}^{n}x_i=1,\ \sum_{i=1}^{n}y_i=1$。

考虑到 K-L 距离具有非对称性，且对直方图柱值数敏感，研究者进一步提出了 K-L 散度的改进形式——Jeffrey 散度(Jeffrey divergence)。Jeffrey 散度具有对称性且噪声以及直方图柱值数更稳健，提高了距离的抗噪声能力。计算公式如下：

$$d(x,\ y)=\sum_{i=1}^{n}\left(x_i\log\frac{x_i}{m_i}+y_i\log\frac{y_i}{m_i}\right)\tag{2.11}$$

其中，$m_i=\frac{x_i+y_i}{2}$。

六、相关系数

相关系数可以用来衡量两个向量之间的线性关系紧密程度，计算公式如下：

$$\rho(x, y) = \frac{\sum_{i=1}^{n}(x_i - \bar{x})(y_i - \bar{y})}{\sqrt{\sum_{i=1}^{n}(x_i - \bar{x})^2 \sum_{i=1}^{n}(y_i - \bar{y})^2}} \tag{2.12}$$

其中，$\bar{x} = \frac{1}{n}\sum_{i=1}^{n} x_i$，$\bar{y} = \frac{1}{n}\sum_{i=1}^{n} y_i$，两个向量之间的距离可用下式计算：

$$d(x, y) = 1 - \rho(x, y) \tag{2.13}$$

其它距离度量函数包括：马氏距离(Mahalanobis distance)、地动距离(earth mover's distance，EMD)、Hausdorff 距离、二次式距离、巴氏距离(Bhattacharyya distance)、中心矩(center moment)等。

计算出两幅图像之间的距离之后，即可获得二者之间的相似性：

$$\mathrm{sim}(x, y) = 1 - d(x, y) \tag{2.14}$$

除了选取合适的距离度量函数之外，也可以根据特定的检索任务，构造满足数据多样性要求的相似性度量模型。但是人工设计的距离度量模型存在效率低下和鲁棒性差等问题；而度量学习从训练样本中自动学习一个最大化类间差异和最小化类内差异的距离函数，能够克服人工设计的距离度量模型用于各类机器学习算法和计算机视觉任务时存在的不足，目前已经被广泛用在自然图像检索中。随着深度学习的兴起与发展，人们开始关注并研究如何将度量学习融入深度学习网络模型。此外，人们也提出了一些基于心理学的图像相似性度量模型。

2.2.3 相关反馈

基于内容的图像检索采用的查询方式主要有三种：按例查询、浏览查询和草图查询。其中，最为典型的是按例查询方式。这三种查询方式虽然形式不同，但本质上都是将用户提交的查询图像转换为视觉特征向量，然后与目标图像库的特征向量进行相似性度量，最后返回与查询图像距离最近的一组结果。为了提高检索性能，在检索的过程中常常加入相关反馈机制，以优化排序结果。

相关反馈技术的起源可以追溯到 20 世纪 60 年代在文本检索领域的应用。到 20 世纪 90 年代初，相关反馈技术开始应用于图像检索。相关反馈是一种监督的自主学习方法，通过交互式的反馈优化用户和系统之间的信息传递(对检索结果的意见)，将用户的专业领域知识和“主动性”通过反馈的方式传递给系统，从而在低层特征和高层概念之间建立关联。相关反馈检索的基本过程是：当用户提交一幅查询图像，检索系统将查询结果返回给用户，用户将对查询结果的满意程度反馈给计算机，使计算机能够在用户引导下，通过不断迭代调整系统参数对图像特征进行选取和优化，从而更好地模拟人对于图像的感知，以实现一定程度的语义层检索。

可见，相关反馈技术的本质是在图像检索中采用“user-in-the-loop”的方式，通过获取用户对于检索结果的实时反馈来不断改善检索性能的过程。由于有人的参与，在一定程度上弥补了图像的低层视觉特征在表达图像语义内容方面的不足。在图像检索相关反馈过程中最直接的用户参与方式是：在检索过程中，要求用户根据检索结果调节各项检索参数，但是这样会降低系统的智能性和适用性，对于普通用户而言尤为困难。常用的方式是在每一轮检索中，要求用户对当前检索结果的做出是正例(与查询图像相关)还是负例(与查询图像不相关)的判断，将此作为训练样本反馈给系统进行学习，指导系统进行下一轮检索，使得检索结果更符合用户的需要，从而提高检索精度。相关反馈的基本思想大致可以分为查询点移动和特征权重调整、分类问题、特征选择问题、学习问题、距离优化问题五类。

一、查询点移动和特征权重调整

早期的图像相关反馈检索研究主要采用了查询点移动(query-point movement，QPM)和特征权重调整(reweighting)技术。查询点移动的基本思想是根据用户的反馈调整查询点，使之逐步接近理想查询点，即接近反馈正例在特征空间中对应的点，同时远离反馈反例在特征空间对应的点，再用调整后的查询点开始下一轮检索，如 Rocchio 算法(Rocchio's formula)就是查询点移动的常用算法。特征权重调整则是通过调整特征及特征各维在查询时的权重来达到提高检索精度的目的。显然，不同的用户对于相同检索结果的反馈很可能是不同的。

二、分类问题

随着对相关反馈技术的深入研究，研究人员开始将相关反馈视为分类问题。基本思想是通过用户提供的样本集训练一个分类器，用于将数据集分为相关图像和不相关图像两类，最常用的分类器是支持向量机(SVM)和贝叶斯分类器(Bayesian classifier)。但是将相关反馈视为分类问题的局限性也很明显，因为在图像检索中，人们可能主观上很难把一幅图像归于某个特定类别，而且分类问题并不像检索那样考虑按照相似性对结果进行排序。

三、特征选择问题

有些研究将相关反馈看作特征选择的问题。我们知道，图像内容描述是影响检索性能最关键的因素，但是增加的特征空间维数不仅会大大提高系统对计算和存储的要求，而且可能会由于休斯现象(Hughes phenomenon)，使得检索系统的性能不升反降。将相关反馈视为特征选择问题的基本思想，正是根据特征的重要性更好地理解用户的查询意图，常用的方法包括统计模式识别技术或者人工神经网络等。事实上，权重调整方法也可以理解为一种显式的特征选择，因为经过几次迭代之后，大部分参数的权重会变得很低，对检索结果的影响可以忽略不计。

四、学习问题

一些研究将相关反馈视为学习问题，利用机器学习理论通过对用户反馈的样本集的学习，训练一个模型，用于指导下一轮的检索，如自组织映射网络模型(self-organizing maps，SOMs)和决策树学习(decision tree learning)等。与分类方法相比，学习方法能够解决相关图像和不相关图像高度不平衡的问题，但其局限在于用户的反馈通常只会包含少量的样本，而训练一个合适的模型需要大量的数据。针对未标注样本数据不足的问题，一种解决方案是采用基于主动学习(active learning)的相关反馈策略。

五、距离优化问题

有些研究将相关反馈视为距离优化问题，参见文献[17][18]，但是这类方法同样存在样本数据不足的难题。

2.2.4 图像检索性能评价指标

衡量一个图像检索性能，需要一系列量化的评价指标。客观、全面的性能评价，对于改进检索性能而言至关重要。设计检索性能评价指标时，既要充分考虑检索结果的质量，同时也要考虑运行的时间和空间效率。常用的图像检索性能评价指标包括精确率(precision)和召回率(recall)、平均查准率(AP)和平均查准率均值(mAP)及ANMRR等。

一、精确率和召回率

精确率(precision)和召回率(recall)是图像检索系统广泛使用的检索性能评价指标。其中，精确率定义了系统返回的查询结果中，与查询图像相似的图像数量占本次返回图像总数的比例，反映了检索结果的准确程度，又叫查准率，用 P 表示；召回率定义了系统返回的查询结果中，与查询图像相似的图像数量占整个图像集中所有相似图像总数的比例，反映了检索结果的全面程度，又叫查全率，用 R 表示。

对于一次查询，如果从“是否相似”和“是否被检索到”两个维度对整个图像集进行划分，可以将图像集划分为：“相似且被检索到”“相似但未被检索到”“不相似但被检索到”“不相似且未被检索到”4个子集(如图2-5所示)，则精确率 P 和召回率 R 可以通过式(2.15)计算得到。为了更直观地反映检索性能，可以采用Precision-Recall(PR)曲线来表示，即以召回率作为横坐标轴、精确率作为纵坐标轴绘制的曲线。

$$\begin{cases} P = \dfrac{N}{N + M} \\ R = \dfrac{N}{N + K} \end{cases} \tag{2.15}$$

显然，精确率和召回率越高，表明系统的检索性能越好。但在检索过程中，精确率与召回率之间往往会呈现出此消彼长的变化趋势。例如，随着返回图像数量的增加，召回率

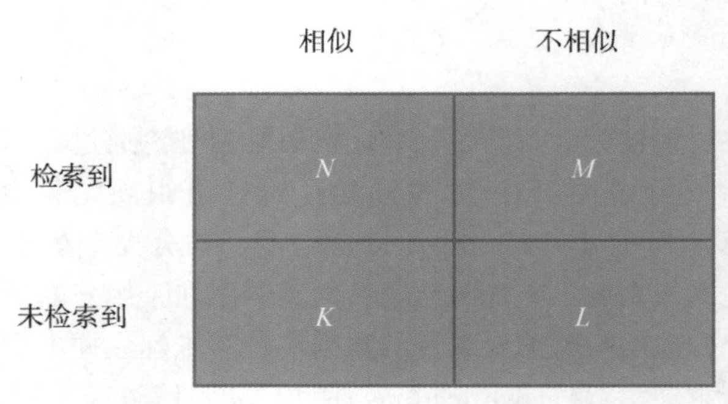

图 2-5　精确率(precision)和召回率(recall)

会呈现出下降趋势，精确率会呈现出升高趋势。因此，常用另一个指标 F-Measure 来对精确率和召回率进行综合评价，根据公式(2.16)计算得到。F-Measure 值越大，检索性能越好。

$$\text{F-Measure} = \frac{2PR}{P + R} \tag{2.16}$$

尽管精确率和召回率从两个不同的角度对检索性能进行评价，但是精确率往往会被认为更重要。这是因为，比起检索结果是否全面，用户更关注的是返回的图像中是否包含了尽可能多的相似图像，高的精确率往往会带给用户更好的检索体验。而且，随着数据量的增加，尽可能返回全部相似图像的难度也随之增大。在实际应用中，精确率常常采用 $P@k$ 的形式来表示，即当返回图像的数量固定为某个值时的精确率。其中，k 表示一次检索中返回的图像数量，因此，$P@k$ 表示的是返回图像数为 k 时的查准率。

二、平均查准率均值

平均查准率均值(mean average precision，mAP)是针对多次查询的平均准确率的衡量标准，也是评价检索系统性能的常用指标。给定一系列查询结果，mAP 定义为所有查询的平均查准率的平均值。设查询次数为 Q，则 mAP 可通过式(2.17)计算得到。

$$\text{mAP} = \frac{\sum_{q=1}^{Q} \text{AP}(q)}{Q} \tag{2.17}$$

其中，AP(q)表示第 q 次查询的平均查准率：

$$\text{AP} = \frac{\sum_{k=1}^{N} [P(k) \times r(k)]}{N + K} \tag{2.18}$$

式(2.18)中，N 为检索到的相似图像数量，K 为图像集中未被检索到的相似图像数量，N 和 K 的和即为图像集中相似图像的总数；k 为返回图像的排序，$P(k)$表示截断值为 k 时的精确率，即 $P@k$；$r(k)$ 为指示函数，当返回图像序列中排序为 k 的图像是相似图像时，

$r(k)=1$，反之则 $r(k)=0$。

可见，与精确率和召回率相比，平均查准率均值兼顾了返回的相似图像在检索结果中的排序，可以更好地反映图像检索的性能。

三、平均归一化修正检索秩

平均归一化修正检索秩(averaged normalized modified retrieval rank，ANMRR)是 MPEG-7 推荐的一种检索性能评价指标。同样的，对于一个查询 q，设 N 为检索到的相似图像数量，K 为图像集中未被检索到的相似图像数量，用 $\mathrm{NG}(q)=N+K$ 表示图像集中与查询图像相似的图像总数；$R(k)$表示第 k 幅相似图像在返回结果中的排序，ANMRR 可由式(2.19)计算得到：

$$R(k)=\begin{cases} R(k), & R(k)\leqslant K(q) \\ 1.25K(q), & R(k)>K(q) \end{cases} \tag{2.19}$$

其中，$K(q)$是一个常数，是对排序较高的项的惩罚，一般取值为 $2\mathrm{NG}(q)$。由此，可根据式(2.17)进一步得到归一化的修正检索秩 NMRR(normalized modified retrieval rank)：

$$\mathrm{NMRR}(q)=\frac{AR(q)-0.5[1+NG(q)]}{1.25K(q)-0.5[1+NG(q)]} \tag{2.20}$$

其中，$\mathrm{AR}(q)=\frac{1}{NG(q)}\sum_{k=1}^{NG(q)}R(k)$ 表示一次查询中所有相似图像的平均排序。如式(2.21)所示，对 Q 次查询结果取平均得到 ANMRR：

$$\mathrm{ANMRR}=\frac{1}{Q}\sum_{q=1}^{Q}\mathrm{NMRR}(q) \tag{2.21}$$

ANMRR 的值在[0，1]范围之内，ANMRR 值越小，表示检索性能越好。

四、等效查询代价

衡量一个检索系统最直观的评价指标是检索结果是否与查询图像高度相似，因此大量研究致力于提高检索质量。但是，随着数据量的增加，人们越来越关注检索的效率问题。相应的，需要制定一些从时间和空间等方面对检索系统进行评价的指标。例如，Paolo Napoletano 等人定义了一个衡量一次查询所需计算代价、独立于计算机架构的指标——等效查询代价(Equivalent Query Cost，EQC)，由式(2.22)计算得到：

$$\mathrm{EQC}=C\left\lfloor\frac{L}{B}\right\rceil \tag{2.22}$$

式中，C 为基本计算代价，表示当视觉描述子的长度为 B 时，在整个数据集上执行一次查询所需要的代价；B 设置为 5，对应于实验中最短的视觉描述子(共生矩阵)的长度；符号 $\lfloor\cdot\rceil$ 代表取整。

除了客观的量化指标之外，也需要从主观上评价用户对于检索结果的满意程度。

2.3　标准遥感图像数据集

目前公开的标准遥感图像数据集主要有如下几种：

1. UCMD 数据集和 MLRSD 数据集

UCMD 数据集(UC merced land use dataset)①是由加州大学默塞德分校提供的一个公开的遥感图像数据集，被广泛用于遥感图像检索算法测试。UCMD 数据集包含 21 个类别(如图 2-6 所示)，每一个类别包含 100 幅 256×256 像素大小的 RGB 彩色遥感图像，共计 2100 幅图像，空间分辨率为 0.3m。UCMD 数据集中的所有图像都是从美国地质调查局(United States Geological Survey，USGS)下载的大尺寸航空影像裁剪得到的，最初被用于土地利用和土地覆盖分类研究。考虑到遥感图像的场景复杂性，一幅图像通常包含多个语义类别，B. Chaudhuri 等(2018)在 UCMD 基础上创建了一个公开的多标签遥感图像集(multi-label remote sensing dataset，MLRSD)，用于多标签检索研究，如图 2-7 所示。

图 2-6　UCMD 数据集(包含 21 个地物类别)[19]

① http://weegee.vision.ucmerced.edu/datasets/landuse.html

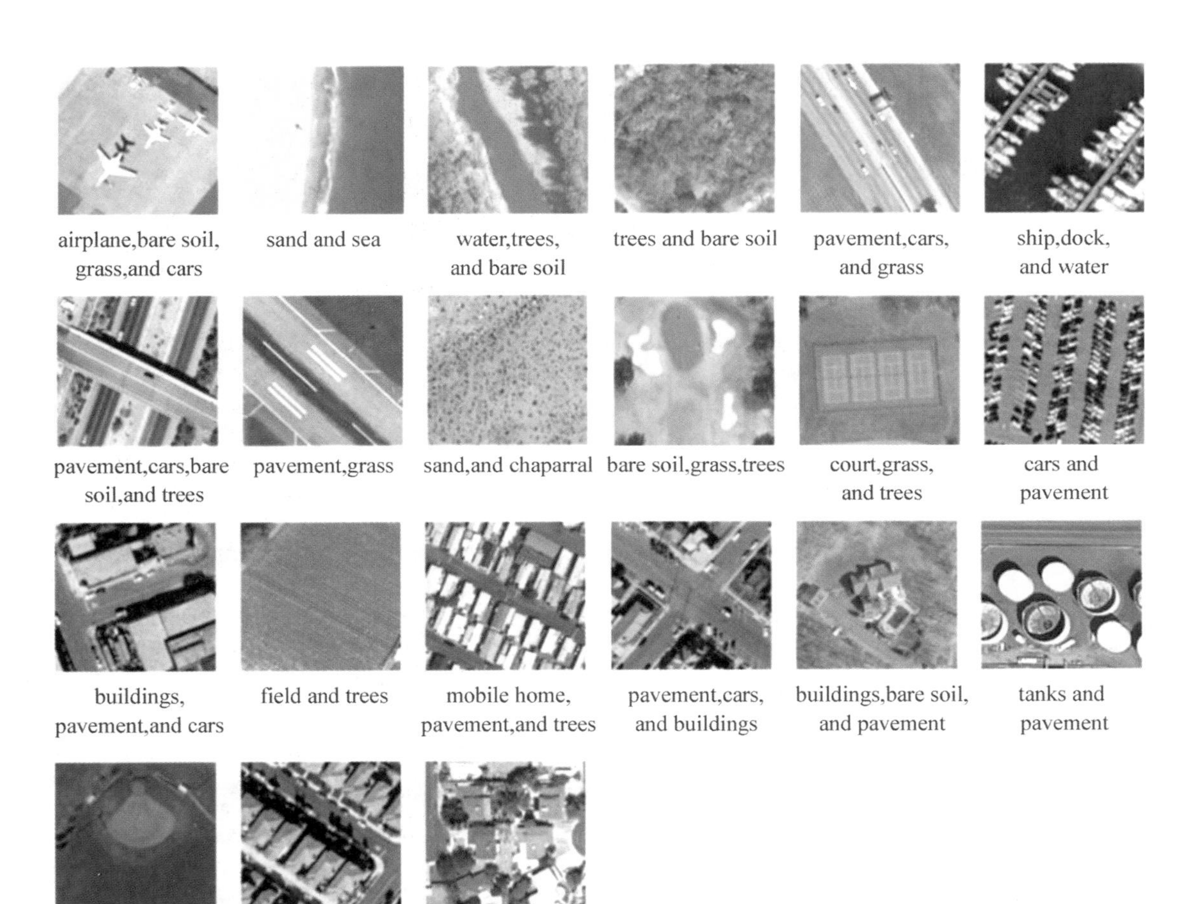

图 2-7 MLRSD 多标签数据集[21]

2. WHU-RS19 数据集

WHU-RS19 数据集①是由武汉大学提供的一个公开遥感图像数据集，常用于场景分类和检索，数据来源为 Google Earth。最初的版本包含 12 类地物类型，后期增加了 7 个类别，之后为了增大数据集规模又做了进一步的扩充。目前的版本包括 19 个类别(如图 2-8 所示)，每个类别包含至少 50 幅 600×600 像素大小的 RGB 彩色遥感图像，共计 1005 幅图像，图像的空间分辨率最高为 0.5m。与 UCMD 数据集相比，WHU-RS19 数据集中的图像尺寸更大、包含的地物种类更多、场景更为复杂，因此在用于遥感图像分类和检索研究时，也更具有挑战性。

① http://captain.whu.edu.cn/datasets/WHU-RS19.zip

图 2-8　WHU-RS19 数据集(包含 19 个地物类别)[22][23][24]

3. RSSCN7 数据集

RSSCN7 数据集①是由武汉大学提供的一个公开的遥感图像数据集，共包含 7 类典型场景类别(如图 2-9 所示)，每个类别包含 400 幅图像，图像尺寸为 400×400，共计 2800 幅图像，数据同样来源于 Google Earth。RSSCN7 数据集是为了验证深度学习技术在特征提取方面具有更强的判别能力而创建的，采集数据时综合考虑了季节、天气和尺度变化的影响(比例尺分别为 1∶700，1∶1300，1∶2600，1∶5200)，因此该数据集在用于场景分类时，具有一定的挑战性。

图 2-9 RSSCN7 数据集(包含 7 种地物类型，从上到下分别是 1∶700，1∶1300，1∶2600，1∶5200)[25]

4. RSC11 数据集

RSC11 数据集②是由中科院提供的公开遥感图像数据集，数据来源为 Google Earth，每幅图像的尺寸为 512×512，共包含 11 类复杂场景图像，每类约 100 幅共计 1232 幅，主要覆盖了美国几个大城市(如图 2-10 所示)，其中每个类别给出 3 幅图像。

① https://sites.google.com/site/qinzoucn/documents

② https://www.researchgate.net/publication/271647282_RS_C11_Database

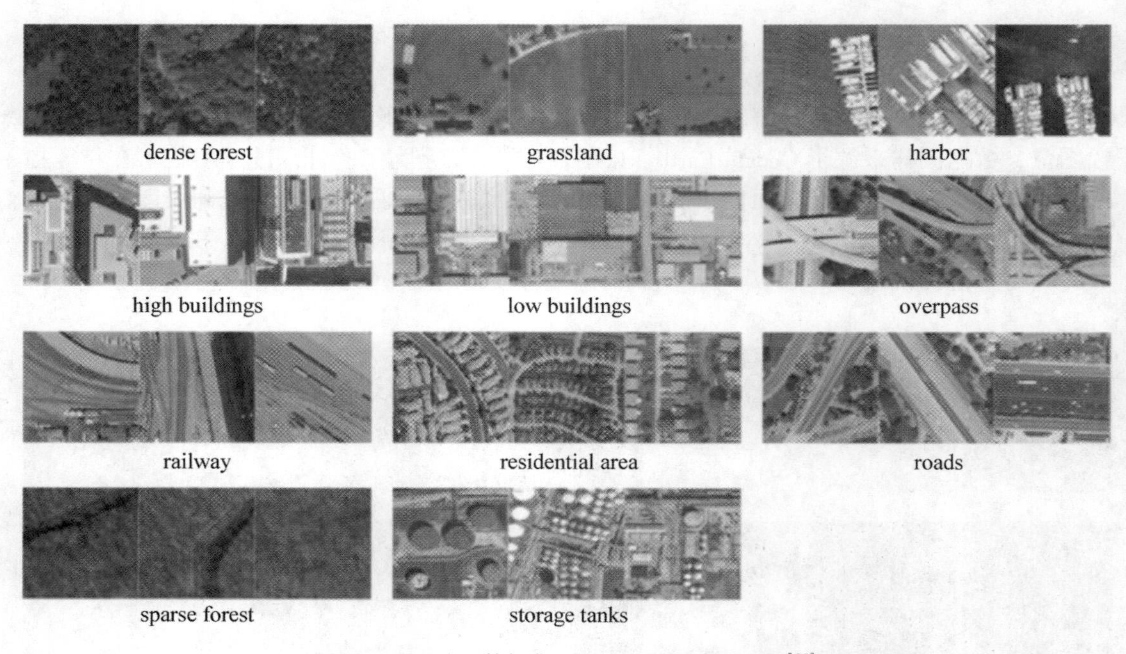

图 2-10　RSC11 数据集(包含 11 个地物类别)[26]

5. SIRI-WHU 数据集

SIRI-WHU 数据集①是由武汉大学提供的一个公开遥感图像数据集，包含 12 个场景类别，每个类别包含 200 幅尺寸为 200×200 像素的图像，共计 2400 幅，空间分辨率为 2m。数据来源于 Google Earth，主要覆盖中国城市地区，如图 2-11 所示。

图 2-11　SIRI-WHU 数据集(包含 12 个地物类别)[27]

① http://www.lmars.whu.edu.cn/prof_web/zhongyanfei/e-code.html.

6. AID 数据集

AID 数据集①是由华中科技大学和武汉大学于 2017 年发布的一个多源遥感影像数据集。该数据集共包含 30 个类别的场景图像，其中每个类别的图像数量在 220 幅到 420 幅之间，图像尺寸为 600×600 像素，共计 10000 幅，覆盖了多个国家(大部分在中国)和区域，空间分辨率在 0.5~8m 之间，如图 2-12 所示。数据来源于 Google Earth，与 UCMD 和 WHU-RS19 数据集相比，AID 数据集更注重时间、季节以及成像条件的多样性，因此具有类内差异更大、类间距离更小的特点。

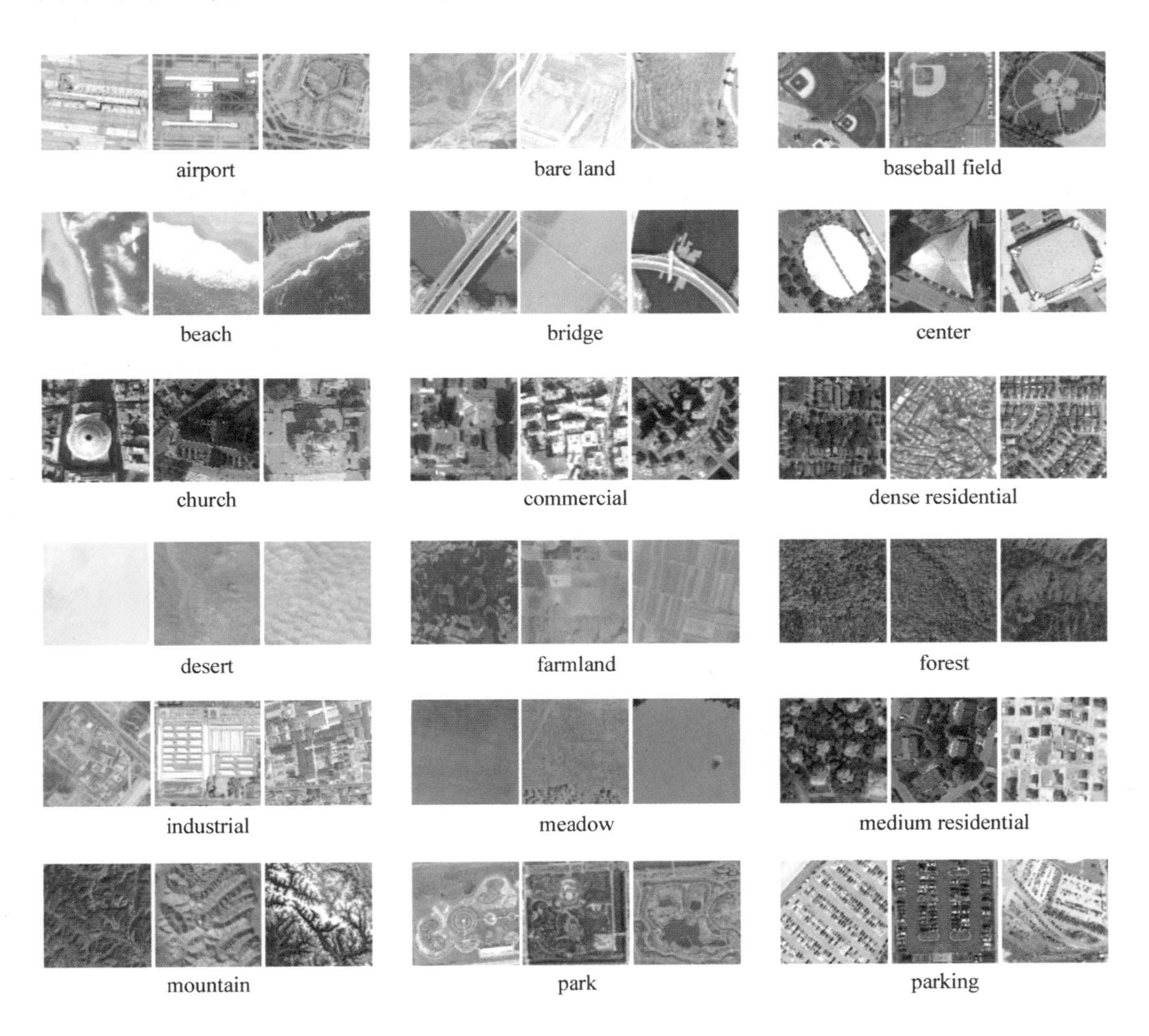

图 2-12 AID 数据集(包含 30 个地物类别，每个类别给出 3 幅示例图像)[28](1)

① http://www.lmars.whu.edu.cn/xia/AID-project.html.

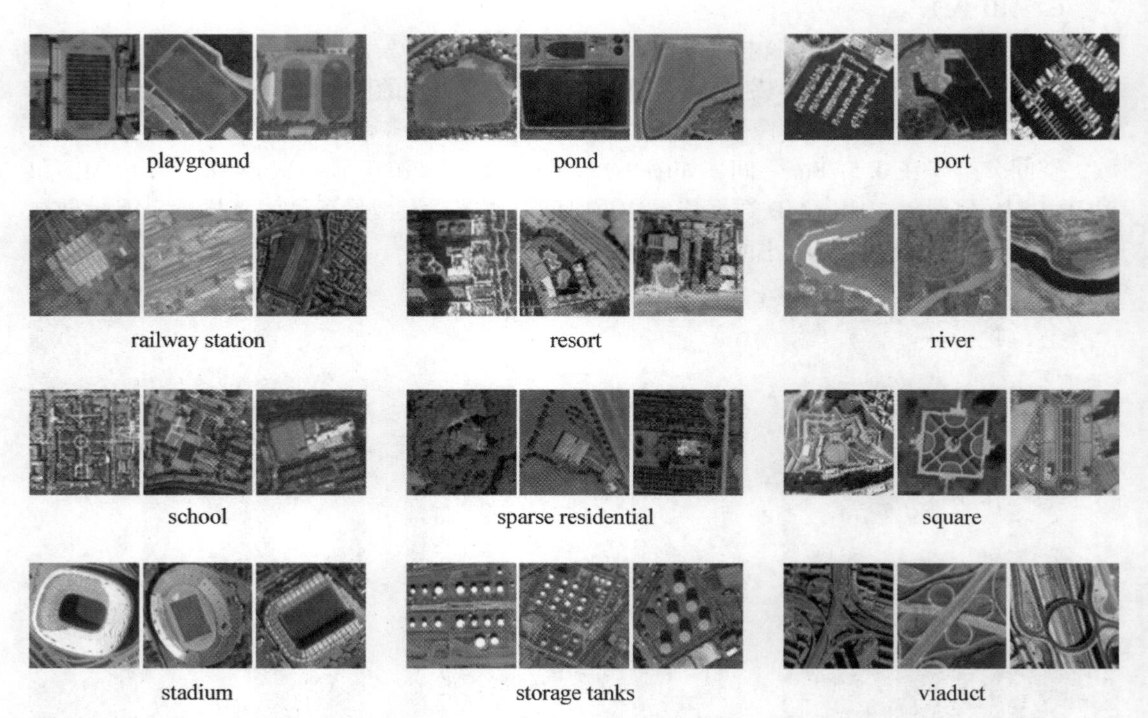

图 2-12　AID 数据集(包含 30 个地物类别，每个类别给出 3 幅示例图像)[28](2)

7. NWPU-RESISC45 数据集

NWPU-RESISC45 数据集①是由西北工业大学提供的一个用于场景分类的大规模遥感图像公开数据集。NWPU-RESISC45 数据集包含 45 个场景类别(如图 2-13 所示)，每个类别 700 幅图像，共计 31500 幅遥感图像，图像尺寸为 256×256 像素，覆盖了超过 100 个国家和地区的范围，数据来源为 Google Earth。NWPU-RESISC45 数据集充分考虑了天气变化、季节变化、光照条件、成像条件、尺度等因素，因而保证了平移、空间分辨率、目标姿态、光照、背景、遮挡等多样性，而且具有较高的类内差异性和类间相似性。

8. RSI-CB 数据集

RSI-CB 数据集②是由中南大学提供的一个用于场景分类的遥感图像公开数据集，包含两个数据集：RSI-CB128 和 RSI-CB256。其中，RSI-CB128 包含 6 大类 45 小类共计 24747 幅图像，图像尺寸为 128 × 128 像素，如图 2-14 所示；RSI-CB256 包含 6 大类 35 小类共计 36707 幅图像，图像尺寸为 256×256 像素，如图 2-15 所示。RSI-CB 数据集的来源是众包(crowdsource)数据，如 OpenStreetMap(OSM)数据。表 2-2 给出 RSI-CB128 和 RSI-CB256 的场景类别。

① http://www.escience.cn/people/JunweiHan/NWPU-RESISC45.html.

② http://github.com//ehaifeng/RSI-CB

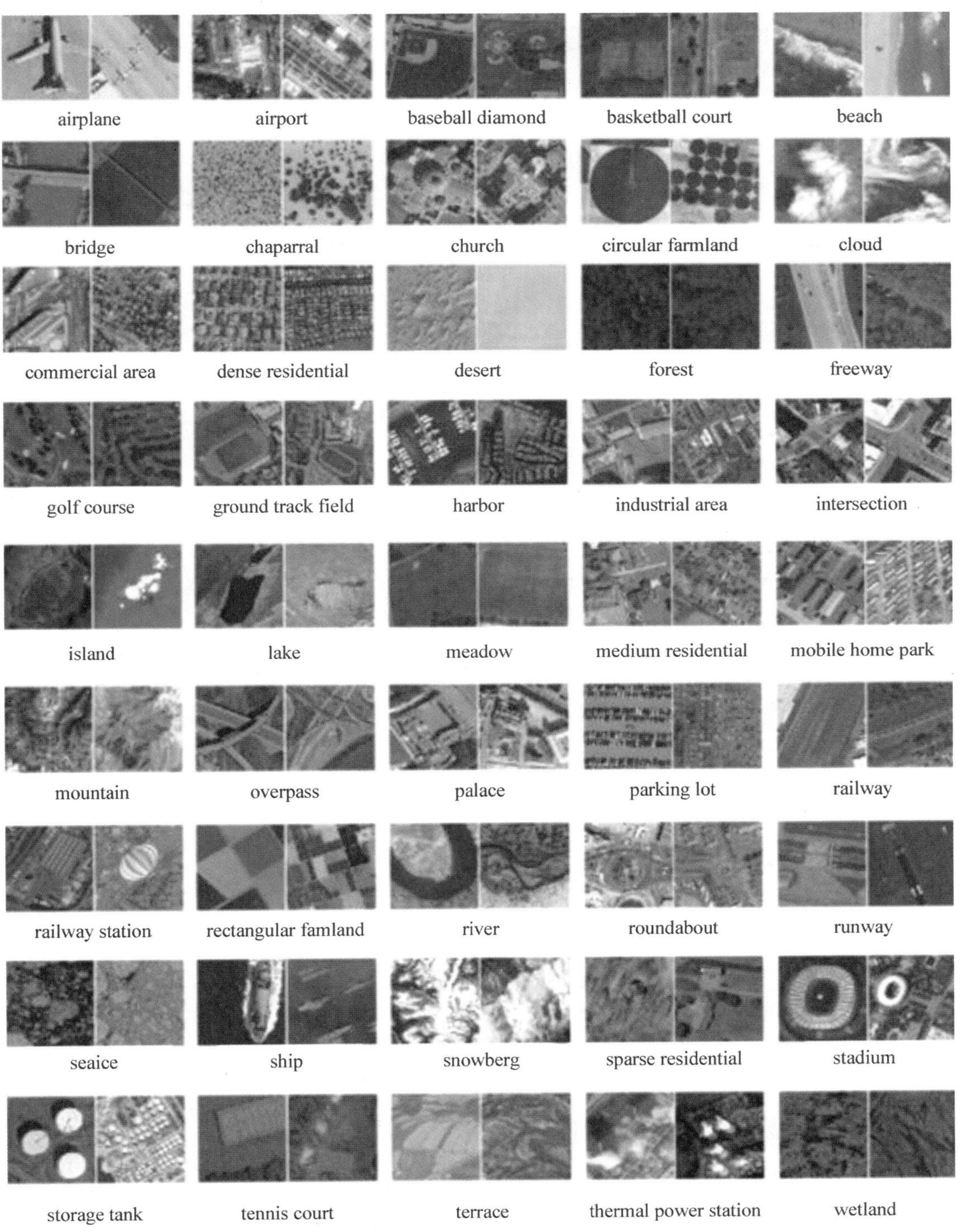

图 2-13 NWPU-RESISC45 数据集(包含 45 个地物类别，每个类别给出 2 幅示例图像)[29]

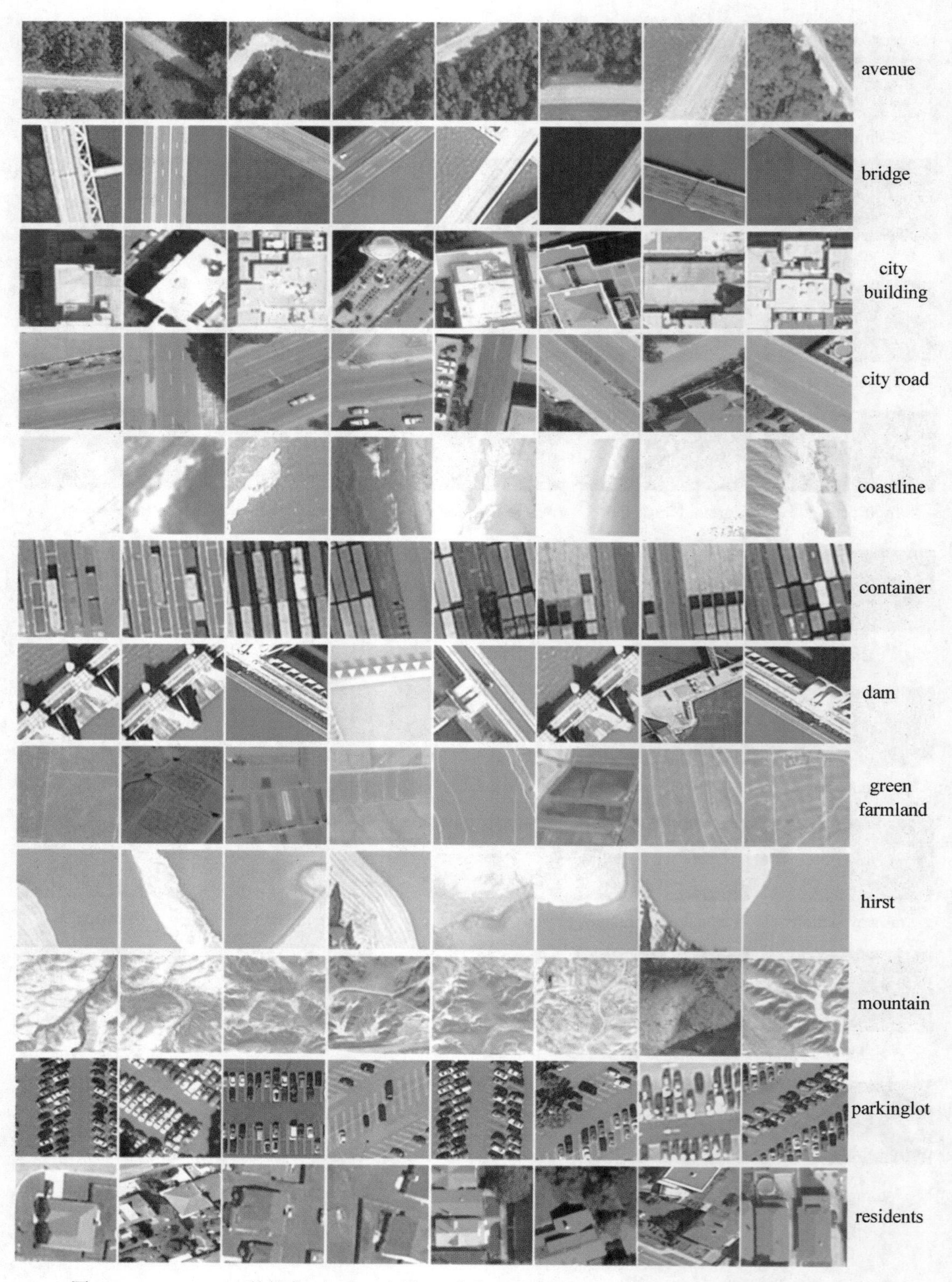

图 2-14　RSI-CB128 数据集(包含 6 大类 45 小类地物类别，每个类别给出 8 幅示例图像)[30]

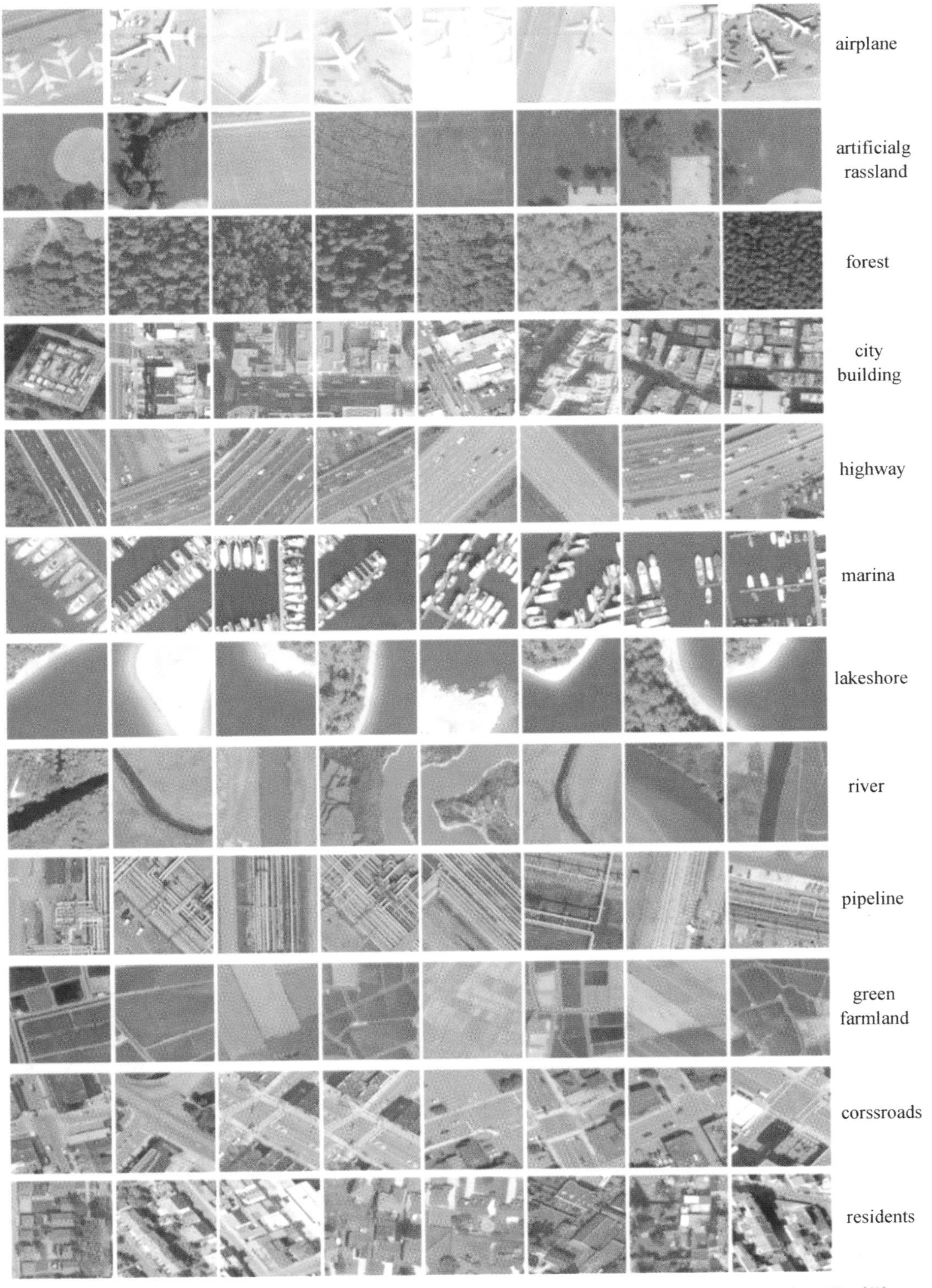

图 2-15　RSI-CB256 数据集(包含 6 大类 45 小类地物类别，每个类别给出 8 幅示例图像)[30]

表 2-2　RSI-CB128 和 RSI-CB256 数据集的类别[30]

类别	子　类
Cultivated land	green_farmland, dry_farm, bare_land
Woodland	artificial_grassland, sparse_forest, forest, mangrove, river_protection_forest, shrubwood, sapling, (natural_grassland, city_green tree, city avenue)
Transportation and facility	airport_runway, avenue, highway, marina, parkinglot, crossroads bridge, (city_road, overpass, rail, fork_road, turning_circle, mountain_road), airplane
Water area and facility	coastline, dam, hirst, lakeshore, river, sea, stream
Construction land and facility	city_building, container, residents, storage_room, pipeline, town, (tower, grave)
Other land	desert, snow_mountain, mountain, sandbeach

9. EuroSat 数据集

EuroSat 数据集①是一个多光谱影像数据集，由 10 个类别、13 个波段(可见光、近红外、短波红外)，共计 27000 幅带标签和地理参考的图像块组成，图像块的尺寸为 64×64 像素，如图 2-16 所示。数据来源为 Sentinel-2 卫星影像，覆盖欧洲 34 个国家。

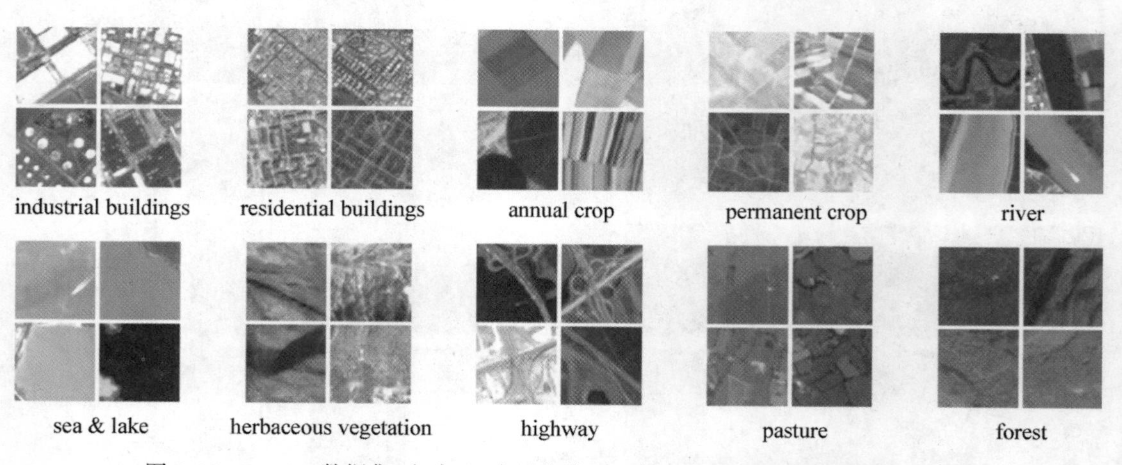

图 2-16　EuroSat 数据集(包含 10 个地物类别，每个类别给出 4 幅示例图像)[31]

10. AID++数据集

① https://github.com/phelber/eurosat

AID++数据集是 AID 数据集的改进版本，包含超过 400000 幅图像，部分场景类别如图 2-17 所示。AID++数据集的特点是构建了一个场景类别层次网络(第一层 8 个节点，第二层 26 个节点，第三层 46 个叶节点)，因此共 46 个子类类别，以便清晰、有效地组织不同类别的数据。此外，针对目前人工标注的耗时耗力，AID++采用半监督方式提高标注效率。具体做法是：通过 Google Map API，OpenStreetMap(OSM)和现有的地理数据库，获得与某个语义标签相关联的坐标信息，然后通过坐标信息获取相应的图像。

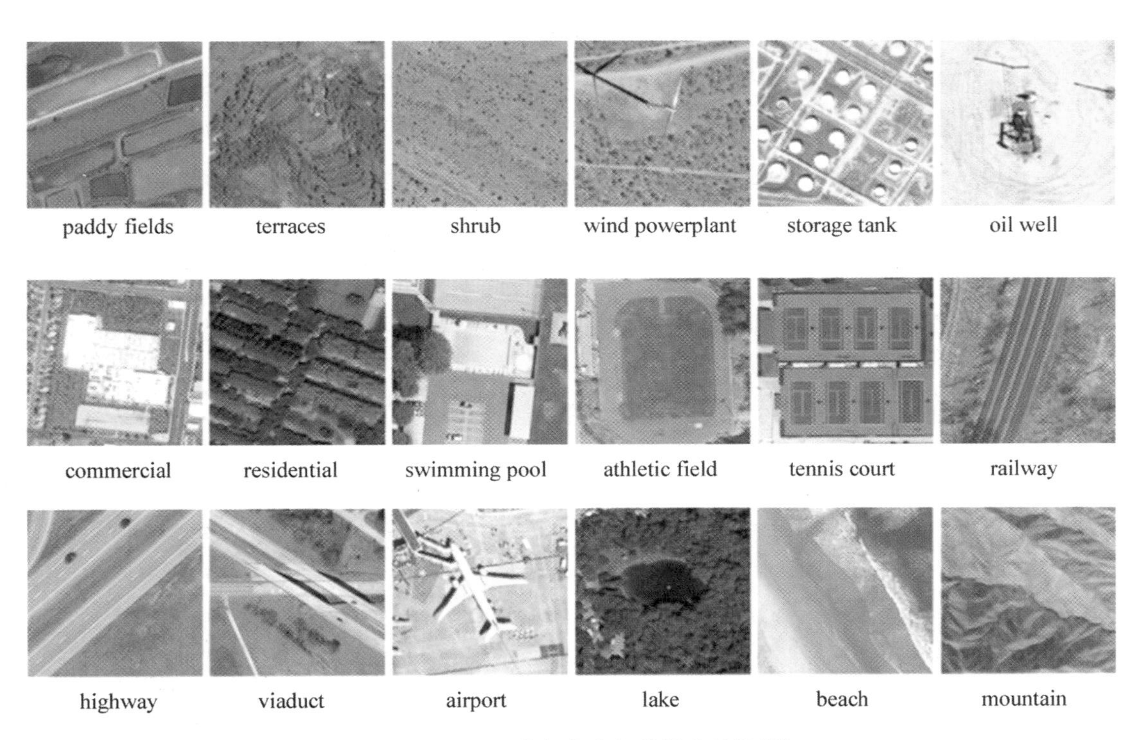

图 2-17　AID++数据集的部分样本数据[32]

11. PatternNet 数据集

PatternNet 数据集①是由武汉大学提供的一个用于遥感图像检索的大规模高分辨率遥感数据集。PatternNet 数据集包含 38 个类别(如图 2-18 所示)，每个类别包含 800 幅图像。图像尺寸为 256×256 像素，数据来源于 Google Earth。与 UCMD、RSD、RSSCN7 和 AID 等数据集相比，PatternNet 数据集规模更大、图像包含的目标更集中(上下文信息更少)、背景干扰更小、语义标注更精细，更适合用于遥感影像相似目标检索。

① https://sites.google.com/view/zhouwx/dataset

图 2-18　PatternNet 数据集(包含 38 种地物类型，每个类别给出 2 幅示例图像)[33]

12. BigEarthNet 数据集

BigEarthNet 数据集①是由柏林理工大学(TU Berlin)的遥感图像分析小组(RSiM)和数据库系统和信息管理小组(DIMA)提供的大规模多标签数据集，如图 2-19 所示。BigEarthNet 由 2017—2018 年间获取的、覆盖了 10 个国家的 125 幅 Sentinel-2 图像数据产生，被分割为 590326 个不重叠图像块，每个图像块基于 CORINE 土地利用数据库(CLC2018)标注了一种或多种地物类型(见表 2-3)。BigEarthNet 的大数据量使其十分有利于训练深度学习网络。

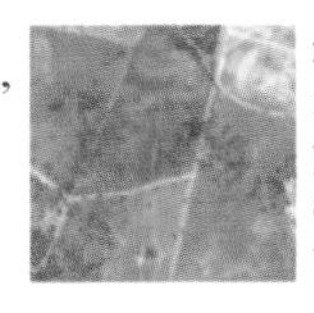

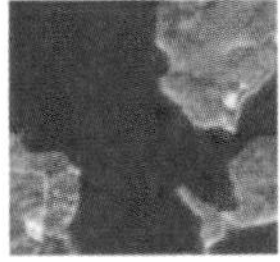

图 2-19 BigEarthNet 多标签数据集的部分样本数据[34]

表 2-3 BigEarthNet 的数据类型及对应的图像块数量[34]

类　别	图像数量(个)	类　别	图像数量(个)
Mixed forest	217119	Annual crops associated with permanent crops	7022
Coniferous forest	211703	Inland marshes	6236
Non-irrigated arable land	196695	Moors and heathland	5890
Transitional woodland/shrub	173506	Sport and leisure facilities	5353
Broad-leaved forest	150944	Fruit trees and berry plantations	4754
Land principally occupied by agriculture, with significant areas of natural vegetation	147095	Mineral extraction sites	4618
		Rice fields	3793
Complex cultivation/atterns	107786	Road and rail networks and associated land	3384
Pastures	103554	Bare rock	3277

① http://bigearth.net

续表

类　　别	图像数量（个）	类　　别	图像数量（个）
Water bodies	83811	Green urban areas	1786
Sea and ocean	81612	Beaches，dunes，sands	1578
Discontinuous urban fabric	69872	Sparsely vegetated areas	1563
Agro-forestry areas	30674	Salt marshes	1562
Peatbogs	23207	Coastal lagoons	1498
Permanently irrigated land	13589	Construction sites	1174
Industrial or commercial units	12895	Estuaries	1086
Natural grassland	12835	Intertidal flats	1003
Olive groves	12538	Airports	979
Sclerophyllous vegetation	11241	Dump sites	959
Continuous urban fabric	10784	Port areas	509
Water courses	10572	Salines	424
Vineyards	9567	Burnt areas	328

表 2-4 从地物类别、每类图像数量、数据集图像数据总量、图像尺寸、空间分辨率、应用等方面对以上所述标准遥感图像数据集进行了综合的对比。

表 2-4　标准遥感图像数据集对比

数据集	类别	每类图像数	图像数量	图像尺寸(像素)	分辨率(m)	应用	年份	
UCMD[19] MLRSD[21]	21	100	2100	256×256	0. 3	分类、检索	2010	单标签 多标签
WHU-RS19[22][23][24]	19	>50	1005	600×600	最高 0. 5	分类	2010	单标签
RSSCN7[25]	7	400	2800	400×400	1 ∶ 700 1 ∶ 1300 1 ∶ 2600 1 ∶ 5200	分类	2015	单标签
RSC11[26]	11	约 100	1232	512×512	0. 2	分类	2016	单标签
SIRI-WHU[27]	12	200	2400	200×200	2	分类	2016	单标签
AID[28]	30	220～420	10000	600×600	0. 5～8	分类	2017	单标签
NWPU-RESISC45[29]	45	700	31500	256×256	0. 2～30	分类	2017	单标签

续表

数据集	类别	每类图像数	图像数量	图像尺寸(像素)	分辨率(m)	应用	年份	
RSI-CB128[30]	45	800	36707	128×128	0.22~3	分类	2017	单标签
RSI-CB256[30]	35	690	24747	256×256	0.22~3	分类	2017	单标签
EuroSat[31]	10	2000~3000	27000	64×64	10	分类		单标签
AID++[32]	46	—	>400000 patches	512×512	—	分类	2018	单标签
PatternNet[33]	38	800	30400	256×256	0.062~4.693	检索	2017	单标签
BigEarthNet[34]	43	328~217119	590320 patches	120×120 60×60 20×20	10m 20m 60m	分类、检索等	2019	多标签

2.4 典型遥感图像检索系统

自20世纪90年代基于内容的图像检索研究起步以来，各国政府组织、商业机构和研究部门都对其投入了很大的关注，各知名公司和科研院所纷纷开发了自己的图像检索系统。早期的国内外代表性图像检索系统包括：IBM的QBIC系统(1994)、Virage公司的VIR Image Engine(1996)、Excalibur公司的RetrievalWare系统、MIT的Photobook系统、美国哥伦比亚大学的VisualSEEk和WebSEEk系统(1996)、美国伊利诺伊大学的MARS系统(1996)、美国波士顿大学的ImageRover(1997)、美国宾州州立大学的SIMPLIcity(2001)、美国加州大学伯克利分校的Chabot系统(1995)、美国宾州州立大学的CLUE系统(2005)、芬兰赫尔辛基工业大学的PicSOM(2002)、清华大学的“Internet上的静态图像的基于内容检索的原型系统”(1997)、中国科学院自动化所和北京图书馆联合开发的MIRES、中科院计算所的ImageSeek(2002)、微软亚洲研究院的iFind检索系统(2002)、浙江大学的Photo Navigator、Photo Engine和WebscopeCBR系统，等等。

在遥感领域，由于充分意识到基于内容的图像检索技术的重要性，美国国家自然基金会(NSF)、国防部高等研究计划局(DARPA)和美国航空及太空总署(NASA)在1995年共同斥资2440万美元，支持以包括加州大学圣芭芭拉分校和伯克利分校、伊利诺伊大学等在内的6所大学为首，共有75个研究机构参与为期4年的“数字图书馆”研究计划，都将基于内容的遥感图像检索技术作为研究重点。除了美国之外，德国、法国、日本、英国、中国也都相继在这一领域开展了深入而持续的研究工作，并取得了丰硕的研究成果。代表性的遥感图像检索系统或项目包括：美国的CANDID项目(1994—1996)、美国的NETRA系统(1995—1998)、美国的Blobworld系统(1995—1998)、瑞士的RSIA Ⅱ + Ⅲ项目(1997—1998)、GeoBrowse系统(1998)、新加坡南洋理工大学的$(RS)^2I$项目(2002)、德国航空中心的 KIM 系统(2002)、美国的 VISIMINE 系统(2002)、美国密苏里大学哥伦比亚分校的 GeoIRIS 系统(2007)、SIMR 系统(2009)、美国加州大学默塞德分校的 CBGIR 项目(2010)，等等。近年来，各大互联网公司，如 Google、Bing、百度、Facebook 等，也陆续升级了搜索引擎以支持遥感图检索；2016 年，位于美国宾夕法尼亚州匹兹堡的初创公司 Terrapattern 发布了面向公众的遥感人工智能服务。以下对这些代表性遥感图像检索的研究项目、系统及服务进行简要介绍。

1. CANDID 项目(1994—1996)

美国能源部 Los Alamos National Laboratory 的 CANDID 项目(comparison algorithm for navigating digital image databases)不是单纯针对遥感图像数据库的检索而开展的项目，而是将遥感图像(主要是多波段 Landsat TM 图像)作为基于内容的图像检索技术的一个重要应用，另一个重要的应用是医学图像领域。

CANDID 采用概率密度函数描述图像特征，基本思想是首先计算数据库中所有图像基于像素点的可视化特征(颜色、纹理、形状)，然后通过概率密度函数描述这些特征的分布情况，这种方式同时兼顾了图像的细节信息和信息分布情况。

2. NETRA 系统(1995—1998)

美国加州大学圣芭芭拉分校 UCSB 的 Alexandria 数字图书馆项目(alexandria digital library，ADL)的目标是建立一个为用户提供 Internet 环境下获取、操作空间信息的分布式数字图书馆。NETRA 系统是 ADL 项目开发的一个基于内容的图像检索原型系统，对于用户提交的一个查询图像，NETRA 根据颜色、纹理、形状和空间分布信息在数据库中匹配检索具有相似性特征的区域返回给用户。系统的特色在于基于 Gabor 滤波器的纹理特征提取、基于神经网络的图像辞典的建立和基于边界流的区域分割技术等。

3. Blobworld 系统(1995—1998)

美国加州大学伯克利分校的 Berkeley 数字图书馆项目致力于对图像库中的图像进行基于内容的分类和检索、对 WEB 进行自动的分类和检索、以及对文档识别、数据库索引和访问协议、分布式搜索等的研究。BlobWorld 系统是 Berkeley 数字图书馆项目开发的一个基于内容的图像检索原型系统，数据来源包括航空图像、USGS 正射图像和地形图，SPOT 卫星图像等。

4. RSIA Ⅱ+Ⅲ项目(1997—1998)

瑞士苏黎世联邦理工学院的 RSIA Ⅱ+Ⅲ项目(advanced query and retrieval techniques for remote sensing image databases)的研究目的是基于光谱和纹理特征的瑞士卫星图像的检索。RSIA Ⅱ+Ⅲ和 RSIA Ⅰ(the swiss national remote sensing image archive)一起构成 RSIA 项目的研究主体。其中，RSIA Ⅰ的目的主要是遥感图像产品的存档、维护等工作，RSIA Ⅱ+Ⅲ的目的是研究多分辨率遥感图像数据的描述和基于内容的遥感图像查询及检索技术，以便满足目前人们对海量遥感图像数据的应用需求。RSIA Ⅱ+Ⅲ项目的研究内容包括：多分辨率遥感图像数据基于光谱特征和纹理特征的描述、基于小波的图像压缩、渐进式图像传输、聚类及索引技术等。RSIA Ⅱ+Ⅲ提供了在线遥感图像检索演示系统 MMDEMO，数据来源包括 Landsat TM、X-SAR、IRS 等；MMDEMO 提供了丰富的查询方式，用户可基于纹理尺度、纹理范围、几何描述、语义类别及其逻辑组合实现图像检索。

5. GeoBrowse 系统(1998)

GeoBrowse 系统是一个支持遥感图像管理、检索、处理和挖掘的集成原型系统。系统由图形化用户界面(GUI)、对象关系数据库管理系统(ORDBMS)、科学问题解决环境(S-PLUS)组成,不同组件之间可以跨平台通信。以 Landsat_TM 遥感影像为例,在图像挖掘流程,需要预先进行遥感影像的光谱混合分析和 6D 直方图计算,提交查询图像后,会返回与之相似的图像。

6. $(RS)^2$ I 项目(2002)

新加坡南洋理工大学的$(RS)^2$ I 项目(retrieval system for remotely sensed imagery)的研究目标是为没有遥感背景的非专业类人士提供获取不同传感器类型遥感图像数据的接口。项目的研究内容涵盖基于统计模型的图像内容描述及特征向量相似性度量、索引技术、降维技术、数据存储技术、异步环境下的查询并行处理等。基于$(RS)^2$ I 项目开发的一个遥感图像检索原型系统中,目标遥感图像数据不局限于某一种传感器类型,也不需要使用者具备很强的专业知识背景,同时利用了多光谱遥感图像的光谱内容和图像文本信息(地理位置、传感器类型、获取时间等)作为查询接口。系统的一个特色就在于并行的系统体系架构设计和灵活的图像特征提取机制。数据来源包括:SPOT、Landsat、MOMS-02 和 IKONOS,分辨率从 4m 到 30m,覆盖了 204150km^2 的地域范围,包括城市、农村、森林等。

7. KIM 系统(2002)

德国航空中心的 Datcu 等人设计并开发的 KIM 系统(knowledge-driven information mining)包含了遥感图像检索功能,KIM 系统的特色在于利用贝叶斯网络挖掘隐含的语义特征,并通过人机交互的方式选择 ROI 区域和非 ROI 区域从而提高检索精度。

8. VISIMINE 系统

由 Selim Aksoy 等人设计并开发的遥感图像检索系统——VISIMINE,从像素、区域和场景三个方面提取遥感图像特征并考虑到区域间的空间关系,最后利用这些底层特征进行遥感图像的相似性匹配。

9. GeoIRIS 系统(2007)

美国密苏里大学哥伦比亚分校设计并开发的 GeoIRIS 系统(geospatial information retrieval and indexing system)提供了大规模图像数据库的特征提取、视觉内容挖掘、高维索引、语义关联等功能。GeoIRIS 的原始图像数据库由 45 GB 高分辨率卫星影像构成,覆盖面积为 3994 km^2,地物目标复杂、场景丰富。由于分别基于 Tile 分块和目标对象提取图像特征并分别构建索引,系统除了支持基于视觉特征的一般查询之外,还支持基于目标及其几何约束的复杂查询,提交查询请求时可以增加几何约束,比如“Given a query image containing a baseball diamond, find all similar baseball diamonds in the database that are within 2 km of a radio broadcast tower”。

10. CBGIR 系统(2010)

CBGIR(content-based geographic image retrieval)系统是由加州大学默塞德分校提供的一个基于 Web 开发的高分辨率遥感图像检索系统,如图 2-20 所示。该系统提供了一个 Google Map 接口用于实现影像导航以及感兴趣区域的选取。图像库中的数据用 Tile 方式进行分块组织,提交查询图像之后,可以将该区域相似的图像返回给用户。用户可以选择的特征包括颜色直方图、纹理特征、局部不变特征描述子等，检索界面如图2-21所示。

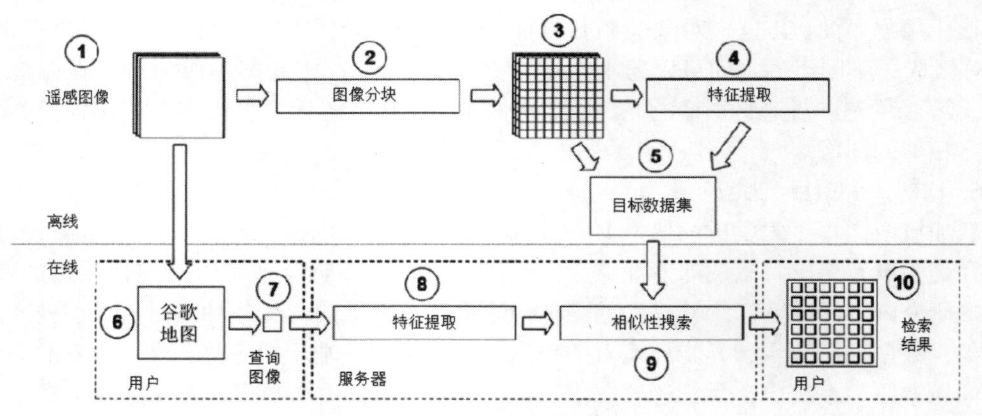

图2-20　CBGIR系统体系架构[44]

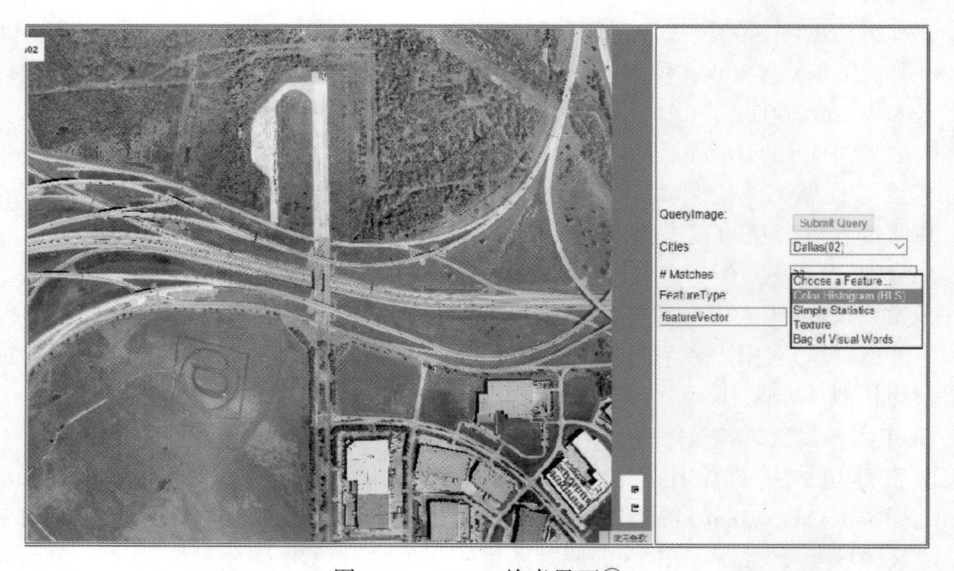

图2-21　CBGIR检索界面①

11. Terrapattern的基于人工智能的遥感卫星影像搜索引擎(2016)

Terrapattern是由来自卡内基梅隆大学(Carnegie Mellon University，CMU)Frank-Ratchye STUDIO的Golan Levin，David Newbury和Kyle McDonald开发的一个面向公众服务的遥感卫星影像搜索引擎，2016年发布了alpha版本。Terrapattern的意义不仅仅在于为用户提供了准确、高效地浏览和查询感兴趣位置(pattern of interest，POI)的接口，还在于它旨在利用人工智能技术，为各行各业的从业者(城市规划师、经济学家、社会学家、公务员、科

① http://vision.ucmerced.edu/demos/GIR/

研人员、商业人士、公益爱好者、旅游爱好者等)提供遥感图像服务的理念，而且提供了开源技术和数据。Terrapattern 体现了对海量遥感影像数据管理以及地物分类和检索的卓越能力，背后的技术包括基于 Tile 的数据分块管理模式，基于 ResNet 的深度神经网络架构、迁移学习，基于 SG-tree 的最近邻查询等。Terrapattern 的 alpha 版本提供了对包含纽约、旧金山、底特律、迈阿密、匹兹堡、柏林在内 6 个城市的支持。图 2-22(a)(b)分别给出 Terrapattern 的检索界面和基于 POI 的相似地物检索结果。

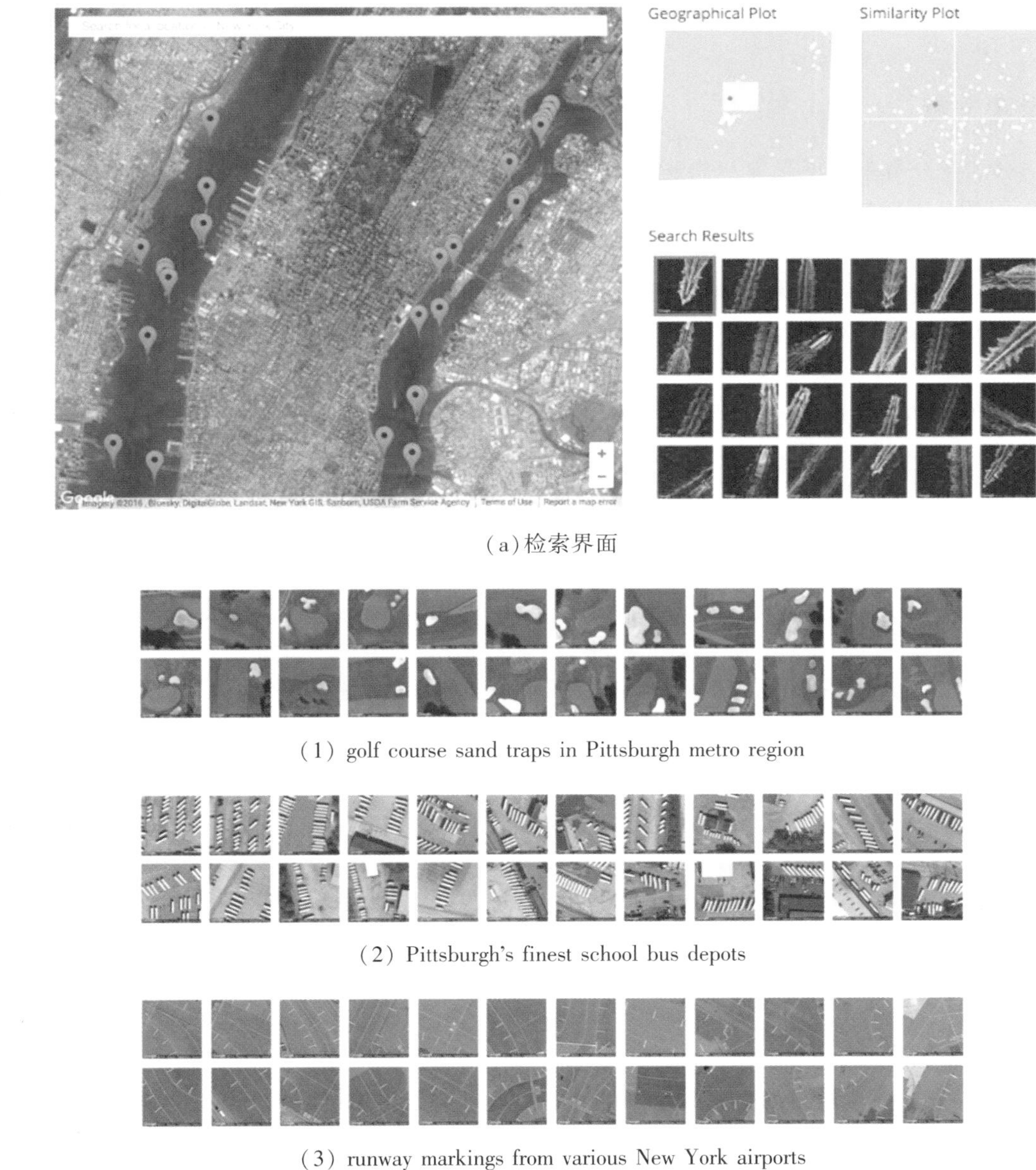

(a)检索界面

(1) golf course sand traps in Pittsburgh metro region

(2) Pittsburgh's finest school bus depots

(3) runway markings from various New York airports

图 2-22　Terrapattern 系统界面及地物检索结果(1)

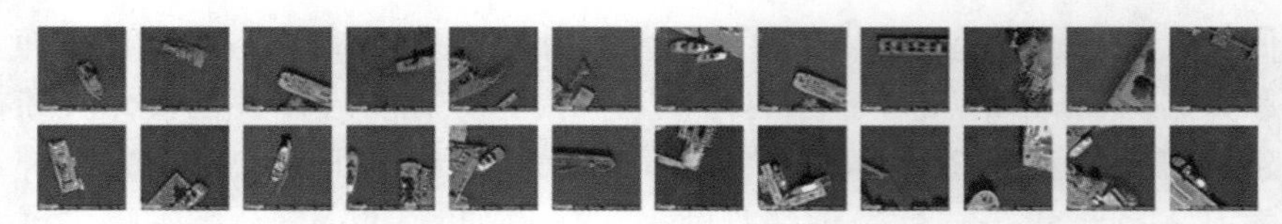

（4）nautical wrecks in NYC-area coastal waters

(b)基于 POI 的地物检索结果

图 2-22　Terrapattern 系统界面及地物检索结果①(2)

◎ 参考文献

[1]方涛. 高分辨率遥感影像智能解译[M]. 北京：科学出版社，2016.

[2]Datta R, Joshi D, Li J, Wang J Z. Image retrieval: ideas, influences, and trends of the new age. ACM Computing Surveys, 2008, 40(2): 1-60.

[3]A W M Smeulders, M Worring, S Santini, et al. Content-based image retrieval at the end of the early years[J]. IEEE Trans. Pattern Anal. Mach. Intell., 2000, 22(12): 1349-1380.

[4]Gu Y, Wang Y, Li Y. A survey on deep learning-driven remote sensing image scene understanding: scene classification, scene retrieval and scene-guided object detection[J]. Applied Sciences, 2019, 9(10).

[5]Ge Y, Jiang S, Xu Q, et al. Exploiting representations from pre-trained convolutional neural networks for high-resolution remote sensing image retrieval[J]. Multimedia Tools and Applications, 2017(5): 1-27.

[6]Tong X Y, Xia G S, Hu F, et al. Exploiting deep features for remote sensing image retrieval: a systematic investigation[J]. IEEE Transactions on Big Data, 2017.

[7]H. Tamura, S. Mori, and T. Yamawaki. Textural features corresponding to visual perception [J]. IEEE Trans. Systems, Man, and Cybernetics, 1978, 8(6): 460-473.

[8] Aksoy S, Haralick R M. Using texture in image similarity and retrieval[M]. Texture Analysis in Machine Vision, 2000: 129-149.

[9]A Krizhevsky, I Sutskever, and G E Hinton. Imagenet classification with deep convolutional neural networks[J]. Advances in neural information processing systems, 2012: 1097-1105.

[10]Qian Bao and Ping Guo. Comparative studies on similarity measures for remote sensing image retrieval[J]. 2004 IEEE International Conference on Systems, Man and Cybernetics (IEEE Cat. No. 04CH37583), The Hague, 2004, 1: 1112-1116. doi: 10. 1109/ICSMC. 2004. 1398453.

[11]Y Ishikawa, R Subramanya, C Faloutsos. Mindreader: querying databases through multiple examples[J]. Proc. 24th Int. Conf. Very Large Data Bases, New York, 1998: 433-438.

① http://www.terrapattern.com

[12]Z Su, H J Zhang, S Li, and S Ma. Relevance feedback in content-based image retrieval: Bayesian framework, feature sub-spaces, and progressive learning[J]. IEEE Trans. Image Process, 2003, 12(8): 924-937.

[13]M L Kherfi, D Ziou. Relevance feedback for CBIR: a new approach based on probabilistic feature weighting with positive and negative examples[J]. IEEE Transactions on Image Processing, 2006, 15(4): 1017-1030. doi: 10. 1109/TIP. 2005. 863969.

[14]A Grigorova, F G B De Natale, C Dagli and T S Huang. Content-based image retrieval by feature adaptation and relevance feedback[J]. IEEE Transactions on Multimedia, 2007, 9 (6): 1183-1192. doi: 10. 1109/TMM. 2007. 902828.

[15]Gosselin P H, Cord M. Active learning methods for Interactive Image Retrieval[J]. IEEE Transactions on Image Processing, 2008, 17(7): 1200-1211.

[16]S D MacArthur, C E Brodley, and C R Shyu. Relevance feedback decision trees in content-based image retrieval[J]. IEEE Workshop on Content-based Access of Image and Video Libraries, Hilton Head, SC, 2000.

[17]Y Rui, T S Huang. Optimizing learning in image retrieval[J]. IEEE Int. Conf. Computer Vision and Pattern Recognition, Hilton Head, SC, 2000.

[18]D Tao, X Tang. Nonparametric discriminant analysis in relevance feedback for content-based image retrieval[J]. Int. Conf. Pattern Recognition, Cambridge, U. K., 2004.

[19]Paolo Napoletano. Visual descriptors for content-based retrieval of remote-sensing images [J]. International Journal of Remote Sensing, 2018, 39: 5, 1343-1376. doi: 10. 1080/ 01431161. 2017. 1399472.

[20]Yang. Y, Newsam S. Geographic image retrieval using local invariant features[J]. IEEE Transactions on Geoscience and Remote Sensing, 2013, 51: 818-832.

[21]B Chaudhuri, B Demir, S Chaudhuri, L Bruzzone. Multilabel remote sensing image retrieval using a semi-supervised graph-theoretic method[J]. IEEE Trans. Geosci. Remote Sens., 2008, 56(2): 1144-1158.

[22]G S Xia, W Yang, J Delon, et al. Structural high-resolution satellite image indexing[J]. Symposium: 100 Years ISPRS -Advancing Remote Sensing Science, Vienna, Austria, 2010.

[23]G Sheng, W Yang, T Xu, H Sun. High-resolution satellite scene classification using a sparse coding based multiple feature combination[J]. International Journal of Remote Sensing, 2012, 33(8): 2395-2412.

[24]J Hu, T Jiang, X Tong, et al. A benchmark for scene classification of high spatial resolution remote sensing imagery[J]. IEEE International Geoscience and Remote Sensing Symposium (IGARSS). IEEE, 2015: 5003-5006.

[25]Qin Zou, Lihao Ni, Tong Zhang, Qian Wang. Deep learning based feature selection for remote sensing scene classification[J]. IEEE Geoscience and Remote Sensing Letters, 2015, 12(11): 2321-2325.

[26] Zhao L, Tang P, Huo L. Feature significance-based multibag-of-visual-words model for remote sensing image scene classification[J]. Journal of Applied Remote Sensing, 2016, 10(3): 035004.

[27] Q Zhu, Y Zhong, B Zhao, et al. Bag-of-words scene classifier with local and global features for high spatial resolution remote sensing imagery[J]. IEEE Geoscience and Remote Sensing Letters. DOI: 10. 1109/LGRS. 2015. 2513443.

[28] Gui-Song Xia, Jingwen Hu, Fan Hu, et al. AID: a benchmark dataset for performance evaluation of aerial scene classification[J]. IEEE Transactions on Geoscience and Remote Sensing, 2017, 55(7): 3965-3981.

[29] G Cheng, J Han, X Lu. Remote sensing image scene classification: benchmark and state of the art[J]. Proceedings of the IEEE, 2017, 105(10): 1865-1883.

[30] Li H, Dou X, Tao C, et al. RSI-CB: A large scale remote sensing image classification benchmark via crowdsource data[J]. arXiv preprint arXiv: 1705. 10450, 2017.

[31] P Helber, B Bischke, A Dengel, D Borth. Eurosat: a novel dataset and deep learning benchmark for land use and land cover classification[J]. arXiv preprint arXiv: 1709. 00029, 2017.

[32] Pu Jin, Gui-Song Xia, Fan Hu, AID++: an updated version of AID on scene classification [J]. Proceedings of the IGARSS 2018—2018 IEEE International Geoscience and Remote Sensing Symposium, Valencia, Spain, 2018: 22-27.

[33] Zhou W, Newsam S, Li C, Shao Z. PatternNet: a benchmark dataset for performance evaluation of remote sensing image retrieval[J]. ISPRS Journal of Photogrammetry and Remote Sensing, 2018, 145: 197-209.

[34] G Sumbul, M Charfuelan, B Demir, V Markl. Big Earth Net: a large-scale benchmark archive for remote sensing image understanding[J]. IEEE International Geoscience and Remote Sensing Symposium, 2019: 5901-5904, Yokohama, Japan.

[35] P M Kelly, T M Cannon, D R Hush. Query by image example: the CANDID approach[J]. SPIE Storage and Retrieval for Image and Video Databases III, 1995, 2420: 238-248.

[36] W Y Ma. NETRA: a toolbox for navigating large image databases[D]. PhD thesis, Dept. of Electrical and Computer Engineering, University of California at Santa Barbara, 1997, 1: 568-571.

[37] Chad Carson, Megan Thomas, Serge Belongie, et al. Blobworld: a system for region-based image indexing and retrieval[J]. Proceedings of 3rd International Conference on Visual Information Systems, 1999, 1614: 509-516,.

[38] Seidel K, Therre J P, Datcu M, et al. Advanced query and retrieval techniques for remote sensing image databases (RSIA Ⅱ+Ⅲ)[J]. Project Description Homepage, 1998.

[39] G B Marchisio, W H Li, M Sannella and J R Goldschneider. GeoBrowse: an integrated environment for satellite image retrieval and mining[J]. Proc. IEEE Int. Geosci. and Remote Sens. Symp., 1998, 2: 669-673.

[40]T. Bretschneider. (RS) 2I -retrieval system for remotely sensed imagery[J]. Project Description: http: //www. ntu. edu. sg/home/astimo/.

[41]Datcu M, Seidel K, D'Elia S Marchetti P G. Knowledge driven information mining in remote sensing image archives[J]. European Space Agency Bulletin, 2002, 110: 26-33.

[42]K Koperski, G Marchisio, S Aksoy and C Tusk. VisiMine: interactive mining in image databases[J]. Proc. IEEE Int. Geosci. and Remote Sens. Symp., 2002, 3: 1810-1812.

[43]C Shyu, M Klaric, G J Scott, et al. GeoIRIS: geospatial information retrieval and indexing system—content mining, semantics modeling, and complex queries[J]. IEEE Transactions on Geoscience and Remote Sensing, 2007, 45 (4): 839-852. doi: 10. 1109/TGRS. 2006. 890579.

[44]S Newsam, D Leung, O Caballero, et al. CBGIR: content-based geographic image retrieval (demo paper) [J]. ACM Sigspatial International Conference on Advances in Geographic Information Systems (ACM SIGSPATIAL GIS), 2010.

第3章　基于人工设计特征的遥感图像检索

基于内容的图像检索的基本思路是采用视觉特征或者视觉线索(visual cues)表达图像内容，将图像内容的相似性度量映射为视觉特征或视觉线索的相似性度量。图像检索系统的性能，很大程度上依赖于图像视觉特征是否能够准确描述图像内容。过去的几十年来，科研人员在图像特征表达方面做了大量研究，取得了显著的成果。图像内容经历了从单一特征、粗粒度特征到多层次、多粒度、多模态特征融合表达和从基于像素表达到基于场景表达的发展。

根据是否预先定义特征提取算法，可以将图像视觉特征分为人工设计的视觉特征(hand-crafted visual features)和学习特征(learned features)。人工设计视觉特征是基于专家知识预先定义的算法设计的特征，学习特征是通过人工神经网络获取的特征。在深度学习研究兴起之前，图像检索基本上都是采用人工设计特征。无论是特征提取还是特征学习，人们希望描述图像内容的特征满足尺度、旋转、平移、光照、透视、仿射不变性，对图像的类内一致和类间差异具有较强的判别能力，能够更好地模拟人类的视觉感知特性，尽可能缩小语义鸿沟。遥感图像作为对地球表面地理现象的一种描述，很多情况下并没有明确或单一的主题信息，不同类型传感器和不同成像条件造成了遥感图像上的地物更加复杂多样、语义更为隐晦，且具有明显的尺度和时态特征，这些对遥感图像内容的表达提出了更大的挑战。

本章介绍目前代表性的人工设计视觉特征描述子，以及基于人工设计视觉特征(含低层视觉特征和中层视觉特征)的遥感图像检索方法、流程和在标准遥感图像数据集上的应用。

3.1　人工设计的视觉特征描述子

从研究范围和特征种类的角度，人工设计视觉特征可以分为全局特征、区域特征和局部特征。图像检索研究初期，通常将图像作为一个整体进行分析，如从统计的角度分析图像的全局颜色分布或者纹理分布。全局特征简单直观，具有较强鲁棒性，缺点是难以和图像的空间特征相关联，且描述图像细节信息的能力不足，这使得单纯基于全局特征的图像检索系统的精度难以满足实际应用需求。

根据人的视觉选择特性，人们通常更关注图像中的某些区域而非整体，采用感兴趣区域的特征描述图像内容，如区域内颜色或纹理分布以及区域轮廓特征等，可以有效降低图像的背景对于图像理解的干扰；或者将图像根据纹理等特征分割为多个同质区域，用各区域及区域间空间关系描述图像内容，增强对图像空间信息表达的能力。基于区域的图像检索(region-based image retrieval, RBIR)就是将图像中的区域作为研究对象而实现的检索。

需要说明的是，通过超像素方法或者纹理分割生成的区域，往往是不规则的(即任意形状区域)，提取任意形状区域的特征可以采用直接法或填充法。直接法不对不规则区域做任何变换，而是将其分割为规则小像素区域，通过计算所有小像素区域的统计特征(如纹理特征平均值)来描述整个不规则区域纹理特征。填充法首先将不规则区域通过零填充或者有效值(如像素镜像值)填充"拉伸"为规则区域，然后采用常规的特征提取算法获取不规则区域的特征。

随着可获取图像分辨率的提高，图像内容越来越丰富，可以观察到的细节信息也更加丰富。局部特征描述子提供了一种描述图像上以兴趣点为中心的显著块(salient patches)特征的手段，满足不变性。局部特征应用于图像检索时，比全局特征更适合描述目标及其相互之间的关系，典型的局部特征描述子包括尺度不变特征描述子(scale-invariant feature transform, SIFT)及其改进算法、方向梯度直方图(histogram of oriented gradient, HOG)、局部二值模式(local binary patterns, LBP)等。然而，局部特征向量往往具有很高的维度，在实际应用中，往往通过特征聚合方法将低层视觉特征转化为表达力更强的中层特征，如视觉词袋(bag of visual words, BoVW)、空间金字塔匹配(spatial pyramid matching, SPM)、局部聚集向量(vector of locally aggregated descriptors, VLAD)以及改进的费舍尔向量(improved fisher vectors, IFV)等，以解决图像检索中局部特征向量的高维度问题。

需要说明的是，图像的全局特征、区域特征和局部特征存在一定程度的重合，一些方法既可以描述图像全局和区域特征，也可以描述图像的局部特征，比如傅里叶变换和局部二值模式等。

随着计算机视觉技术及相关领域技术的发展，人们意识到大多数情况下低层和中层视觉特征的相似性与人眼视觉特性之间存在弱相关性，基于低层和中层视觉特征的相似性实现的图像检索，忽视了图像的语义相似性，而图像的语义概念能够更好地表达人眼对图像的理解，图像高层语义特征能够更好地表达图像的场景语义信息，实现语义层检索。

3.2 基于全局特征的遥感图像检索

早期基于内容的图像检索研究中常用全局特征描述图像内容，即将图像作为一个整体进行分析，常见的全局特征描述子包括颜色直方图(color histogram)、图像矩(image moment)、灰度共生矩阵(gray-level co-occurrence matrix, GLMC)等。在基于区域的图像检索研究中，也常用全局特征描述子描述区域的整体特征。

3.2.1 基于光谱特征的遥感图像检索

在各种全局特征中，光谱特征是遥感图像区别于一般自然图像的重要特征，是多光谱、高光谱遥感图像检索的重要依据。

一、遥感图像的光谱特征提取

高光谱遥感兴起于20世纪80年代，是一种在电磁波谱的可见光、近红外、中红外和热红外波段范围内，用很窄而连续的光谱通道对地物进行连续成像的新型对地观测技术。高光谱遥感通过增加波段数目和减小每个波段的带宽来提高光谱分辨率，光谱分辨率可以达到纳米级别。

由电磁波理论可知，相同物体具有相同的电磁波谱特性，不同物体由于物质组成、内部结构、表面状态不同，而具有相异的电磁波谱特性。这是利用地物光谱特征进行遥感图像识别、分类和检索的理论基础。高光谱成像仪在空间成像的同时，记录下成百个连续光谱通道数据，高光谱遥感图像包含了非常丰富的地物光谱信息，每个像素都可以提取一条完整而连续的光谱曲线，如图 3-1 所示。图 3-2 给出植被、土壤、水体、冰雪、岩矿和人工目标等六类典型地物的光谱曲线，从图中可以清楚地看出，不同类型的地物具有不同的光谱曲线，地物的光谱曲线反映了地物独特的光谱特征。光谱分辨率越高，地物光谱曲线信息越丰富。从某种意义上讲，高光谱遥感图像分析的本质是对像元光谱曲线的定量化处理和分析，通过提取和度量不同地物光谱曲线的参量化指标或对比光谱曲线形态，可以实现高光谱遥感图像上地物的识别、分类和检索。

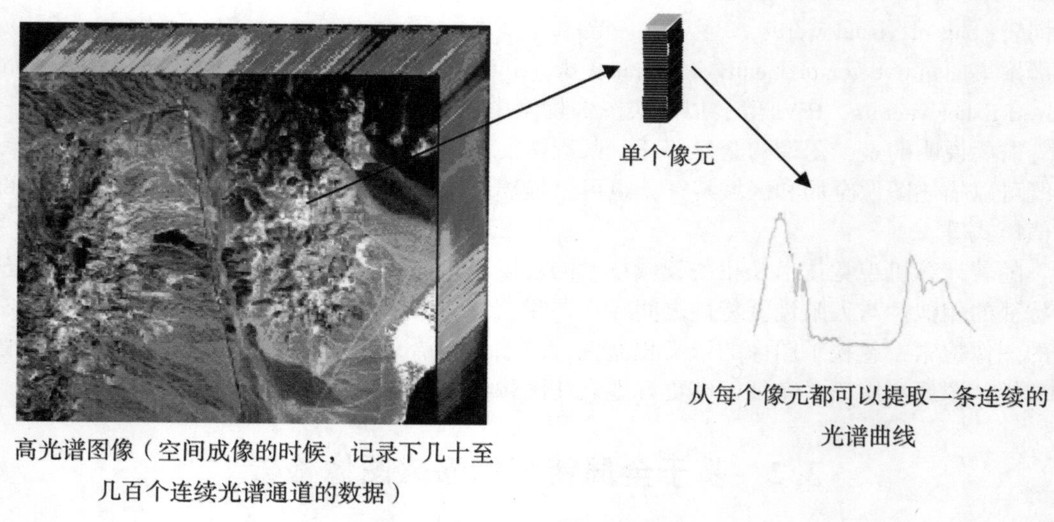

图 3-1　高光谱遥感成像过程

1. 光谱曲线参量化指标

光谱曲线的参量化指标包括光谱吸收特征参数、光谱吸收指数、导数光谱等。以美国约翰霍普金斯大学提供的光谱数据库为例，该光谱数据库由 373 种地物类型构成，其中岩矿 324 种、土壤 25 种、冰雪 4 种、植被 3 种、水体 3 种、人工目标 14 种。从中随机选取岩矿中的 Acmite $NaFe^{+3}$ Si_2O_6、人工目标中的 Pine Wood、土壤中的 Dark Grayish Brown Silty Loam、植被中的 Grass 等四种地物，光谱曲线图如图 3-3 所示；提取光谱曲线对应的光谱吸收峰参数(波长位置、深度、宽度和吸收光谱指数等)作为参量化指标，如表 3-1 所示。由于一条光谱曲线可能有多个波谷波峰，特征参数计算均选取了具有最小波谷值的波谷和具有最大波峰值的波峰。

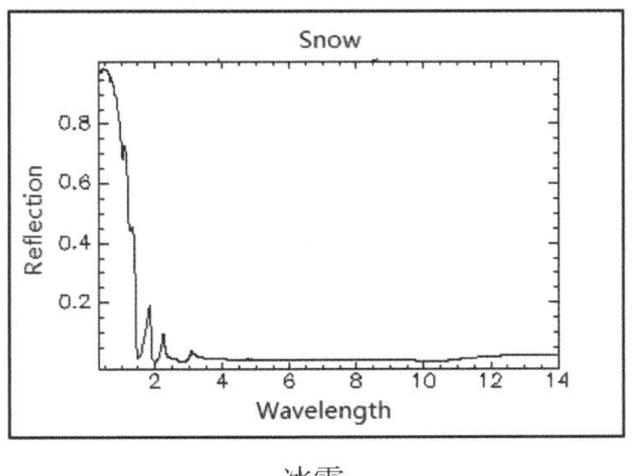

冰雪

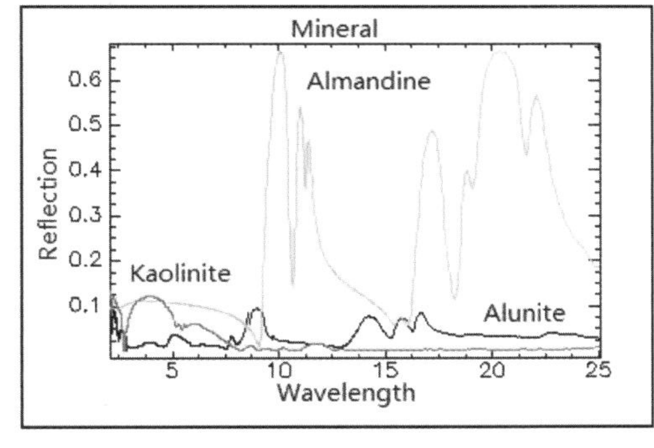

不同种类的岩矿
（Alunite：明矾石；Almandine：铁铝榴石；Kaolinite：高岭石）

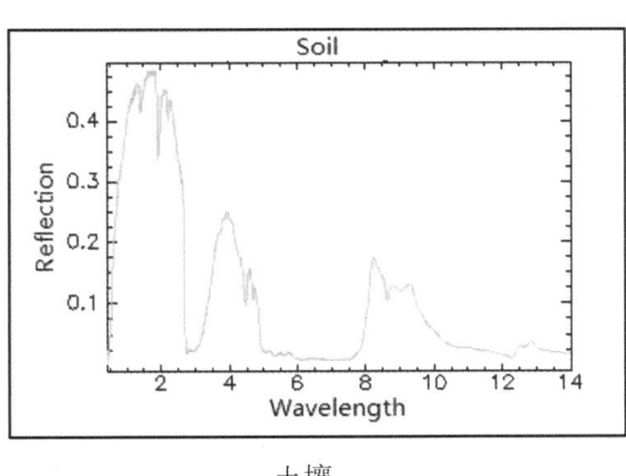

土壤

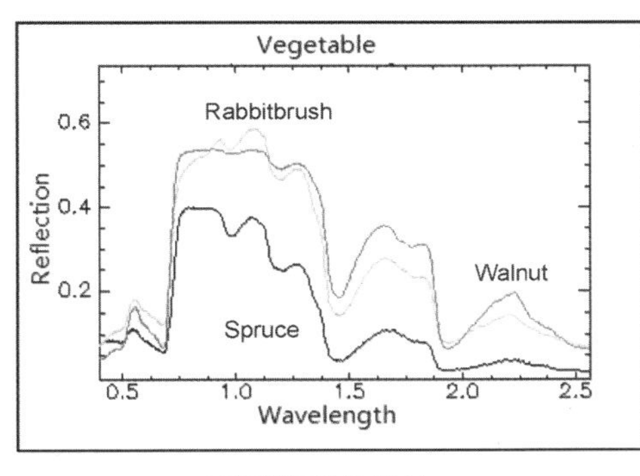

不同类型的植被
（Spruce：云杉；Rabbitbrush：金花矮灌木；Walnut：胡桃木）

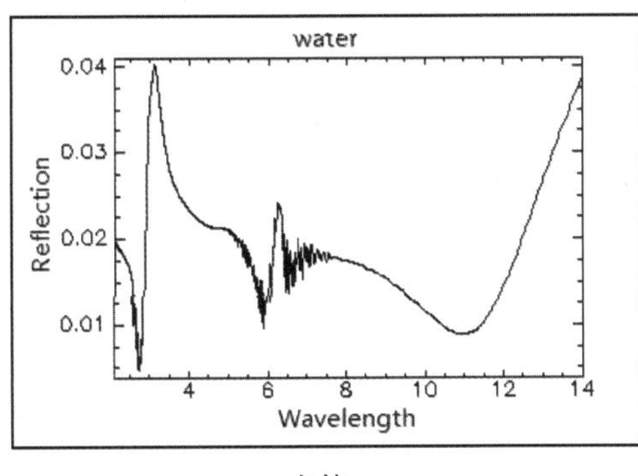

水体

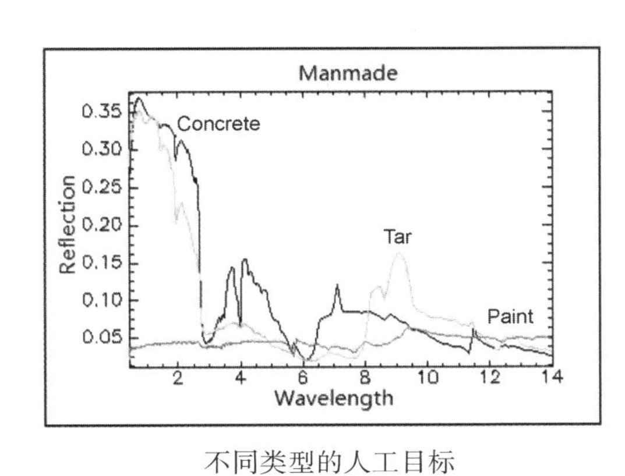

不同类型的人工目标
（Concrete：混凝土；Tar：沥青；Paint：涂料）

图 3-2　典型地物的光谱曲线

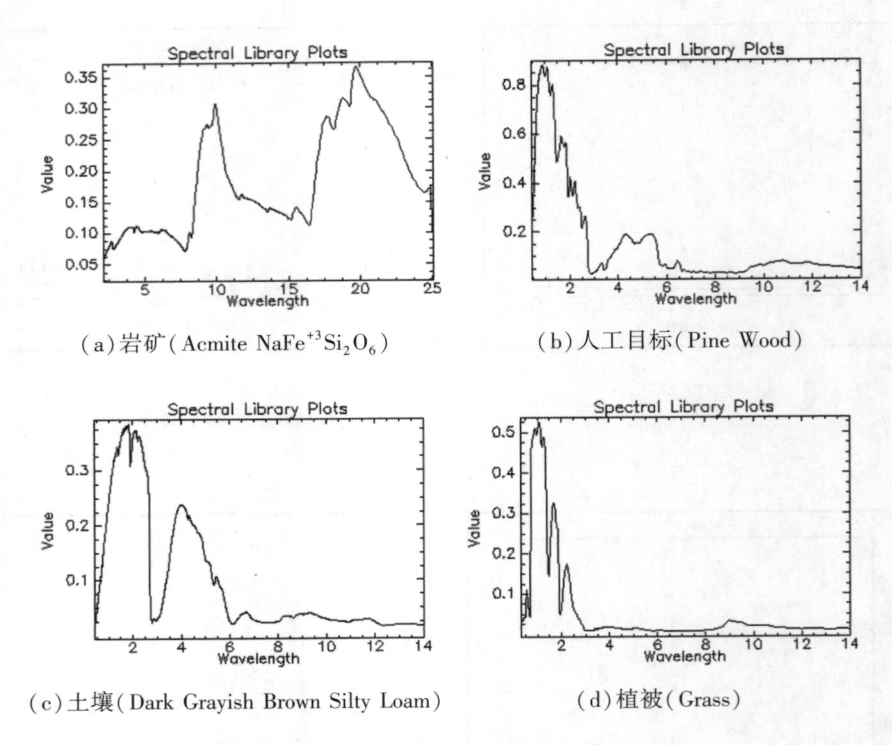

(a)岩矿(Acmite $NaFe^{+3}Si_2O_6$)　(b)人工目标(Pine Wood)

(c)土壤(Dark Grayish Brown Silty Loam)　(d)植被(Grass)

图 3-3　典型地物的光谱曲线

表 3-1　原始光谱曲线的参量化指标

	Acmite $NaFe^{+3}$ Si_2O_6	Pine Wood	Dark Grayish Brown Silty Loam	Grass
波谷波长位置(nm)	2083. 66	8500	404	7400
波谷点反射值	0. 0560	0. 0250	0. 0050	0. 0061
波谷宽度(nm)	3. 35	300	5	600
波谷深度(nm)	6.14×10^{-4}	5.79×10^{-3}	9.60×10^{-4}	5.54×10^{-4}
波谷斜率	0. 1167	0. 0022	0. 9336	0. 0016
波谷对称度	0. 2478	0. 6667	0. 2000	0. 8333
波谷 SAI	1. 0162	1. 2308	1. 9265	1. 1620
波谷总数(个)	369	34	219	37
波峰波长位置(nm)	19786. 86	880	1840	1060
波峰点反射值	0. 3644	0. 8795	0. 3837	0. 5249
波峰宽度(nm)	5181. 64	494. 00	24. 00	200. 00
波峰深度(nm)	1. 7211	0. 7667	0. 4742	1. 3252
波峰斜率	0. 0270	1. 3984	0. 0787	0. 1496
波峰对称度	0. 0994	0. 9190	0. 8333	0. 4000
波峰 SAI	2. 4350	0. 6023	0. 9910	0. 8978
波峰总数(个)	372	34	216	38

为了消除光谱数据之间的系统误差，减弱大气辐射、散射和吸收对目标光谱的影响，可以采用导数光谱(derivative spectrum)即光谱微分技术，计算地物原始光谱曲线的导数光谱(如一阶、二阶和三阶导数光谱)，再基于导数光谱提取地物的参量化指标。

2. 光谱曲线形态简化

简化光谱曲线可以大大提高光谱曲线相似性度量的效率。以美国地质勘探局 USGS 光谱实验室提供的岩矿光谱数据库为例(包含 481 个波谱，光谱分辨率为 4nm 和 10nm)：选取其中的 Ammonioalunite NMNH145596、Ammonio-Illite Smec GDS87、Ammonio-jarosite SCR-NHJ、Almandine WS476、Biotite HS28. 3B 等 5 种矿物的光谱曲线作形态简化(DP 简化)，原始光谱曲线及对应的简化光谱曲线如图 3-4 所示，可以看出，简化曲线基本上保持了原始光谱曲线的形态。

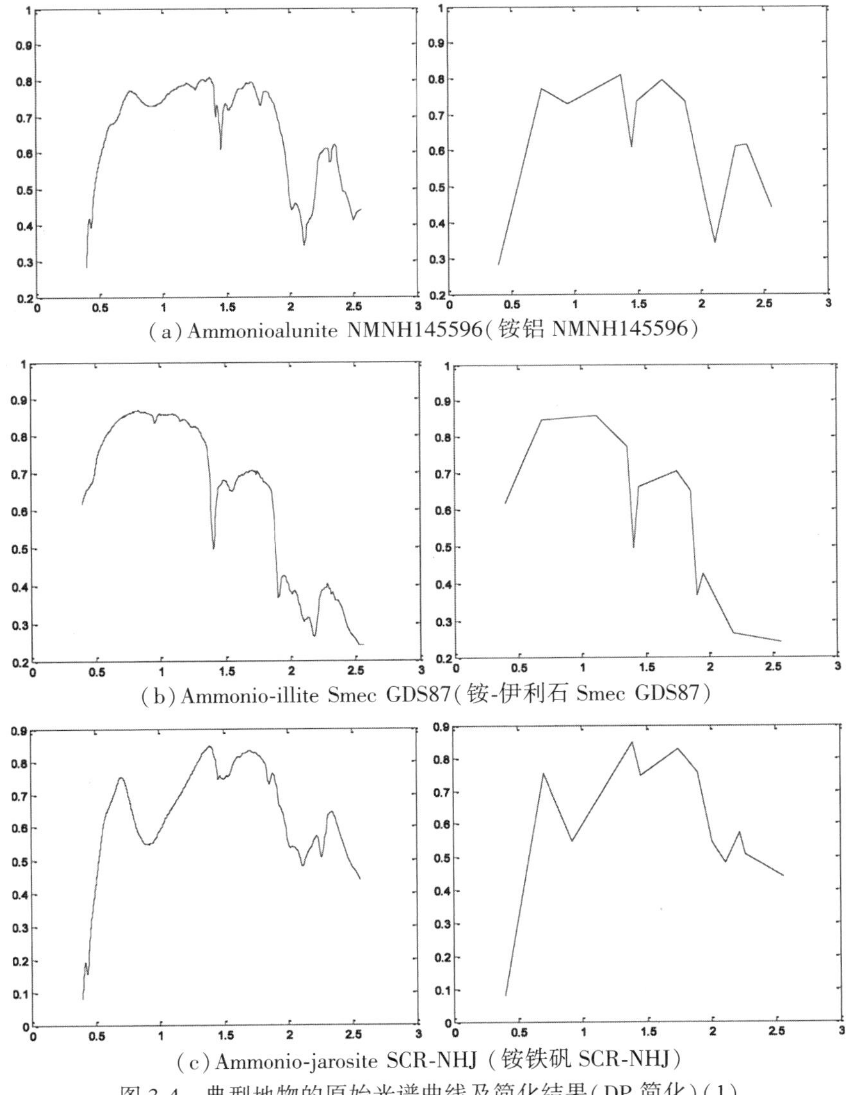

(a) Ammonioalunite NMNH145596(铵铝 NMNH145596)

(b) Ammonio-illite Smec GDS87(铵-伊利石 Smec GDS87)

(c) Ammonio-jarosite SCR-NHJ (铵铁矾 SCR-NHJ)

图 3-4 典型地物的原始光谱曲线及简化结果(DP 简化)(1)

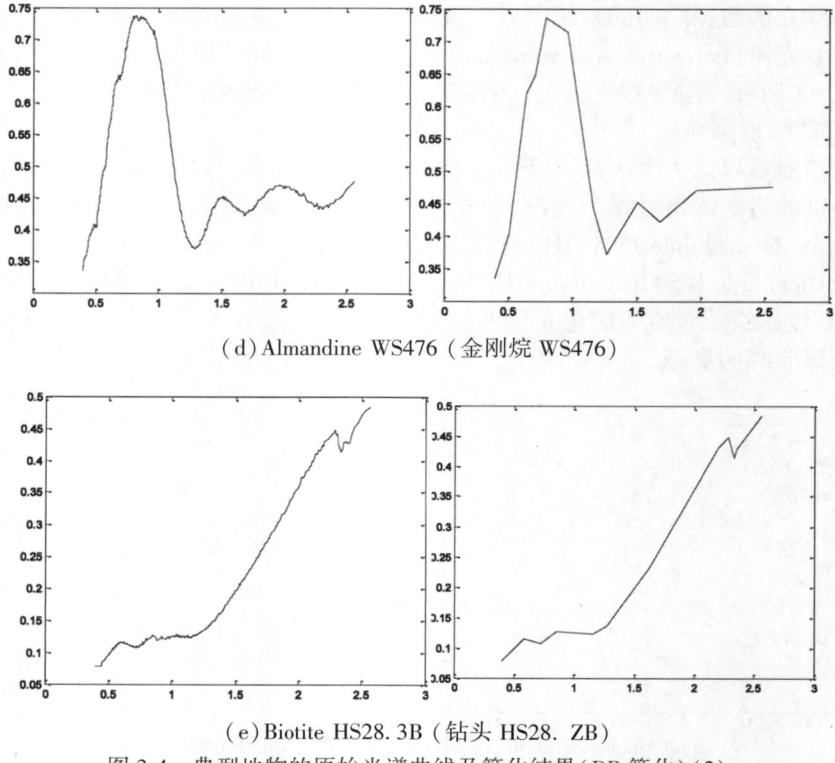

(d) Almandine WS476 (金刚烷 WS476)

(e) Biotite HS28. 3B (钻头 HS28. ZB)

图 3-4　典型地物的原始光谱曲线及简化结果(DP 简化)(2)

二、光谱匹配

光谱匹配是基于某个距离函数衡量不同光谱向量(光谱曲线)之间相似程度的过程。地物光谱曲线反映了地物的吸收和反射特征，大多数地物具有典型的光谱波形特征。就地物反射光谱曲线而言，它反映了地物的反射率随入射波长变化的规律。地物反射率的大小，与入射电磁波的波长、入射角的大小以及地物表面颜色和粗糙度等性质有关。不同地物由于物质组成和结构的不同，而具有不同的反射光谱特性；不同地物在不同波段的反射率也存在着差异(谱特性)；同类地物的反射光谱是相似的，但随着该地物的内在差异或环境因子的变化而有所变化。通过光谱匹配，可以实现地物的识别、分类和检索。

光谱匹配的方法有很多，包括基于二值编码、光谱角(spectral angle mapper，SAM)、光谱信息散度(spectral information divergence，SID)、光谱吸收特征参数、光谱吸收指数、导数光谱、交叉相关系数(cross correlogram spectral matching，CCSM)等的匹配。

1. 二值编码匹配

基于二值编码技术的光谱匹配(Goetz，1990)是一种通过设置阈值将地物光谱曲线匹配转化为二值编码向量匹配的技术，它可以在保持光谱波形形态重要特征的同时，有效提高计算效率，缺点是编码过程中容易丢失光谱细节信息。

2. 光谱角匹配

光谱角匹配通过计算样本光谱曲线与光谱库目标光谱曲线之间的“角度” θ (广义夹角

余弦)来衡量二者之间的相似性，计算公式为

$$\theta = \arccos \frac{\sum_{i=1}^{N} t_i r_i}{\sqrt{\sum_{i=1}^{N} t_i^2 \sum_{i=1}^{N} r_i^2}}, \quad \theta \in \left[0, \frac{\pi}{2}\right] \tag{3.1}$$

式中，N 为波段数，t_i 和 r_i 分别表示目标光谱和样本光谱。当 $\theta = 0$ 时，表示两个光谱曲线完全相似；当 $\theta = \pi/2$ 时，两个光谱曲线完全不同。

3. 光谱信息散度匹配

光谱信息散度匹配通过计算目标光谱和参考光谱之间的光谱信息散度来确定二者之间的相似性。它是从信息论的角度提出的一种光谱相似性度量指标，将每一个像素看作一个随机变量，使用光谱直方图定义其概率分布。光谱信息散度的计算公式如下：

$$\mathrm{SID}(t, r) = D(t \parallel r) + D(r \parallel t) \tag{3.2}$$

式中，$D(t \parallel r) = \sum_{i=1}^{N} p_i \log(p_i/q_i)$，$D(r \parallel t) = \sum_{i=1}^{N} q_i \log(q_i/p_i)$，分别表示 r 关于 t 的信息熵(K-L 距离)和 t 关于 r 的信息熵(K-L 距离)；$p_i = t_i \Big/ \sum_{i=1}^{N} t_i$，$q_i = r_i \Big/ \sum_{i=1}^{N} r_i$，分别表示目标光谱和样本光谱归一化后的概率分布。

4. 光谱吸收特征匹配

光谱吸收特征匹配是指采用光谱吸收特征参数或者光谱吸收指数来实现高光谱图像处理和地物识别。光谱吸收特征参数包括吸收波段波长位置(P)、波段深度(H)、波段宽度(W)、斜率(K)、吸收峰对称度(S)、吸收峰面积(A)和光谱绝对反射值等指标。光谱吸收指数包含 4 个指标：吸收位置(Absorption Postion，AP)、吸收深度(Absorption Depth，AD)、吸收宽度(Absorption Width，AW)和对称性(Absorption Asymmetry，AA)。吸收位置、吸收深度和吸收宽度分别表示在光谱吸收谷中反射率最低处的波长、在某一波段吸收范围内反射率最低点到归一化包络线的距离以及最大吸收深度一半处的光谱带宽。

光谱吸收指数的计算公式如下：

$$\mathrm{SAI} = \frac{\rho}{\rho_m} = \frac{d\rho_1 + (1-d)\rho_2}{\rho_m}, \quad d = \frac{\lambda_m - \lambda_2}{\lambda_1 - \lambda_2} \tag{3.3}$$

式中，λ_m 是吸收位置(反射率最低点)的波长值，λ_1 和 λ_2 分别是吸收位置左右相邻的两个波峰对应的波长值，ρ_m 是吸收位置的光谱反射率，ρ_1 和 ρ_2 分别是吸收位置左右相邻的两个波峰对应的光谱反射率，d 为吸收波谷对称度。

5. 光谱微分匹配

光谱微分(又称为导数光谱)匹配是采用光谱微分技术实现光谱匹配的方法。需要对反射光谱进行数学模拟和计算不同阶数的微分值，以迅速确定光谱弯曲点及最大最小反射率的波长位置。采用光谱微分技术可以消除光谱数据之间的系统误差，减少大气散射和吸收对目标光谱特征的影响，可以有效提取地物的光谱吸收峰参数(波长位置、深度、宽度等)，光谱的低阶微分处理可以消除背景噪声。一阶、二阶导数光谱的近似计算方法如下：

$$\rho'(\lambda_i)=\frac{\rho(\lambda_{i+1})-\rho(\lambda_{i-1})}{2\Delta\lambda} \tag{3.4}$$

$$\rho''(\lambda_i)=\frac{\rho'(\lambda_{i+1})-\rho'(\lambda_{i-1})}{2\Delta\lambda}=\frac{\rho(\lambda_{i+1})-2\rho(\lambda_i)+\rho(\lambda_{i-1})}{4\Delta\lambda^2} \tag{3.5}$$

式中，λ_i 表示每个波段的波长；$\rho'(\lambda_i)$ 和 $\rho''(\lambda_i)$ 分别表示波长 λ_i 的一阶和二阶微分光谱；$\Delta\lambda$ 表示波长 λ_{i-1} 到 λ_i 的间隔。

6. 基于交叉相关系数的匹配

基于交叉相关系数的光谱匹配通过比较目标地物光谱与样本地物光谱在不同光谱位置的交叉相关系数来实现地物光谱匹配，综合考虑了不同地物光谱之间的相关系数、偏度和相关显著性标准。计算公式如下：

$$r_m=\frac{n\sum R_rR_t-\sum R_r\sum R_t}{\sqrt{[n\sum R_r{}^2-(\sum R_r)^2][n\sum R_t{}^2-(\sum R_t)^2]}} \tag{3.6}$$

式中，R_r 和 R_t 分别表示样本光谱和目标光谱，n 表示两光谱重合波段数，m 表示光谱匹配位置。

以 USGS 光谱库的 Ammonioalunite NMNH145596、Ammonio-Illite Smec GDS87、Ammonio-jarosite SCR-NHJ、Almandine WS476、Biotite HS28.3B 等 5 种不同种类矿物为例（图 3-4），表 3-2 给出基于简化光谱曲线的光谱角匹配（SAM）和光谱信息散度（SID）匹配结果。根据定义可知，SAM 值越大，SID 值越小，光谱曲线越相似。可以看出，SCR-NHJ 与 NMNH145596 的相似度最大，而 HS28.3 与其他 4 种矿物的相似度均较低，这与简化光谱曲线形态的表现一致。

表 3-2　基于简化光谱曲线形态的 SAM 和 SID 匹配

	NMNH145596		GDS87		SCR-NHJ		WS476		HS28.3B	
	SAM	SID	SAM	SID	SAM	SID	SAM	SID	SAM	SID
NMNH145596	1	1								
GDS87	0.9627	0.1094	1	1						
SCR-NHJ	0.9826	0.0625	0.9311	0.2511	1	1				
WS476	0.9580	0.0944	0.9257	0.1809	0.9653	0.1208	1	1		
HS28.3	0.7853	0.5619	0.6741	0.9047	0.7678	0.5980	0.7751	0.5755	1	1

3.2.2　基于纹理特征的遥感图像检索

自从 Haralick 在 1973 年首次将纹理特征应用于遥感图像的分类以来，越来越多的研究认为，纹理特征是遥感图像分割、分类、目标识别等应用中最为基本和重要的特征之一。如前所述，纹理是一种不依赖于颜色或亮度的、反映图像中同质现象的视觉特征。在遥感图像中，纹理主要是由地物特征如森林、草地、农田、城市建筑群等产生。在高分辨率影像分析和识别中，特别是当遥感图像上目标的光谱信息比较接近时，纹理信息对于区分目标具有非常重要的意义。

传统的纹理分析方法一般可以分为统计法、结构法、模型法和变换域法。

(1)统计法：是基于像素及其邻域的灰度统计特性如一阶、二阶或高阶矩的纹理分析方法。经典的统计法包括灰度共生矩阵法、空间相关矩阵、自相关函数法、纹理谱统计法等。统计法思想简单、易于实现，但大多存在纹理特征识别能力一般且计算量大、实时性差的缺点。

(2)结构法：认为纹理由纹理基元组成，不同类型、不同大小和方向的纹理基元决定了纹理的表现形式。结构法假设纹理基元可以分离出来，并按某种排列规则进行排列，以基元特征和排列规则进行纹理分割。具体方法包括数学形态学法、句法纹理分析等。

(3)模型法：假设纹理是以某种参数控制的分布模型方式形成的，从纹理的实现来估计计算模型参数，以此描述不同的纹理特征，模型参数的估计是模型法的核心问题。常用的模型法包括分形方法和马尔可夫随机场方法。分形方法和马尔可夫随机场方法是目前应用最广、效果较好的模型分析法。分形方法主要表征了图像物理的自相似程度和粗糙性特征，分数维作为分形的重要特征和度量，把图像的空间信息和灰度信息有机结合起来。马尔可夫随机场则通过任意像素关于其邻域像素的条件概率分布来描述纹理，提供了一种表达空间上相关随机变量之间的相互作用的模型，可以和模拟退火、贪婪算法等优化算法结合应用。

(4)变换域法：基于人的视觉具有多通道和多分辨率的特征，认为纹理作为一种局部邻域信息，具有层次性、尺度性，纹理特征应能反映纹理的多尺度特征。建立在时、频分析和多尺度分析基础之上的方法能提取多层次纹理信息，具体算法如 Gabor 滤波器法、小波变换，以及在小波变换基础上发展起来的 Contourlet 变换、Curvelet 变换等。

以下介绍几种代表性的纹理特征描述方法。

一、灰度共生矩阵

灰度共生矩阵(gray-level co-occurrence matrix，GLMC)是一个矩阵函数，由图像中某个方向上相隔一定步长的两个像素点确定，通过计算两个像素点灰度的相关性来反映图像的纹理特征。灰度共生矩阵的大小由图像的灰度级确定，对于灰度级为 k 的图像，灰度共生矩阵为 $k\times k$ 大小的矩阵。在一幅 $n\times m$ 大小的图像中，灰度共生矩阵中每个元素的计算公式如下：

$$P(i,\ j,\ d,\ \theta)=\sum_{x=1}^{n}\sum_{y=1}^{m}1,\ I(x,\ y)=i,\ I(x',\ y')=j \tag{3.7}$$

式中，$I(x,\ y)$ 和 $I(x',\ y')$ 代表两个灰度值，x' 和 y' 通过初始点坐标 x，y，步长 d 和角度 θ 计算得到。θ 一般设置为 0°、45°、90°和 135°。

如图 3-5 所示，当步长为 1，θ 为 90°时，对于左边的原始图像，统计图像中所有的灰度值为(1，1)的像素对得到 $P(1,\ 1,\ 1,\ 90°)$ 为 1，统计图像中所有的灰度值为(1，2)的像素对得到 $P(1,\ 2,\ 1,\ 90°)$ 为 2，依次计算 8 个灰度级的元素，可得到灰度共生矩阵。

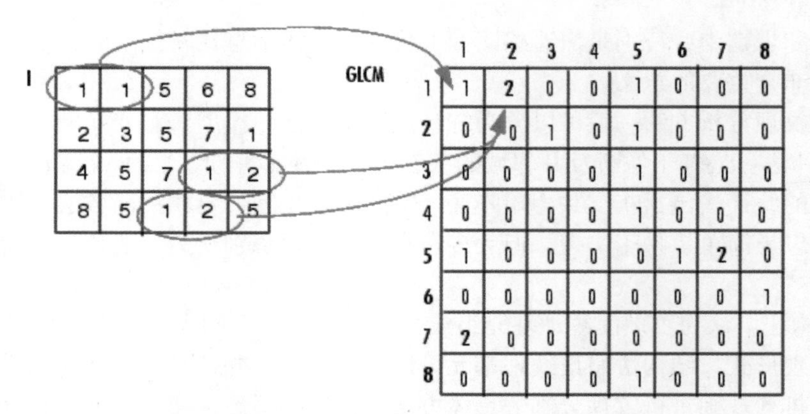

图 3-5　灰度共生矩阵(GLMC)计算示意图

二、2D Gabor 小波滤波器

Gabor 变换是 D. Gabor 针对傅里叶变换在时变信号、非平稳信号分析中的不足(既不能确定某些频率成分发生在哪些时间内，也不能表示某个时刻信号频谱的分布情况)，于 1946 年提出的一种采用高斯函数作为窗函数的局部化傅里叶函数，广义 Gabor 变换又称短时傅里叶变换。Gabor 变换的时间分辨率和频率分辨率满足测不准原理(Uncertainty Principle)，也就是说，Gabor 变换具有最小的时频窗，能做到具有最精确的时间-频率的信号局部化描述。作为一种在方向和频率上具有选择性的带通滤波器，Gabor 滤波器可以通过改变方向、带宽和中心频率，形成一组不同频率、不同方向的多通道滤波器组，从而用尽可能少的滤波器表示图像完整的频谱信息，尽可能地覆盖图像的频域空间。利用多通道的滤波器，可以将图像映射到 Gabor 滤波器的不同频率、不同方向的通道中，再通过滤波器响应值变化的急缓程度来区分图像在不同频率、不同方向上的纹理特征。总之，Gabor 滤波器具有时域和频域的联合最佳分辨率的良好性质，较好地模拟了人类视觉系统的视觉感知特性，已经被证明应用于纹理分析中非常有效。

2D Gabor 函数是一个经过复数正弦函数调制的二维高斯函数，通过设计 2D Gabor 函数、带通区域中心频率、方向参数和尺度参数等，可以构造出一个具有方向和频率选择性的带通滤波器组，从而将图像信息分解到多个不同方向和不同频率的子带，实现特征提取。如果采用母 Gabor 小波作为 2D Gabor 函数，表达式如下：

$$g(x,\ y) = \left(\frac{1}{2\pi\sigma_x\sigma_y}\right)\exp\left[-\frac{1}{2}\left(\frac{x^2}{\sigma_x^2}+\frac{y^2}{\sigma_y^2}\right)+2\pi jW_x\right] \tag{3.8}$$

作傅里叶变换：

$$G(u,\ v) = \exp\left\{-\frac{1}{2}\left[\frac{(u-W)^2}{\sigma_u^2}+\frac{v^2}{\sigma_v^2}\right]\right\} \tag{3.9}$$

式中，W 为高斯函数的复调制频率；σ_x 和 σ_y 分别为信号在空间域 x 和 y 方向上的窗半径，σ_u 和 σ_v 分别为信号在频率域的坐标，且满足：$\sigma_u=\frac{1}{2\pi\ \sigma_x}$，$\sigma_v=\frac{1}{2\pi\ \sigma_y}$。Gabor 函数构建了

一个完备但是非正交基，以 2D Gabor 函数作为母小波，通过对其进行如下的尺度和旋转变换，就可以得到自相似的一组滤波器，称为 Gabor 小波滤波器。

$$g_{s,k}(x, y) = a^{-s} g(x', y'),\ a > 1,\ s \in 0, \cdots, S-1,\ k \in 0, \cdots, K-1$$
$$x' = a^{-s}(x\cos\theta + y\sin\theta)$$
$$y' = a^{-s}(-x\sin\theta + y\cos\theta) \tag{3.10}$$

式中，$\theta = k\pi/K$ 表示滤波器的方向，k 和 s 分别表示多尺度分解中的方向和尺度参数，K 和 S 表示滤波器组的总方向数和总尺度数，a^{-S} 为尺度因子。设 U_l 和 U_h 分别表示最低中心频率和最高中心频率，滤波器组参数计算公式如下：

$$a = \left(\frac{U_h}{U_l}\right)^{\frac{1}{S-1}},\ \sigma_u = \frac{(a-1)U_h}{(a+1)\sqrt{2\ln 2}}$$
$$\sigma_v = \tan\left(\frac{\pi}{2K}\right)\left[U_h - 2\ln\left(\frac{2\sigma_u^2}{U_h}\right)\right]\left[2\ln 2 - \frac{(2\ln 2)^2\sigma_u^2}{U_h^2}\right]^{-\frac{1}{2}} \tag{3.11}$$

σ_x 和 σ_y 可通过 $\sigma_x = \dfrac{1}{2\pi\sigma_u}$ 和 $\sigma_y = \dfrac{1}{2\pi\sigma_v}$ 来计算得到。图 3-6 给出了一个 Gabor 滤波器 $g_{x,k}(x, y)$ 在 3 个尺度（$S=3$）和 5 个方向（$K=5$）上的实分量示意图。图 3-7 为 Gabor 滤波器在两个不同的尺度和方向参数下的实部。

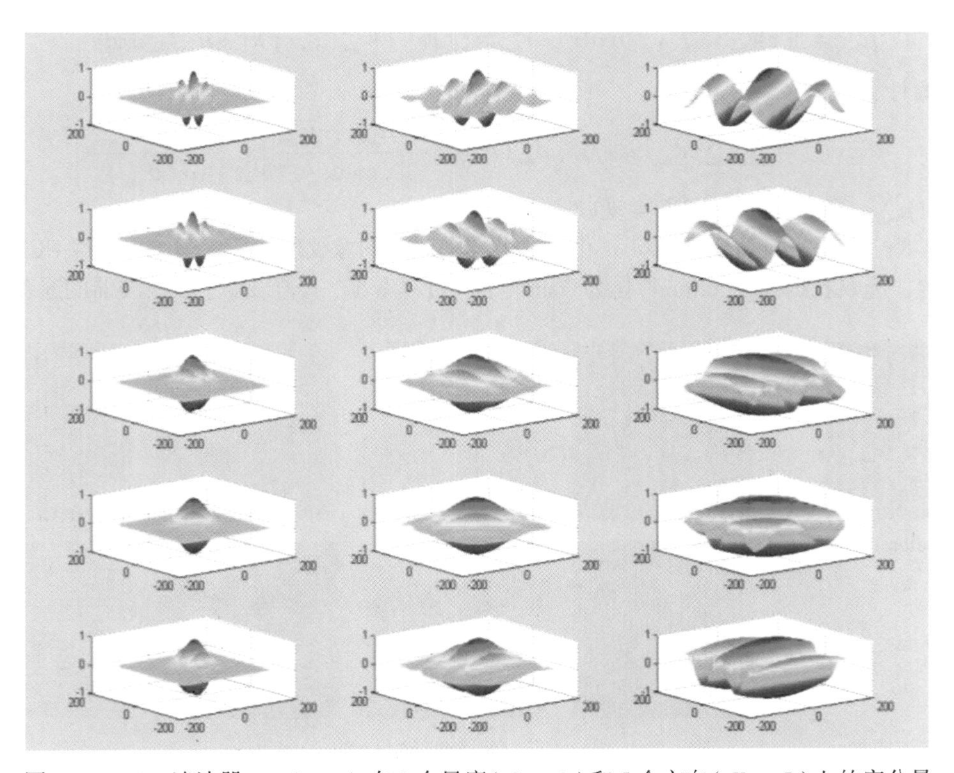

图 3-6　Gabor 滤波器 $g_{x,k}(x, y)$ 在 3 个尺度（$S=3$）和 5 个方向（$K=5$）上的实分量

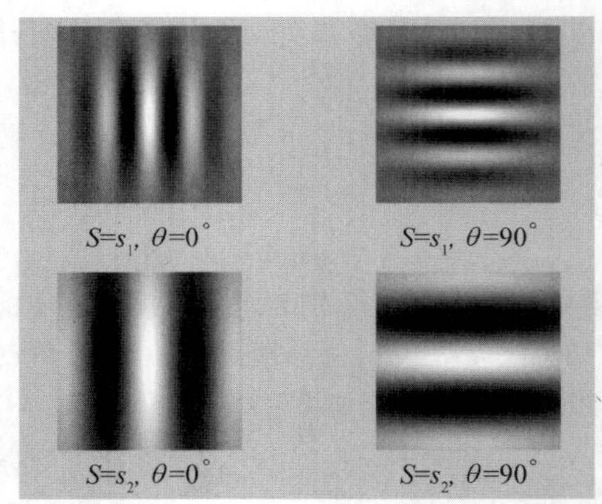

图 3-7　Gabor 滤波器 $g_{x,\ k}(x,\ y)$ 在不同尺度和不同方向上的实部

对于给定图像 $I(x,\ y)$，其 Gabor 小波变换可以定义为：

$$W_{mn}(x,\ y)=\int I(x_1,\ y_1)g_{mn}\cdot(x-x_1,\ y-y_1)\mathrm{d}x_1\mathrm{d}y_1 \tag{3.12}$$

则纹理特征向量为：

$$\boldsymbol{f}=[\mu_{00}\ \sigma_{00}\ \mu_{01}\ \cdots\ \mu_{m-1,\ n-1}\ \sigma_{m-1,\ n-1}] \tag{3.13}$$

其中，μ_{mn} 和 σ_{mn} 分别表示变换系数的均值和方差，计算公式为：

$$\mu_{mn}=\iint|W_{mn}(x,\ y)|\mathrm{d}x\mathrm{d}y\ ,\ \sigma_{mn}=\sqrt{\iint[\,|W_{mn}(x,\ y)|-\mu_{mn}]^2\mathrm{d}x\mathrm{d}y} \tag{3.14}$$

距离计算公式：

$$d(i,\ j)=\sum_m\sum_n d_{mn}(i,\ j)\ ,\ d_{mn}(i,\ j)=\left|\frac{\mu_{mn}^{(i)}-\mu_{mn}^{(j)}}{\alpha(\mu_{mn})}\right|+\left|\frac{\sigma_{mn}^{(i)}-\sigma_{mn}^{(j)}}{\alpha(\sigma_{mn})}\right| \tag{3.15}$$

其中，$\alpha(\mu_{mn})$ 和 $\sigma(\sigma_{mn})$ 用来实现归一化。

图 3-8 给出了一组基于 2D Gabor 小波滤波器的遥感图像纹理特征检索结果。以 UCMD 为数据集为例，选取农田(agricultural)作为查询类别。可以看出，基于 2D 小波滤波器的遥感图像纹

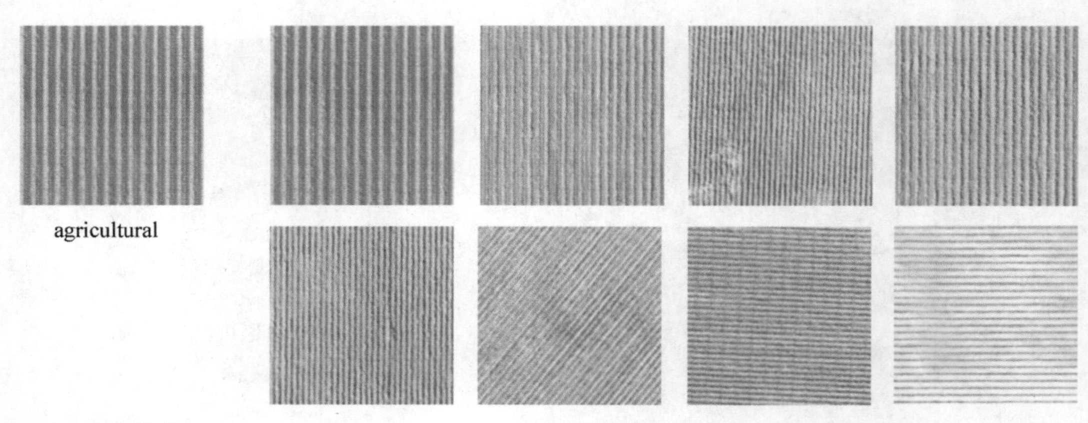

(a)查询图像　　(b)检索结果(Top8)

图 3-8　基于 2D Gabor 小波滤波器的遥感图像纹理特征检索结果

理特征包含了丰富的局部区域方向信息，因此十分适合于检索具有方向梯度信息的遥感图像。

三、Contourlet 变换

小波变换是在 20 世纪 80 年代中期发展起来的应用数学理论，具有良好的时、频局部变化特征和多尺度特性。小波变换及其理论分支能够提供对不同尺度的纹理的有效分析，为纹理的时频多尺度分析提供了一个精确而统一的框架，提供了遥感图像纹理特征多尺度分析的有效手段。随着人们对于小波变换在图像细节信息表达方面的局限性的认识，出现了以 Curvelet 变换和 Contourlet 变换为代表的新一代多尺度几何分析工具，以其在图像多方向和多尺度纹理特征表达方面的独到优势，获得了图像处理和分析领域众多研究人员的青睐。

Contourlet 变换是 Minh. N. Do 和 Martin. Vetterli 在 2002 年提出的一种新的多尺度几何分析(multiscale geometric analysis，MGA)工具。Contourlet 变换是一种从多尺度、多方向的角度来捕获图像固有几何结构信息的图像表示方法，满足各向异性尺度关系，有很好的方向性。Contourlet 变换在表达图像时可以同时满足视觉信息描述的三个基本要素：尺度、空间和方向信息，对于图像边缘轮廓和纹理特征的表达有独到的优势。Contourlet 的优秀特性使其一经提出就得到了图像分析和处理领域众多研究人员的高度重视，其在遥感图像方面的兴趣大多集中在融合、分类、压缩和检索。

Contourlet 变换在获取不同方向细节信息方面的能力，使其在遥感图像纹理特征提取方面具有得天独厚的优势。Contourlet 变换中，可以根据需要设置不同的变换尺度参数 R 和方向尺度参数 l，当 $R=3$ 时，Contourlet 变换的方向滤波器组将图像分级为2^l个方向子带，一次 3 级 Contourlet 分解可以得到 14 个方向的高频子带信号。图 3-9 给出一幅原始遥感图像

(a) 原始遥感图像

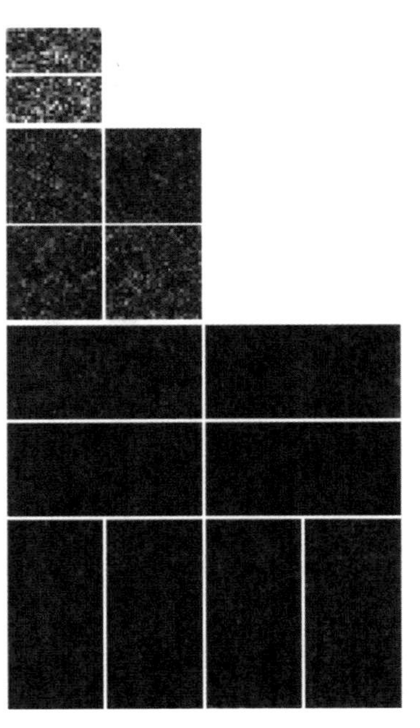

(b) 3 级 Contourlet 分解效果图

图 3-9 遥感图像的 Contourlet 多尺度多方向分解

及其 3 级 Contourlet 分解效果图(包括一个低频子带信号和 14 个方向的高频子带信号)。

直方图是近似概率分布的基本统计方法，谱直方图包含了滤波器组响应的边缘分布特征。一幅图像的谱直方图，实际上是某一滤波器的频率响应和多滤波器组的集成响应在边缘分布上的一组向量组成。Contourlet 域的谱直方图向量能够在多分辨率尺度上由粗到细的表征图像，并且能够克服一阶统计矩在表达变换系数时仅考虑变换系数统计特性的不足。Contourlet 域谱直方图定义如下：

给定一个图像窗口 W 和一组 Contourlet 变换带通子带 $W^{(\alpha)}$ 。子带 $W^{(\alpha)}$ 的谱直方图计算公式为：

$$H_W^{(\alpha)}(z) = \frac{1}{|W|}\sum_{v}\delta(z - W^{(\alpha)}(\boldsymbol{v})) \tag{3.16}$$

式中，$\delta(\cdot)$ 为狄拉克函数，$\boldsymbol{v}$ 为子带内像素矢量。选择多个滤波器$(1, 2, \cdots, K)$进行滤波操作，可定义图像窗口 W 的谱直方图向量为：

$$\boldsymbol{H}_W = (H_W^{(1)}, H_W^{(2)}, \cdots, H_W^{(K)}) \tag{3.17}$$

式中，组成这一组直方图的变换域系数假设是相互独立的。因为每个滤波反映的边际分布都是一个概率分布，因此采用 K-L 距离离散度的最佳近似值——χ^2 统计量来定义两个光谱直方图 H_{W1} 和 H_{W2} 之间的距离为：

$$\chi^2(H_{W1}, H_{W2}) = \sum_{\alpha=1}^{K}\sum_{z}\frac{[H_{W1}^{(\alpha)}(z) - H_{W2}^{(\alpha)}(z)]^2}{H_{W1}^{(\alpha)}(z) + H_{W2}^{(\alpha)}(z)} = \sum_{\alpha=1}^{K}\chi^2(H_{W1}^{(\alpha)}, H_{W2}^{(\alpha)}) \tag{3.18}$$

图 3-10 给出两幅遥感图像及其对应的 3 级分解 14 个方向的高频谱直方图(变换尺度

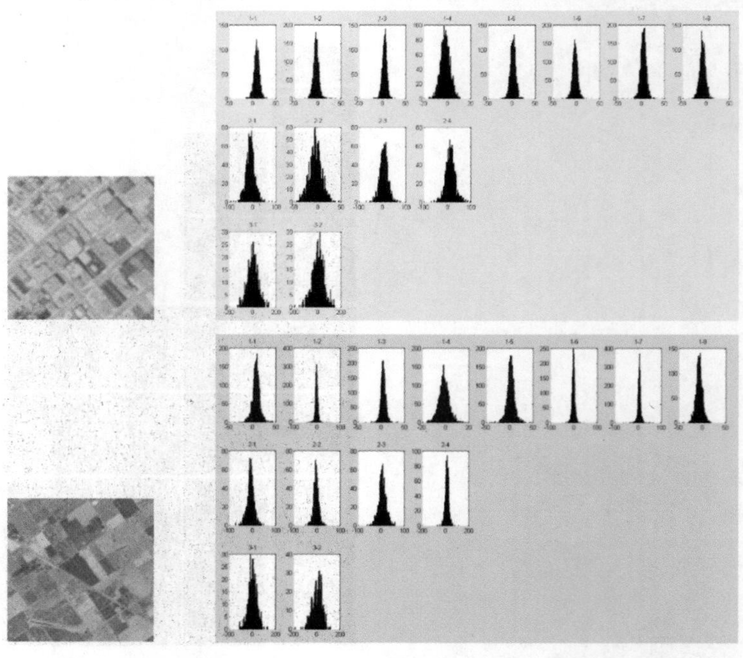

(a)原始遥感图像　　(b)3 级 Contourlet 变换 14 个方向子带谱直方图

图 3-10　遥感图像基于 Contourlet 变换的谱直方图

参数 $R=3$，其方向参数 $l=[1\ 2\ 3]$），14 个方向的纹理特征均归一化在 0~63 范围之内。对比可以看出，这两幅遥感图像具有不同的纹理特征，图像的 Contourlet 域谱直方图表现出明显的形态各异性质。

基于 Contourlet 的遥感图像纹理特征检索的步骤可以总结为：

(1)构建多源遥感图像数据集；

(2)对数据集中所有图像进行 Contourlet 分解，构建基于谱直方图的纹理特征库；

(3)对 Contourlet 变换低频系数进行归一化处理并表示为谱直方图，计算查询图像和目标图像的低频谱直方图之间的距离，实现粗过滤；

(4)对 Contourlet 变换得到的多尺度多方向高频系数进行归一化处理并同样表示为谱直方图，计算查询图像和目标图像的高频谱直方图之间的加权距离，实现精确检索；

(5)返回查询结果。

图 3-11 给出 3 组基于 Contourlet 变换的遥感图像纹理特征检索结果，以 AID 数据集为例，分别选择农田(farmland)、商业区(commercial)和池塘(pond)作为查询类别。对图像进行 contourlet 变换时，Contourlet 分解方向参数 $l=[1\ 2\ 3]$，滤波器为“9-7”塔形分解和方向滤波器组。红色框表示错误检索类别，并在其下注明所属类别。可以看出，基于 Contourlet 变换的遥感图像纹理特征充分了考虑 Contourlet 变换各子带的边缘分布，因此更适用于包含大量结构性边缘信息的高分辨率遥感图像。

3.2.3 基于形状特征的遥感图像检索

关于形状，至今还没有从几何学、统计学或形态学给出一个确切的定义，使之能与人的感觉相一致。一般认为，在描述图像的内容时，形状特征与颜色特征和纹理特征相比，包含了一定程度的语义信息。形状特征通常采用边缘和区域特征来描述。其中，基于区域的形状描述方法注重几何形状的全局特征，描述形状局部特征的能力相对有限，常采用几何参数，如面积、周长、中心、对称性、散射性等来描述，也可以采用各种矩描述算子来描述，如几何不变矩、Legendre 矩、Zernike 矩(Zernike moments descriptors，ZMD)、复数矩、正交的 Fourier-Mellin 矩，以及网格描述算子(grid descriptors)等。基于轮廓的形状描述方法通过比较形状的二维轮廓的接近程度进行形状匹配，具有较强的描述形状局部特征的能力。常用的基于轮廓的形状描述方法有多边形近似(polygonal approximation)、自回归模型(autoregressive models)、傅里叶描述子(fourier descriptors，FD)、曲率尺度空间描述算子(curvature scale space descriptors，CSSD)等。理想的形状描述子应该满足不变性(invariance)、稳定性(stability)、唯一性(uniqueness)及细节检测能力(sensitivity)。

遥感图像上的许多地物目标都有其特定的形状特征。遥感图像的空间分辨率不同，遥感图像形状的含义也不同。在高分辨率遥感图像上，遥感图像的形状代表的是地物目标本身的几何形状；在中低分辨率遥感图像上，图像形状代表的是同类地物目标的分布形状。基于目标形状特征的遥感图像检索，就是通过比较查询图像和遥感图像上目标的形状特征

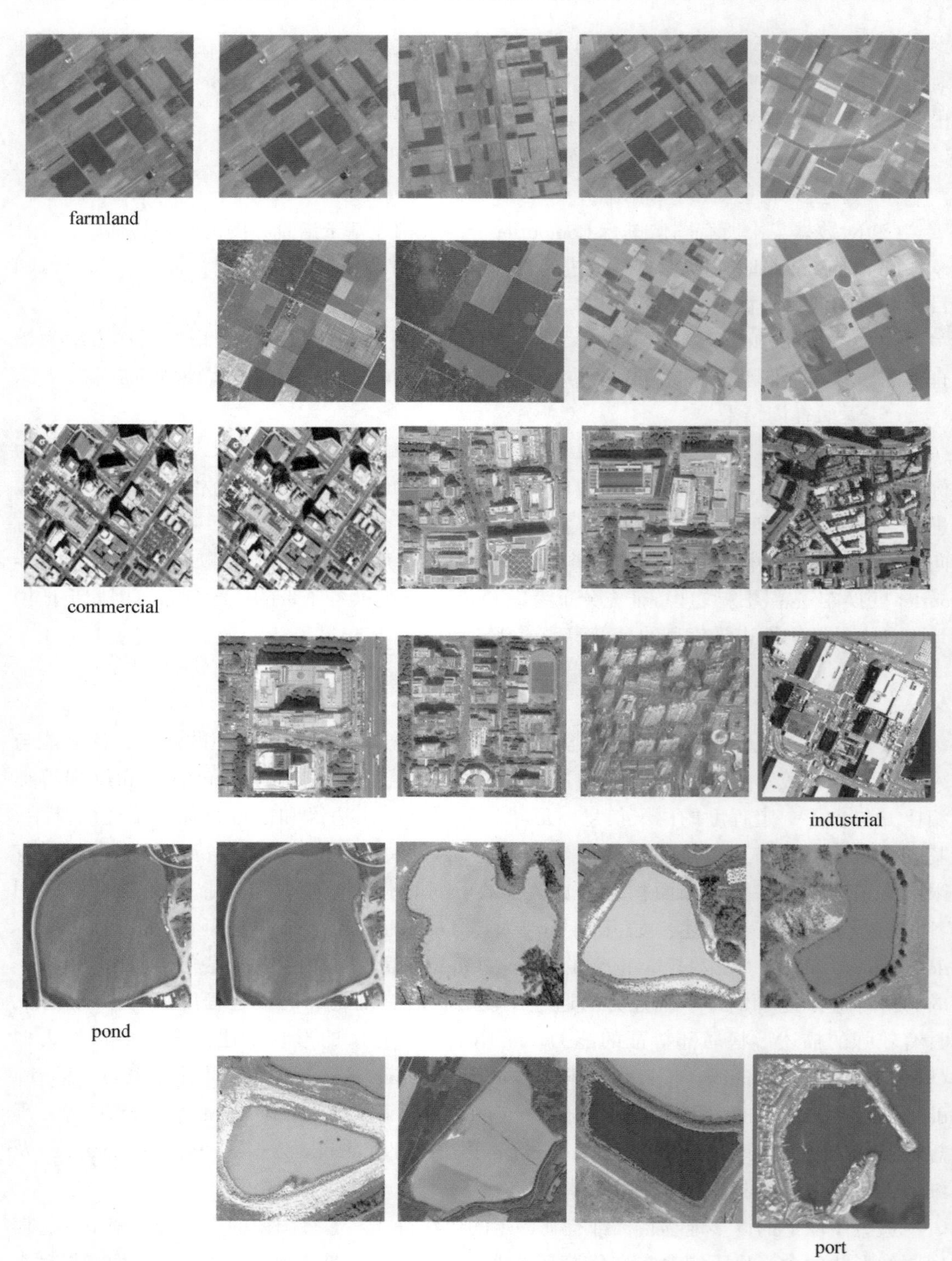

(a)查询图像　　(b)检索结果(Top 8)

图 3-11　基于 Contourlet 域谱直方图的遥感图像纹理特征检索结果

之间的相似性，从而实现对感兴趣目标的快速查找和定位。

一、基于小波变换的遥感图像形状特征提取

小波变换具有提取多尺度可视化信息的能力，在提取物体形状特征方面引起了人们的关注。将小波变换应用于基于形状的图像检索的方法有：小波重要系数法和方向细节直方图法等，但是通常的基于规则抽样进行离散小波变换获得的小波系数缺少平移不变性。Mallat 建议采用小波变换模极大值（wavelet transform modulus maxima，WTMM）来描述信号的奇异点信息，因为小波变换模极大值是在对多尺度小波变换进行不规则抽样的基础上得到的，可以满足平移不变性，这是理想的形状特征描述子必须考虑的一个指标。对于图像而言，小波变换模极大值描述的是图像中目标的多尺度边界。小波变换模极大值边缘检测方法主要利用了小波变换对突变信号的敏感性，以及它在时域和频域很好的定位能力，通过小波进行奇异性分析，可以实现奇异点定位，从而达到边缘检测的目的。除了应用于边缘检测之外，小波变换模极大值还被广泛用于噪声消除、信号重构、特征提取等。

1. 小波变换模极大值

若 $\theta(x, y)$ 在整个平面上的积分值为 1，且它在 x 或 y 为无限远处收敛为 0，则定义 $\theta(x, y)$ 为二维平滑函数。现定义两个小波函数 $\varphi^1(x, y)$ 和 $\varphi^2(x, y)$ 为：

$$\varphi^1(x, y) = \frac{\partial\theta(x, y)}{\partial x}$$
$$\varphi^2(x, y) = \frac{\partial\theta(x, y)}{\partial y} \tag{3.19}$$

这样，图像 $f(x, y)$ 的小波变换的两个分量在尺度为 s 时的定义为：

$$W_s^1 f(x, y) = f * \varphi_s^1(x, y)$$
$$W_s^2 f(x, y) = f * \varphi_s^2(x, y) \tag{3.20}$$

对于二进制小波变换：

$$\begin{pmatrix} W_{2^j}^1 f(x, y) \\ W_{2^j}^2 f(x, y) \end{pmatrix} = 2^j \begin{pmatrix} \dfrac{\partial}{\partial x}(f * \theta_{2^j})(x, y) \\ \dfrac{\partial}{\partial y}(f * \theta_{2^j})(x, y) \end{pmatrix} = 2^j \nabla(f * \theta_{2^j})(x, y) \tag{3.21}$$

可以看出，式(3.21)中小波变换的两个分量正比于梯度矢量 $\nabla(f * \theta_{2^j})(x, y)$ 的两个分量，在任一尺度 2^j，梯度矢量的模为：

$$M_{2^j} f(x, y) = \sqrt{|W_{2^j}^1 f(x, y)|^2 + |W_{2^j}^2 f(x, y)|^2} \tag{3.22}$$

梯度矢量与水平轴的夹角为：

$$A_{2^j} f(x, y) = \arg(W_{2^j}^1 f(x, y) + iW_{2^j}^2 f(x, y)) \tag{3.23}$$

$f * \theta_{2^j}(x, y)$ 上变化剧烈的点是沿着梯度方向 $A_{2^j} f(x, y)$ 上模 $M_{2^j} f(x, y)$ 为局部极大值的那些点，我们只需记录下这些模极大值的位置以及相应的模 $M_{2^j} f(x, y)$ 和角度 $A_{2^j} f(x, y)$ 的大小即可。

Mallat 已经证明：

(1)小波变换模极大值方法具有平移不变性；

(2)如果信号本身的傅里叶变换是带限的且小波函数 φ 是紧支撑的，则小波变换模极大值的表示是完备的。

在实际应用中，小波变换最终体现在滤波器对信号的滤波上，可通过两个互相正交的高通、低通滤波器的递归循环卷积得到，其二维空间域的离散形式为：

$$
\begin{aligned}
S_{2^j} f(x, y) &= \sum_{k_1} \sum_{k_2} h_{k_1} h_{k_2} S_{2^{j-1}} f(x - 2^{j-1}k_1, y - 2^{j-1}k_2) \\
W^1_{2^j} f(x, y) &= \sum_{k_1} \sum_{k_2} h_{k_1} g_{k_2} S_{2^{j-1}} f(x - 2^{j-1}k_1, y - 2^{j-1}k_2) \\
W^2_{2^j} f(x, y) &= \sum_{k_1} \sum_{k_2} g_{k_1} h_{k_2} S_{2^{j-1}} f(x - 2^{j-1}k_1, y - 2^{j-1}k_2)
\end{aligned}
\tag{3.24}
$$

式中，$S_{2^j} f(x, y)$ 表示信号的低通平滑分量，反映了图像的离散概貌，$j = 0$ 时即为原始图像，序列 $\{h_k\}$ 、$\{g_k\}$ 分别为低通、高通滤波器的脉冲响应。

2. 基于小波变换模极大值的遥感图像边缘检测

基于小波变换模极大值的遥感图像边缘检测的步骤可以总结为：

(1)由式(3.24)对原始图像 $f(x, y)$ 进行尺度从 0 到 J 的小波变换，得到各尺度的 $W^1_{2^j} f(x, y)$ 和 $W^2_{2^j} f(x, y)$ ；

(2)根据式(3.22)和式(3.23)计算模 $M_{2^j} f(x, y)$ 和角度 $A_{2^j} f(x, y)$ ；

(3)记录小波变换域中模是局部极大值并且大于预设阈值的点，得到尺度从 0 到 J 的多尺度边缘图像；

(4)特征向量归一化。

特征向量归一化的目的在于消除由于特征向量中特征元素不统一而引起的欧氏距离空间相似性度量偏差。如果将目标的形状特征向量记为 $F = [f_1 f_2 \cdots f_N]^{\mathrm{T}}$ ，其中 N 是特征元素的个数，设遥感图像目标库包含 M 个目标，用 $F_i = [f_{i,1} f_{i,2} \cdots f_{i,N}]^{\mathrm{T}}$ 表示第 $i(i = 1, 2, \cdots, M)$ 个目标的特征向量，则遥感图像目标形状库可以表示为一个 $M \times N$ 特征矩阵 $F = \{f_{i,j}\}$ ，其中 $f_{i,j}$ 是 F_i 的第 j 个特征元素。F 的每一列是长度为 M 的特征序列，即为 F_j 。设 F_j 是一个高斯序列，计算出其均值 μ_j 和标准差 σ_j ，然后利用公式(3.25)就可以将原特征序列归一化为 $N(0, 1)$ 分布的序列。

$$
f_{i,j} = \frac{f_{i,j} - \mu_j}{\sigma_j} \tag{3.25}
$$

图 3-12 为一幅遥感图像(尺寸为 608×384 像素)基于小波变换模极大值方法的边缘检测结果。其中，尺度 $J=1\sim3$，小波变换选用二次样条小波，滤波器为

$$
g(0, 1) = \{-2.000, 2.000\}
$$

$$
h(-1, 0, 1, 2) = \{0.125, 0.375, 0.375, 0.125\}
$$

可以看出，小波变换模极大值方法可以检测出目标在不同尺度上的轮廓信息，随着尺度 J 的增加，过滤掉的噪声增多，但图像的边缘信息保留了基本的完整性。

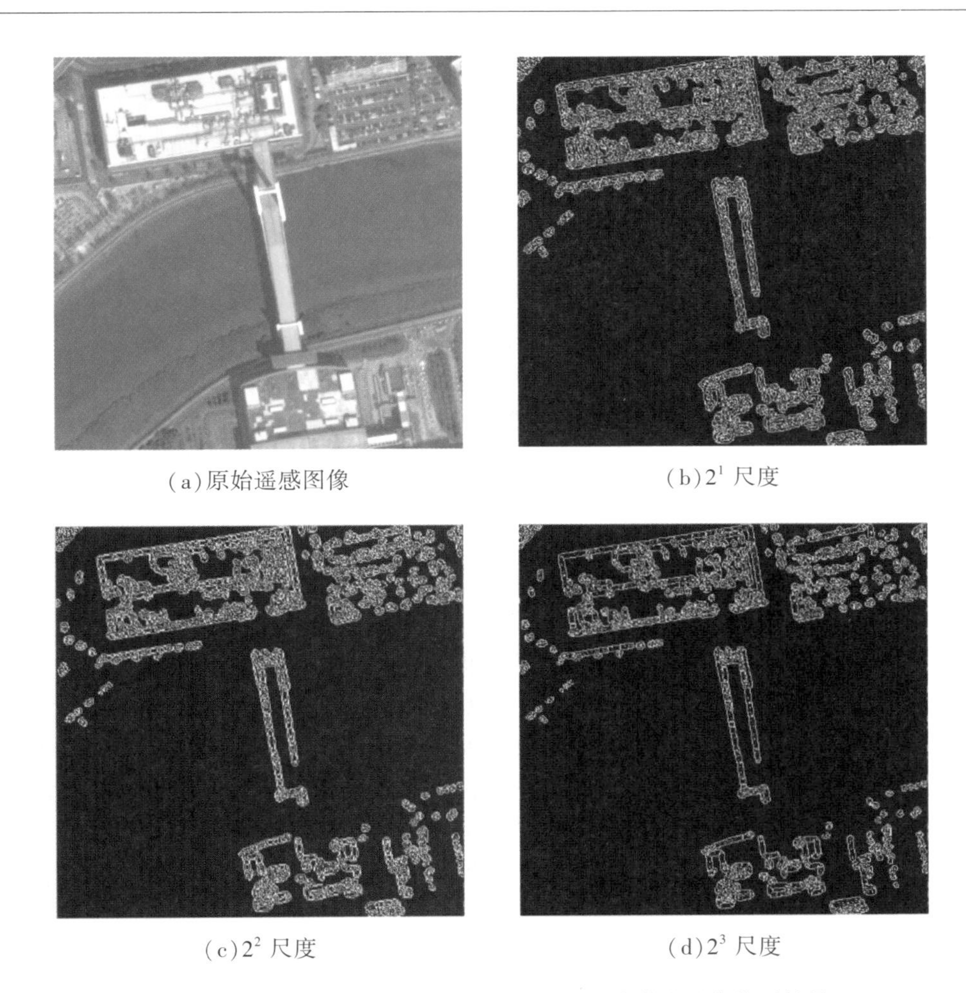

(a)原始遥感图像　　(b)2^1 尺度

(c)2^2 尺度　　(d)2^3 尺度

图 3-12　原始遥感图像及基于小波变换模极大值的边缘检测结果

二、基于多尺度形态学的遥感图像形状特征提取

1. 形态学理论基础

数学形态学(mathematical morphology)是由法国数学家 G. Matheron 和 J. Serra 在 20 世纪 60 年代中期创立的一种建立在集合代数基础之上，用集合论方法定量地描述几何形状和结构的学科。数学形态学历经近四五十年的发展，至今已形成一个比较完备的理论体系，并且已经在图像处理、模式识别和计算机视觉等领域获得了非常广泛的应用，如抑制噪声、图像分割、特征提取、边缘检测、形状识别、图像恢复和重建等。用数学形态学方法进行图像边缘检测时，算法简单同时能够较好地保持图像细节特征，可针对不同的图像及要检测的不同目的灵活地选取不同形式的结构基元。

数学形态学的基础是二值形态学，最基本的二值形态学算子有 4 种：膨胀(dilation)、腐蚀(erosion)、开(opening)、闭(closing)。灰度形态学是二值形态学应用于灰度图像的推广，图像的函数空间从二维平面推广到三维空间，函数的值域从{(0)，(1)}推广到

[0，255]。灰度形态学的膨胀、腐蚀、开、闭运算的定义如下：

$$\begin{cases}\text{dilation}: (f \oplus b)(x, y) = \max\limits_{(i, j)}(f(x-i, y-j) + b(i, j)) \\ \text{erosion}: (f \Theta b)(x, y) = \min\limits_{(i, j)}(f(x+i, y+j) - b(i, j)) \\ \text{opening}: (f \circ b)(x, y) = (f \Theta b)(x, y) \oplus b(x, y) \\ \text{closing}: (f \cdot b)(x, y) = (f \oplus b)(x, y) \Theta b(x, y)\end{cases} \tag{3.26}$$

灰度形态膨胀和腐蚀运算相当于局部最大和最小滤波运算，开、闭运算可构成灰度形态学梯度。灰度膨胀运算和灰度腐蚀运算均以结构元素为模板。其中，灰度膨胀运算可减弱或消除灰度值低的细节信息，同时增强灰度值高的区域边缘信息；灰度腐蚀运算可降低边缘部位灰度值高的细节信息，收缩灰度值高的区域边缘信息。针对不同的灰度形态基本算子的特点，可以构造不同的形态边缘检测运算形式，同时考虑到形态运算的全方位特性及多结构元多尺度分析特性，从而可构造出优良的形态边缘检测算法。

2. 基于多尺度形态学的遥感图像边缘检测

由于形态算子实质上是表达物体或形状的集合与结构元素之间的相互作用，结构元素的形态就决定了运算的形态信息，多尺度形态学用于图像处理的基本思想就是通过改变结构元素的尺度，对图像进行多尺度分析，从而提取图像在不同尺度下的形状特征。

一般来说，物体的不同尺度会对应不同层次的结构特征，而同一结构特征在不同的尺度层次上可能会有不同的表现，因此对物体本身的描述可以采用不同尺度层次的局部特征表征。多尺度形态学边缘检测算子利用不同尺度的结构元素提取图像的边缘特征，小尺度的结构元素去噪能力弱，检测边缘细节信息的能力较强；而大尺度的结构元素虽然检测到的边缘较粗，但去噪能力强，如果采用多个不同尺度的结构元素提取不同尺度的图像边缘信息，就可合成得到较理想的边缘图像。

多尺度形态学边缘检测算法步骤如下：

(1)用不同尺度的结构元素检测原始图像不同尺度的边缘信息。

对应于 D_1，D_2，D_3，D_4，尺度 n 下的结构元素为 nD_1，nD_2，nD_3，nD_4，且 $D_{\text{rod}n} = nD_{\text{rod1}}$，此时构造尺度为 n 的边缘检测算子为：

$$G_d^n(x, y) = \min\{\text{dilation}_{nD_{\text{rod1}}}(x, y) - f(x, y), \text{dilation}_{nD}(x, y) - f(x, y), G_d^{n\prime}(x, y)\} \tag{3.27}$$

式中，

$$\begin{aligned} G_d^{n\prime}(x, y) = \max\{&|\text{dilation}_{nD_1}(x, y) - \text{dilation}_{nD_2}(x, y)|, \\ &|\text{dilation}_{nD_3}(x, y) - \text{dilation}_{nD_4}(x, y)|\}\end{aligned} \tag{3.28}$$

(2)采用式(3.27)合成不同尺度的边缘信息，生成边缘图像 $f'(x, y)$。$[k, l]$ 表示尺度 n 的取值范围，w_n 为尺度 n 的边缘信息所占权重。

$$f'(x, y) = \sum_{n=k}^{l} w_n f'_n(x, y) \tag{3.29}$$

(3)采用非极大值点运算方法提取边界点：对于如式(3.30)所示的 3×3 矩阵，当像素 a 满足条件式(3.29)，则认为 a 为边缘点，否则用 $\min\{a_1, a_2, a_3, a_4, a_5, a_6, a_7, a_8\}$

代替 a。

$$\begin{bmatrix} a_1 & a_2 & a_3 \\ a_4 & a & a_5 \\ a_6 & a_7 & a_8 \end{bmatrix} \tag{3.30}$$

$$\begin{aligned} a_1 + a_4 + a_6 < a_2 + a + a_7 > a_3 + a_5 + a_8 \\ a_1 + a_2 + a_3 < a_4 + a + a_5 > a_6 + a_7 + a_8 \\ a_1 + a_2 + a_4 < a_3 + a + a_6 > a_5 + a_7 + a_8 \\ a_2 + a_3 + a_5 < a_1 + a + a_8 > a_4 + a_6 + a_7 \end{aligned} \tag{3.31}$$

(4)细化边界图，获取目标骨架图。

图 3-13 为一幅遥感图像(尺寸为 608×384 像素)基于多尺度形态学方法的边缘检测结果。其中，选用的结构元素如图 3-13(a)所示，图(c)是边缘检测结果为尺度 1 和尺度 3 的加权合成结果，权值分别为 0.4 和 0.6。可以看出，多尺度形态学方法通过叠加不同尺度的边缘检测结果，可以获取目标在不同尺度上的轮廓信息。

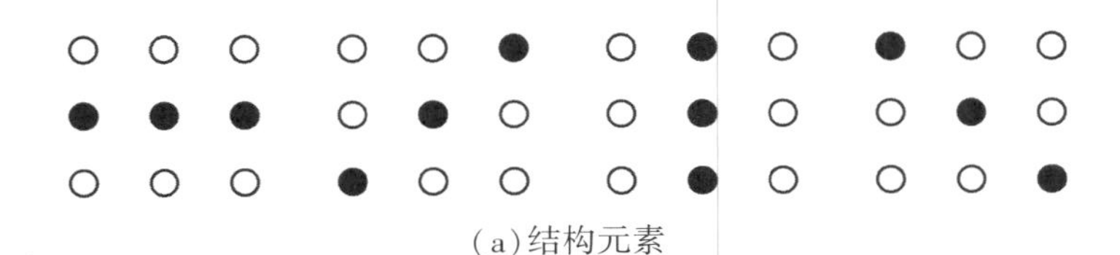

(a)结构元素

(b)原始遥感图像

(c)边缘检测结果

图 3-13 原始遥感图像及基于多尺度形态学的边缘检测结果

三、基于不变相对矩的形状相似性匹配

在图像形状识别中，已经获得比较广泛应用的形状描述方法包括 Hu 不变矩描述子和傅里叶描述子等。其中，通过对 Hu 不变矩及不变矩快速算法的扩展而提出来的相对矩，不仅能够满足区域和结构的形状平移、尺度、旋转不变性条件，而且对于封闭及不封闭结构(结构在这里指表示目标形状的单像素骨架)均能有效识别，因而更具有普遍性。

1. 区域不变矩

一幅数字图像 $f(x, y)$ 的 $p+q$ 阶矩和 $p+q$ 阶中心矩定义为：

$$\begin{cases} m_{pq} = \sum_x \sum_y x^p y^q f(x, y) \\ \mu_{pq} = \sum_x \sum_y (x-\bar{x})^p (y-\bar{y})^q f(x, y) \end{cases} \tag{3.32}$$

重心坐标 $(\bar{x}, \bar{y})$ 的计算：

$$\begin{cases} \bar{x} = \dfrac{m_{10}}{m_{00}} \\ \bar{y} = \dfrac{m_{01}}{m_{00}} \end{cases} \tag{3.33}$$

这种几何矩和几何中心矩可用于描述区域的形状。Hu 提出了 7 个不变矩，并且已经证明了这组矩满足平移、旋转、尺度不变性。

$$\begin{cases} \varphi_1 = \eta_{20} - \eta_{02} \\ \varphi_2 = (\eta_{20} - \eta_{02})^2 + 4\eta_{11}^2 \\ \varphi_3 = (\eta_{30} - 3\eta_{12})^2 + (3\eta_{21} - \eta_{03})^2 \\ \varphi_4 = (\eta_{30} + \eta_{12})^2 + (\eta_{21} + \eta_{03})^2 \\ \varphi_5 = (\eta_{30} - 3\eta_{12})(\eta_{30} - \eta_{12})[(\eta_{30} + \eta_{12})^2 - 3(\eta_{21} + \eta_{03})^2] \\ \qquad + (3\eta_{21} - \eta_{03})(\eta_{21} + \eta_{03})[3(\eta_{30} + \eta_{12})^2 - (\eta_{21} + \eta_{03})^2] \\ \varphi_6 = (\eta_{20} - \eta_{02})[(\eta_{30} + \eta_{12})^2 - (\eta_{21} + \eta_{03})^2] + 4\eta_{11}(\eta_{30} + \eta_{12})(\eta_{21} - \eta_{03}) \\ \varphi_7 = (3\eta_{21} - \eta_{03})(\eta_{30} + \eta_{12})[(\eta_{30} + \eta_{12})^2 - 3(\eta_{21} + \eta_{03})^2] \\ \qquad + (3\eta_{12} - \eta_{30})(\eta_{21} + \eta_{03})[3(\eta_{30} + \eta_{12})^2 - (\eta_{21} + \eta_{03})^2] \end{cases} \tag{3.34}$$

式中，

$$\eta_{pq} = \frac{\mu_{pq}}{\mu_{00}^{\gamma}},\ \gamma = \frac{p+q-2}{2},\ p+q = 2, 3, 4, \cdots \tag{3.35}$$

2. 不变矩快速算法

为了快速计算区域不变矩，Chen 提出了利用区域边界来计算区域矩的快速算法，将几何矩和几何重心矩分别定义如下：

$$\begin{cases} m_{pq} = \int_C x^p y^q f(x, y)\,\mathrm{d}s \\ \mu_{pq} = \int_C (x-\bar{x})^p (y-\bar{y})^q f(x, y)\,\mathrm{d}s \end{cases} \tag{3.36}$$

式中，C 代表一条平滑曲线，$\bar{x} = m_{10}/m_{00}$，$\bar{y} = m_{01}/m_{00}$，$(p, q = 0, 1, 2, \cdots)$，经过证明，当用式(3.37)替代式(3.36)时，式(3.35)的 7 个矩描述子仍然满足平移、尺度、旋转不变性。

$$\eta_{pq}=\frac{\mu_{pq}}{\mu_{00}^{\gamma}},\ \gamma=p+q+1,\ p+q=2,\ 3,\ 4,\ \cdots \tag{3.37}$$

3. 相对矩

由于区域矩的公式不能直接用来计算边界矩，为了进行轮廓特征的相似性度量，需要定义边界矩，因此需要对式(3.34)不变矩计算公式进行修正，式(3.33)中与区域有关的面积比例因子μ_{00}失效，因此式(3.32)中的矩描述子不再满足尺度不变性。

为了得到适用于区域、封闭和不封闭结构的统一不变矩特征计算公式，王波涛等人(2001)提出利用矩之间的比值去掉比例因子μ_{00}，从而使不变矩公式与面积或结构的比例缩放无关，而仅与几何形状有关。由此得到相对矩的计算公式：

$$\begin{cases}R_1=\dfrac{\sqrt{\varphi_2}}{\varphi_1}\\ R_2=\dfrac{(\varphi_1+\sqrt{\varphi_2})}{(\varphi_1-\sqrt{\varphi_2})}\\ R_3=\dfrac{\sqrt{\varphi_3}}{\sqrt{\varphi_4}}\\ R_4=\dfrac{\sqrt{\varphi_3}}{\sqrt[4]{|\varphi_5|}}\\ R_5=\dfrac{\sqrt{\varphi_4}}{\sqrt[4]{|\varphi_5|}}\\ R_6=\dfrac{|\varphi_6|}{(\varphi_1\varphi_3)}\\ R_7=\dfrac{|\varphi_6|}{(\varphi_1\sqrt{|\varphi_5|})}\\ R_8=\dfrac{|\varphi_6|}{(\varphi_3\sqrt{|\varphi_2|})}\\ R_9=\dfrac{|\varphi_6|}{(\sqrt{\varphi_2|\varphi_5|})}\\ R_{10}=\dfrac{|\varphi_5|}{(\varphi_3\varphi_4)}\end{cases} \tag{3.38}$$

相对矩描述子的优点在于其不仅具有结构平移、尺度、旋转不变性，而且统一了区域和结构的矩特征计算。

基于形状特征的遥感图像特征检索的步骤可以总结为：

(1)构建多源遥感图像数据集；

(2)提取遥感图像目标区域的轮廓边界信息作为形状特征；

(3)将查询图像的形状特征与待检索遥感图像的形状特征进行相似性匹配；

（4）根据距离值返回查询结果。

图 3-14 给出 4 组基于形状特征的遥感图像检索结果。以 UCMD 数据集为例，选取了十字路口（intersection）、中型住宅区（medium residential）、高速路（runway）、港口（harbor）作为查询类别，对比了基于小波变换模极大值结合相对矩和基于多尺度形态学结合相对矩的形状特征检索性能，红色框表示检索错误类别，并在其下注明所属类别。可以看出，与基于小波变换模极大值结合相对矩的检索方法相比，基于多尺度形态学结合相对矩的方法具有更好的局部特征表达能力，在查询图像为立交桥和中型住宅区时检索性能更好。但是两种方法在解决类间相似的问题时都存在明显局限性。

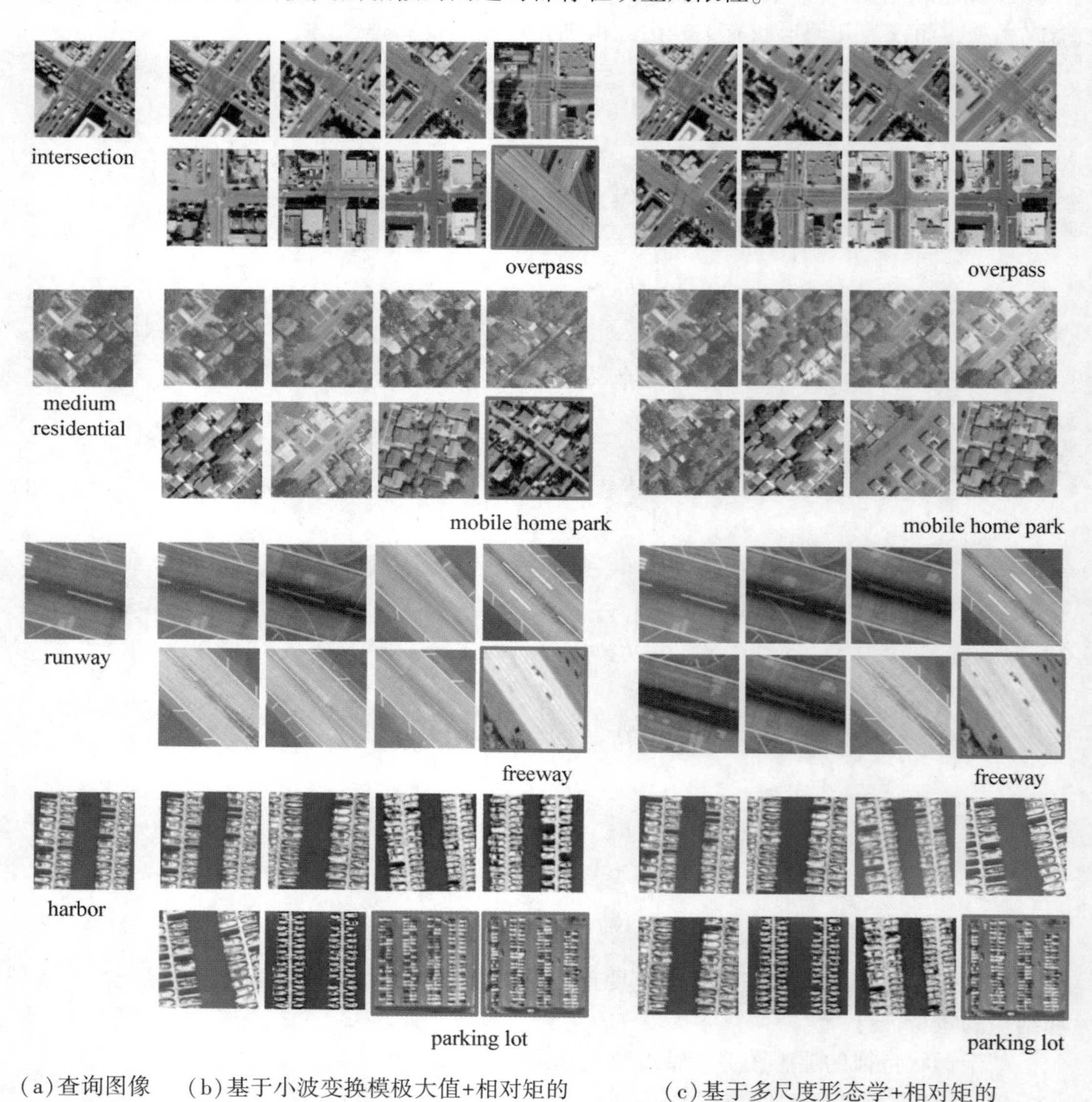

（a）查询图像　（b）基于小波变换模极大值+相对矩的检索结果　（c）基于多尺度形态学+相对矩的检索结果（Top 8）

图 3-14　基于形状特征的遥感图像检索结果

3.2.4 基于空间关系的遥感图像检索

随着对地观测技术的发展，可获取的遥感图像的空间分辨率越来越高，在光谱特征、纹理特征、形状特征等视觉特征的基础上，增加目标之间空间关系特征的表达和空间推理，可以有效提高遥感图像的分类、识别和检索的精度。如图 3-15 所示，图中红色区域中包含的多个目标(建筑物)之间存在明显的空间关系，当检索类似的由一组目标构成的复杂场景(如机场、码头、停车场等)时，必须考虑多个目标之间的空间关系。但是，目标之间的空间关系对计算机来说是一个复杂而模糊的概念，除了需要研究图像上目标之间空间关系的描述模型，还要研究相应的满足不变性的空间相似性度量模型。

图 3-15　遥感图像上多个目标之间存在明显的空间关系特征

一、空间关系表达模型

Egenhofer 指出空间关系表达了空间数据之间的一种约束。空间关系描述了遥感图像上地理实体之间存在的一些具有空间特性的关系，一般分为拓扑关系、方位关系和度量关系。其中，拓扑关系和方位关系属于空间关系中的定性关系，度量关系属于空间关系中的定量关系[26]。

1. 拓扑关系

拓扑关系指的是拓扑变换下的拓扑不变量，主要描述目标的邻接和关联关系。在拓扑关系形式化描述模型方面，代表性的模型包括 4 交叉模型(Egenhofer，1991)、9 交叉模型(Egenhofer，1993)、基于 Voironoi 图的 9 交叉模型(陈军，1999)、空间逻辑模型(RCC)(Randell 等人，1992)和空间代数模型(李志林，2002)等。

其中，4 交叉模型是由两个空间目标 A 和 B 的内部点集、边界点集的交集形成的拓扑关系模型，在交集为 ϕ 或者非 ϕ 的情况下，可以获得若干种点点关系、点线关系、点面关系、线线关系、线面关系和面面关系。例如，由 4 交叉模型获取的 8 种面面拓扑关系为：相离、相接、相交、相等、覆盖、覆盖于、包含、包含于。

Egenhofer 等人在 4 交叉模型基础上构建了经典的 9 交叉模型，是由两个空间目标 A 和 B 的内部点集、边界点集和余点集的交集形成的拓扑关系模型，定义如下：

$$\Im_9(A,\ B) = \begin{pmatrix} A^\circ \cap B^\circ & A^\circ \cap \partial B & A^\circ \cap B^- \\ \partial A \cap B^\circ & \partial A \cap B & \partial A \cap B^- \\ A^- \cap B^\circ & A^- \cap \partial B & A^- \cap B^- \end{pmatrix}^- \tag{3.39}$$

在交集为 ϕ 或者非 ϕ 的情况下，可以区分两个空间目标之间的 $2^9 = 512$ 种拓扑关系，但在实际应用中与之对应的拓扑关系并没有这么多。与 4 交叉模型相比，9 交叉模型比能区分拓扑关系总的种类更多，但是能区分的面面关系也是 8 种，图 3-16 给出 9 交叉模型区分的 8 种面面拓扑关系及对应的 9 交矩阵。

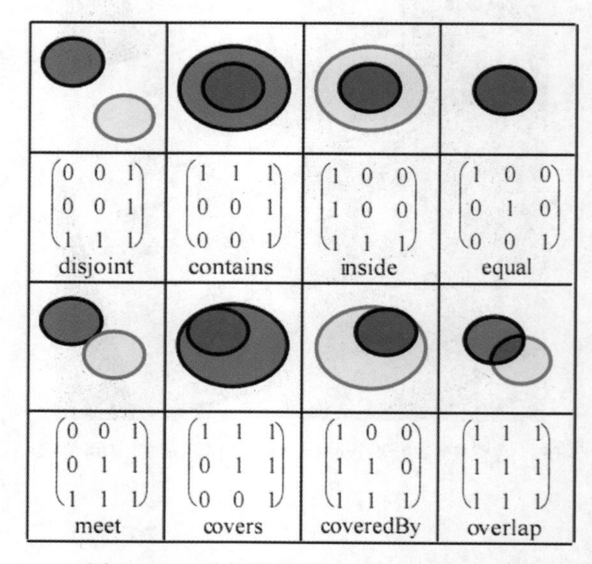

图 3-16　8 种拓扑关系及对应的 9 交矩阵

针对 9 交叉模型在空间关系表达方面仍然存在不足的情况，研究人员又提出一些改进模型，如基于维数扩展的 9 交叉模型（Clementini，1994）、基于 Voronoi 图的 9 交叉模型（陈军，1999）等、广义 9 交叉模型（Abdelmoty A.I.等人）等。

2. 方位关系

方位关系描述的是目标在空间上的顺序关系或者位置关系（比如前后、上下、东西、南北等），是两个空间目标之间互为源目标和参考目标的相互指向关系。常用的方位关系表达模型包括基于几何近似的表达、基于符号投影的表达、基于方向关系矩阵的表达等。

1）基于几何近似的表达

基于几何近似的表达，其基本思想是采用空间目标的几何近似之间的关系代替空间目标之间的关系，例如最小外接矩形（MBR）、最小外接圆（MBC）等，优点是直观、实现简单、计算复杂度低，缺点是空间目标的几何近似之间的关系与空间目标之间的实际关系之间常常会存在不一致的情况。以 MBR 为例，一个对象的 MBR 定义为完全包含该对象的矩形，用 X 和 Y 方向上的最大值和最小值来标识，如图 3-17 所示。具体应用中常将 MBR 作为粗过滤器来判断对象是否满足一定的空间关系。

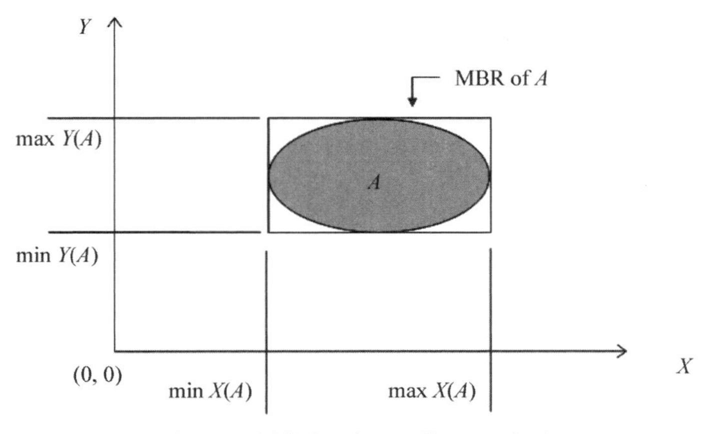

图 3-17 图像中目标(A)的 MBR 表示

2)基于符号投影的表达

基于符号投影的表达的代表性方法是二维串(2D string)，其基本思想是采用符号投影的方法，将不同空间目标的边界沿着 X 轴和 Y 轴做正射投影，生成有顺序关系的字符串来表达目标之间的空间关系，从而将图像对象之间的二维空间关系转换为一维空间关系。应用于图像检索时，首先采用自动或者半自动的方式把图像对象分割出来，然后基于 2D String 表达对象间空间关系。

2D String 定义了三种空间操作符："="，"<"，"："，分别表示具有相同投影、左/右关系或者上/下关系、具有相同位置三种空间关系。以图 3-18 为例，目标之间的空间关系用 2D-String 来表示的结果为：$A = D:E < A = B < C, A < B = C < D:E$。

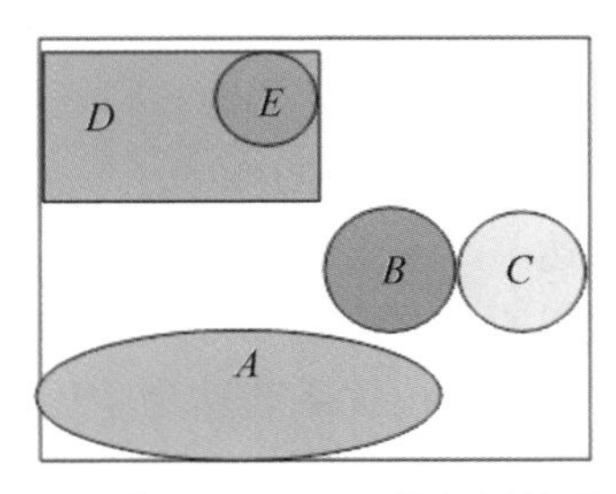

图 3-18 基于 2D String 的空间关系表达

为了表达图像对象间更复杂的空间关系表达，研究人员提出一些 2D String 的变种，如 2D C-String、2D C+-String、2D G-String、2D H-String、2D T-String、2D B-String、2D-Be String 等，从空间分割、拓扑关系充分表达、计算复杂度等方面进行了更加全面的考虑。

3) 方向关系矩阵

方向关系矩阵用关系矩阵的形式描述两个空间目标之间方位关系的细节信息，可以作为空间查询和空间推理的基础。基本思想是：将平面空间划分为 9 个区域，每个区域称为一个方向片，分别对应一个主方向，如图 3-19 所示。

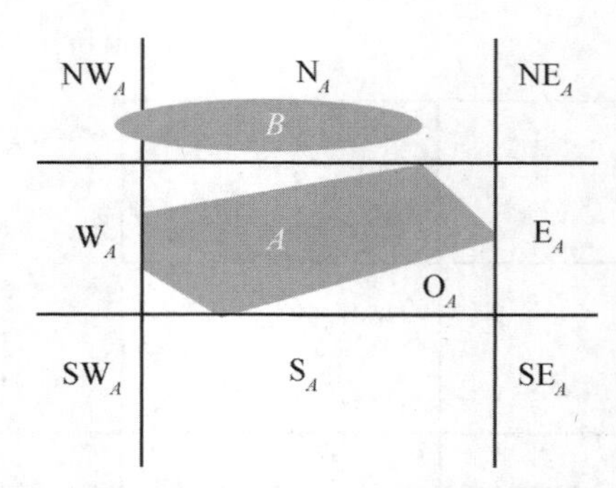

图 3-19　方向矩阵模型中关于方向片的划分(*A* 为参考目标)

空间目标 *A* 和 *B* 的方向关系定义为对两个目标的 9 个方向片求交的之后得到的方向关系矩阵，即

$$\mathrm{Dir}(A,B)=\begin{bmatrix}\mathrm{NW}_A\cap B & \mathrm{N}_A\cap B & \mathrm{NE}_A\cap B\\ \mathrm{W}_A\cap B & \mathrm{O}_A\cap B & \mathrm{E}_A\cap B\\ \mathrm{SW}_A\cap B & \mathrm{S}_A\cap B & \mathrm{SE}_A\cap B\end{bmatrix}\tag{3.40}$$

Goyal 又对方向关系矩阵进行了进一步的改进，采用源目标在某一方向片区的面积比例代替交集来构建方向关系矩阵，即

$$\begin{bmatrix}\dfrac{\mathrm{Area}(\mathrm{NW}_A\cap B)}{\mathrm{Area}(B)} & \dfrac{\mathrm{Area}(\mathrm{N}_A\cap B)}{\mathrm{Area}(B)} & \dfrac{\mathrm{Area}(\mathrm{NE}_A\cap B)}{\mathrm{Area}(B)}\\ \dfrac{\mathrm{Area}(\mathrm{W}_A\cap B)}{\mathrm{Area}(B)} & \dfrac{\mathrm{Area}(\mathrm{O}_A\cap B)}{\mathrm{Area}(B)} & \dfrac{\mathrm{Area}(\mathrm{E}_A\cap B)}{\mathrm{Area}(B)}\\ \dfrac{\mathrm{Area}(\mathrm{SW}_A\cap B)}{\mathrm{Area}(B)} & \dfrac{\mathrm{Area}(\mathrm{S}_A\cap B)}{\mathrm{Area}(B)} & \dfrac{\mathrm{Area}(\mathrm{SE}_A\cap B)}{\mathrm{Area}(B)}\end{bmatrix}\tag{3.41}$$

4) 基于直方图的方位关系表达

基于直方图的空间关系表达以直方图的形式描述图像上两个目标或多个目标之间方位、朝向以及距离的变化的能力，以方位关系表达为主，有时也会包含目标之间的部分类型的拓扑关系表达。例如 F-直方图(P. Matsakis，2004)通过计算两个目标之间力的关系反映二者的方位关系；R-直方图(Yuhang Wang，2003)在度量两个目标之间的方位关系时，在角度之外增加了距离标签，以增加拓扑关系(相交和包含)的表达。

5) 基于图的方位关系表达

基于图的空间关系表达以节点和边的方式表达图像上的目标及目标之间的空间关系，采用图匹配的方法来衡量空间相似度。例如基于属性关系图(attributed relational graph，

ARG)的空间关系表达中，分别用图像中的目标和目标之间的空间关系所对应的属性信息来描述属性图中的节点和边。

3. 度量关系

度量关系是用某种度量空间中的度量来描述目标间的关系，如目标间距离。度量关系本身是一种依赖某种具体空间度量的定量空间关系。对于面积、周长、直径等定量的度量关系，所采用的数学描述公式比较统一，可以直接计算。对于距离度量而言，点状目标之间的距离常用欧氏距离、广义距离、契比雪夫距离等来定义；而对于非点状目标而言，距离度量则往往有多种定义，有时会引入模糊理论来进行描述。

Egenhofer 等人(2007)对度量关系进行了较为深入的研究。例如，可以采用分割度量描述线/线之间的度量关系(空间目标 A 的内部、边界和外部(余)被目标 B 的内部、边界和外部(余)分割的程度)。表 3-3 给出线/线之间的分割度量所对应的 9 交矩阵，其中用到了线的长度和有限区域的面积这两个度量概念。

表 3-3　基于 9 交矩阵的线/线度量关系的表达[29]

	L_2^0	∂L_2	L_2^-
L_1^0	length$(L_1^0 \cap L_2^0)$	—	length$(L_1^0 \cap L_2^-)$
∂L	—	—	—
L^-	length$(L_1^- \cap L_2^0)$	—	area$(L_1^- \cap L_2^-)$

除了单纯包括线面间度量关系的研究之外，还有一些关于拓扑和度量相结合的空间关系描述方法(邓敏，2002；景黎，2007；吴长彬，2009)。三种空间关系相结合有助于实现目标地物更准确更精细的区分。

二、基于 F-直方图的遥感图像多目标方位关系表达及检索

F-直方图提供了一种描述两个目标间方位空间关系的手段，通过计算两个目标之间力的关系来反映两个目标的方位空间关系。

1. 基于 F-直方图的空间关系表达

如图 3-20 所示，E 表示一个物体或者目标，$\Delta_\alpha(v)$ 为一条方向线，其中，α 为方向线与参考方向 $\vec{i}$ 的夹角，方向线与物体 E 相交的部分 $E \cap \Delta_\alpha(v)$ 记作 $E_\alpha(v)$ 。

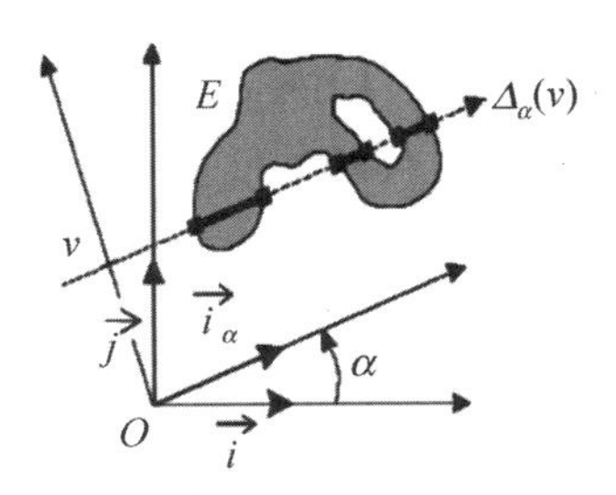

图 3-20　方向线示意图[30]

一条方向线在通过两个目标时，会分别与两个目标相交，产生两个线段的集合 $A_\theta(v)$ 和 $B_\theta(v)$ 。那么沿着这一条方向线，两个目标间力的作用就是这两个集合中线段间力的合成。对任意角度 θ 做一组平行线，计算每条平行线上两目标的引力，求和便得到一个力量值。引力由式(3.42)、式(3.43)计算出，式中变量含义如图3-21所示。对 $\theta \in (0, 2\pi)$ 的每一个角度重复上述运算，再利用式(3.44)就得到两目标的F-直方图 $\varphi^{AB}(\theta)$ 。

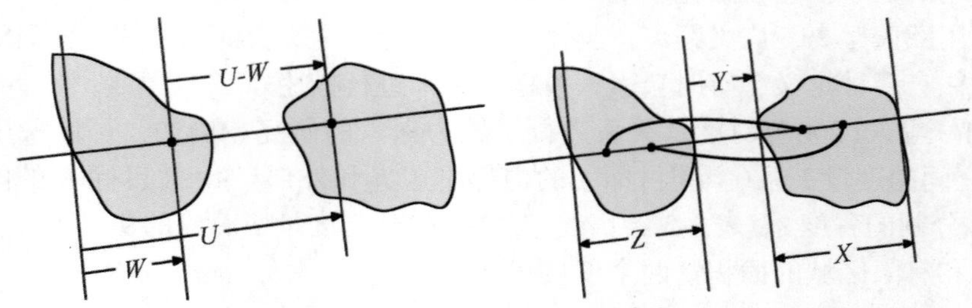

图3-21　引力计算示意图[29]

$$f(x, y, z) = \int_{y+z}^{x+y+z} \left(\int_0^z \varphi(u-w)\mathrm{d}w \right) \mathrm{d}u \tag{3.42}$$

$$\varphi(d) = \frac{1}{d^2} \tag{3.43}$$

$$\varphi^{AB}(\theta) = \int_{-\infty}^{+\infty} F(\theta, A\theta(v), B\theta(v))\mathrm{d}v \tag{3.44}$$

旋转和尺度不变性是多目标空间关系描述子必须具备的能力。但是，当图像中的目标发生旋转或尺度变换时， 相应的F-直方图的变化表现为平移和幅值的变化。如图3-22所示，

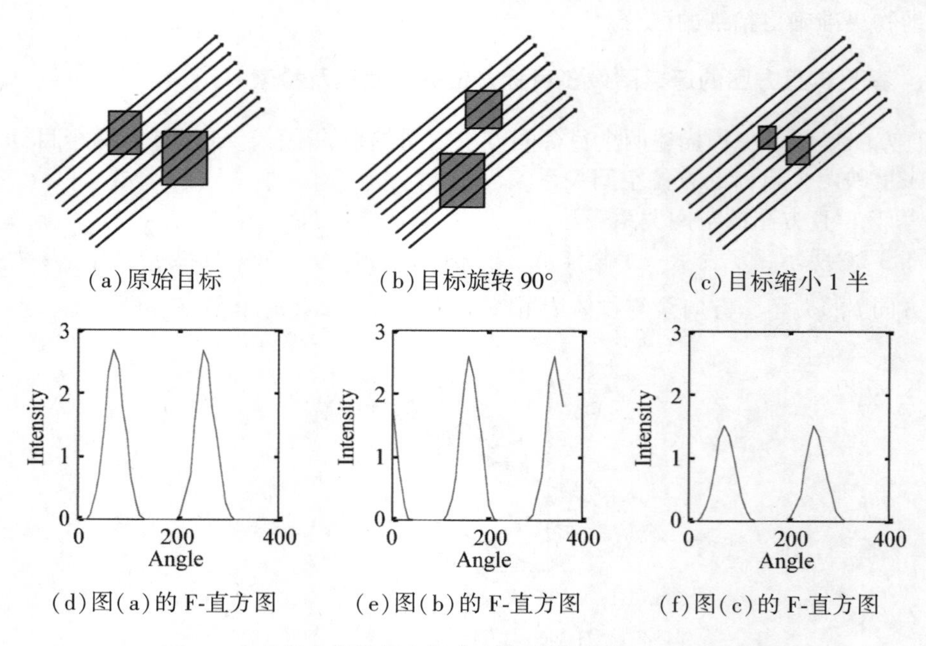

图3-22　目标与其旋转和尺度变换结果所对应的F-直方图

当原始目标旋转90°之后，对应的F-直方图向右平移30度；原始目标等比例缩小1倍之后，对应的F-直方图的幅值减小一半。旋转和缩放之后，目标之间的空间关系保持不变。

F-直方图同样适用于描述多目标之间的方位关系。如图3-23所示，增加两个参考物体A和B，然后分别以参考物体A、B为顶点，将目标分成M个区域($M=20$)，每8°为一个区域。对于每个区域$i(i=1, 2, \cdots, M)$，求参考物体与目标间的F-直方图，计算其力的均值$W\{i\}$，代表第i个区域对力的贡献。令

$$S\{i\}=\max\{W_A\{i\}, W_B\{i\}\} \tag{3.45}$$

$$S\{i+M\}=\min\{W_A\{i\}, W_B\{i\}\} \tag{3.46}$$

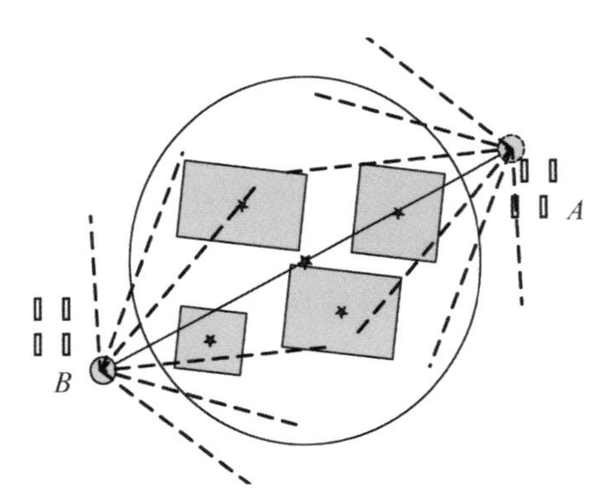

图3-23 多目标间方位空间关系的确定[31]

相似性度量模型如下式：

$$d(S_1, S_2)=\frac{1}{2M}\sum_{i=1}^{2M}\frac{\min\{S_{1[i]}, S_{2[i]}\}}{\max\{S_{1[i]}, S_{2[i]}\}} \tag{3.47}$$

首先计算出目标图像中目标的空间关系向量S，再计算两图的相似度$d(d\in[0, 1])$。其中，M表示每个参考物体将图像分成的区域数。两组目标越相似，d值越大，当两组目标完全相同时，$d=1$。

2. 遥感图像多目标空间关系建模及相似性匹配

1)多目标方位空间关系建模

由图3-22可知，当图像中的目标发生旋转或尺度变换时，相应的F-直方图会发生平移和幅值变化。因此，在遥感图像多目标空间关系检索时，需要首先解决F-直方图的旋转和尺度不变性问题。

Scott G.等人(2005)提出，如果能找到一个参考物体，使得这个参考物体与多目标间的相对位置不变，即参考物体随着目标的旋转而旋转，随着目标的平移而平移，就可通过计算参考物体与每个目标的F-直方图来描述这组目标的空间关系，即可解决F-直方图的不变性问题。

旋转不变性的解决方法：首先找到一组目标的中心O，以O为圆心求出这组目标的外

接圆，参考物体应在这个外接圆外。然后，利用主成分分析方法(*PCA*)找出这组目标的主轴方向。寻找主轴方向的方法是：首先，找到每个目标的中心，其坐标分别为 (x_1, y_1)，(x_2, y_2)，…，(x_N, y_N)，其中，N 为目标的个数，再以向量 $\boldsymbol{x}=(x_1, x_2, \cdots, x_N)$，$\boldsymbol{y}=(y_1, y_2, \cdots, y_N)$ 为原始方向，取 PCA 变换后的第一主分量，作为主轴方向 $e=(x_0, y_0)$，使参考物体位于主轴方向和圆心 O 所确定的直线上，这样就可以确定参考物体的具体位置。由于一个参考物体，只可以保证目标在 180°以内旋转的相对位置不变，要想获得目标 360°旋转的不变性，需确定两个参考物体 A 和 B，这样无论原目标如何旋转，只要参考目标与多目标间的相对位置不变，F-直方图就不会发生改变。

尺度变换不变性的解决方法：分别以参考物体 A、B 为顶点，将目标分成 M 个区域(如图 3-23 所示，其中 $M=20$)，每 8°为一个区域，对于每个区域 $i(i=1, 2, \cdots, M)$，求参考物体与多目标间的 F-直方图，计算其力的均值 $W\{i\}$，代表第 i 个区域对力的贡献。最后，对空间关系向量 $\boldsymbol{S}$[参见式(3.45)、式(3.46)]进行归一化处理，即可满足尺度不变性。

2)遥感图像多目标空间关系相似性匹配

采用式(3.47)进行基于 F-直方图的遥感图像多目标方位关系的相似性匹配，图 3-24 给出一组匹配结果，数据源来自瑞士某城市的 Quickbird 卫星影像。首先从中选取一块包含一组简单房屋在内的感兴趣区域（尺寸为 255×255 像素），并对其分别进行旋转和尺度

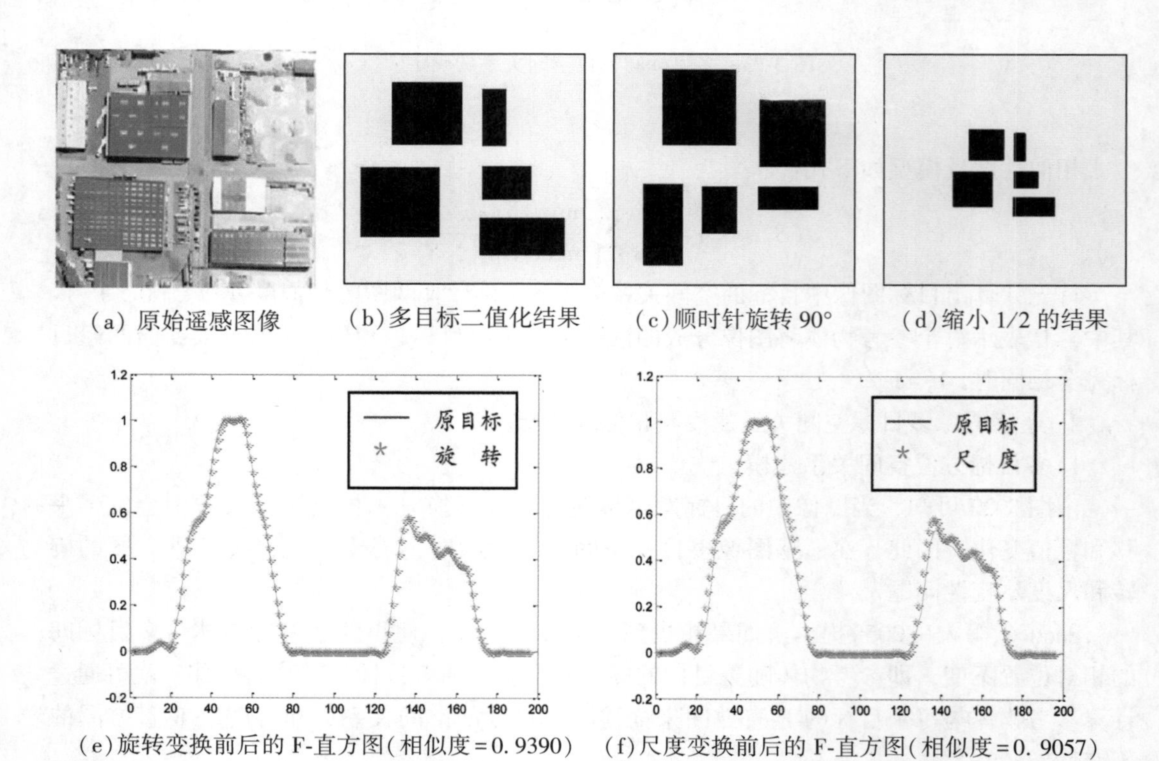

图 3-24　多目标尺度变换前后的 F-直方图匹配结果

变换。可以看出，当原始图像旋转 90°或者缩小为原来的 1/2，变换前后的 F-直方图保持不变，充分表明增加参考物体之后，F-直方图满足了旋转和尺度不变性。

三、基于属性关系图的遥感图像空间关系表达及检索

基于图的空间关系表达包括属性关系图(attributed relational graph，ARG)和空间方位图(spatial orientation graph，SOG)等。其中，ARG 模型是一种加权关系图，包括了对原始图像全局信息和局部信息的描述，其抽取和建立是对图像结构信息的高度概括，在基于图像内容和结构的图像检索及目标识别中获得了广泛的关注和应用，如 Selim Aksoy(2006)将其用于遥感图像多目标空间关系的表达及检索。

属性关系图由节点和连接节点的边构成。其中，节点表示空间目标，边表示目标之间的空间关系。对遥感图像而言，节点表示构成复杂场景(如建筑物群、港口、机场、油库等)的单一目标，边表示多个单一目标之间的空间关系。

1. 基于属性关系图的空间关系表达

属性关系图是通过图的方式，按照特定规则对预处理后的图形提取线段作为纹理基元进行相应的关系描述法。将图像 X_i 的属性关系图定义为一个组 $G_i = ARG = (V_i, E_i, W_i)$，其中，$V_i = \{V_i^1, V_i^2, \cdots, V_i^{n_i}\}$ 为 n_i 节点集合；$E_i = \{e_i^{(s,t)} \mid s, t \in \{1, 2, \cdots, n_i\}\}$ 为连接节点的边界集合；$W_i \in \mathrm{R}^{n_i X_{n_i}}$ 为包含边界信息的带权邻接矩阵。当区域对应节点 v_i^s 并且与 v_i^t 相邻时，存在一个边界 $e_i^{(s,t)}$，表示纹理基元之间的空间方位关系。属性关系图通过对纹理基元的角度关系、方位关系进行描述，反映纹理基元之间的结构关系，又引入了基元属性和基元间的关系属性来描述图的特征，因而属性关系图具有较强的图像空间特征描述能力。

2. 基于属性关系图的空间关系检索流程

基于属性关系图的检索流程可以描述为如图 3-25 所示。

(1)采用无监督算法(如边缘流算法)对图像进行分割，并构建所有目标图像的属性关系图。

(2)采用谱嵌入算法(用于边匹配)和子图同构算法(用于节点匹配)实现图像的相似性匹配。如果图之间相似，则光谱嵌入算法的相似性距离 GD_e 和子图同构算法的相似性距离 GD_n 很小，反之亦然。光谱嵌入算法旨在根据边界相似性估算两图像间的距离。光谱图嵌入法运用邻接矩阵拉普拉斯算子得到特征向量，在小范围特征空间中实现光谱嵌入(嵌图)；子图同构算法则是根据图像节点之间的相似性进而得到图像之间的相似性。将谱嵌入算法和子图同构算法相结合得到最后图像之间的相似性。

光谱嵌入公式：

$$s_{ij}^f = \mathrm{e}^{-\left(\frac{|\widehat{f_i}-\widehat{f_j}|^2}{\sigma}+1\right)} \tag{3.48}$$

①对于查询图像节点 G_q，训练图像节点 G_i，与最小非零特征值相对应的特征向量代表嵌图主要组成部分，计算嵌图之间的距离相似度 GD_e；

②通过查询图像节点 G_q，训练图像节点 G_i 之间相似性距离 GD_e 评估图之间的距离 s_{ij}^f。

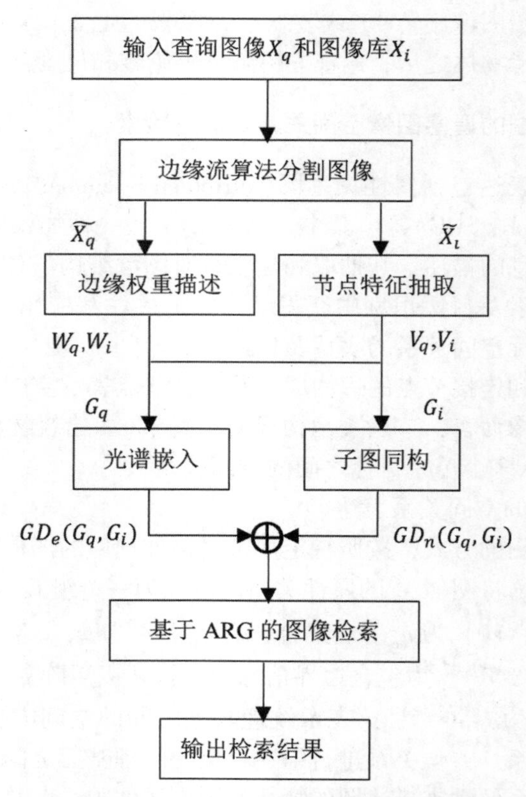

图 3-25　基于属性关系图的图像检索流程图

子图同构公式：

$$s_{ij}^{l}=\begin{cases}e^{-\frac{|l_i-l_j|-\frac{1}{4}}{4}}, & \frac{\|l_i-l_j\|>1}{4}\\ 1, & 其他\end{cases}\tag{3.49}$$

①匹配图 G_q 和数据集中的每一个图 G_i 之间的节点；

②依照查询图像节点 G_q，训练图像节点 G_i 之间相似性距离 GD_n 评估图之间的距离 s_{ij}^{l}。

如果 G_q 不能与 G_i 中任何节点相匹配，在这种情况下，节点匹配通过估算 $GD_n(G_i, G_q)$ 得到相应的 s_{ij}^{l}，进而输出相似性由大到小排序的检索结果。

③返回并输出相似集合。

图 3-26 给出两组基于属性关系图的检索结果图，并与基于灰度共生矩阵的检索结果进行了对比。以 UCMD 数据集为例，分别选取棒球场(baseball diamond)和十字路口(intersection)作为查询类别。红色框表示错误检索类别，并在其下注明所属类别。实验结果充分体现了空间关系在遥感图像表达方面的优越性。

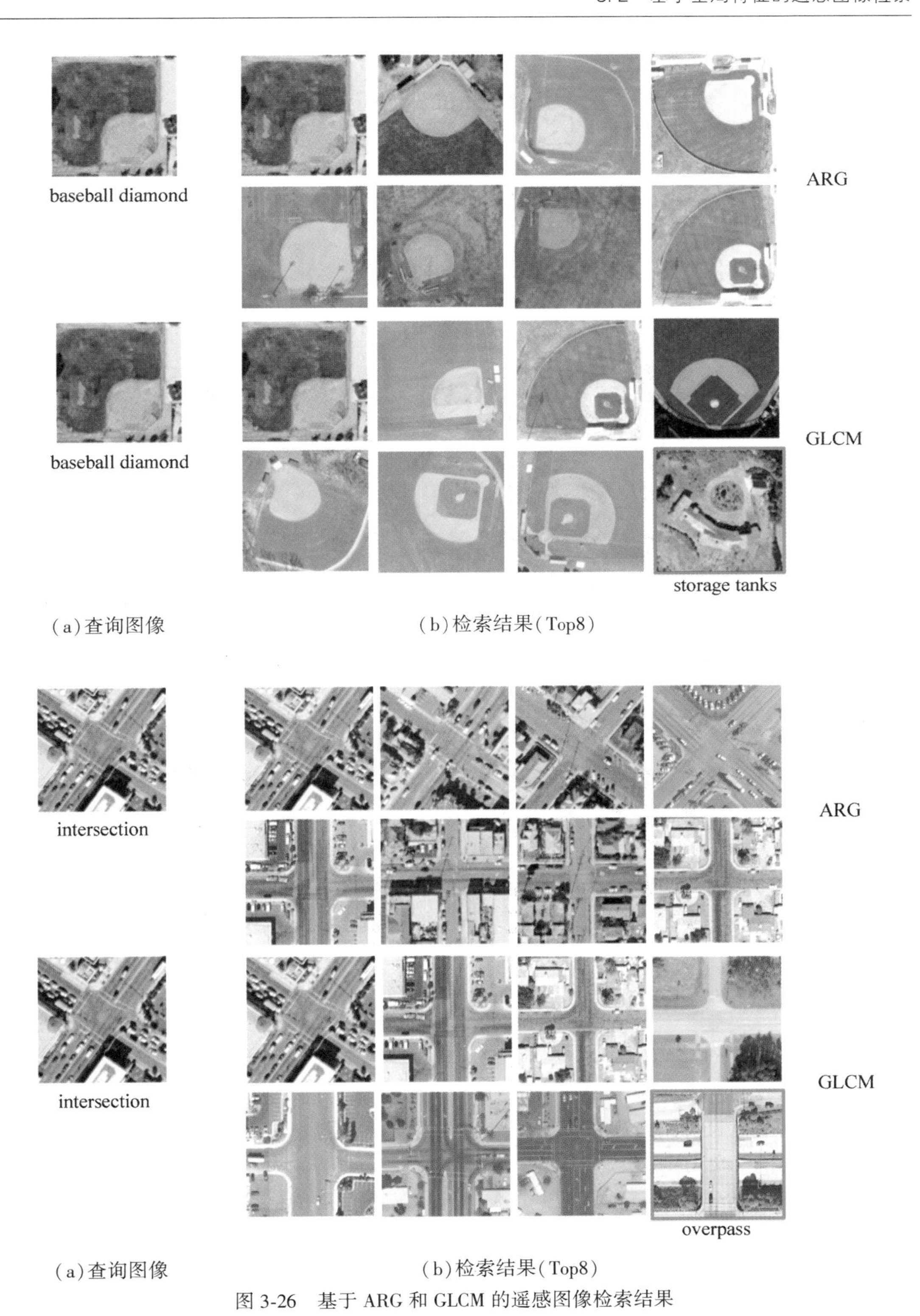

图 3-26　基于 ARG 和 GLCM 的遥感图像检索结果

3.3　基于局部特征的遥感图像检索

随着可获取遥感图像空间分辨率的提高，可以观察到的细节信息更加丰富，如图 3-27 所示。与全局特征相比，局部特征提供了一种图像特征点附近局部区域形状和纹理结构特性描述的方式，还可以有效处理有遮挡或者复杂背景的情况，因而得到人们日益广泛的关注，已被成功应用于图像匹配、三维重建、变化检测、目标检测、图像分类等视觉任务。

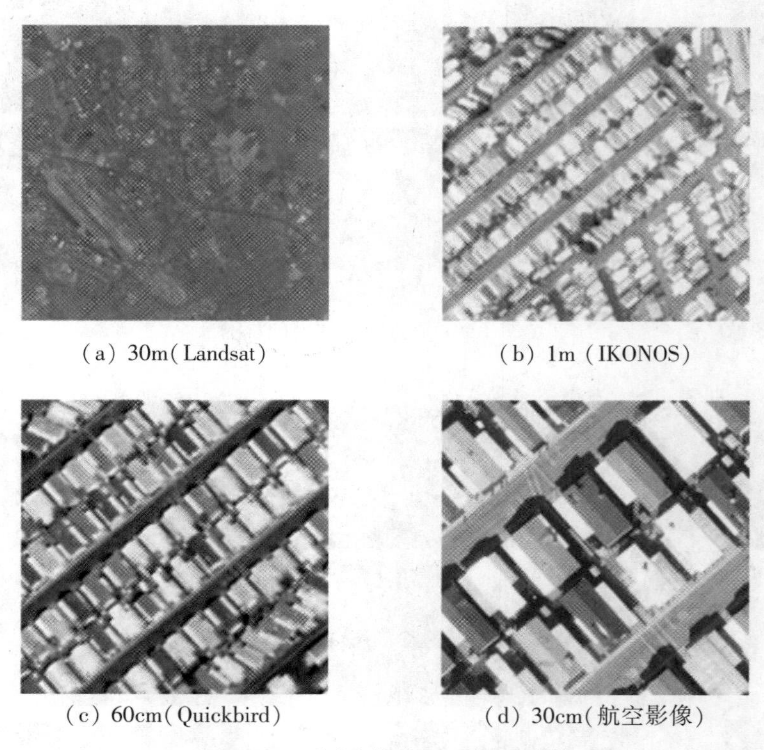

(a) 30m(Landsat)　(b) 1m (IKONOS)

(c) 60cm(Quickbird)　(d) 30cm(航空影像)

图 3-27　不同分辨率的遥感图像[41]

关于图像局部特征的研究可以追溯到 1977 年 Mravec 提出的角点特征(即兴趣点)，Mravec 通过灰度自相关函数考虑一个像素与其邻域像素的相似性，但是 Mravec 角点检测不具备旋转不变性且对噪声敏感。1988 年 Harris 提出角点特征算法，用微分算子构造了具有结构信息的 2×2 Harris 矩阵，具有更高的检测率，且满足旋转和灰度变化不变性，至今在某些应用中仍被使用。20 世纪 90 年代 Lindeberg 提出的信号的尺度空间理论，通过构建高斯尺度空间，分析图像中各个局部特征的尺度，奠定了局部不变特征方法的理论基础。Micolajczyk 和 Schmid 将 Harris 角点检测算子与高斯尺度空间相结合，提出 Harris-Laplacian 检测算子，实现了满足尺度不变性的角点检测。1999 年尺度不变特征变换(SIFT)算法的提出，在局部特征研究中具有里程碑意义，SIFT 特征在图像旋转、尺度变换、仿射变换和视角变化条件下都有很好的不变性。2006 年 Bay 等(2006)在 SIFT 基础上进一步提出快速算法(speeded up robust features, SUFT)。另一个具有影响力的局部特征研究是 Matas 提出的最大稳定极值区域特征(maximally stable extremal regions, MSERs)检测算法，借助分水岭算法思想实现图像中灰度稳定局部区域的检测，满足仿射不变性。事实上，正是局部特征描述子的不变性(旋转、尺度、平移、仿射、光照等)，推进了其在计算机视觉领域应用的成功。

3.3.1 基于 LBP 特征的遥感图像检索

局部二进制模式(local binary pattern, LBP)通过计算每个像素与邻域内其它像素的灰度差异来描述图像纹理的局部结构。基本原理是：对于图像中任意一个 3×3 的窗口，比较其中心像素与邻域像素的灰度值。若邻域像素灰度值大于或等于中心像素的灰度值，则该像素灰度值设为 1，反之为 0。对于阈值处理后的窗口，将其与权值模板的对应位置元素相乘求和，即可得到窗口中心像素的 LBP 值。

为了增强 LBP 的纹理特征描述能力，Ojala 对其做了进一步改进，提出了可以检测统一模式且满足灰度和旋转不变性的描述子。如下式所示：

$$\mathrm{LBP}_{P,R}^{riu2}=\begin{cases}\sum_{p=0}^{P-1}s(g_p-g_c), & U(LBP_{P,R})\leqslant 2\\ P+1, & U(LBP_{P,R})>2\end{cases}\tag{3.50}$$

式中，$U(\mathrm{LBP}_{P,R})=|s(g_{P-1}-g_c)-s(g_0-g_c)|+\sum_{p=1}^{P-1}|s(g_p-g_c)-s(g_{p-1}-g_c)|$，$s(x)$ 由下式定义：

$$s(x)=\begin{cases}1, & x\geqslant 0\\ 0, & x<0\end{cases}\tag{3.51}$$

其中，R 是圆形邻域的半径，P 是圆上等间距的分布的像素数目，g_c 是圆形邻域的中心像素，$g_p(p=0,1,\cdots,P-1)$ 是圆上的邻域像素。

图 3-28 给出 4 组基于 LBP 特征的遥感图像检索结果。以 UCMD 数据集为例，分别选择河流(river)、沙滩(beach)、高尔夫球场(golfcourse)和港口(harbor)作为查询类别。红色框表示错误检索类别，并在其下注明所属类别。可以看出，LBP 特征适合于背景与目标差异明显的图像内容，这是由于 LBP 特征通过灰度差异描述图像的局部信息，若是图像背景与目标之间的过渡边界模糊，两者颜色差异较小，计算得出的灰度差异则为 0，这会导致网络无法区分背景域目标进而影响检索效果。因此，LBP 特征在检索背景与目标差异明显的遥感图像时具有更好的性能。

3.3.2 基于 SIFT 特征的遥感图像检索

理想的局部特征描述子应该具备高的判别性(distinctiveness)和鲁棒性(robustness)。判别性是指描述子在特征点附近局部区域结构发生变化时，具有捕获和反映这一变化的能力；鲁棒性指的是描述子能够在图像在各种条件下(如发生旋转、尺度、仿射变换和噪声干扰)，具有稳定工作的能力。众多的局部特征描述子中，SIFT 性能优越，全面地描述了

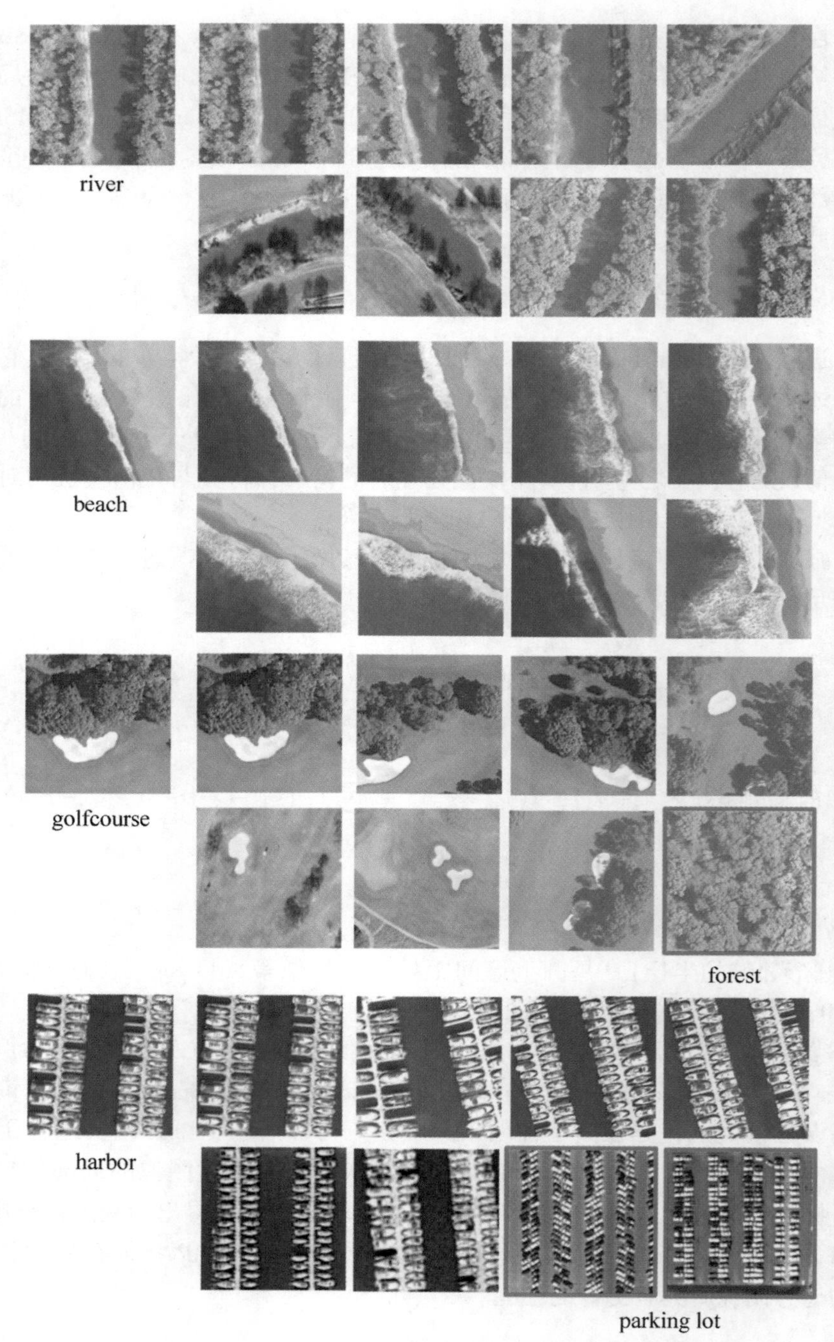

(a)查询图像　　(b)检索结果(Top8)

图 3-28　基于 LBP 特征的遥感图像检索结果

图像的局部特征，且对图像的尺度变换、旋转、光照变化和尺度变换都具有很好的鲁棒性。构建 SIFT 特征描述子的流程如图 3-29 所示，具体描述如下：

(1)构建高斯金字塔。首先对原始图像进行高斯模糊，使得图像更加平滑；然后进行降采样，得到一个从下到上图像尺寸不断缩小的高斯金字塔。

(2)特征点检测。在高斯金字塔的每一层(即每个尺度空间)的图像上检测极值点；然后通过尺度空间 DoG 函数进行曲线拟合，过滤掉不稳定的边缘响应点和低对比度的点，剩下的极值点即为特征点。

(3)特征点方向赋值。检测出特征点之后，需要确定特征点的主方向。首先对特征点邻域内的像素点计算梯度幅值和方向，生成直方图。直方图的峰值对应的方向即为特征点的主方向，通过特征点方向赋值可以使 SIFT 特征点满足旋转不变性。

(4)生成特征描述子。首先旋转校正特征点的主方向；然后在每个特征点周围 4×4 的邻域计算 8 个方向的梯度直方图，形成一个 128 维的特征向量。为消除光照的影响，对特征向量的长度进行归一化处理，生成最终的特征描述子。

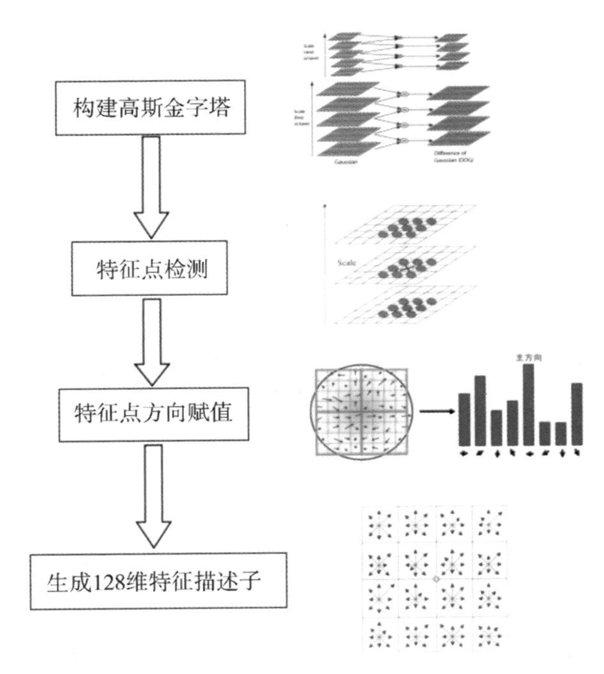

图 3-29 构建 SIFT 特征描述子的流程

为了进一步提高特征提取效率，Bay 等人(2006)在 SIFT 基础上提出快速算法 SUFT。SIFT 特征描述子在生成特征向量的时候使用的是高斯图像，而 SUFT 特征描述子使用的是积分图像，以充分利用在特征点检测时形成的中间结果(积分图像)，避免在特征向量生成时对图像进行重复运算。其它 SIFT 基础上发展而来的描述子包括 PCA-SIFT、DenseSIFT 等。

图 3-30 给出 4 组基于 SIFT 特征的遥感图像检索结果。以 UCMD 数据集为例，分别选取十字路口(intersection)、中型住宅区(medium residential)、高速路(runway)和港口(harbor）作为查询类别。红色框表示错误检索类别，并在其下注明所属类别。可以看出，SIFT 在遥感图像局部特征表达方面的优势；但是也反映出 SIFT 作为人工设计特征描述，在解决类间相似性时存在局限性。

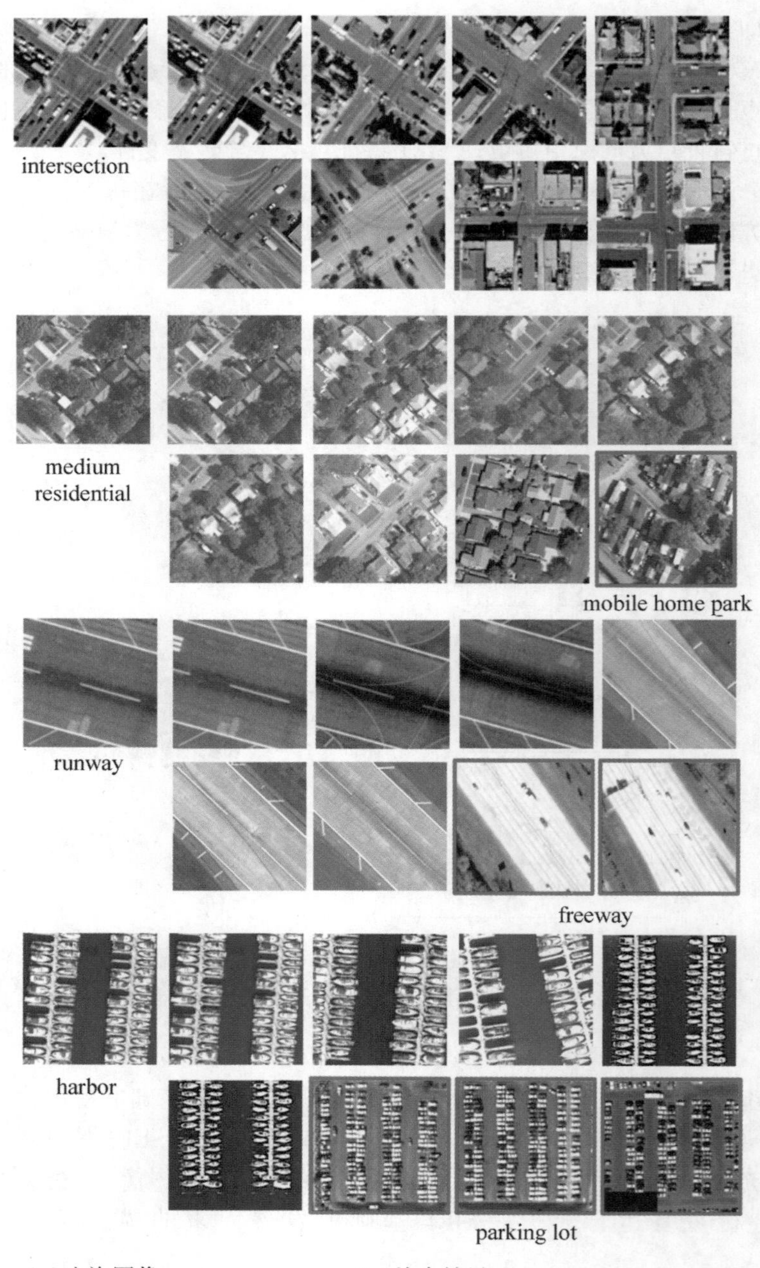

（a）查询图像　　（b）检索结果（Top8）

图 3-30　基于 SIFT 特征的遥感图像检索结果

3.3.3　基于 BoVW 特征的遥感图像检索

视觉词袋模型(bag of visual word, BoVW)源自用于文本检索的词袋模型(bag of word, BoW)。词袋模型的基本思想是：将文档看作是一些无序的、独立的词汇集合，关注词汇出现的频率而忽略文本的语法和语序，通过统计一段文字或者一篇文章中每个词汇出现的频率构建词频统计直方图，然后通过词频统计直方图比较两段文本的相似程度。视觉词袋模型的基本思想是将图像视为一种特殊的文档，构成图像的词汇是图像的局部区域。

视觉词袋模型的特征提取包括以下 3 个步骤，如图 3-31 所示：

(1)特征描述。提取图像的局部特征并进行描述，常用的方法包括 SIFT、SURF 等。

(2)构建视觉词典(即码本 codebook)。利用算法对提取的图像特征进行聚类，生成 K 个聚类中心，每个聚类中心代表词典的一个视觉单词(也称为码字 codeword)。

(3)生成 BoVW 特征直方图(也称为特征量化)。将图像的每个视觉单词与词典的各视觉单词(即聚类中心)依次进行比较并归类到最近的聚类中心，通过计算每幅图像中每个视觉单词出现的频率构建词频统计直方图，进而得到 K 维 BOVW 特征向量。

假设一幅原始图像包含 M 个(通常为几十到上百)SIFT 特征，每个 SIFT 特征为 128 维。如果直接用 SIFT 特征表示图像，则每幅图像需要用一个 $128\times M$ 的特征向量进行表示。而采用 BoVW 模型时，首先用聚类算法(如 K 均值聚类)将数据集中所有 SIFT 特征聚为 K 类(如 256、512、1024 或 2048 等)，每个聚类中心代表一个视觉单词，每个聚类中心为 128 维，由 K 个聚类中心构成视觉词典；然后，将图像中的 M 个 SIFT 特征依次划分到 K 个聚类中心中，根据视觉词典中 K 个视觉单词出现的频数，将图像映射为一个 K 维的 BOVW 向量。与 M 个 128 维的 SIFT 特征相比，一个 K 维的 BOVW 向量维数大大减小，达到了降维的目的，大大提高了运算效率。

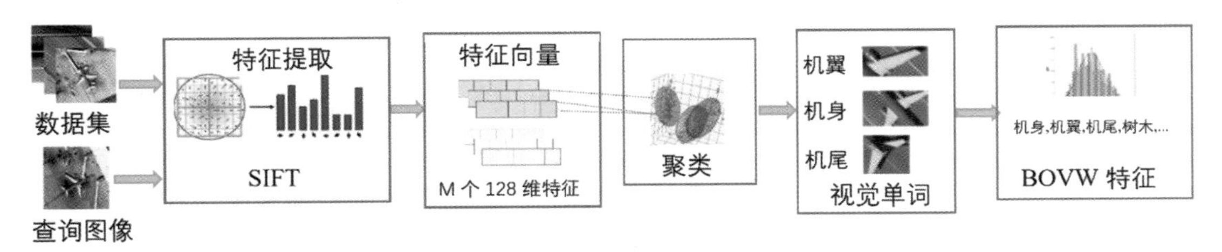

图 3-31　BoVW 模型构建流程图

图 3-32 给出 4 组基于 BoVW 特征的遥感图像检索结果。同样以 UCMD 数据集为例，同样选取十字路口(intersection)、中型住宅区(medium residential)、高速路(runway)和港口(harbor)作为查询类别。同样的，红色框表示错误检索类别，并在其下注明所属类别。实验结果充分验证了 BoVW 特征与人工设计的低层视觉特征相比，描述图像内容的能力更强，因此在检索时具有更高的准确性。

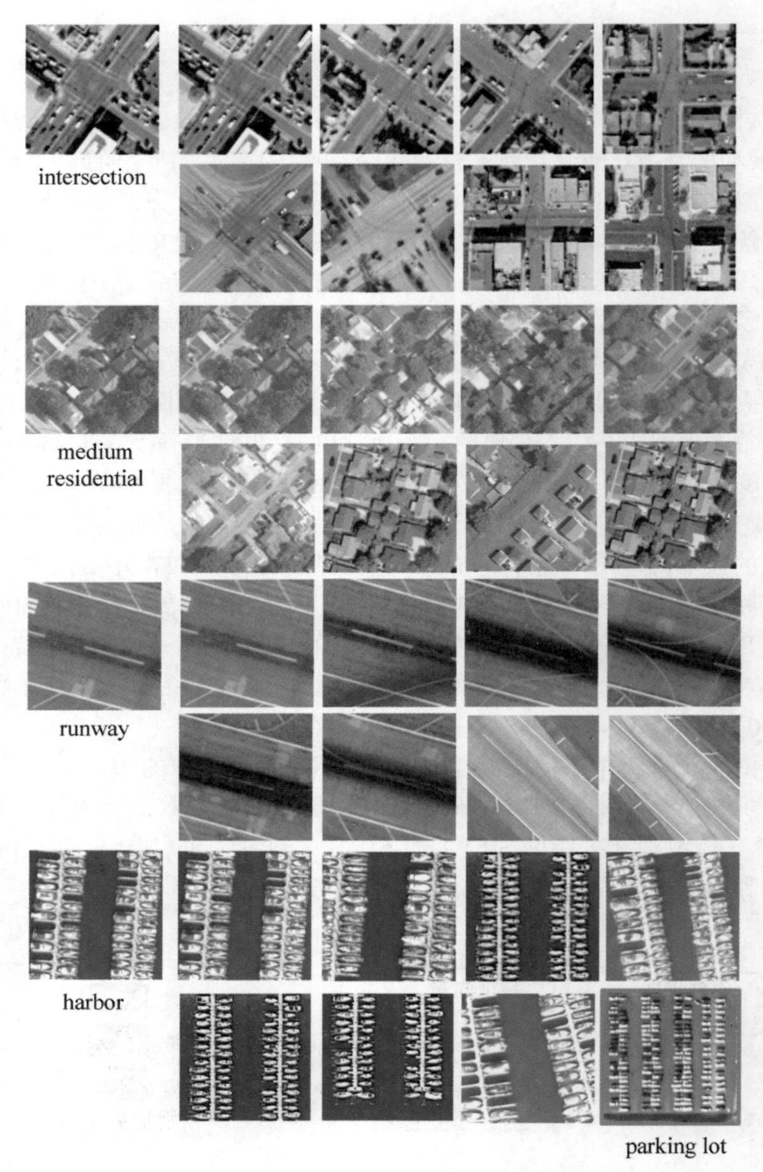

(a)查询图像　　　　　　　　(b)检索结果(Top8)

图 3-32　基于 BoVW 特征的遥感图像检索结果

◎ 参考文献

[1]Rui Y, T S Huang, S F Chang. Image retrieval: current techniques, promising directions, and open issues[J]. Journal of Visual Communication and Image Representation, 1999, 10(1): 39-62. doi: 10. 1006/jvci. 1999. 0413.

[2]Paolo Napoletano. Visual descriptors for content-based retrieval of remote-sensing images[J].

International Journal of Remote Sensing, 2018, 39: 5, 1343-1376.

[3]Ying Liu, Xiaofang Zhou, Wei-Ying Ma. Extracting texture features from arbitrary-shaped regions for imge retrieval[J]. ICME, 2004, 3: 1891-1894.

[4]S Kiranyaz, S Uhlmann, M Gabbouj. Effects of arbitrary-shaped regions on texture retrieval [J]. IEEE International Conference on Signal Processing and Communication, 2007: 13-16.

[5]张良培, 张立福. 高光谱遥感[M]. 武汉: 武汉大学出版社, 2005.

[6]童庆禧, 张兵, 郑兰芬. 高光谱遥感——原理、技术与应用[M]. 北京: 高等教育出版社, 2006.

[7]陈亮, 刘代志, 黄世奇. 基于光谱角匹配预测的高光谱图像无损压缩[J]. 地球物理学报, 2007, 50(6): 1895-1898.

[8]Chein-I Chang. Spectral information divergence for hyperspectral image analysis[J]. Geoscience and Remote Sensing Symposium, 1999: 509-511.

[9]王晋年, 郑兰芬, 等. 成像光谱图像吸收鉴别模型与矿物填图研究[J]. 环境遥感, 1996, 11(1): 20-30.

[10]王晋年, 张兵, 刘建贵, 等. 以地物识别和分类为目标的高光谱数据挖掘[J]. 中国图象图形学报, 1999, 4(11): 957-964.

[11]Meer F V, Bakker W. Cross correlogram spectral matching: application to surface mineralogical mapping by using AVIRIS data from cuprite, Nevada[J]. Remote Senslng of Environment, 1997, 6I: 371-382.

[12] Aalick R, Shanmugam K. Dinstein. Texture features for image classification[J]. IEEE Transactions, 1973, 3(6): 17-20.

[13]Selim Aksoy, Robert M Haralick. Using texture in image similarity and retrieval[A]. In M. Pietikainen, ed. Texture Analysis in Machine Vision, in Machine Perception and Artificial Intelligence[J]. World Scientific, 2000, 40: 129-149,.

[14]H Tamura, S Mori, T Yamawaki. Textural features corresponding to visual perception[J]. IEEE Trans. Systems, Man, and Cybernetics, 1978, 8(6): 460-473.

[15]Do M N, Vetterli M. The contourlet transform: an efficient directional multiresolution image representation[J]. IEEE Trans. Image on Processing, 2005, 14(12): 2091-2106.

[16]X Liu, D Wang. Texture classification using spectral histograms[J]. IEEE Transactions on Image Processing, 2003, 12(6): 661-670.

[17]Guojun Lu, A Sajjanhar. Region-based shape representation and similarity measure suitable for content-based image retrieval[J]. Multimedia Systems, March 1999, 7(2): 65-74.

[18]Tienwei Tsai, Yo-Ping Huang, Te-Wei Chiang. Content-based image retrieval using gray relational analysis[J]. The Conference on Gray System and Its Applications, 2005: 227-233.

[19]朱晓亮, 彭复员, 等. 基于多尺度形态学的弱目标图像处理方法[J]. 红外与激光工程, 2002, 31(6): 482-484.

[20]M K Kundu, B Chanda, Y V Padmaja. Morphologic edge detection with multi scale approach[J]. Proc. IEEE Int. Conf. TENCON'98, New Delhi, India, 1998: 53-56.

[21]Bhabatosh Chanda, Malay K Kundu, Y Vani Padmaja. A multi-scale morphologic edge dectector[J]. Pattern Recognition, 1998, 31(10): 1469-1478.
[22]Hu M K. Visual pattern recognition by moment invariants[J]. IRE Trans. Inform. Theory, 1962, IT-8: 179-187.
[23]Chen C C. Improved moment invariants for shape discrimination. Pattern Recognition, 1993, 26(5): 683-686.
[24]王波涛，孙景鳌，等. 相对矩及在几何形状识别中的应用[J]. 中国图象图形学报, 2001, 6(3): 296-300.
[25]Egenhofer M J. Reasoning about binary topological relations[J]. Advances in Spatial Databases, 2nd Symposium, SSD '91 Proceedings, 1991: 143-160.
[26]陈军，赵仁亮. GIS 空间关系的基本问题与研究进展[J]. 测绘学报, 1999, 28(2): 95-102.
[27]EGENHOFER M J, FRANZOSA R D. On the equivalence of topological relations[J]. International Journal of Geographical Information System, 1994, 8(6): 133-152.
[28]闫浩文，郭仁忠. 空间方向关系形式化描述模型研究[J]. 测绘学报, 2003, 32(1): 42-46.
[29]Nedas K A, Egenhofer M J, Wilmsen D. Metric details of topological line-line relations[J]. International Journal of Geographical Information Science, 2007, 21(1-2): 21-48.
[30]X M Zhou, C H Ang, T W Ling. Image retrieval based on object's orientation spatial relationship[J]. Pattern Recognit. Lett, 2001(22): 469-477.
[31]P Matsakis, J M Keller, O Sjahputera, J Marjamaa. The use of force histograms for affine-invariant relative position description[J]. IEEE Trans. Pattern Anal. Mach. Intell., 2004, 26(1): 1-18.
[32]Scott G, Klaric M, Shyu C R. Modeling multi-object spatial relationships for satellite image database indexing and retrieval[J]. Proceedings of 4th International Conference, CIVR 2005, Singapore, 2005: 247-256.
[33]Aksoy S. Modeling of remote sensing image content using attributed relational graphs[J]. Structural, Syntactic, and Statistical Pattern Recognition. Joint IAPR International Workshops SSPR 2006 and SPR 2006. Proceedings, Lecture Notes in Computer Science 2006, 4109: 475-483.
[34]Moravec H P. Towards automatic visual obstacle avoidance[C]. International Joint Conference on Artificial Intelligence. Morgan Kaufmann Publishers Inc., 1977.
[35]Harris C G, Stephens M J. A combined comer and edge detector[C]. The 4th Alvey Vision Conference, 1988.
[36]T Lindeberg. Edge detection and ridge detection with automatic scale selection[J]. International Journal of Computer Vision, 1998, 30(2): 117-154.
[37]K Mikolajezyk, C Schmid. Affine invariant interest point detectors[J]. International Journal of Computer Vision, 2004: 60-63, 86.

[38]Lowe D G. Object recognition from local scale-invariant features[C]. Proceedings of the Seventh IEEE International Conference on Computer Vision. IEEE, 1999.

[39] Bay H, Tuytelaars T, Van Gool L. Surf: Speeded up robust features[C]. European conference on computer vision. Springer, Berlin, Heidelberg, 2006: 404-417.

[40]Matas J, Chum O, Urban M, et al. Robust wide-baseline stereo from maximally stable extremal regions[J]. Image & Vision Computing, 2004, 22(10): 761-767.

[41]Yang Y, Newsam S. Geographic image retrieval using local invariant features[J]. IEEE Transactions on Geoence & Remote Sensing, 2013, 51(2): 818-832.

[42]Ojala T, Pietikainen M, Maenpaa T. Multiresolution gray-scale and rotation invariant texture classification with local binary patterns[J]. IEEE Transactions on pattern analysis and machine intelligence, 2002, 24(7): 971-987.

[43]王永明, 王贵锦. 图像局部不变性特征与描述[M]. 北京: 国防工业出版社, 2010.

[44]Sirmacek B, Unsalan C. Urban-area and building detection using sift keypoints and graph theory[J]. IEEE Transactions on Geoscience and Remote Sensing, 2009, 47(4): 1156-1167.

第 4 章　基于学习特征的遥感图像智能检索

基于内容的遥感图像检索根据遥感图像的视觉内容实现海量数据的存储和检索，检索精度高度依赖于图像视觉内容的表达模型，早期的相关研究工作致力于寻找最优的特征描述子或者特征组合表达图像内容，以提高检索效率。然而，随着传感器技术的发展，遥感图像数据量剧增且图像内容的复杂程度越来越高，由于空间分辨率的提高，不同地物的光谱相互重合，同物异谱和异物同谱的现象大量存在，这使得基于人类工程经验和领域知识设计的低层视觉特征(如光谱特征、纹理特征、形状特征等)，在表达遥感图像高度复杂的几何结构和空间模式方面显得力不从心。在低层视觉特征基础上聚合而成的中层视觉特征(如 BoVW、FV、VLAD 等)，虽然包含了比低层视觉特征更多的判别信息，但依然难以解决因成像条件不同使得相似场景呈现多样视觉外观而产生的语义鸿沟问题。

与人工设计特征相比，从数据中直接学习图像特征，可以避免繁重的特征工程，有效克服人工设计特征存在的主观性强、依赖专家知识等局限性。得益于大数据和硬件技术革命，2006 年以后迅速发展起来的深度学习技术，采用多层网络结构对图像内容进行逐级特征表达，能够实现图像特征的自适应学习；特别是深层网络模型，比浅层网络的模型特征学习能力更强，学习到的高层特征判别能力更强，适用于海量的、场景复杂的遥感图像检索，研究证明卷积神经网络特征用于遥感图像检索时能够大大提升检索性能。本章首先简要介绍人工神经网络模型和算法以及无监督特征学习方法，然后重点介绍几种代表性的卷积神经网络并对比分析它们应用于遥感图像检索时的性能。

4.1　人工神经网络模型和算法

4.1.1　神经元模型

关于人工神经网络，一种广泛认可的定义是“神经网络是由具有适应性的简单单元组成的广泛并行互联的网络，它的组织能够模拟生物神经系统对真实世界物体所做出的交互反应”(Kohonen，1988)。其中的“简单单元”，即人工神经元(以下简称神经元)模型，是构成人工神经网络(以下简称神经网络)的基本单元，是对生物神经元的一种形式化描述。神经元对生物神经元的信息处理过程进行抽象，并用数学语言语义描述，常称为节点或处理单元。

在众多的神经元模型中，提出最早且影响最大的是 1943 年心理学家 McCulloch 和数学家 W. Pitts 提出的 M-P 模型，如图 4-1 所示，可以看出，M-P 模型是一个按照生物神经元的结构和工作原理构造出来的一个抽象和简化了的模型。M-P 模型中，一个神经元同时

接收到来自 n 个其它神经元传递过来的输入信号，这些输入信号通过带权重的连接进行传递，神经元接收到的总输入值将与神经元的阈值进行比较，然后通过激活函数处理，以产生神经元的输出。

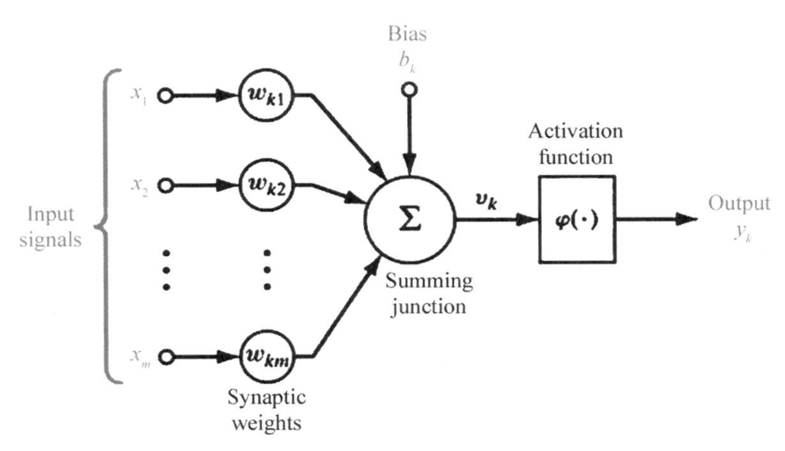

图 4-1　M-P 神经元模型

M-P 神经元模型中，激活函数反映了神经元输出与其激活状态之间的关系，不同的激活函数使得神经元具有不同的信息处理特性。常用的激活函数有 4 种形式，分别为：阈值型、非线性型(S 型，如 Sigmoid 函数)、分段线性型(如 ReLU 函数)、概率型。图 4-2 给出几种典型的激活函数。把许多个神经元按照一定的规则连接起来，就构成了神经网络。M-P 模型开启了人工神经网络的序幕。

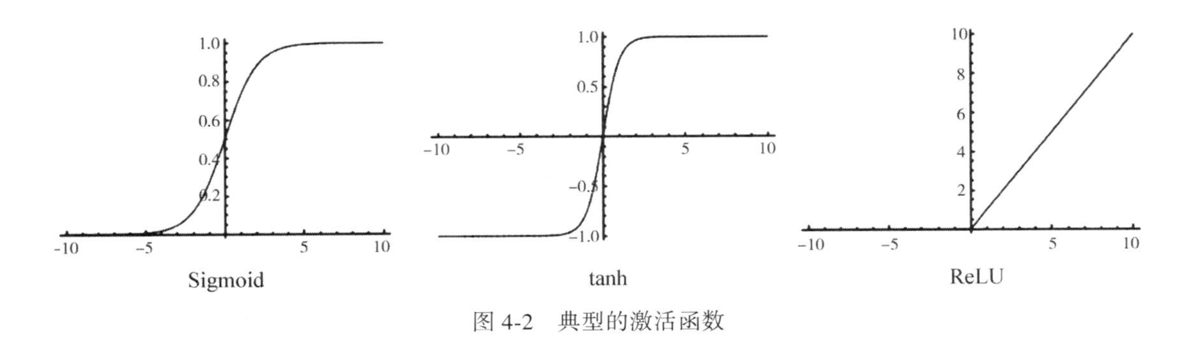

图 4-2　典型的激活函数

4.1.2　感知器和多层神经网络

1958 年，美国学者 Frank Rosenblatt 首次定义了一个具有单层计算单元的神经网络结构——感知器(perceptron)。感知器由两层神经元组成，其中，输入层接受外界输入信号后传递给输出层，输出层是 M-P 神经元。感知器是最早具有机器学习思想的神经网络，但是只有输出层神经元为功能神经元，能够进行激活函数处理，学习能力有限，无法扩展到多层神经网络上，又称单层感知器。为了解决非线性可分问题，通常在输出层与输入层之间增加隐藏层，构成多层神经网络，其中隐藏层和输出层神经元都是拥有激活函数的功能神经元。

不同的网络拓扑结构构成不同的网络模型，主要包括三种类型，如图 4-3 所示。

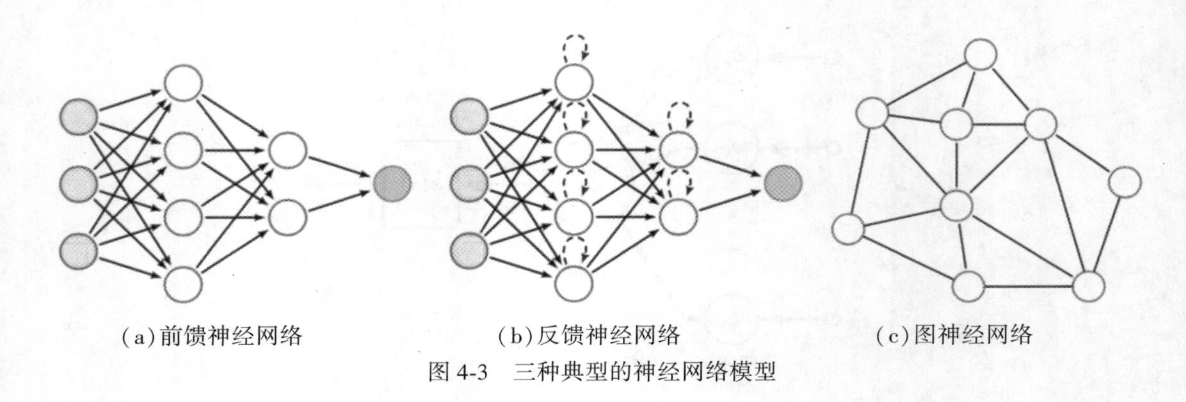
(a)前馈神经网络　(b)反馈神经网络　(c)图神经网络

图 4-3　三种典型的神经网络模型

一、前馈神经网络

前馈神经网络(feedforward neural netwrok，FNN)中，信息的流向从输入层到各隐藏层再到输出层，输入层神经元仅接收外界输入，隐藏层与输出层神经元对信息进行加工，最终结果由输出层神经元输出。每层神经元与下一层神经元全互连，神经元之间不存在同层连接和跨层连接。除输出层外，任一层的输出是下一层的输入，信息处理具有逐层传递的方向性，一般不存在反馈环路，可以用一个有向无环图来表示。这样的网络结构也被称为多层前馈网络(multi-layer feedforward neural networks)或者多层感知器(multi-layer perceptron，MLP)。前馈神经网络包括全连接神经网络和卷积神经网络等。

二、反馈神经网络

反馈神经网络也叫做记忆网络，网络中的神经元不但可以接收其它神经元的信息，也接收自己的历史信息。与前馈网络相比，反馈网络的神经元具有记忆功能，网络中的信息传递可以是单向或者双向传递，如循环神经网络、Hopfield 网络、玻尔兹曼机、受限玻尔兹曼机等。

三、图神经网络

前馈网络和反馈网络的输入为向量或者向量序列，但是实际应用中很多数据属于图结构数据，如知识图谱、社交网络等，图神经网络就是定义在图结构数据上的神经网络，图中每个节点由一个或者一组神经元构成，节点之间的连接可以是有向的，也可以是无向的，每个节点可以接收来自相邻节点或者自身的信息。图神经网络包括图卷积网络、图注意力网络等。

4.1.3 反向传播算法

从生理学的角度，大脑的学习能力反映了神经元间突触联系的形成和改变能力。人工神经网络的功能性和智能性体现由其连接的拓扑结构和突触连接强度(即连接权值)决定。神经网络的全体连接权值可以用一个矩阵 **W** 表示，神经网络的学习过程，就是根据训练数据来动态调整神经元之间的连接权值(connecting weight)，以使网络输出不断接近期望输出的过程。

多层神经网络的学习能力比单层感知器强得多，训练多层网络需要更强大的学习算法，20 世纪 80 年代初，Paul Werbos 提出的反向传播算法(backpropagation，BP 算法)有效解决了多层神经网络的学习问题，引发了神经网络研究的第二次热潮。Lecun 等人(1998)将反向传播算法引入卷积神经网络，并在手写体数字识别上取得了很大的成功。反向传播算法是迄今最为成功的神经网络学习算法。2006 年，Hinton 通过逐层预训练学习一个深度信念网络，并将其权重作为一个多层前馈神经网络的初始化权重，再用反向传播算法进行精调，这种“预训练+精调”的思路可以有效解决深度神经网络难以训练的问题，在语音识别和图像分类等任务上取得了巨大的成功，以神经网络为基础的深度学习迅速崛起。

以图 4-4 所示的神经网络结构为例，其中包含 1 个输入层(3 个输入神经单元)、1 个隐藏层(3 个隐含神经单元)和 1 个输出层(2 个输出神经单元)，实际应用中会包含多个隐含层从而构成深层的神经网络结构。神经网络的训练过程包括前向传播和反向传播两个步骤，给定一个包含 N 个样本的训练数据 $\{(x_1, y_1), (x_2, y_2), \cdots, (x_N, y_N)\}$，则神经网络经前向传播后的整体代价函数可表示为：

$$J(W, b)=\frac{1}{N}\sum_{i=1}^{N}\left(\frac{1}{2}\|h_{W,b}(x_i)-y_i\|^2\right)+\frac{\lambda}{2}\sum_{l=1}^{n_{l-1}}\sum_{i=1}^{s_l}\sum_{j=1}^{s_{l+1}}[W_{ji}^{(l)}]^2 \tag{4.1}$$

其中，等式右边第一项称为均方差项，第二项称为正则项，正则项也称权重衰减项，能够减小权重幅度防止过拟合。$h_{W,b}(x_i)$ 表示样本 x_i 经过神经网络的输出，n_l 表示神经网络层数(包括输入层、隐含层以及输出层)，s_l 表示第 l 层的神经元个数，λ 为权重衰减参数，是一个用于控制均方差项和正则项权重的参量。

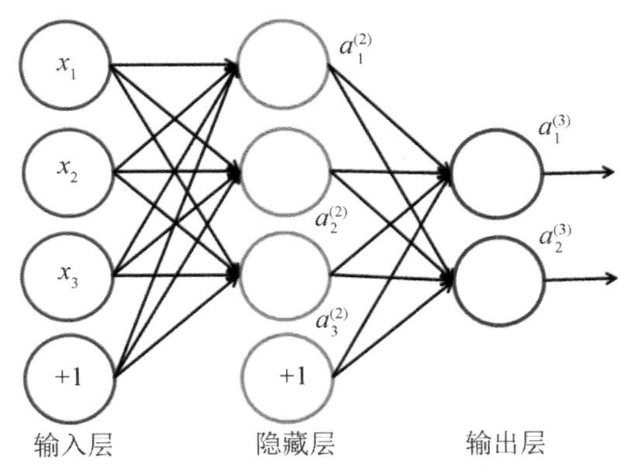

图 4-4 一个简单的神经网络(用于解释反向传播算法)

为了求解神经网络，需要计算出整体代价函数值最小时的权值和偏置项，即网络参数 (W, b)。具体计算时，首先可将每一个参数 $W_{ij}^{(l)}$ 和 $b_i^{(l)}$ 随机初始化为接近 0 的值，然后利用梯度下降算法对参数进行更新，如下所示：

$$W_{ij}^{(l)} = W_{ij}^{(l)} - \alpha \frac{\partial}{\partial W_{ij}^{(l)}} J(W, b) \tag{4.2}$$

$$b_i^{(l)} = b_i^{(l)} - \alpha \frac{\partial}{\partial b_i^{(l)}} J(W, b) \tag{4.3}$$

其中，α 表示学习率。可以看出，梯度下降算法的一个关键步骤是偏导数的计算。

反向传播算法算法就是第 l 层的一个神经元的残差是所有与该神经元相连的第 $l+1$ 层的神经元的残差权重之和，再乘上该神经元激活函数的梯度。使用误差反向传播的前馈神经网络训练过程可以概括为以下 4 个步骤：

(1)神经网络进行前向传播，得到各层的净输入和激活值；

(2)计算输出层神经元的残差：

$$\delta^{(n_l)} = -(y - a^{n_l}) \cdot f'(z^{(n_l)}) \tag{4.4}$$

(3)反向传播计算 $l = n_l - 1, n_l - 2, n_l - 3, \cdots, n_l$ 各层神经元的残差：

$$\delta^{(l)} = ((W^{(l)})^{\mathrm{T}} \delta^{(l+1)}) \cdot f'(z^{(l)}) \tag{4.5}$$

以上式中，“·”表示向量乘积运算。

(4)计算每层参数的偏导数，并更新参数。

$$\nabla_{W^{(l)}} J(W, b; x, y) = \delta^{(l+1)} (a^{(l)})^{\mathrm{T}} \tag{4.6}$$

$$\nabla_{b^{(l)}} J(W, b; x, y) = \delta^{(l+1)} \tag{4.7}$$

4.2　基于无监督特征学习的遥感图像检索

传统的特征学习可以分为监督学习和无监督学习。无监督学习是指不借助任何人工给出的标签或者反馈等指导信息，直接从原始的无标签数据中学习出一些有用的模式，如特征、类别、结构、概率分布等。无监督特征学习从无标签的训练数据中挖掘隐藏其中的有效特征或者数据表示，从而帮助后续的机器学习模型快速地达到更好的性能，对于缺少带标签样本数据的遥感领域来说具有优势。代表性无监督特征学习方法包括主成分分析(principal component analysis, PCA)、稀疏编码(sparse coding, SC)和自编码器(auto-encoder, AE)等。本节对稀疏编码模型和自编码器网络进行简要介绍。

4.2.1　稀疏编码模型

稀疏编码是受哺乳动物视觉系统中简单细胞感受野的启发而提出的模型，即视觉皮层神经元仅对处于其感受野中特定的刺激信号(如特定方向边缘等)做出响应。也就是说，外界信息经过编码之后仅有一小部分神经元激活，外界刺激在视觉神经系统的表示具有很高的稀疏性，这种稀疏性符合生物学的低功耗特性。

给定一组基向量 $A=[a_1, a_2, \cdots, a_M]$，将输入样本 $x \in \mathbb{R}^D$ 表示为这些基向量的线性组合：

$$x=\sum_{m=1}^{M} z_m a_m = AZ \tag{4.8}$$

其中，基向量的系数 $z=[z_1, z_2, \cdots, z_M]$ 称为输入样本 x 的编码，基向量 A 也称为字典(dictionary)。

编码的目的是对 D 维空间中的样本 x 找到其在新的特征空间中的表示(或称投影)，编码的各个维度应该是相互独立的，并且可以重构样本。为了得到稀疏编码，需要找到一组“过完备”的基向量(即 $M>D$)进行编码。过完备基向量之间往往会存在冗余性，因此对于一个输入样本来说，会存在多种有效编码，需要加上稀疏性限制，从而得到唯一的稀疏编码。

给定一组 N 个输入向量 $x^{(1)}, x^{(2)}, \cdots, x^{(N)}$，其稀疏编码的目标函数定义为：

$$L(A, Z)=\sum_{n=1}^{N}\left[\|x^{(n)}-Az^{(n)}\|^2+\eta\rho(z^{(n)})\right] \tag{4.9}$$

其中，$Z=[z^{(1)}, z^{(2)}, \cdots, z^{(N)}]$；$\rho(\cdot)$ 为稀疏性衡量函数，可用 l_0 范数、l_1 范数、对数函数或指数函数来定义；η 为超参数，用于控制稀疏性强度。对于一个向量 $z \in \mathbb{R}^M$，稀疏性定义为非零元素的比例。可见，z 越稀疏，$\rho(z)$ 越小。

稀疏编码的训练过程常采用交替优化的方法进行。

(1)固定基向量 A，对每个输入 $x^{(n)}$，计算其对应的最优编码：

$$\min_{z^{(n)}} \|x^{(n)}-Az^{(n)}\|^2+\eta\rho(z^{(n)}),\ \forall n \in [1, N] \tag{4.10}$$

(2)固定步骤(1)得到的编码 $\{z^{(n)}\}_{n=1}^{N}$，计算最优基向量：

$$\min_{A}\sum_{n=1}^{N}(\|x^{(n)}-Az^{(n)}\|^2)+\lambda\frac{1}{2}\|A\|^2 \tag{4.11}$$

式中，第二项为正则化项，λ 为正则化项系数。

4.2.2 自编码器网络

自编码器是一种无监督特征学习网络，目的是利用反向传播算法，以无监督的方式学习一组数据的有效编码(如有效的低维特征表达)。假设有一组 D 维样本 $x^{(n)} \in \mathbb{R}^D, 1 \leqslant n \leqslant N$，自编码器将这组数据映射到特征空间得到每个样本的编码 $z^{(n)} \in \mathbb{R}^M, 1 \leqslant n \leqslant N$，并且希望这组编码可以重构出原来的样本。自编码器的结构可以分为编码器和解码器两部分，自编码器的学习目标是利用反向传播算法，尝试学习一个恒等函数使重构误差最小化。

一、简单自编码器网络

图 4-5 给出了一个最简单的两层结构自编码器，包括 1 个输入层、1 个隐含层和 1 个输出层，输入层到隐藏层用来编码，隐藏层到输出层用来解码，层与层之间互相全连接。

从图中可以看出，自编码器器的结构与一般的神经网络相同，区别在于自编码网络的输入层和输出层神经元数目是一致的。

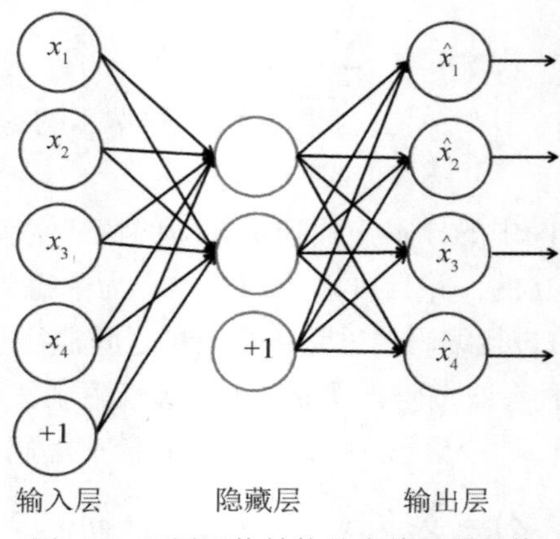

图 4-5　两层网络结构的自编码器网络

二、稀疏自编码器网络

自编码器既可以学习低维编码，也能够学习高维稀疏编码。一般情况下，隐藏层 z 的维度 M 小于输入样本 x 的维度 D，此时自编码器经过编码学习输入数据的低维表示，然后经过解码重构出输入数据。假设隐藏层 z 维度 M 大于输入样本 x 的维度 D，可以通过对隐藏层神经元施加限制条件来学习输入数据更有意义的表示。例如，可以对隐藏层神经元加入稀疏性限制，从而得到一种常用的自编码网络，即稀疏自编码器(sparse auto-encoder, SAE)。稀疏自编码器的优点是进行了隐式的特征选择。

稀疏自编码网络在目标函数中加入稀疏惩罚项，增加对自编码网络的稀疏性限制，稀疏惩罚项的计算如下式所示：

$$J_{\text{sparse}}(W,\ b) = J(W,\ b) + \beta \sum_{j=1}^{s} KL(\rho \parallel \hat{\rho}_j) \tag{4.12}$$

式中，s_2 表示网络隐含层的神经元数目；$KL(\cdot)$ 表示相对熵；β 表示控制惩罚项的权重；ρ 为稀疏度参数；$\hat{\rho}_j$ 表示隐含层 j 单元的平均激活值，即

$$\hat{\rho}_j = \frac{1}{N} \sum_{i=1}^{N} [\,a_j^{(2)}(x_i)\,] \tag{4.13}$$

其中，N 为训练数据个数；$a_j^{(2)}$ 表示隐含层神经元 j 的激活值；$\hat{\rho}_j$ 可以近似看作第 j 个神经元概率，希望 $\hat{\rho}_j$ 接近稀疏度参数 ρ，可以用过求相对熵(K-L 距离)来衡量二者的差异，激活的稀疏惩罚项是基于相对熵的，可表示为：

$$KL(\rho \parallel \hat{\rho}_j) = \rho \log \frac{\rho}{\hat{\rho}_j} + (1-\rho) \log \frac{1-\rho}{1-\hat{\rho}_j} \tag{4.14}$$

三、堆叠自编码器网络

图 4-5 所示的自编码网络只包含了一个隐含层，属于“浅层”的网络。很多时候，仅使用两层神经网络的自编码器不足以学习更好的图像特征表示，为此，可以通过增加隐藏层数目加深网络，以获取更加抽象的数据表示。这种通过逐层堆叠训练的深层自编码器也称为堆叠自编码器(stacked auto-encoder，SAE)。

四、降噪自编码器网络

自编码器的目的是得到有效的数据表示，而有效数据表示除了具有最小重构误差或满足稀疏性等性质之外，还可以具备其它性质，比如对数据部分毁坏的鲁棒性。降噪自编码器(denoising auto-encoder，DAE)是一种通过引入噪声增加编码鲁棒性的自编码器，通过引入噪声学习更鲁棒的数据编码，并提高模型的泛化能力。

4.2.3 基于浅层网络的遥感图像检索

基于稀疏编码的无监督特征学习在遥感领域的应用包括图像检索和图像分类等。图 4-6 为周培诚等人(2013)提出的基于稀疏表达理论的遥感图像检索系统架构，基本思路是利用在线字典学习算法分别训练查询图像和数据库中其它图像的过完备字典，并作为图像的特征描述进行相似性度量。在 UCMD 数据集上进行的实验结果表明，稀疏编码方法可以获取比 BoVW 更优的检索性能。

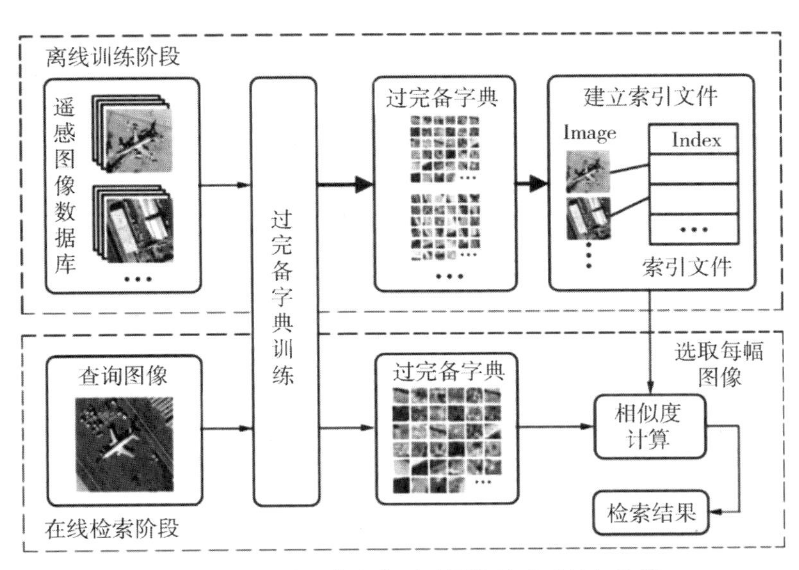

图 4-6 基于稀疏表达的遥感图像检索系统架构[7]

相比稀疏编码，自编码器作为一种无监督的深度特征学习方法，在图像检索中的应用更广泛，包括自然图像检索、3D 模型检索、医学图像检索以及遥感图像检索等。在遥感图像检索方面，Li 等人(2016)通过无监督的特征学习与联合度量融合方法实现了基于内容的遥感图像检索；张洪群等人(2017)提出一种基于深度学习的半监督遥感图像检索方法，首先采用无监督的稀疏自编码在大量未标注的遥感图像上进行特征学习得到特征字典，然后利用学习的特征字典通过卷积和池化得到图像的特征图，最后使用 softmax 分类器进行有监督分类。图 4-7 给出一个典型的基于自编码器的遥感图像检索系统架构框图。此外，Tang X. 等人(2018)提出一个深度卷积自编码器(deep convolutional auto-encoder, DCAE)模型进行特征学习，如图 4-8 所示，并结合 BoVW 模型对学习的特征进行编码处理实现了高分辨率遥感图像检索。与普通的自动编码器相比，他们提出的卷积自动编码器由于采用了二维卷积，在特征学习的过程中能够更好地保持图像的结构信息(如空间分布等)，从而学习到判别性更强的表示。

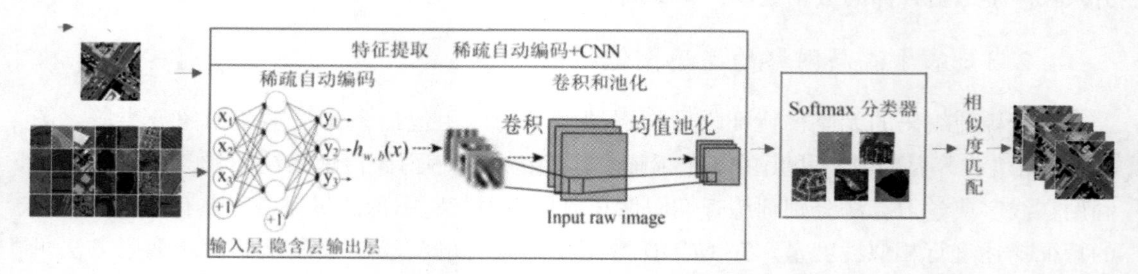

图 4-7　基于自编码器的遥感图像检索系统框图[14]

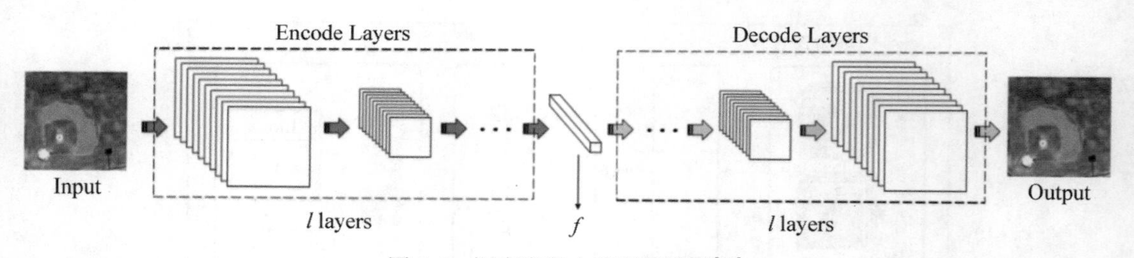

图 4-8　深度卷积自编码器模型[15]

图 4-9 给出一组基于无监督自编码器(AE)和人工设计特征(GLCM 和 SIFT 特征)的遥感图像检索结果，以 UCMD 数据集为例，选取十字路口(intersection)作为查询类别。同样用红色框标识错误检索类别，并在其下对所属类别进行标注。无监督编码器的实验参数设置为：$L_2=0.75$，$D=232$，$\alpha_1=0.8$，$\alpha_2=0.2$，$\beta=1$。可以看出，与全局特征和局部特征相比，基于无监督自编码器的方法能够取得更好的检索效果。

相比传统的人工设计低层和中层特征，无监督的深度学习网络实现特征学习时，网络输入为图像像素，并且在训练时不需要或仅需要少量的标注样本，从无标签数据中直接学习图像特征，能够有效地改善图像检索结果。根据检索结果可看出，无监督的自编码器利用无标签数据推断出数据内部隐藏的结构特征，从而更好地表征图像的语义信息，因此，基于无监督自编码器的方法应用于遥感图像检索时能够获得比低层视觉特征更好的检索性能。

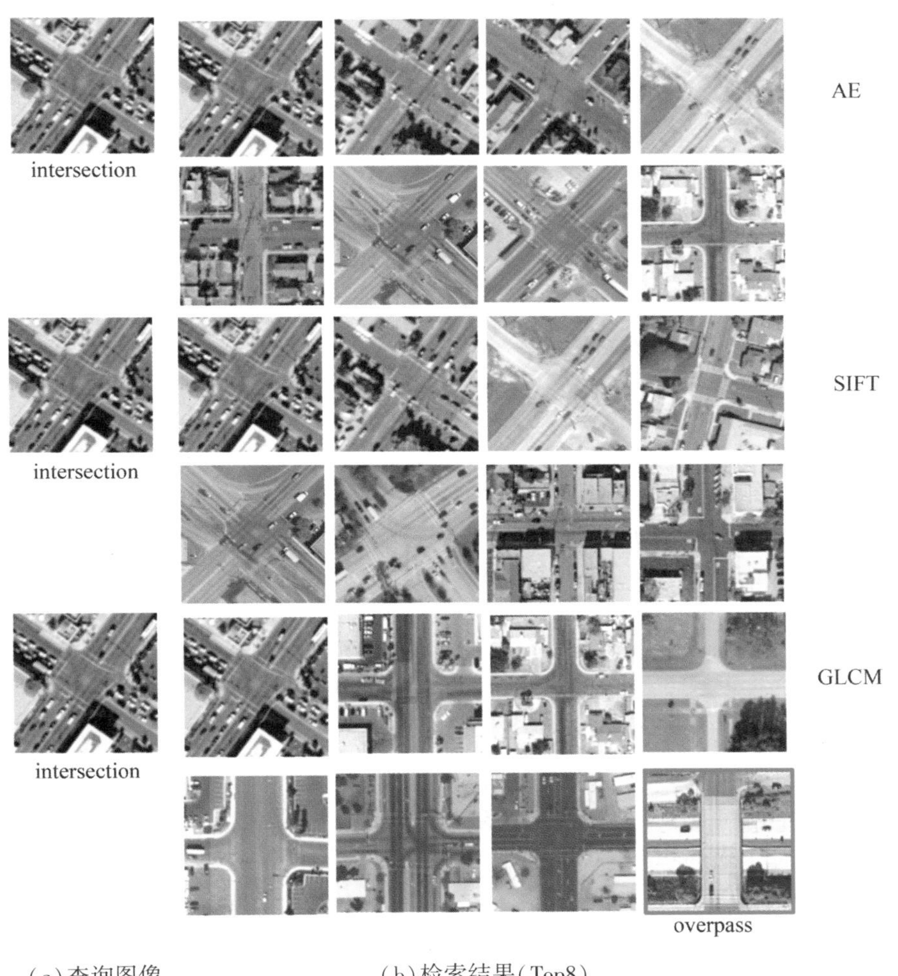

(a)查询图像　　　　(b)检索结果(Top8)

图 4-9　基于无监督自编码器和人工设计特征的遥感图像检索结果

4.3　基于深层神经网络的遥感图像检索

尽管无监督的特征学习模型与人工设计特征相比，能够有效改善检索性能，但是无监督的特征学习模型大多是浅层网络，存在特征学习能力不足、特征区分度不高的局限性。不同于自编码器等浅层的无监督特征学习方法，卷积神经网络(convolutional neural network，CNN)是一种有监督的深度学习方法，网络的输入通常为图像本身，并且在训练时需要大量带标签的数据样本。卷积神经网络通常包含几十甚至上百个网络层，可以实现由低到高的"逐层"特征学习，因而能够提取图像更高层的特征，学习的特征表达能力更强，是深度学习网络的代表之一。卷积神经网络最早用于处理图像和视频信息，近年来也被广泛用于自然语言理解、推荐系统等。

但是，随着隐藏层神经元数量的增多，深层神经网络模型的参数规模急剧增加，会导致神经网络训练效率下降，容易出现过拟合。此外，在面对特定领域的任务时，标注数据的成本非常高，无法为目标任务准备大规模多样化的训练数据。为了解决网络训练的效率和目标任务样本数据不足的问题，常用的做法是从具有大量训练数据的相关任务中学习某些可以泛化的知识，这种将相关任务的训练数据中的可泛化知识迁移到目标任务上的过程，就是迁移学习，例如通过特征迁移方法把在自然图像数据集(如 ImageNet)上训练的网络模型应用到遥感领域等。本节首先介绍卷积神经网络的结构和代表性的卷积神经网络模型，然后通过对比这些模型用于公开的标准遥感图像数据检索任务时的性能，分析影响网络迁移能力的主要因素及其对迁移模型的影响。

4.3.1　卷积神经网络结构

卷积神经网络是一种包含卷积计算且具有深度结构的前馈神经网络。卷积的提出受到了生物学上感受野机制的启发，根据卷积的定义，卷积神经网络有两个重要特性：局部连接和权重共享。局部连接指的是在卷积层中每一个神经元，都和下一层中某个局部窗口内的神经元相连，构成一个局部连接网络；权重共享是指作为参数的卷积核对于某一层的所有神经元都是相同的，即一个卷积核只获取输入数据中一种特定的局部特征，要提取多种特征需要使用多个不同的卷积核。由于局部链接和权重共享，卷积层的参数只有一个 K 维的权重 $\omega^{(l)}$ 和 1 维的偏置 $b^{(l)}$，共 $K+1$ 个参数，参数个数与神经元数量无关。卷积神经网络的特性使得卷积神经网络满足一定程度的平移、尺度和旋转不变性，隐藏层内的卷积核参数共享和层间连接的稀疏性，使得卷积神经网络能够以较小的参数来进行特征处理。

一个典型的卷积神经网络主要由输入层、卷积层、池化层、激活层和全连接层组成，如图 4-10 所示。其中，卷积、池化和激活函数的目的是特征提取，全连接层则起到分类识别的作用。

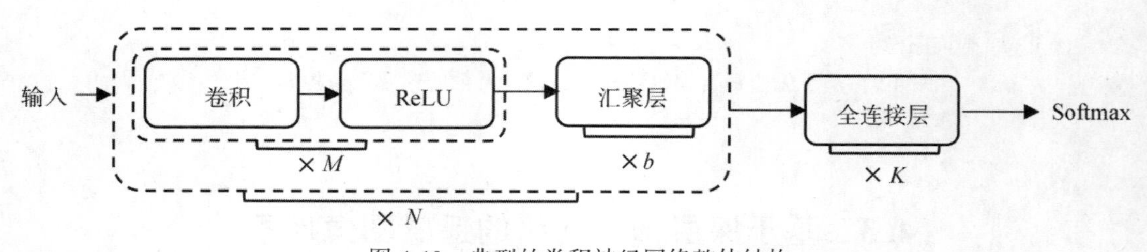

图 4-10　典型的卷积神经网络整体结构

一、输入层

输入层是整个神经网络的输入，在处理图像的卷积神经网络中，表示图像像素矩阵。

二、卷积层

卷积层的作用是提取一个局部区域的特征，即将神经网络中的每一个小块进行更加深入的分析，从而得到抽象程度更高的特征。不同的卷积核相当于不同的特征提取器。一幅图像经过卷积提取到的特征称为特征映射(feature map)，或特征图。每一层使用多个不同的特征图，可以更好地表示图像的特征。

三、池化层

池化层也叫做子采样层，作用是进行特征选择、降低特征数量，从而减少参数数量。卷积层虽然可以显著减少网络中连接的数量，但是特征图中神经元的个数并没有显著降低，如果直接连接分类器，分类器的输入维数仍然很高，容易出现过采样。通过池化层，可以缩小最后全连接层中神经元的个数，从而达到减少整个神经网络中的参数的目的。常用的池化方法包括最大池化(maximum pooling)和平均池化(mean pooling)，分别选择一个区域内所有神经元的最大激活值和平均激活值作为该区域的表示。需要说明的是，随着卷积的操作性越来越灵活，池化层的作用变得越来越小，在网络中的比例逐渐降低，趋向于全卷积网络。

四、激活层

激活层把卷积、池化层的输出结果做非线性映射。卷积神经网络采用的激活函数一般为 ReLU，它的特点是收敛快，求取梯度较为简单。

五、全连接层

如果说卷积层、池化层和激活函数层等操作是将原始数据映射到隐藏层特征空间的话，那么全连接层则起到将学到的特征映射到样本标记空间的作用。全连接层是卷积神经网络的最后几层(一般是三层，其中最后一层输出图像分类的类别分数)，全连接层的神经元与前一层也是全连接的。全连接层不具备卷积层的局部连接和权重共享的特点，但二者神经元的计算方式相同，全连接层和卷积层可以相互转化。

4.3.2 经典的卷积神经网络

代表性的深层卷积神经网络包括 AlexNet、VGG 网络、GoogLeNet、ResNet、DenseNet 等。

一、AlexNet

AlexNet 是第一个现代深度卷积网络模型，是在 LeNet 的基础上提出来的。1998 年，LeCun 通过一个卷积神经网络，展示了通过梯度下降训练卷积神经网络，可以达到手写数字识别在当时最先进的识别结果，并将该网络名命为 LeNet。但是 LeNet 提出之后将近 20 年里，受硬件计算能力及训练数据规模的局限，虽然在小数据集上可以取得较好的识别效果，但是在大规模数据集上的表现却不尽如人意。一方面，是因为针对神经网络的加速硬件在当时还没有大量普及，训练多通道多层、包含大量参数的复杂神经网络难度很大；另一方面，当时对于参数初始化和非凸优化算法等研究不够深入，也缺乏训练深度模型需要的大量带标签的数据。但是，LeNet 奠定了现代卷积神经网络的基础。正是 LeNet 的奠基性工作，将卷积神经网络推上舞台，为世人所知。而且 LeNet 由卷积层块和全连接层块组成的网络结构为 2012 年大放异彩的 AlexNet 提供了借鉴。

2012 年，Krizhevsky 等人构造的卷积神经网络 AlexNet 以较大优势赢得了 ImageNet 大规模视觉识别挑战赛(ILSVRS)，成为最早在 ImageNet 图像集上取得最好识别结果的卷积神经网络。ImageNet 数据集由当时在普林斯顿大学任职的李飞飞教授带领团队利用亚马逊 Mechanical Turk 创建，历时两年多完成。2009 年公开的 ImageNet 数据集包含 5247 个类别，总计 320 万张带标记的图像。目前，ImageNet 已经发展成为一个包含超过 22000 个类别，总数超过 1500 万张图像的大数据集。ImageNet 数据集对于计算机视觉、机器学习、人工智能的影响不言而喻，它证明了数据和算法一样至关重要。

AlexNet 的提出，使得卷积神经网络乃至深度学习重新引起了人们广泛的关注。AlexNet 与 LeNet 的设计理念相似，主要区别在于：AlexNet 在 LeNet 的基础上增加了 3 个卷积层，共包含 5 个卷积层和 3 个全连接层，且对卷积窗口、输出通道数和构造顺序都进行了大量调整。如图 4-11 所示，AlexNet 的网络输入为 224×224×3 的图像，是对尺寸为 256×256 的三通道彩色图像随机裁剪后生成的，目的是增强模型的泛化能力，避免过拟合；输出为 1000 个类别的条件概率。AlexNet 采用两个 GPU 并行训练，GPU 间只在某些层进行通信。AlexNet 通过使用更多的卷积层和更大的参数空间，可以实现对大规模数据集的拟合。此外，AlexNet 在前两个池化层之后采用了局部响应归一化(local response normalization，LRN)增强模型的泛化能力。

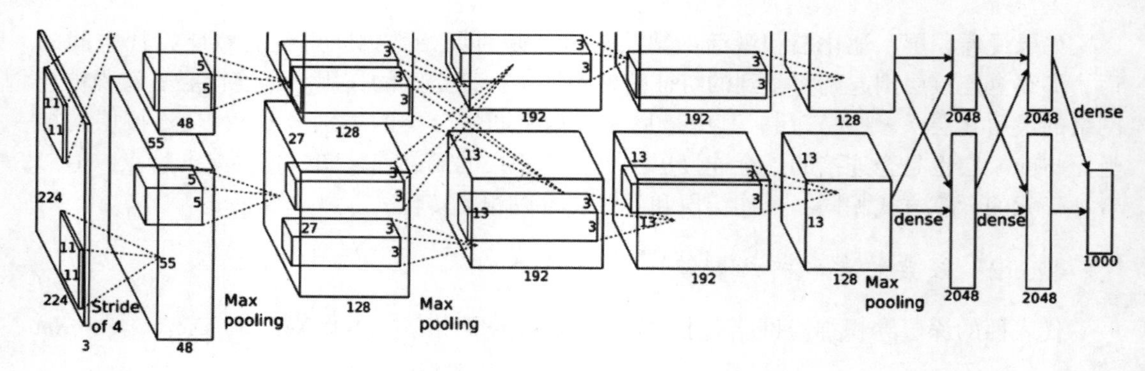

图 4-11　AlexNet 网络结构[16]

AlexNet 的优越性能主要归因于：使用了 GPU 进行并行训练，采用了更深的网络结构，使得可调参数的数量大量增加，使用数据增强(data augmentation)提高网络模型的泛化能力，由更简单 ReLU 激活函数代替 Sigmoid 加快 SGD 的收敛速度，引用 Dropout 控制全连接层的模型复杂度及防止过拟合等。这些现代深度卷积网络技术都是首次在 AlexNet 使用，极大地推动了端到端深度学习模型的发展，后来提出的各种卷积神经网络都是在

AlexNet 基础上提出来的，AlexNet 确立了深度学习或者卷积神经网络在计算机视觉中的统治地位。

二、VGG

VGG 是牛津大学计算机视觉组(visual geometry group)和 Google DeepMind 公司的研究员在 2014 年一起构造的新的深度卷积神经网络，并取得了 ILSVRC2014 比赛分类项目的第二名(第一名是 GoogLeNet)，VGG 的名称正是来源于此。

VGG 与 AlexNet 一样，也由卷积层块后连接全连接层构成。不同的是，VGG 虽然借鉴了 AlexNet 的网络结构，但是 VGG 通过降低卷积核的大小、增加卷积子层数，使得通道数更多，模型架构更宽更深，在控制计算量增加规模的同时保证了性能。例如，2 个 3×3 的卷积堆叠获得的感受野大小相当一个 5×5 的卷积，3 个 3×3 卷积的堆叠获取到的感受野相当于一个 7×7 的卷积。VGG 使用小卷积核、小池化核和多卷积层的好处，一方面是减少了参数(例如 7×7 的参数为 49 个，而 3 个 3×3 的参数为 27)，缓解了过拟合；另一方面是更多的非线性映射可以增加网络的表达能力，使得网络对特征的学习能力更强。同时，VGG 的泛化能力也非常好，应用于不同的图像数据集时都有良好的表现。

VGG 根据卷积层个数和输出通道数的不同，定义了 6 种不同的 VGG 网络结构(A、A-LRN、B、C、D、E)，都是由 5 层卷积层和 3 层全连接层组成，如表 4-1 所示，表 4-2

表 4-1　VGG 网络结构配置(深度从 A 到 E 逐渐加深)[17]

ConvNet Configuration					
A	A-LRN	B	C	D	E
11 weight layers	11 weight layers	13 weight layers	16 weight layers	16 weight layers	19 weight layers
input(224×224RGB image)					
conv3-64	conv3-64 LRN	conv3-64 conv3-64	conv3-64 conv3-64	conv3-64 conv3-64	conv3-64 conv3-64
maxpool					
conv3-128	conv3-128	conv3-128 conv3-128	conv3-128 conv3-128	conv3-128 conv3-128	conv3-128 conv3-128
maxpool					
conv3-256 conv3-256	conv3-256 conv3-256	conv3-256 conv3-256	conv3-256 conv3-256 conv1-256	conv3-256 conv3-256 conv3-256	conv3-256 conv3-256 conv3-256 conv3-256
maxpool					
conv3-512 conv3-512	conv3-512 conv3-512	conv3-512 conv3-512	conv3-512 conv3-512 conv1-512	conv3-512 conv3-512 conv3-512	conv3-512 conv3-512 conv3-512 conv3-512

续表

ConvNet Configuration					
A	A-LRN	B	C	D	E
11 weight layers	11 weight layers	13 weight layers	16 weight layers	16 weight layers	19 weight layers
maxpool					
conv3-512 conv3-512	conv3-512 conv3-512	conv3-512 conv3-512	conv3-512 conv3-512 conv1-512	conv3-512 conv3-512 conv3-512	conv3-512 conv3-512 conv3-512 conv3-512
maxpool					
FC-4096					
FC-4096					
FC-1000					
soft-max					

表 4-2　VGG 网络参数个数[17]　　（单位：百万）

网络	A，A-LRN	B	C	D	E
参数量	133	133	134	138	144

给出对应的参数，其中 D 和 E 即 VGG-16(如图 4-12 所示)和 VGG-19。VGG 不同结构的区别在于每个卷积层的子层数量不同，从 A 至 E 的卷积层子层数量从 1 依次增加到 4，总的网络深度是从 11 层到 19 层(添加的层以粗体显示)。

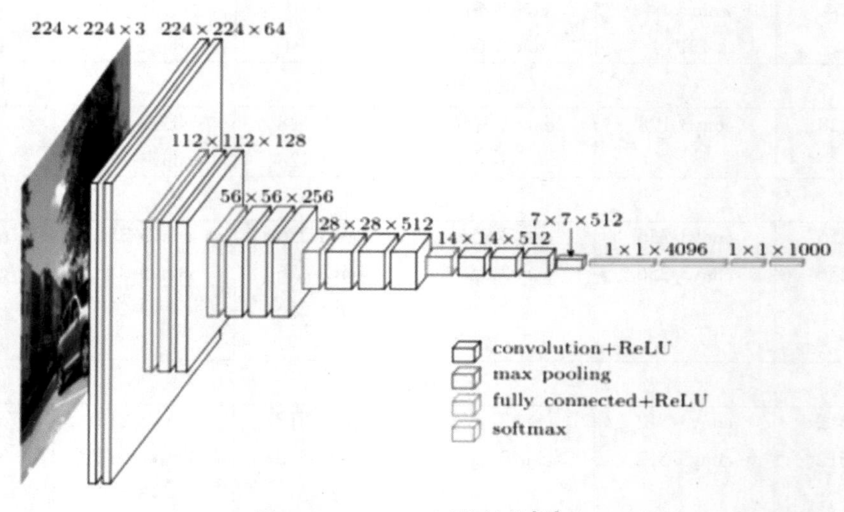

图 4-12　VGG-16 网络结构[17]

表 4-1 中，卷积层参数表示为“conv<感受野大小>-通道数”，例如 conv3-128，表示使用 3 × 3 的卷积核，通道数为 128。为了简洁起见，表中没有显示 ReLU 激活功能。从表 4-2 可以看到，虽然从 A 到 E 每一级网络逐渐变深，但是网络的参数数量并没有增加很多，这是由于采用了小卷积核(3 × 3，只有 9 个参数)的缘故，参数数量主要集中在全连接层。

三、Inception 网络

Inception 网络是使用了更复杂架构和多个网络分支的网络模型。Inception 网络提出之前，卷积神经网络都是只包含一条路径的顺序架构，沿着这条路径，不同类型的层(卷积层、池化层、ReLU 层、全连接层等)堆叠在彼此的顶部，以创建所需深度的网络架构。在 Inception 网络中，一个卷积层包括多个不同大小的卷积操作，称为 Inception 模块。Inception 模块同时使用了 1×1、3×3、5×5 等不同大小的卷积核，并将得到的特征图在深度上堆叠起来，作为输出特征图。Inception 模块的核心思想是：通过多个卷积核提取图像不同尺度的信息，最后进行融合，以得到图像更好的表征。

Inception 网络有多个版本，其中最早的 Inception v1 网络就是著名的 GoogLeNet，包含了 9 个 Inception v1 模块(如图 4-13 所示)、5 个池化层和其它一些卷积层和全连接层，共 22 层网络。GoogLeNet 在 2014 年的 ImageNet 图像识别挑战赛 ILSVRC 中夺得冠军。Inception 网络有多个改进版本，其中代表性的 Inception v3 网络，采用多层的小卷积核代替大的卷积核，以减少计算量和参数量，并保持感受野不变。

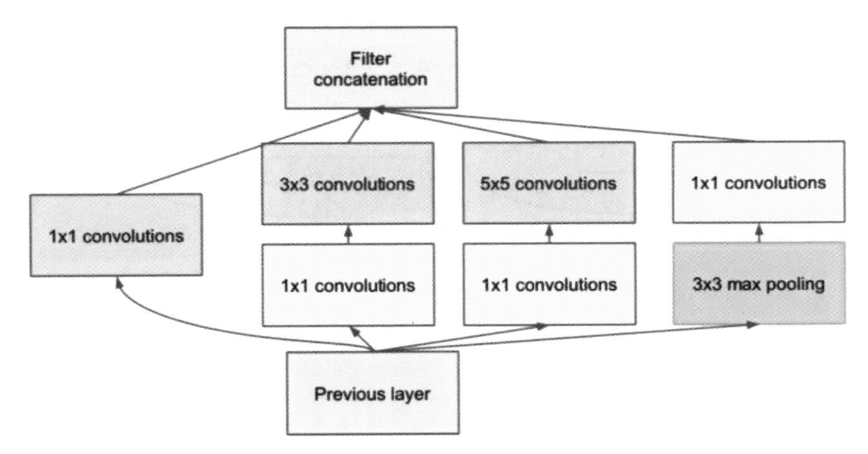

图 4-13　Inception v1 模块结构[18](采用 4 组平行的特征提取，分别是 1×1、3×3、5×5 的卷积和 3×3 的最大池化)

四、ResNet

在 ResNet 提出之前，关于卷积神经网络的普遍想法是：网络设计得越深，模型的准确率就越高。随着网络层级的不断增加，模型精度不断得到提升；但是当网络层级增加到一定的数量以后，训练精度和测试精度迅速下降，这说明当网络变得很深以后，深度网络就变得更加难以训练了。这是因为神经网络在反向传播过程中要不断地传播梯度，而当网络层数加深时，梯度在传播过程中会逐渐消失，导致无法对前面网络层的权重进行有效的调整。

何凯明等(2015)提出来的残差网络(ResNet)通过给非线性的卷积层增加残差连接(residual connection)的方式，实现了既能加深网络层数提升模型精度，又能解决梯度消失问题的目标。ResNet 在 ILSVRC2015 竞赛中夺得第一名，将网络深度提升到 152 层，错误率降至 3.57%，大幅提升了模型的准确率。

ResNet 的基本思想是：假设现有一个比较浅的网络已达到了饱和的准确率，这时在它后面再加上几个恒等映射层(identity mapping)，就可以在增加网络深度的同时，不会带来训练集上误差的上升。ResNet 引入了带捷径连接(shortcut connections)的残差网络结构，输入可通过跨层的数据线路更快地向前传播，有效提高信息的传播效率，解决了模型退化问题，使得神经网络的层数可以超越之前的约束，达到很深(从几十层、上百层甚至千层层)，这为高级语义特征提取和分类提供了可行性。图 4-14 分别为 ResNet34 和 ResNet50/101/152 的残差单元结构。ResNet34 的残差块采用两个 3×3×256 的卷积，参数量为 3×3×256×256×2 = 1179648；ResNet50/101/152 的残差块首先用一个 1×1 的卷积把 256 维通道降到 64 维，然后再通过 1×1 卷积恢复，参数量为 1×1×256×64 + 3×3×64×64 + 1×1×64×256 = 69632，有效降低了计算量，适用于更深的网络。

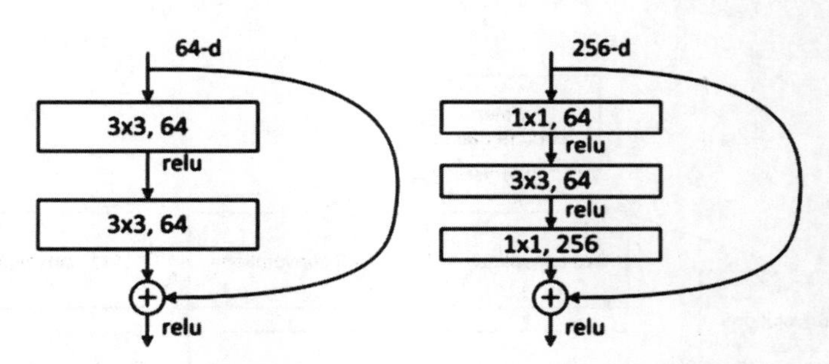

图 4-14　ResNet34 和 ResNet50/101/152 的残差单元结构[19]

五、DenseNet

DenseNet 是 Huang G.等人(2017)提出的一种具有密集连接的卷积神经网络。DenseNet 的特点是网络中任何两层之间都能直接联系，即该网络每一层的输入都是当前层之前每一层网络输出结果的综合，相应的当前层的输出(即特征图)也会和之后的每一层网络直接联系起来作为输入数据。图 4-15 是 DenseNet 的一个密集块(dense block)结构示意图，一个密集块里面的结构组成为：BN→ReLU→Conv(1×1)→BN→Conv(3×3)。而一个 DenseNet 则由多个这种密集块组成，每两个密集块之间层称为过渡层(transition layers)，由 BN→Conv(1×1)→ AveragePooling(2×2)组成。

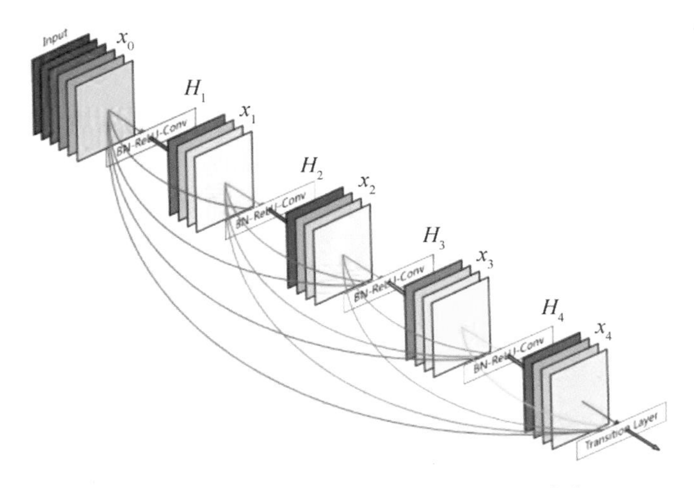

图 4-15 密集块(dense block)结构示意图[20]

DenseNet 的设计思想借鉴了 Inception 和 ResNet 的结构，并在其基础上加以创新，如图 4-16 所示。通过密集连接，DenseNet 网络加强了网络层之间的信息交流，特征得以重复利用，因此所提取的描述符具有更好的描述能力，且可以有效缓解梯度消失现象。此外，虽然采用了密集连接(dense connection)，但是由于每一层都包含了之前所有网络层的输出信息，DenseNet 的参数量反而比其它模型更少，网络效率更高。

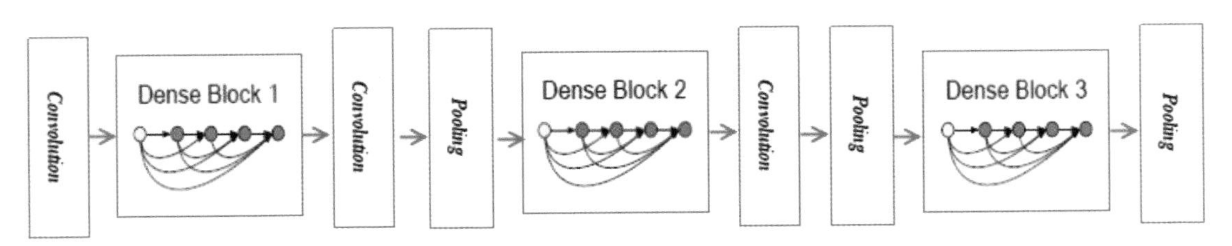

图 4-16 DenseNet 网络结构图[20]

4.3.3 影响深层神经网络遥感图像检索性能的主要因素

如前所述，虽然深层卷积神经网络可以学习到图像的高层特征，但是深层网络模型的训练需要大量带标签样本数据，而样本数据的标注不仅是一项费时费力的工作，而且对于很多领域(如遥感领域)来说，标注数据是稀缺的。在样本数据缺乏或者不足的情况下，常用的做法是将在自然图像集(通常为 ImageNet)上训练好的网络模型迁移到特定领域的检索任务。但是网络模型的迁移能力具有不确定性。影响迁移网络检索性能的主要因素包括：网络模型架构、特征层级及特征聚合方式以及网络迁移模式。

一、网络模型

不同的网络模型在处理计算机视觉任务时具有不同的性能。针对检索任务，一般情况下更深的网络具有更好的检索性能，因为从更深的网络层获得的特征图对应更大的感受野，包含了更抽象的图像全局信息。但是网络深度并非唯一决定检索性能的因素，因为从更深的网络层获取的特征，可能会由于丢失细粒度局部纹理信息而使得判别能力下降。因此要针对具体任务选用最合适的网络模型。

二、卷积层特征和全连接层特征

由于卷积层特征和全连接层特征是从卷积神经网络的不同深度获取的，它们代表了不同层次的图像表达。卷积层特征对应的是图像区域的特征，卷积层输出是特征图，对应于图像的局部感受野，描述图像时，需要通过编码或者池化聚合成全局特征；而全连接层特征则包含图像的全局特征，全连接层输出获取了更高层的语义特征，可以直接用于描述图像。

由于高分辨率遥感图像通常包含了比自然图像更为复杂的内容和更加丰富的细节信息，单一特征往往难以全面地描述遥感图像内容，在很多应用中往往通过特征融合来提高特征的表达能力。特征融合的方式包括融合同一个神经网络的不同层级特征、融合多个神经网络的相同层级特征、以及融合多个神经网络的不同层级特征，此外，还可以将深层特征和人工设计特征进行融合实现互补。

三、预训练和精调

预训练(pre-defined)指的是将卷积神经网络在自然图像领域学习到的网络结构和参数直接应用于遥感图像领域。这种方法不需要额外的数据再对网络进行训练，只需要替换原网络的输入数据，并根据数据集的不同对网络最后分类层的参数进行更改即可。预训练的迁移学习实现简便，适用于缺乏带标注样本数据的情况。

另一种常用的迁移方式是精调(fine-tuning)，即是将预训练网络当前的参数作为训练起点，利用目标数据再继续对其进行训练或者是冻结预训练网络某几层参数，对剩下的网络参数进行调整。而从零开始训练，则是只借用预训练网络的结构，利用目标数据从头开始训练网络。

4.3.4　基于卷积神经网络的遥感图像检索系统设计与实现

遥感图像中地物种类繁多且场景十分复杂，一幅遥感图像中包含了复杂的内容。如图 4-17 所示的 Freeway 场景中，包含了“Vehicle”“Tree”“Building”“Parking Log”等目标。遥感图像的内容丰富性和场景复杂性，使得基于传统人工设计视觉特征的方法难以取得满意的检索结果。为了得到复杂遥感图像的语义级描述，需要对其进行像素—区域—对象—场景的层次化建模，提取多层次多粒度特征。人工神经网络从数据中直接学习图像特征，可以避免繁重的特征工程，有效克服人工设计特征存在的主观性强、依赖专家知识等局限性。深层卷积神经网络与无监督的浅层模型相比，由于堆叠了更多的特征提取层，在描述遥感图像内容时具有更强的判别能力，能够显著提升遥感图像检索性能。

图 4-17 遥感图像的场景复杂性[15]

Hu F.等人(2016)设计了一个基于深度特征的遥感图像检索通用系统架构，如图 4-18 所示。其中包含 5 个卷积层和 3 个全连接层，通过特征编码将卷积层特征转化为单一向量。采用遥感图像数据集对部分预训练网络进行了精调，以获取更有判别力的特征；采用了多尺度特征聚合和池化进一步提高检索性能。

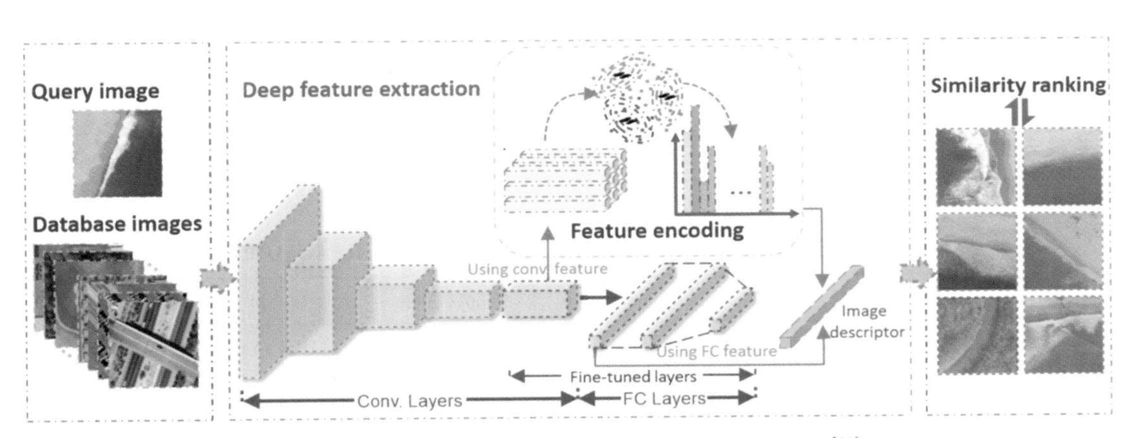

图 4-18 基于深度特征的遥感图像检索通用系统架构[26]

本节以 3 个公开标准遥感数据集 UCMD、AID、PatternNet 为例，从 5 个方面对比经典卷积神经网络结构用于遥感图像检索的性能。选择 Euclidean、Cosine、Manhattan、χ^2 作为距离度量函数；性能评价则采用 ANMRR 和 mAP。

实验环境及参数设置：

平台：Intel ® i7-8700，11 GB memory CPU，Ubuntu 16.04.6LTS；

软件：CUDA 10. 0. 130 cudnn7. 6. 5 python3. 6. 10-pytorch1. 5. 0。

训练集和测试集划分策略：UCMD 数据集 50%用于训练，50%用于测试；PatternNet 数据集 80%用于训练，20%用于测试；AID 数据集 50%用于训练，50%用于测试。此外，学习率设置为 0. 00001，批量尺寸(batch size)为 80，间隔(margin)为 0. 9，训练轮次(epochs)为 400。每两个轮次之后，在测试集上对网络进行一次评估。

一、卷积层网络的特征图聚合方法对遥感图像检索性能的影响

表 4-3 至表 4-5 列出了对卷积层特征采用不同特征图聚合方法时的遥感图像检索性能。可以看出，当对不同的网络模型采用不同的池化方法(最大池化、平均池化和混合池化)和不同的编码方法(BoW、IFK 和 VLAD)时，检索性能不同。总体来看，无论采用哪种池化或者编码方法，ResNet 的检索性能都是最好的。

表 4-3　特征图聚合方法对检索性能的影响(以 UCMD 数据集为例；ANMRR，mAP：%)

聚合方法 \ 网络架构		AlexNet		VGG		GoogLeNet		ResNet		DenseNet	
		ANMRR	mAP	ANMRR	mAP	ANMRR	mAP	ANMRR	mAP	ANMRR	mAP
池化方法	Max Pooling	33. 71	52. 10	29. 57	53. 40	25. 17	53. 75	16. 50	59. 72	16. 39	59. 56
	Mean Pooling	33. 73	52. 11	29. 57	53. 40	25. 17	53. 75	16. 50	59. 72	16. 39	59. 56
	Hybrid Pooling	33. 73	52. 11	29. 57	53. 40	25. 17	53. 76	16. 50	59. 72	16. 39	59. 56
编码方法	BoW	33. 73	36. 75	29. 57	37. 54	25. 17	40. 08	16. 50	43. 02	16. 39	43. 03
	IFK	31. 29	46. 53	28. 16	47. 39	23. 86	49. 87	14. 35	51. 20	14. 18	51. 23
	VLAD	26. 81	50. 10	25. 55	52. 27	20. 02	55. 36	13. 96	58. 65	13. 76	58. 65

表 4-4　特征图聚合方法对检索性能的影响(以 AID 数据集为例；ANMRR，mAP：%)

聚合方法 \ 网络架构		AlexNet		VGG		GoogLeNet		ResNet		DenseNet	
		ANMRR	mAP	ANMRR	mAP	ANMRR	mAP	ANMRR	mAP	ANMRR	mAP
池化方法	Max Pooling	30. 95	58. 68	26. 81	59. 98	22. 41	60. 33	13. 74	66. 61	13. 63	66. 54
	Mean Pooling	30. 97	58. 69	26. 81	59. 98	22. 41	60. 33	13. 74	66. 61	13. 63	66. 54
	Hybrid Pooling	30. 97	58. 69	26. 81	59. 98	22. 41	60. 34	13. 74	66. 61	13. 63	66. 54
编码方法	BoW	30. 97	43. 33	26. 81	44. 12	22. 41	46. 66	13. 74	50. 01	13. 63	50. 01
	IFK	28. 53	53. 11	25. 4	53. 97	21. 1	56. 45	11. 59	58. 19	11. 42	57. 75
	VLAD	24. 05	56. 68	22. 79	58. 85	17. 26	61. 94	10. 22	63. 26	10. 21	63. 27

表 4-5 特征图聚合方法对检索性能的影响(以 PatternNet 数据集为例；ANMRR，mAP：%)

聚合方法 \ 网络架构		AlexNet		VGG		GoogLeNet		ResNet		DenseNet	
		ANMRR	mAP	ANMRR	mAP	ANMRR	mAP	ANMRR	mAP	ANMRR	mAP
池化方法	Max Pooling	29.39	61.36	26.81	62.66	19.84	62.08	12.18	70.47	12.07	71.91
	Mean Pooling	29.41	61.37	26.81	62.66	19.84	62.08	12.18	70.47	12.07	71.91
	Hybrid Pooling	29.41	61.37	26.81	62.66	19.84	62.09	12.18	70.47	12.07	71.91
编码方法	BoW	29.41	46.01	26.81	46.8	19.84	48.41	12.18	55.36	12.07	55.38
	IFK	26.97	55.79	25.4	56.65	18.53	58.23	10.03	61.63	9.86	61.72
	VLAD	22.49	59.36	22.79	61.53	14.69	63.69	8.66	65.86	8.65	65.86

二、单一特征和多尺度特征连接(multi-scale concatenation)对检索性能的影响

表 4-6 列出对 3 个数据集分别提取单一特征和多尺度特征时，对检索性能的影响。通过构建特征图金字塔(Feature Pyramid Network，FPN)提取多尺度特征。结果表明，采用多尺度特征连接的检索性能要明显优于单一特征。

表 4-6 单一特征和多尺度特征对检索性能的影响(mAP：%)

数据集 \ 方法	单一特征		多尺度特征
	BoW	VLAD	FPN
UCMD	43.03	58.65	72.11
AID	51.01	63.27	75.33
PatternNet	55.38	65.86	79.52

三、卷积层特征和全连接层特征对遥感图像检索性能的影响

图 4-19 给出三组基于深度特征的遥感图像检索结果。以 UCMD、AID 和 PatternNet 数据集为例，分别选取农田(agricultural)、工业区(industrial)和立交桥(overpass)作为查询类别。选用 ResNet 网络提取深度特征，对比了分别采用卷积层特征和全连接层特征的检索结果。同样地，红色框表示错误检索类别，且在其下标出所属类别。可以看出，当采用不同网络层深度的特征进行检索时，结果会有差异。表 4-7 进一步对比了当选用不同类型的网络架构时，分别采用卷积层特征和全连接层特征对 3 个标注遥感数据集进行检索的性能，以 ANMRR 和 mAP 作为评价指标。表 4-7 中，Fc 表示全连接层特征，Conv_n 表示最后一个卷积层特征。结果表明，不同的网络架构、不同网络层深度的特征和特征向量维数，都会对检索性能产生影响。

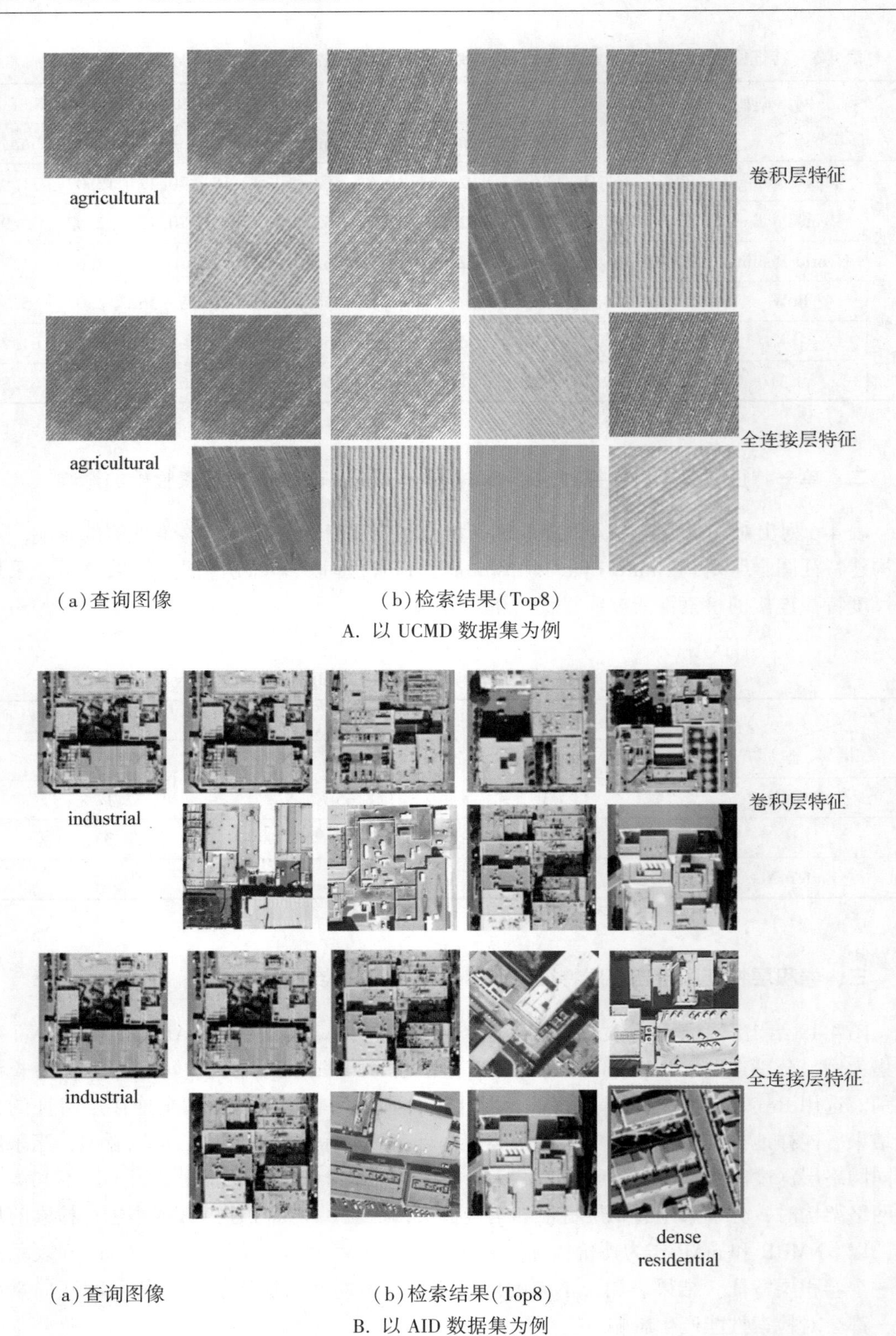
agricultural
卷积层特征
agricultural
全连接层特征
(a)查询图像
(b)检索结果(Top8)
A. 以 UCMD 数据集为例
industrial
卷积层特征
industrial
全连接层特征
dense
residential
(a)查询图像
(b)检索结果(Top8)
B. 以 AID 数据集为例

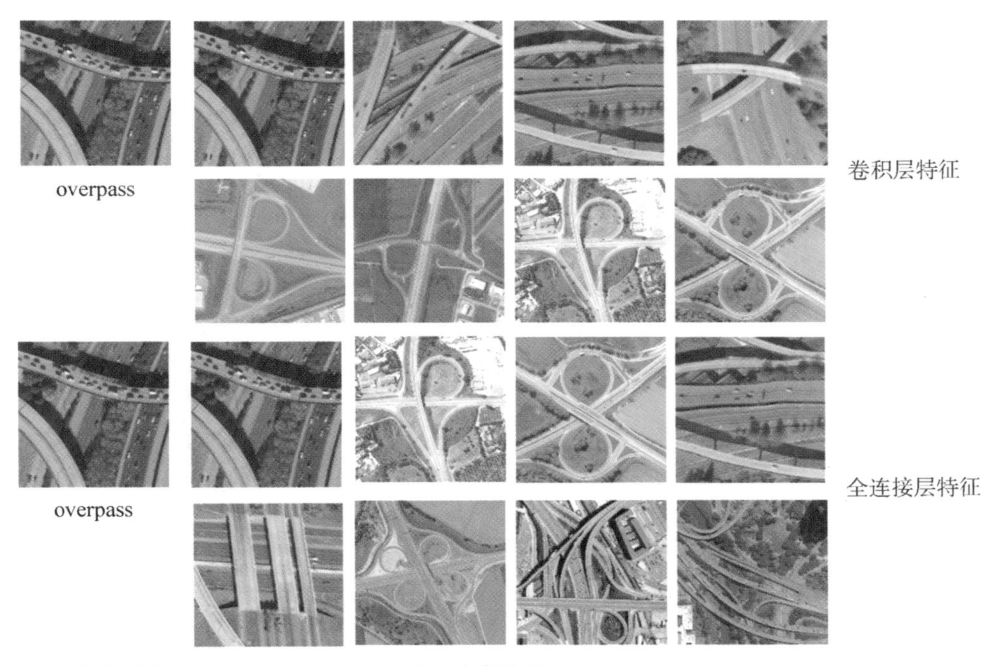

(a)查询图像　　　　(b)检索结果(Top8)

C. 以 PatternNet 数据集为例

图 4-19　基于深度特征的遥感图像检索结果

表 4-7　卷积层特征和全连接层特征对检索性能的影响(ANMRR，mAP：%)

网络架构	UCMD				AID				PatternNet			
	特征	维数	ANMRR	mAP	特征	维数	ANMRR	mAP	特征	维数	ANMRR	mAP
AlexNet	Fc	100	31.22	63.76	Fc	100	24.76	82.55	Fc	100	10.81	83.92
	Conv_5	256	29.33	66.66	Conv_5	256	23.88	83.90	Conv_5	256	9.17	85.29
VGGNet	Fc	100	17.62	79.27	Fc	100	22.03	81.26	Fc	100	4.35	88.51
	Conv_13	512	16.62	80.09	Conv_13	512	20.65	83.28	Conv_13	512	5.36	89.52
GoogLeNet	Fc	100	16.33	77.65	Fc	100	19.78	78.60	Fc	100	4.56	82.60
	Conv_22	1024	15.86	78.98	Conv_22	1024	18.93	79.63	Conv_22	1024	3.99	83.28
ResNet	Fc	100	9.73	88.39	Fc	100	11.73	88.28	Fc	100	3.70	88.52
	Conv_49	2048	8.35	89.51	Conv_49	2048	10.25	89.72	Conv_49	2048	2.65	89.76
DenseNet	Fc	100	8.99	88.82	Fc	100	6.89	88.78	Fc	100	3.65	88.51
	Conv_121	1024	7.87	89.76	Conv_121	1024	5.65	89.88	Conv_121	1024	2.01	89.69

四、原始预训练网络和精调网络对遥感图像检索性能的影响

图 4-20 给出三组分别采用原始预训练网络和精调网络模型的遥感图像检索结果。同样

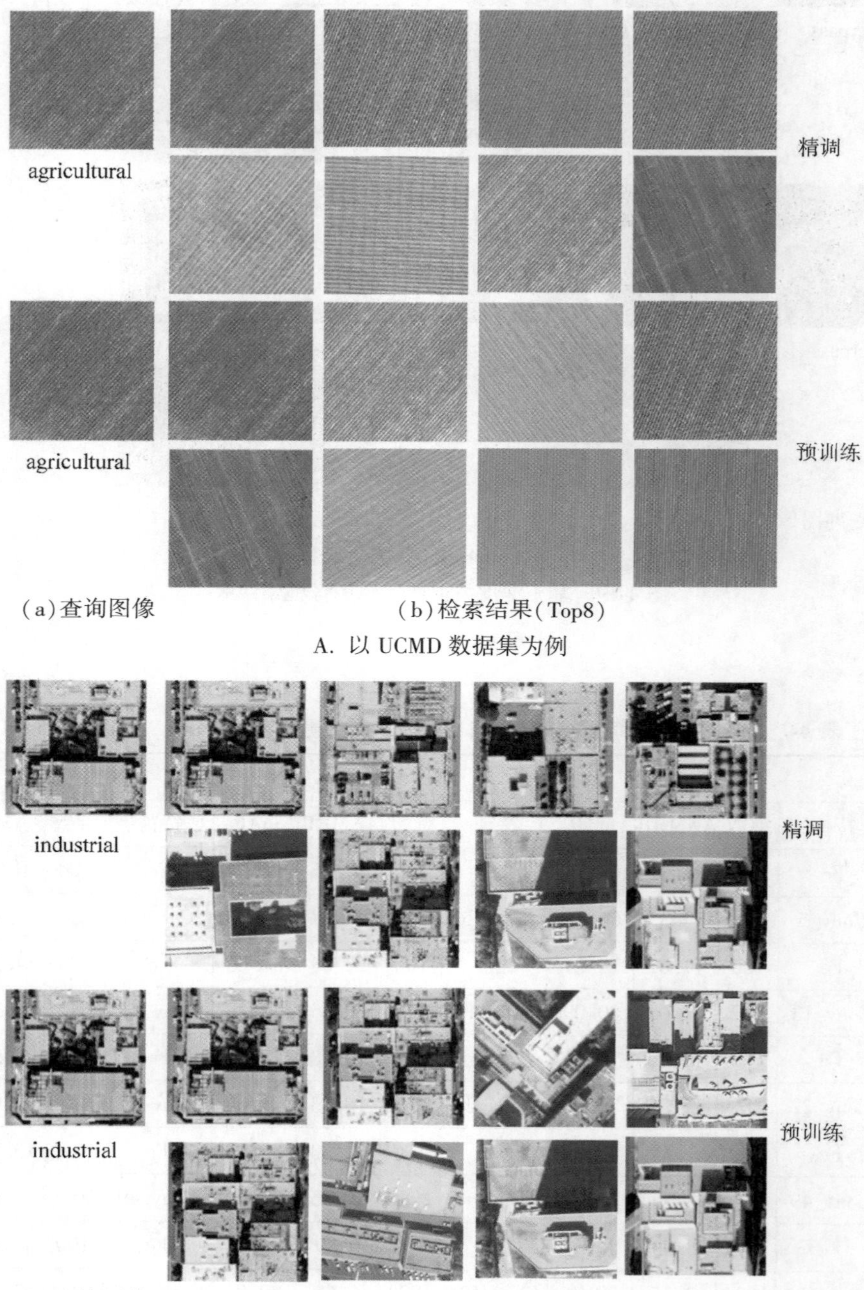

A. 以 UCMD 数据集为例

B. 以 AID 数据集为例

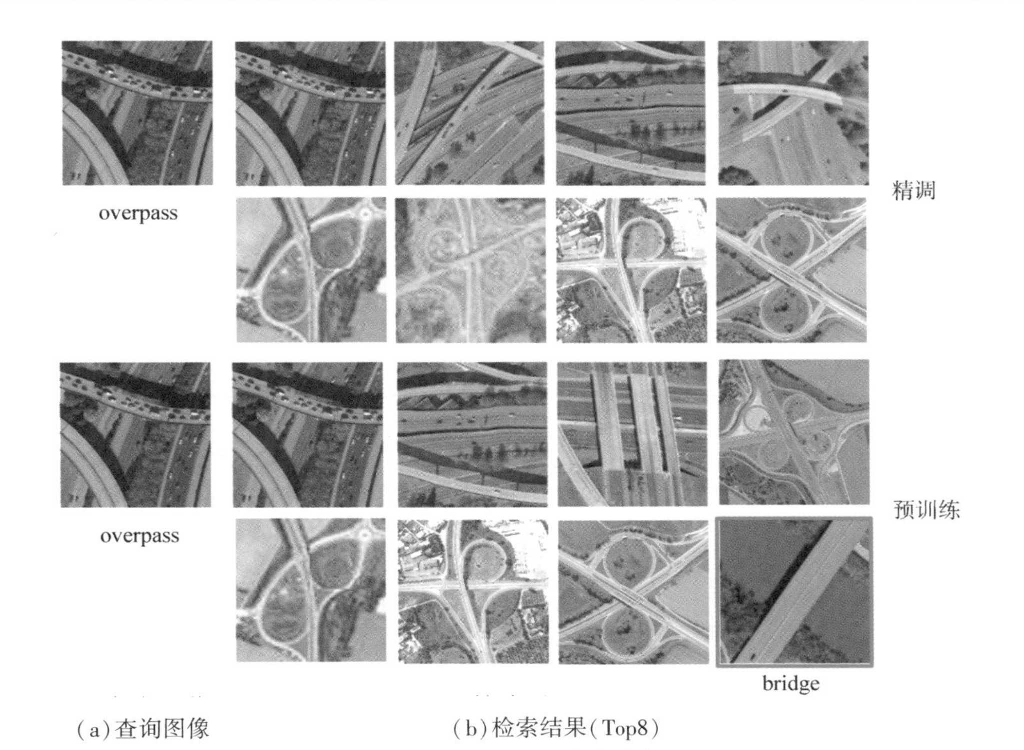

(a)查询图像　　(b)检索结果(Top8)

C. 以 PatternNet 数据集为例

图 4-20　基于原始预训练网络和精调网络的遥感图像检索结果(ResNet 网络)

地，以 UCMD、AID 和 PatternNet 数据集为例，分别选取农田(agricultural)、工业区(industrial)和立交桥(overpass)作为查询类别。同样选用 ResNet 网络提取深度特征。红色框表示错误检索类别，且在其下标出所属类别。检索结果验证了精调网络模型有利于提升检索性能。表 4-8 进一步对比了选用不同网络架构时，直接采用预训练网络和通过精调迁移到遥感数据集时，在 3 个标准遥感数据集上的检索性能。实验结果进一步验证了精调网络对于提升检索性能的有效性。

表 4-8　原始预训练 CNNs 网络和精调 CNNs 网络对检索性能的影响(mAP：%)

数据集	AlexNet		VGG		GoogLeNet		ResNet		DenseNet	
	预训练	精调	预训练	精调	预训练	精调	预训练	精调	预训练	精调
UCMD	45.72	66.66	50.32	80.09	51.07	78.98	54.86	89.51	55.19	89.76
AID	52.72	83.90	58.55	83.28	58.87	79.63	61.00	89.72	63.07	89.88
PatternNet	56.99	85.29	60.27	89.52	62.09	83.28	63.35	89.76	63.66	89.69

五、基于深度特征与人工设计特征的遥感图像检索性能对比

表 4-9 给出一组基于人工设计特征和深度特征的遥感图像检索性能对比结果。以 UCMD 为数据集，人工设计特征选择了 3 种中层视觉特征 BoVW、LBP 和 VLAD，选用 ResNet50 和 VGG 网络提取深度特征，相似性计算则选取了欧氏距离、余弦距离、曼哈顿距离和 χ^2 四种距离函数。可以看出，无论采用哪种距离函数，深度特征在遥感图像表达方面比人工设计特征均有明显的优越性。

表 4-9　基于深度特征与人工设计特征的遥感图像检索性能对比(以 UCMD 数据集为例；mAP：%)

特征		维数	距离函数			
			Euclidean	Cosine	Manhattan	χ^2-square
人工设计特征	BoW	512	43. 03	44. 23	49. 31	44. 10
	LBP	512	57. 21	57. 90	57. 37	57. 63
	VLAD	512	58. 65	59. 39	58. 76	58. 91
深度特征	ResNet50	2048	85. 80	86. 40	86. 00	86. 30
	VGG	512	84. 60	84. 70	84. 00	84. 10

◎ 参考文献

[1] W Zhou, S Newsam, C Li, Z Shao. Learning low dimensional convolutional neural networks for high-resolution remote sensing image retrieval[J]. Remote Sensing, 2017, 9(5): 489.

[2] P Napoletano. Visual descriptors for content-based retrieval of remote sensing images[J]. CoRR, 2016, abs/1602. 00970.

[3] 韩力群、人工神经网络理论、设计及应用[M]. 北京：化学工业出版社，2007.

[4] Lecun Y, Bottou L. Gradient-based learning applied to document recognition[J]. Proceedings of the IEEE, 1998, 86(11): 2278-2324.

[5] Hinton G, Salakhutdinov R. Reducing the dimensionality of data with neural networks[J]. Science, 2006, 313(5786): 504-507.

[6] Cheriyadat A M. Unsupervised feature learning for aerial scene classification[J]. IEEE Transactions on Geoscience and Remote Sensing, 2014, 52(1): 439-451.

[7] 周培诚，韩军伟，程塨，等. 基于稀疏表达的遥感图像检索[J]. 西北工业大学学报，2013, 31(6): 958-961.

[8] Krizhevsky A, Hinton G E. Using very deep autoencoders for content-based image retrieval[J]. Proceedings of The European Symposium on Artificial Neural Networks, Bruges, Belgium, 2011.

[9] Leng B, Guo S, Zhang X, et al. 3D object retrieval with stacked local convolutional autoencoder[J]. Signal Processing, 2015, 112: 119-128.

[10]Zhu Z, Wang X, Bai S, et al. Deep learning representation using autoencoder for 3D shape retrieval[J]. Neurocomputing, 2016, 204: 41-50.

[11]Vanegas J A, Arevalo J, Gonzalez F A. Unsupervised feature learning for content-based histopathology image retrieval[J]. International Workshop on Content-Based Multimedia Indexing, Klagenfurt, Austria, 2014. IEEE.

[12]Li Y, Zhang Y, Tao C, et al. Content-based high-resolution remote sensing image retrieval via unsupervised feature learning and collaborative affinity metric fusion[J]. Remote Sensing, 2016, 8(9): 709.

[13]Wang Y, Zhang L, Tong X, et al. A three-layered graph-based learning approach for remote sensing image retrieval[J]. IEEE Transactions on Geoscience and Remote Sensing, 2016, 54(10): 6020-6034.

[14]张洪群, 刘雪莹, 杨森, 等. 深度学习的半监督遥感图像检索[J]. 遥感学报, 2017, 21(3): 406-414.

[15]Tang X, Zhang X, Liu F, et al. Unsupervised deep feature learning for remote sensing image retrieval[J]. Remote Sensing, 2018, 10(8): 1243.

[16]Krizhevsky A, Sutskever I, Hinton G E. Imagenet classification with deep convolutional neural networks[J]. Advances in Neural Information Processing Systems, Lake Tahoe, Nevada, USA, 2012.

[17]Simonyan K, Zisserman A. Very deep convolutional networks for large-scale image recognition[J]. arXiv, 2014.

[18]Szegedy C, Liu W, Jia Y, et al. Going deeper with convolutions[J]. 2015 IEEE Conference on Computer Vision and Pattern Recognition (CVPR), Boston, MA, USA, 2015.

[19]He K, Zhang X, Ren S, et al. Deep residual learning for image recognition[J]. 2016 IEEE Conference on Computer Vision and Pattern Recognition (CVPR), Las Vegas, NV, USA, 2016[C].

[20]Huang G, Liu Z, Van Der Maaten L, et al. Densely connected convolutional networks[J]. Proceedings of the IEEE conference on computer vision and pattern recognition, 2017: 4700-4708.

[21]Yann Le Cun. Gradient-based learning applied to document recognition, 1998.

[22]Krizhevsky A, Sutskever I, Hinton G E. Imagenet classification with deep convolutional neural networks[J]. Advances in Neural Information Processing Systems, Lake Tahoe, Nevada, USA, 2012.

[23]Y Liu, L Ding, C Chen Y Liu. Similarity-based unsupervised deep transfer learning for remote sensing image retrieval[J]. in IEEE Transactions on Geoscience and Remote Sensing. doi: 10. 1109/TGRS. 2020. 2984703.

[24]J Deng, W Dong, R Socher, et al. ImageNet: a large-scale hierarchical image database[J]. 2009 IEEE Conference on Computer Vision and Pattern Recognition, Miami, FL,

2009：248-255. doi：10. 1109/CVPR. 2009. 5206848.

[25] Xia G S, Tong X Y, Hu F, et al. Exploiting deep features for remote sensing image retrieval：a systematic investigation[J]. arXiv preprint arXiv：1707. 07321, 2017, 2.

[26] Hu F, Tong X, Xia G, Zhang L. Delving into deep representations for remote sensing image retrieval[J]. Proceedings of the 2016 IEEE 13th International Conference on Signal Processing (ICSP), Chengdu, China, 2016：198-203.

第5章 基于度量学习的遥感图像智能检索

目前大多数机器学习和模式识别技术都建立在特征空间概念基础之上，即将每一个样本描述为特征空间中一个数值化的向量，对应于空间中的一个点，点之间的距离反映了样本之间的相似性。基于输入空间的一个好的相似度(或距离)度量模型，直接影响到机器学习中的许多算法(如 K 均值和最邻近算法等)的性能，对于很多计算机视觉任务(如人脸识别、行人重识别、图像检索、图像标注、图像分类等)具有重要的意义。例如对于人脸数据集，当任务是人脸识别，构建的距离度量函数应强调人脸特征；当任务是姿态识别时，构建的距离度量函数则应强调姿态特征。无论是机器学习还是多媒体检索领域，都对度量学习用于图像检索开展了广泛的研究。

度量学习的目标，就是根据不同的任务自主学习出特定的距离度量模型，从而满足不同的应用需求。度量学习提出之前，普遍采用的距离度量方法的基本思路是：首先对数据样本做归一化预处理，再利用欧氏距离函数度量样本之间的相似度；或者针对特定的任务通过选择合适的特征人工设计距离度量函数。但是人工设计距离度量函数的方式需要专家领域知识，且设计的距离函数往往缺乏鲁棒性。而距离度量学习(distance metric learning, DML)通过学习构建一个距离(或相似度)度量模型，使得输入空间内不同类别的数据样本距离大(相似度小)而相同类别的数据样本距离校(相似度大)。自从2002年距离度量学习被提出以来，涌现出一批有影响力的代表性方法，包括大间隔最近邻(large margin nearest neighbor, LMNN)、信息理论度量模型(information-theoretic metric learning, ITML)、基于逻辑判别距离度量学习(logistic discriminant metric learning, LDML)等。大量研究已经从理论和实验的角度验证了一个学习到的度量能够显著提升分类、聚类和检索精度。目前，距离度量学习已经成为机器学习中一个重要的分支，近几年来深度学习的成功为度量学习带来了新的发展契机。特别是近几年来受深度学习技术的推进，结合了深度神经网络在语义特征抽取、端到端训练优势的深度度量学习，实现了空间的非线性映射，可以用来解决非线性问题，在计算机视觉领域得到了相当广泛的关注。

本章首先介绍度量学习的背景知识，简要介绍几种典型的度量学习方法，然后重点阐述深度度量学习的思想和方法，分析影响深度度量学习性能的主要因素，并通过基于深度度量学习的遥感图像检索实验予以验证和分析。

5.1 度量学习模型

距离度量学习由 Eric P. Xing 于2002年首次提出，是指利用给定的训练样本集学习得到一个能够有效反映数据样本之间距离(或相似度)的函数模型，使得该函数模型描述的新特征空间中，同类样本分布更加紧密，不同类样本的分布更加松散。本节简要介绍度量学习相关的基本概念以及度量学习问题的本质。

5.1.1　度量空间和度量函数

假设数据集 $X \in \mathbb{R}^n$ 中有两个样本 x_1 和 x_2，如果存在 $d(x_1, x_2)$，且满足以下性质：

(1)非负性：$d(x_1, x_2) \geqslant 0$；

(2)对称性：$d(x_1, x_2) = d(x_2, x_1)$；

(3)自相似性：$d(x_1, x_2) = 0$；

(4)三角不等式性质：$d(x_1, x_2) \leqslant d(x_1, x_3) + d(x_2, x_3)$。

则称 d 为数据集 X 上的距离度量函数，二元组 (X, d) 称为一个度量空间。

显然，如果在将度量空间 (X, d) 中的对象定义为实数数组，则 (X, d) 为向量空间，向量空间实质上是带有坐标信息的度量空间的特例。常用的距离度量函数包括欧氏距离、曼哈顿距离、马氏距离、余弦距离等。

5.1.2　度量学习问题的本质和难点

度量学习是一种数据依赖的度量，学习到的度量能够鉴别样本不同属性的重要性，从而更精确地描述样本之间的相似程度。如图 5-1 所示，使用不同的度量可以使用同样的数据样本完成不同的分类任务，度量学习的目标就是减小类内距离的同时，尽可能增大类间距离。与传统的距离度量函数相比，度量学习在解决计算机视觉任务时，具有不需要归一化处理、实现维度降低、泛化能力强等优点，可以显著提高学习器的性能。

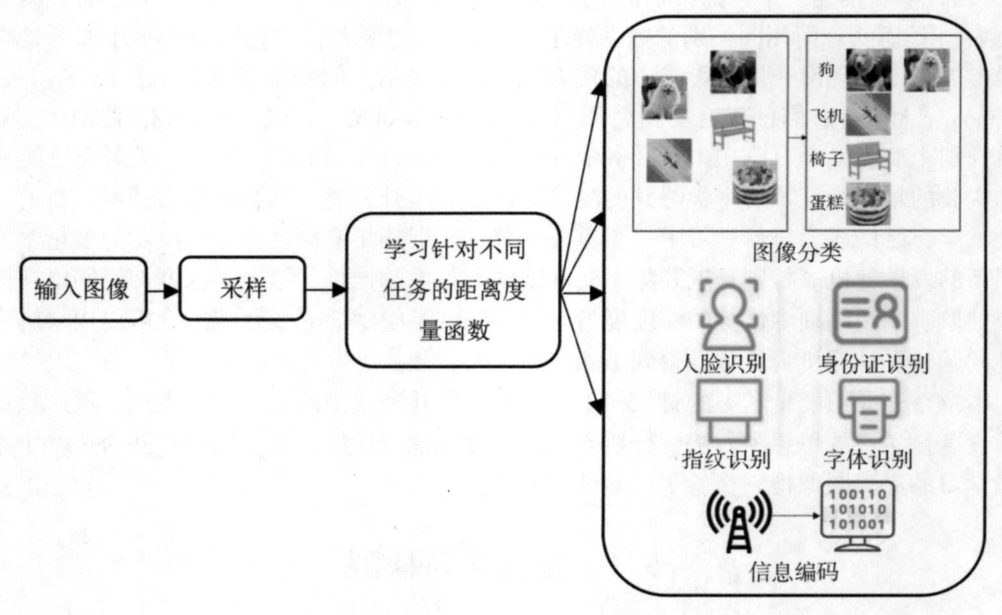

图 5-1　距离度量学习的本质

度量学习提供了一种基于数据分析的距离度量方法，与人工设计的距离度量方式相比，这种通过学习得到的度量模型能够克服人工设计度量函数的问题，具有更强的适应性，在解决计算机视觉任务时具有重要的实际意义。但是，距离度量学习依然存在以下几个方面的难点：

(1)如何定义类内距离和类间距离。一个理想的度量是在类内距离最小化和类间距离最大化的约束下学习的，因此类内距离和类间距离的定义对于度量学习至关重要。

(2)如何处理度量的半正定约束。为了满足度量的完备性，一个合适的度量应该具备半正定特性约束，而约束会导致优化问题的高计算复杂度和难以解决。

(3)如何最大限度降低计算复杂度。在距离相关方法中，成对距离运算带来高额计算代价，无疑会影响到算法的实时性。

(4)如何将度量学习引入特定应用，比如针对多实例学习、多视角学习、多标签学习等，以解决更复杂的任务。

5.1.3 基于马氏距离的度量学习

Xing 等人(2002)提出一种典型的基于 Mahalanobis 的距离度量学习方法。马氏距离(Mahalanobis distance)是印度统计学家马哈拉诺比斯在 1936 年引入的距离度量，表示数据的协方差距离，是一种有效的计算两个未知样本集的相似度的方法。与欧氏距离相比，马氏距离不仅能够结合数据的统计特性，还能兼顾样本间的相关性，且满足尺度无关性质。基于马氏距离的度量学习的基本思想是：根据特定的问题，通过样本训练寻找一个合适的度量矩阵 M，使得样本之间的距离函数可以表示为下式：

$$d_M(x_i,\ x_j) = \sqrt{(x_i - x_j)M(x_i - x_j)} \tag{5.1}$$

它使用成对约束集合作为训练样本的约束条件，将优化目标选为最小化所有在等价约束集合中的样本对的距离，并保证在不等价约束集合中的样本对保持一定的距离，由此构造了如下凸优化问题：

$$\begin{gathered}\min_{A} \sum_{(x_i,\ x_j)\in S} d_M(x_i,\ x_j) \\ \text{s.t. } M \geqslant 0,\ \sum_{(x_i,\ x_j)\in D} d_M(x_i,\ x_j) \geqslant 1\end{gathered} \tag{5.2}$$

式中，M 为半正定矩阵；S 表示同类别样本构成的成对约束集，$S=\{(x_i,\ x_j):\ x_i$ 和x_j 是相似的$\}$；D 表示不同类别样本构成的成对约束集，$D=\{(x_i,\ x_j):\ x_i$ 和x_j 是不相似的$\}$。该算法应用于聚类问题取得了明显的效果[8]。可见，基于马氏距离的度量学习的目的就是对于给定的训练样本集 X，求取一个半正定对称矩阵 M，用来建立起样本的特征向量之间的联系，使得训练样本之间的相似关系得到保留。

5.2 传统的度量学习模型

传统的度量学习模型主要是在特征空间确定的情况下学习马氏距离或余弦距离，一般可以建模为凸优化问题，经典的 LMNN、ITML 和 LDML 等都属于这类模型。本节简要介绍监督距离度量学习和非监督距离度量学习，并对比分析几种代表性的传统度量学习模型。

5.2.1　传统的度量学习模型分类

传统的距离度量学习根据学习方式和带标签训练样本是否可获取，可以分为监督距离度量学习和非监督距离度量学习。

非监督距离度量学习不需要对数据类型进行标记，通过学习一种低维度流形，使得大部分观测样本之间的距离关系能够在低维度流行中得以保持。非监督度量学习与数据降维之间有潜在的联系。事实上，每一种数据降维算法本质上都是一种非监督度量学习算法。非监督距离度量学习方法可以分成线性方法和非线性方法，经典的线性方法包括主成分分析(pricipal components analysis，PCA)、多维尺度变换(multi-dimensional scaling，MDS)、非负矩阵分解(non-negative matrix factorization，NMF)、独立成分分析(independent components analysis，ICA)、邻域保持嵌入(neighborhood preserving embedding，NPE)、局部保留投影(locality preserving projections，LPP)等；经典的非线性方法包括 ISOMAP、局部线性嵌入(LLE)与拉普拉斯特征映射算法(Laplacian eigenmap，LE)等。

监督距离度量学习以数据的类别标签或者相对更容易获取的约束信息作为辅助监督信息，本质上是一个带约束的优化问题，需要在样本给定的约束条件下达到某种指标的最优，比如通过优化度量矩阵从而使得同类别样本之间距离较小，而不同类别样本之间的距离较大。约束条件可以是：标签；成对关系(pairwise relationships)；邻近关系三元组(proximity relation triplets)。标签信息可以生成成对关系，成对关系可以获取邻近关系三元组。由此可知，标签属于最强的约束信息。监督距离度量学习是距离度量学习研究的主流，开创性工作为 E. Xing 等人(2002)提出的概率法全局距离度量学习(probabilistic approach for global distance metric learning，PGDM)，该模型将距离度量学习转化为一个带约束的凸规划问题。监督距离度量学习又可以进一步分为全局度量学习和局部度量学习。其中，全局度量学习在所有的约束条件下学习距离度量函数，得到的度量函数满足所有的约束条件，该类型的算法充分利用数据的标签信息，代表性算法包括信息理论度量学习(information-theoretic metric learning，ITML)、马氏度量学习(Mahalanobis metric learning for clustering，MMC)、最大化坍塌度量学习(maximally collapsing metric learning，MCML)等；局部度量学习是在一个局部约束条件下学习距离度量函数，得到的度量函数满足该局部约束条件，该类型的算法同时考虑数据的标签信息和数据点之间的几何关系，例如近邻成分分析(neighbourhood components analysis，NCA)、大间隔最近邻(large-margin nearest neighbors，LMNN)、相关成分分析(relevant component analysis，RCA)、局部线性判别分析(local linear discriminative analysis，Local LDA)等。

5.2.2　典型的传统度量学习模型

本节介绍几种传统度量学习模型的基本思想以及基于度量学习模型的检索算法步骤。

一、LMNN

大间隔最近邻(large-margin nearest neighbors，LMNN)是针对 kNN 分类器的马氏距离

度量学习的改进方法。LMNN 的主要思想是通过计算输入样本与所有训练样本的距离，统计与输入样本距离最近的训练样本标签(类别)，在所有训练样本的标签(类别)范围内根据距离大小进行投票，票数最多的类别就是分类结果，从而确定该样本的类别，最后找出和该样本最接近的 k 个样本。其中 k 个样本属于同一类别，不同类别样本之间的距离不小于某一最大间隔(large margin)。因为直接比较输入样本和训练样本的距离，LMNN 算法也被称为基于实例的算法，算法性能高度依赖于距离度量。

二、ITML

信息理论度量学习(information theoretic metric learning，ITML)属于一种优化策略。信息理论度量学习通过最小化两个在马氏距离约束下的多变量高斯分布之间的可微相对熵，把距离函数转化为相同类别的样本之间距离最小、不同类别之间的距离最大的相似性约束。ITML 需要满足两个条件：一是符合给定的相似性约束，二是确保学习的度量接近初始距离函数。其中，马氏距离可以看作矩阵 M 为单位阵的情况，将矩阵 M 转换映射到一个高斯模型，可以用散度来度量不同矩阵 M 之间的相似性。

三、LDML

逻辑判别距离度量学习(logistic discriminant based metric learning，LDML)是一种基于概率论的距离度量学习方法，将度量学习问题视为核逻辑回归问题。LDML 的基本思想是利用训练样本的成对约束信息所建立的概率密度函数来表征目标函数，通过极大似然估计来学习距离度量，将距离相似度转换为概率相似度，从而获得输入样本的相似集合。

5.3　基于深度度量学习模型的遥感图像智能检索

传统的度量学习方法大多学习的是一个到特征空间的线性映射，在处理现实世界中数据样本之间的非线性关系时具有局限性。尽管该方法可以用于解决非线性问题，但是存在核函数的选择困难，以及核函数表达能力通常不够灵活的问题。受深度学习样本数据非线性关系建模能力的启发，近几年，人们提出深度度量学习模型，其基本思想是：通过将特征学习和度量学习统一到一个深度学习框架下，显式学习将数据样本映射到其它特征空间的一系列非线性变换。与传统的度量学习相比，深度度量学习可以对输入特征做非线性映射，能够解决基于深度学习的分类在解决类别数多而类内样本数少的任务存在的缺少类内约束、分类器优化困难等局限性。本节首先介绍深度度量学习模型的基本思想和分类，分析影响深度度量学习模型性能的主要因素，然后给出基于深度度量学习的遥感图像智能检索系统框架及流程，并对比分析网络模型、损失函数、特征聚合方式等对检索性能的影响。

5.3.1　深度度量学习模型

深度度量学习模型的基本思想是：通过训练大量的数据来发现数据内部的复杂结构，

从而使深度神经网络利用其区分能力将图像嵌入到度量空间中。深度度量学习将从大量数据中自动学习的丰富信息抽象为特征向量，同时学习一种新的度量，以最小化同一类样本的间距，最大化不同类样本的间距。如图 5-2 所示。

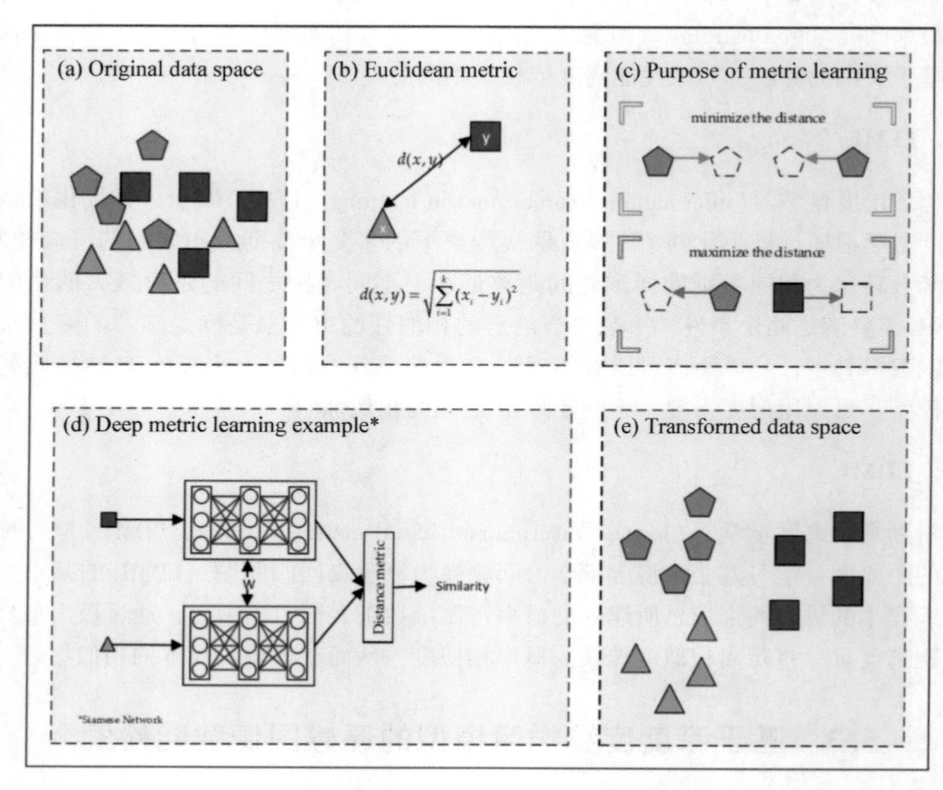

图 5-2　深度度量学习基本思想[13]

关于深度度量学习模型，可以从不同的角度进行大致的分类[14]：

(1)按照学习方式的不同分类。按照学习方式的不同，可以将深度度量学习分为有监督的深度度量学习和无监督的深度度量学习。其中，有监督的深度度量学习利用标签信息来判断图像之间的相关性，学习全局或者局部区域的度量指标，即通过拉近相同类别的样本之间的距离，同时确保不同类的样本距离较远，最后完成后续分类检索等任务。无监督的深度度量学习旨在构建一个低维流形，其中大部分样本之间的几何关系得以保留，根据样本之间的几何关系度量样本之间的相似性，最后根据相似性大小完成后续分类检索等任务。

(2)按照任务的关联性不同分类。按照任务的关联性的不同，可以将深度度量学习分为单任务度量学习和多任务度量学习。其中，单任务深度度量学习是指针对某特定任务，利用训练集中的样本进行目标模型的学习，从而求解度量矩阵。但在实际应用中，针对某个特定任务的训练样本数目可能不够，需要联合多个任务之间的信息来进行更为有效的距离度量学习，即采用多任务深度度量学习。多任务深度度量学习利用迁移学习的思想，将多个相关任务分为源任务和目标任务来实现迁移度量学习，然后通过计算源任务和目标任务之间的协方差来表征任务间的关系，进而完成后续的检索分类等任务。

5.3.2 影响深度度量学习模型性能的主要因素

影响深度度量学习模型性能的主要因素为：网络结构、采样策略和损失函数。

一、网络结构

深度度量学习中常用的网络结构有两种：孪生(siamese)网络和三元组(triplet)网络，如图 5-3 所示。其中，孪生网络由两个具有共享参数的相同网络组成，(x_i, x_j) 表示一个相似或者不相似的样本对；三元组网络由 3 个具有共享参数的相同网络组成，(x_i, x_i^+, x_i^-) 表示 1 个三元组，x_i 表示参考样本，x_i^+ 和 x_i^- 分别与参考样本构成相似样本对和不相似样本对。

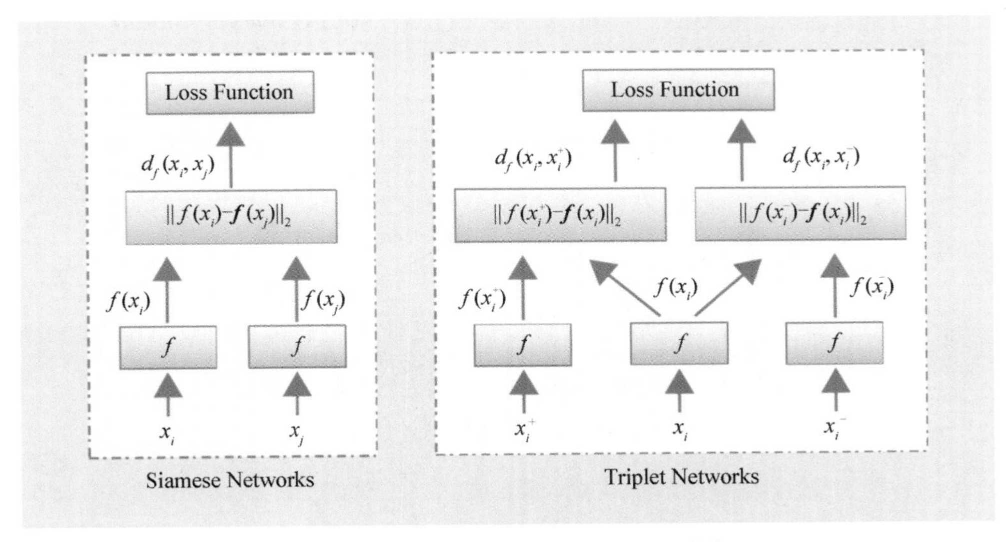

图 5-3　深度度量学习的两种网络结构[13]

二、样本选择

尽管损失函数对于度量学习方法有至关重要的作用，但是样本的选择策略也是影响度量学习性能不容忽视的一个因素，只有选择信息量高的样本才有助于提高检索准确率，而差的样本则可能导致收敛速度降低。

以三元组为例，简单的随机采样会导致模型收敛缓慢，特征的判别性不够，研究已经证明，容易样本(easy sample)由于判别能力很低，对于网络性能的提升没有作用。一种合理的解决方案是仅挖掘对训练有意义的正负样本，即“难例挖掘”(难例样本对应的是那些被认为是 false-positive 的样本)，但是每次都针对锚点样本挖掘最困难的类间样本容易导致模型坍缩；另一种采样策略为半难例(semi-hard)挖掘，即选择比类内样本距离远而又不足够远出间隔的类间样本来进行训练，如图 5-4 所示。从图 5-5 可以看出，三元组损失对于锚点的选择十分敏感。

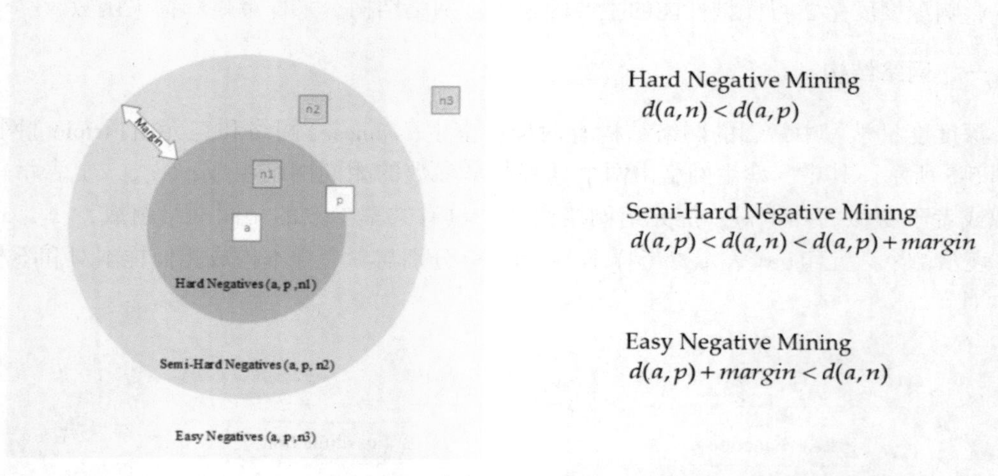

图 5-4　负例挖掘(negative mining)[13](难例挖掘、半难例挖掘和容易负例挖掘)

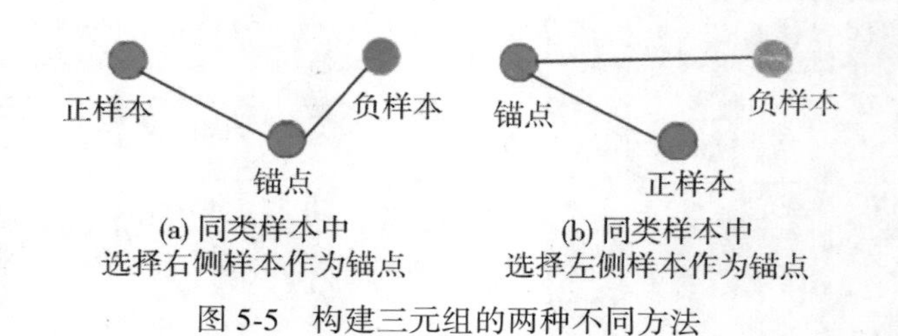

图 5-5　构建三元组的两种不同方法

三、损失函数

度量学习中常用的损失函数包括对比损失、三元组损失、n 元组损失、提升结构化损失、log ratio 损失等，如图 5-6 所示。

1. 对比损失

对比损失(contrastive loss)首次将深度神经网络引入度量学习，开启了深度度量学习的研究开端。在此之前的传统度量学习主要用于解决聚类问题(如局部线性嵌入、Hessian 局部线性嵌入、主成分分析等)，距离函数采用马氏距离。马氏距离相比欧氏距离而言，考虑了特征之间的权重和相关性，在度量学习中被广泛应用。传统度量学习主要存在两个弊端：一是依赖于原始输入空间进行距离度量；二是不能很好地映射与训练样本关系未知的新样本的函数。对比损失利用了深度学习在特征提取方面的优势，将原始输入空间映射

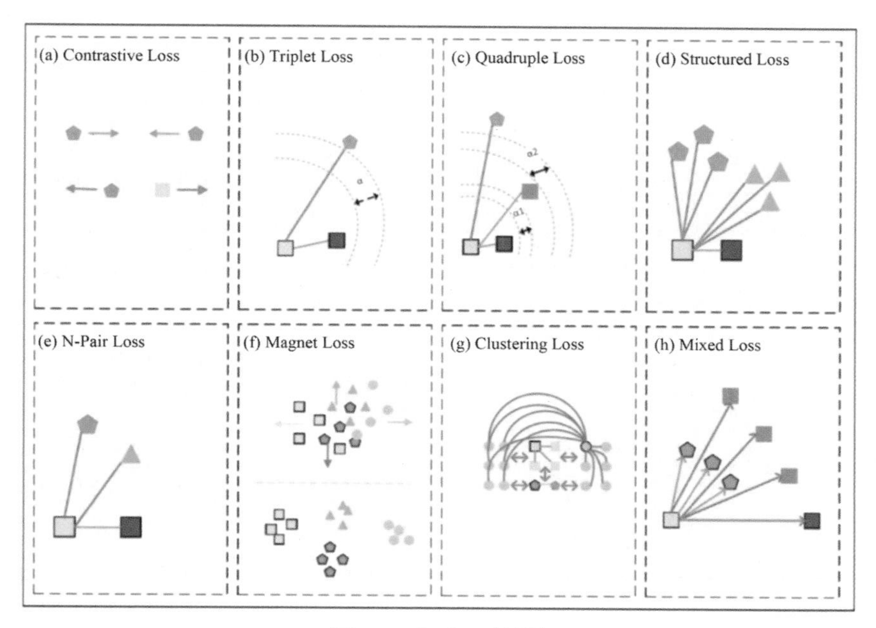

图 5-6 损失函数[13]

到欧氏空间，直接约束类内样本的特征尽可能近，而类间样本的特征尽可能远，如式(5.3)所示：

$$l_{\text{contrast}}(X_i, X_j) = y_{i,j} d_{i,j}^2 + (1 - y_{i,j}) [\alpha - d_{i,j}^2]_+ \tag{5.3}$$

其中，$d_{i,j}$ 表示欧氏距离，α 用于控制类间样本距离足够远的程度。

2. 三元组损失

相比于对比损失只约束类内对的特征尽可能近，而类间对的特征尽可能远，三元组损失(triplet loss)在其基础上进一步考虑了类内对与类间对之间的相对关系：首先固定一个锚点样本(anchor)，希望包含该样本的类间对(anchor negative)特征的距离能够比同样包含该样本的类内对(anchor-positive)特征的距离大一个间隔（margin），如式(5.4)所示：

$$l_{\text{triplet}}(X_a, X_p, X_n) = [d_{a,p}^2 + m - d_{a,n}^2]_+ \tag{5.4}$$

其中，X_a，X_p，X_n 分别为锚点样本、与锚点样本同类的样本和与锚点样本异类的样本，m 为间隔。

3. 提升结构化损失

为了充分利用训练时每个批次内的所有样本，Sohn H. O.等人(2016)提出一种在一个批次内建立稠密的成对(pair-wise)连接关系，即提升结构化损失(lifted structured loss)，具体为：对于每一个类内对，同时选择两个难例，一个距离 X_a 最近，一个距离 X_p 最近。提升结构化损失对应的损失函数为：

$$J = \frac{1}{2|P|} \sum_{(i,j) \in P} \max(0, J_{i,j})^2$$

$$J_{i,j}=\max(\max_{(i,j)\in N}\alpha-D_{i,k},\ \max_{(i,l)\in N}\alpha-D_{i,l})+D_{i,j} \tag{5.5}$$

其中，P为批次内所有正样本对集合；N为批次内所有负样本对集合。

4. N元组损失

针对对比损失和三元组损失收敛慢的问题，Sohn K.等人(2016)提出多类N元组损失(multi-class N-pair loss)，基本思想是：在每次更新中使用更多的负样本，同类样本的距离不应每次只效于一组类间距，而应同时小于$n-1$组类间距离，从而实现类内对相似度显著高于所有类间对相似度。N元组损失的损失函数为：

$$l(X,y)=\frac{-1}{|P|}\sum_{(i,j)\in P}\log\frac{\exp\{S_{i,j}\}}{\exp\{S_{i,j}\}+\sum_{k:\,y(k)\neq y(i)}\exp\{S_{i,k}\}}+\frac{\lambda}{m}\sum_{i}^{m}\|f(X_i)\|_2 \tag{5.6}$$

其中，i，j表示同类样本，k表示不同类样本；P为一个批次内所有正样本，m为批次的大小。

5. log ratio 损失

为了更好地适应图像的语义相似性，Kim S等(2019)提出一种基于连续标签的损失函数——log ratio 损失，损失函数定义如下：

$$l(a,i,j)=\left[\log\frac{D(f_a,f_i)}{D(f_a,f_j)}-\log\frac{D(y_a,y_i)}{D(y_a,y_i)}\right]^2 \tag{5.7}$$

其中，f表示一个嵌入向量，y表示一个连续标签，$D(.)$表示平方欧氏距离。(a,i,j)为一个包含锚点a和两个邻居i和j的三元组，但是不像式(5.4)中的p和n那样，有正负样本之分。

log ratio 损失最大的优势在于，它提供了一种可以反映标签相似度和排序的度量学习空间。理想情况下，两幅图像在度量空间的距离与它们在标签空间的距离成比例。这样，用 Log Ratio 损失训练的嵌入网络与其它损失函数相比，能够更高地表达图像之间相似程度的连续性，而不仅仅是排序。

5.3.3　基于深度度量学习的遥感图像检索系统设计与实现

深度度量学习在遥感领域的研究进展主要包括：为了更好地解决类内差异和类间相似的问题，Cheng G.等人(2018)通过增加一个度量学习正则化项，构建了一个判别能力更强的卷积神经网络，用于提升遥感图像的分类性能；Cao R.等人(2019)构建了一个用于增强遥感图像检索性能的三元组深度卷积神经网络；Roy S.等人(2020)提出一种基于度量学习的深度哈希网络用于遥感图像检索，不仅能够学习一种基于语义的度量空间，从而更好地表达遥感图像的内容，而且通过哈希编码有效地提高了检索的效率；Yun M.S.等人(2020)提出一个从粗到精的深度度量学习方法用于遥感图像检索，首先学习图像之间的二元关系，然后再训练学习图像之间的连续关系，以增强检索算法的鲁棒性；Hongwei Zhao 等人(2020)提出一种基于相似性保持损失的(similarity retention loss，SRL)的深度度量学习策略并用于遥感图像检索，通过重新定义难例和容易样本，基于数据集类别的大小和空间分布挖掘正负样本，由于提出的SRL充分考虑了类内和类间样本的相似性结构，使得训练的模型更有效。

图 5-7 给出一个基于深度度量学习的遥感图像检索系统基本架构图。具体检索流程可以描述为：

(1)训练阶段：首先对预训练网络进行精调，利用预训练网络提取深度特征，并为训练小批量生成特征矩阵。通过内积运算，对特征矩阵进行相似度计算，得到相似度矩阵，然后利用相应的损失函数和困难对挖掘方案来提高正样本对的相似度，降低负样本对的相似度，从而优化嵌入空间。

(2)测试阶段：利用精调网络提取更具判别性的深度特征。接着对特征向量进行相似度计算(内积)运算，返回测试集的相似度矩阵。最后，根据每个查询的相似度返回前 K 个相似的遥感图像作为检索结果。

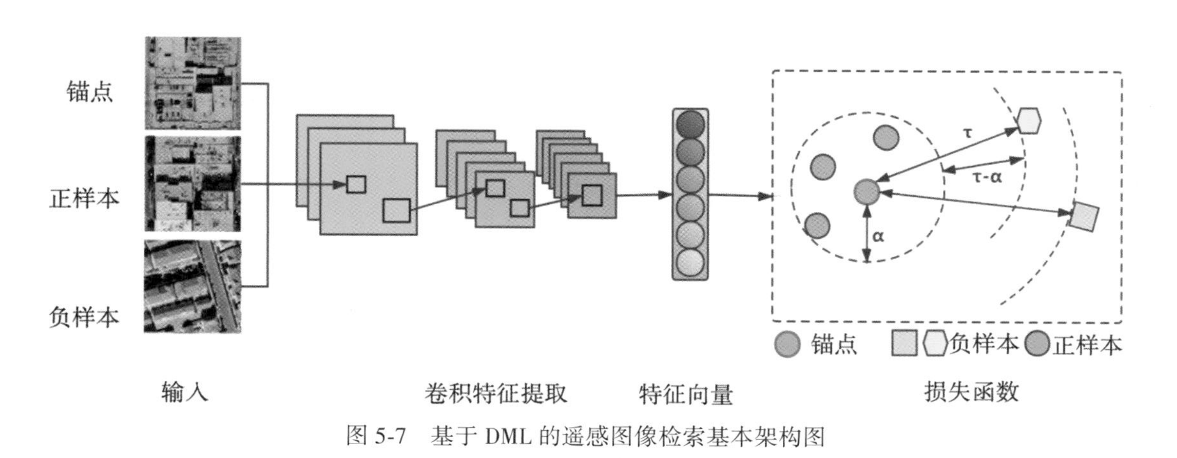

图 5-7 基于 DML 的遥感图像检索基本架构图

本节以 3 个公开的标准遥感图像数据集 UCMD、AID、PatternNet 为例，从两个方面验证和分析深度度量学习用于遥感图像检索的性能：首先分析深度度量学习模型对于遥感图像检索性能的影响，然后分析不同的损失函数(包括对比损失、三元组损失、N-pair 损失、提升结构化损失和 Log Ratio 损失)对基于深度度量学习的遥感图像检索性能的影响。

实验的环境配置及参数设置如下：

平台：Intel © i7-8700, 11 GB memory CPU, Ubuntu 16. 04. 6LTS。

软件：CUDA 10. 0. 130 cudnn7. 6. 5 python3. 6. 10-pytorch1. 5. 0。

训练集和测试集的数据划分策略：UCMD 数据集 50%用于训练，50%用于测试；AID 数据集 50%用于训练，50%用于测试；PatternNet 数据集 80%用于训练，20%用于测试。

参数设置：学习率设置为 0. 00001；批次尺寸(batch size)设置为 30；间隔(margin)设置为 0. 25；轮次(epochs)设置为 1500；采用 Adam 优化器；嵌入尺寸(embedding size)为 512。

一、深度度量学习模型对遥感图像检索性能的影响

首先通过对比基于深度度量学习的检索、基于深度特征的检索以及基于人工设计特征

的检索的性能，分析深度度量学习模型对于遥感图像检索性能的影响。网络架构选用三元组网络，损失函数选择三元组损失函数。卷积神经网络特征参数如表5-1所示。

表5-1　卷积神经网络特征参数表

网络架构	卷积层	特征维数
AlexNet	5	256
VGG16	13	512
ResNet	49	2048

图5-8给出基于深度度量学习的检索、基于深度特征的检索以及基于人工设计特征的检索性能对比结果。实验参数为：轮次 epoch = 1500，阈值 τ = 1. 25，α = 1. 0；采用平均准确率作为评价指标可以看出，无论是采用不同的训练次数，或者改变阈值 τ 和阈值 α（阈值 τ 用于控制负样本被推开的距离，阈值 α 用于控制正样本的聚集度，即正样本和负样本之间的距离），基于深度度量学习的检索都具有更高的检索性能。

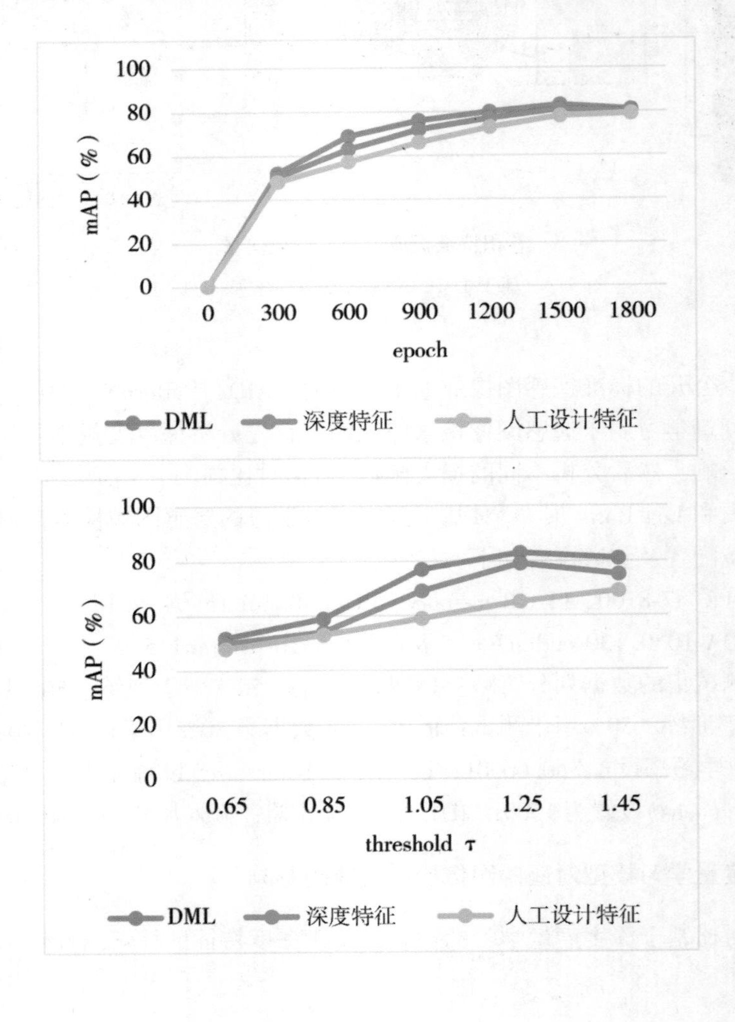

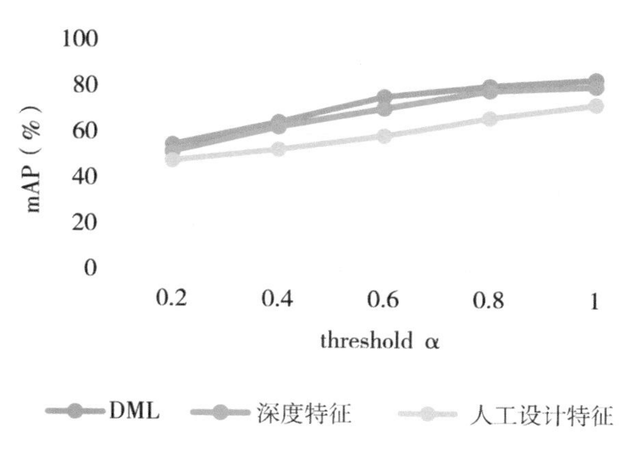

图 5-8 基于 DML、深度特征和人工设计特征的检索性能对比图

表 5-2 至表 5-4 列出以上三种方法应用于 UCMD、AID、PatternNet 三个标准数据集的检索性能。选择 ANMRR、mAP 和精确率作为评价指标。网络架构选用 ResNet50，训练次数分别为 600 和 1500，嵌入尺寸设置为 512。可以看出，无论参数如何设置，基于深度度量学习的检索都具有更高的检索性能。

表 5-2 深度度量学习、深度特征和人工设计特征的检索性能对比(以 UCMD 数据集为例)

特征	深度度量学习	深度特征	人工设计特征	深度度量学习	深度特征	人工设计特征
ANMRR(%)	3.01	18.00	67.94	2.98	17.74	67.94
mAP(%)	81.60	69.03	53.76	81.21	68.79	53.13
P@5(%)	87.28	75.09	66.79	87.91	75.29	66.65
P@10(%)	86.31	72.97	63.99	86.39	73.87	63.08
P@100(%)	43.99	30.68	21.72	44.23	33.01	21.56
参数设置	epoch=600，embedding size=512			epoch=1500，embedding size=512		

表 5-3 深度度量学习、深度特征和人工设计特征的检索性能对比(以 AID 数据集为例)

特征	深度度量学习	深度特征	人工设计特征	深度度量学习	深度特征	人工设计特征
ANMRR(%)	0.98	16.00	57.36	0.98	15.87	57.03
mAP(%)	82.92	73.08	55.21	83.60	73.93	55.29
P@5(%)	89.35	79.33	60.05	90.08	79.57	60.76
P@10(%)	86.65	78.00	58.27	87.39	77.60	58.96
P@100(%)	72.01	62.03	45.63	72.89	62.95	45.98
参数设置	epoch=600，embedding size=512			epoch=1500，embedding size=512		

表 5-4　深度度量学习、深度特征和人工设计特征的检索性能对比(以 PatternNet 数据集为例)

特征	深度度量学习	深度特征	人工设计特征	深度度量学习	深度特征	人工设计特征
ANMRR(%)	0.76	23.23	56.83	0.76	22.56	56.57
mAP(%)	83.55	71.10	34.10	83.81	71.37	34.15
P@5(%)	90.12	68.00	58.23	90.36	68.61	58.98
P@10(%)	87.39	65.78	55.68	87.64	68.11	55.90
P@100(%)	75.57	63.86	48.10	75.57	63.87	49.35
参数设置	epoch=600，embedding size=512			epoch=1500，embedding size=512		

图 5-9 至图 5-11 给出了 DML、深度特征和人工设计特征应用于针对 UCMD、AID、PatternNet 三个遥感数据集上不同地物类别的检索性能对比结果，以 ARMR-R 和 mAP 作为评价指标。可以看出，在三个数据集上几乎所有类别的地物，基于深度度量学习的检索性能都要优于另外两种方法，特别是对于某些类别，如 UCMD 数据集的稠密住宅(dense residential)和网球场(tennis court)、AID 数据集的工业区(industrial)和油罐(storage tanks)、PatternNet 数据集的轮渡码头(ferry terminal)和游泳池(swimming pool)等，优越性尤为突出。图 5-12 给出三种方法分别应用于 UCMD、AID、PatternNet 数据集时的主观检索结果，分别以农田(agricultural)、工业区(industrial)和立交桥(overpass)作为查询类别。其中，红色框标出错误检索类别，并在其下注明所属类别。结果同样验证了深度度量学习用于遥感图像检索的优越性。

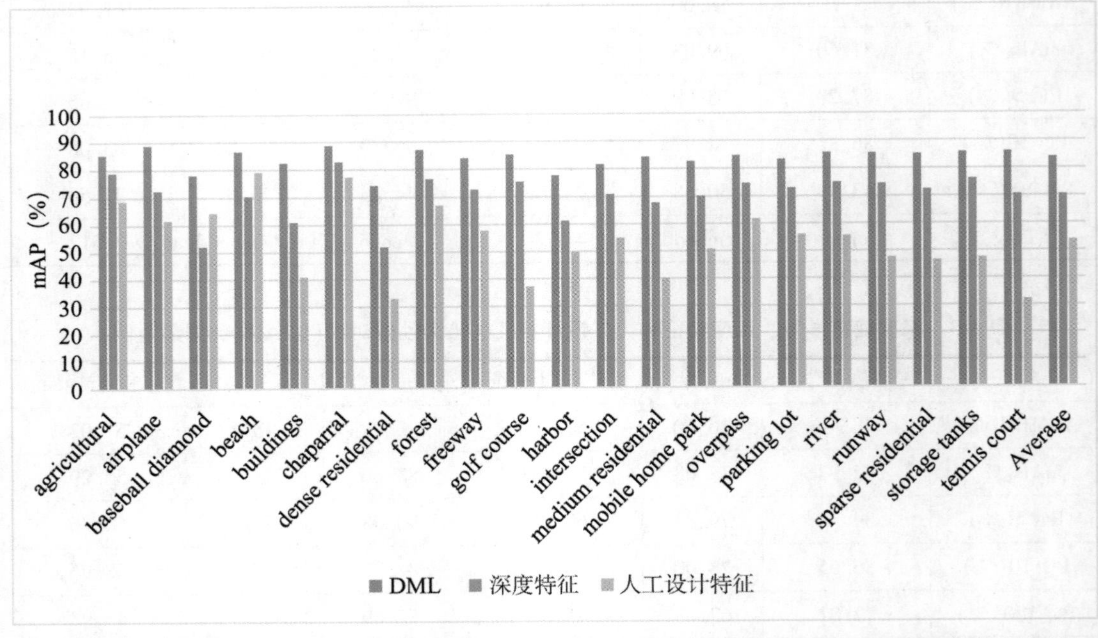

图 5-9　DML、深度特征和人工设计特征应用于不同地物类别的检索性能对比(以 UCMD 数据集为例)

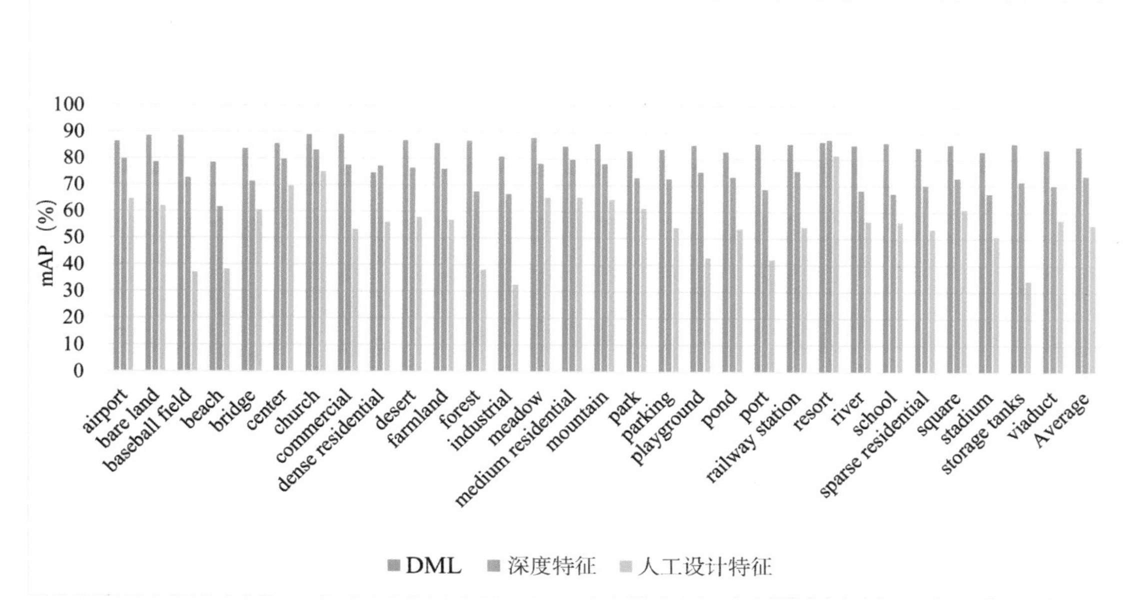

图 5-10 DML、深度特征和人工设计特征应用于不同地物类别的检索性能对比(以 AID 数据集为例)

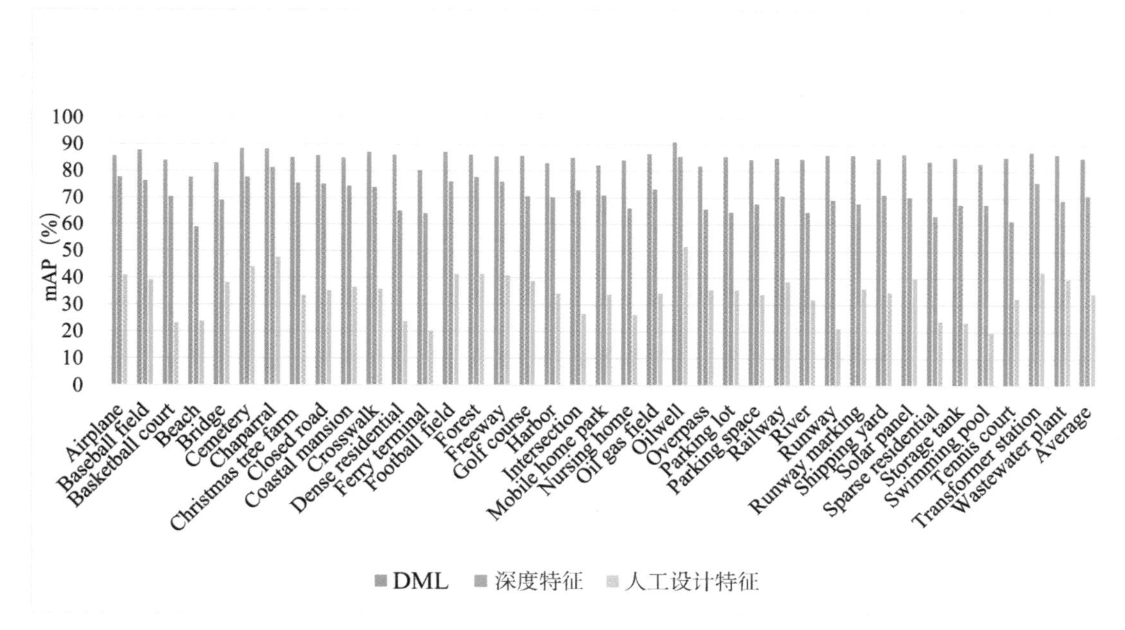

图 5-11 DML、深度特征和人工设计特征应用于不同地物类别的检索性能对比(以 PatternNet 数据集为例)

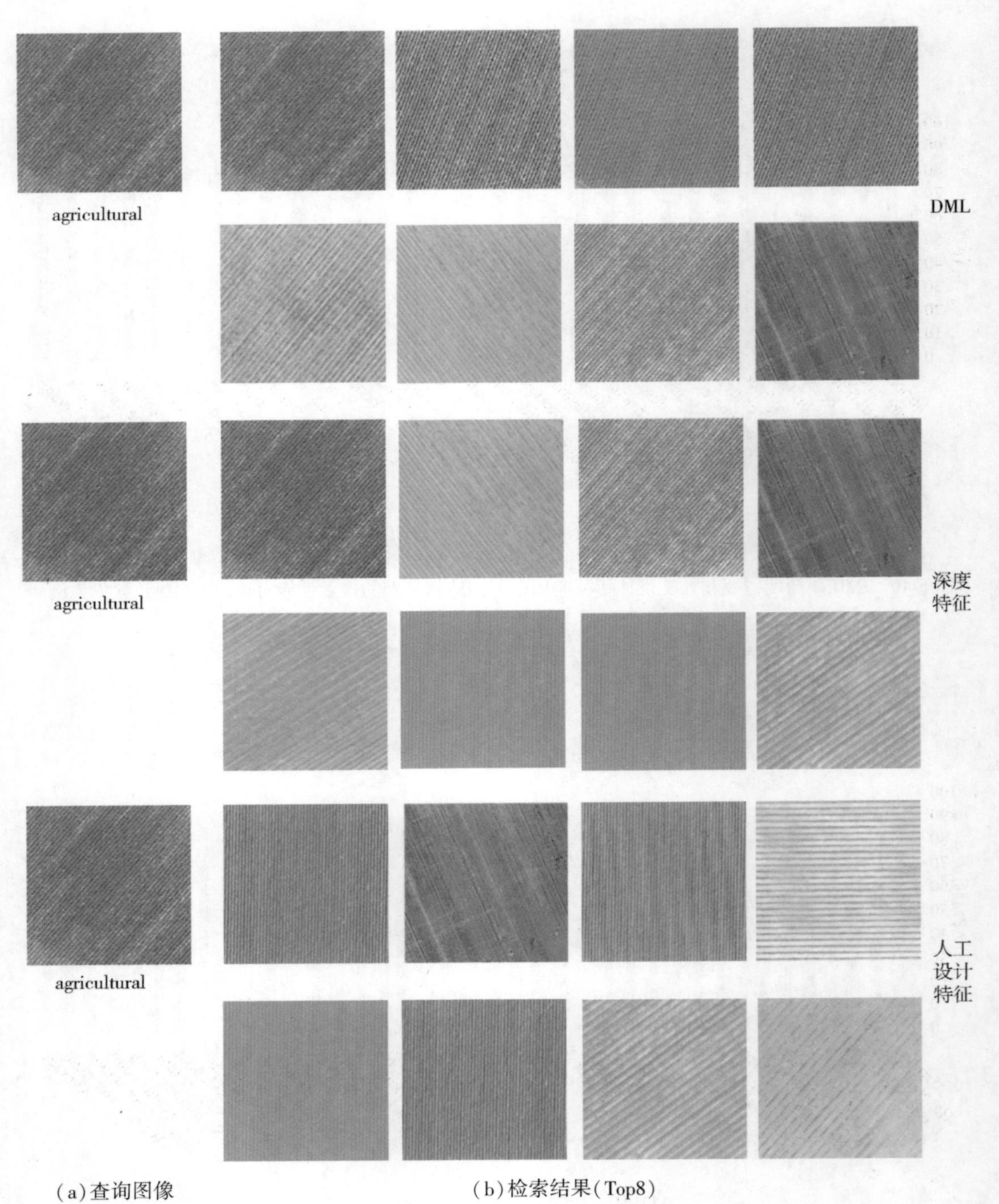

A. 以 UCMD 数据集为例

图 5-12　基于 DML、深度特征和人工设计特征的检索结果(1)

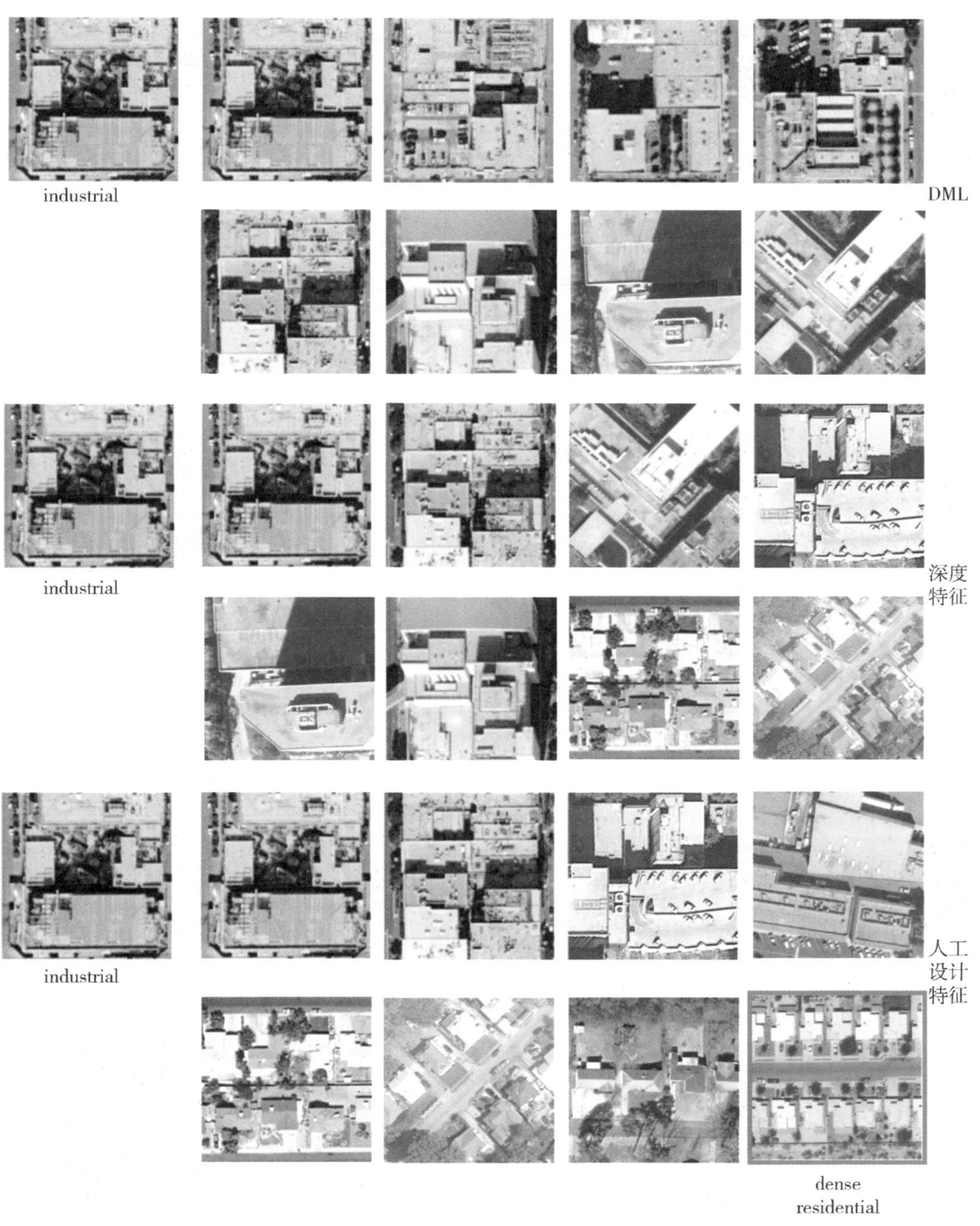

(a)查询图像　　　　(b)检索结果(Top8)

B. 以 AID 数据集为例

图 5-12　基于 DML、深度特征和人工设计特征的检索结果(2)

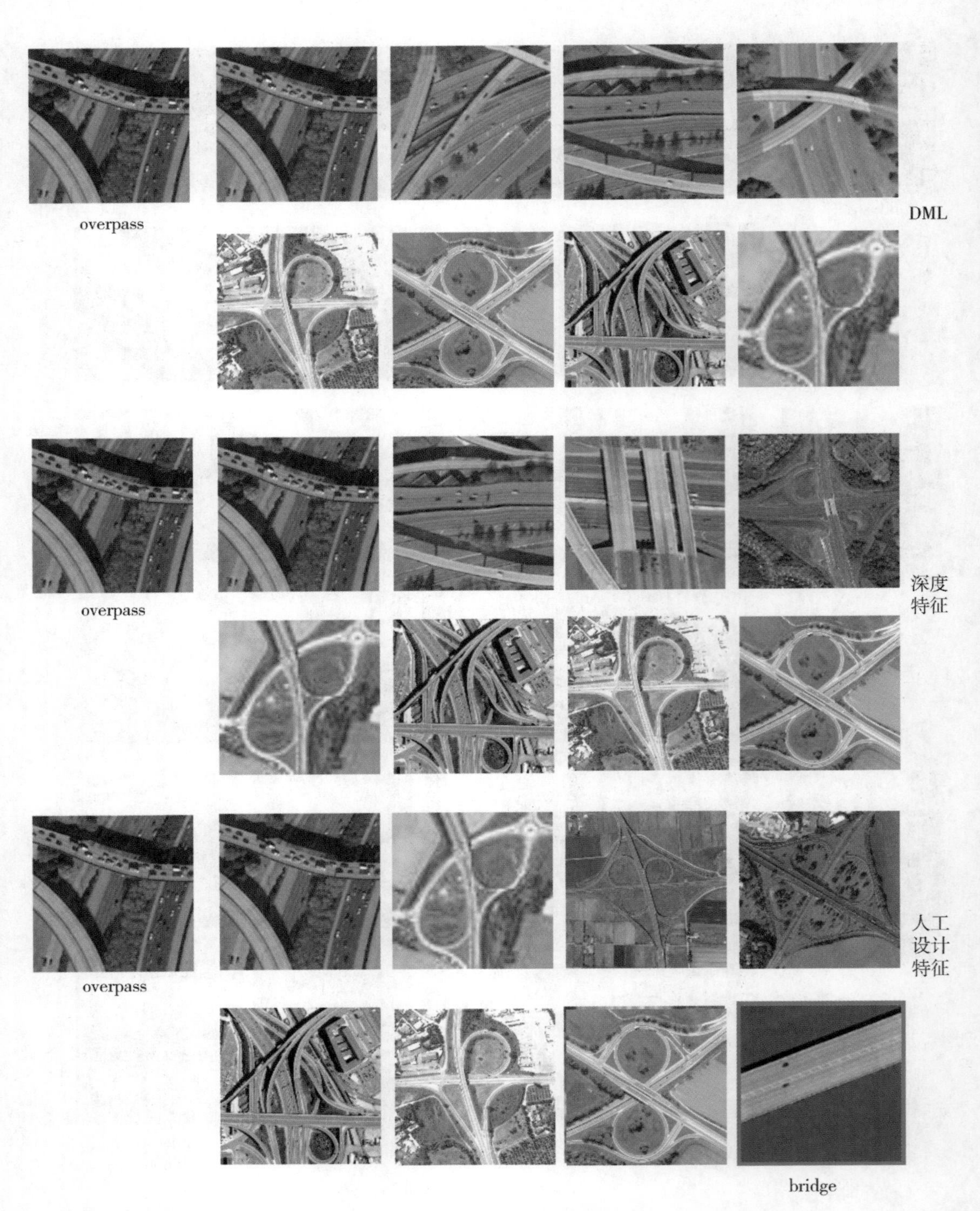

(a)查询图像　　(b)检索结果(Top8)

C. 以 Pattern Net 数据集为例

图 5-12　基于 DML、深度特征和人工设计特征的检索结果(3)

二、损失函数对基于深度度量学习的遥感图像检索性能的影响

表 5-5 至表 5-7 对比了深度度量学习用于遥感图像检索时，采用不同的损失函数时的检索性能。其中网络架构选择 ResNet50，训练次数为 1500，嵌入尺寸为 512。评价指标选择 ANMRR，mAP 和精确率。可以看出，总体而言，与其它损失函数相比三元组损失函数的性能更优。

表 5-5　不同的损失函数用于深度度量学习的检索性能(以 UCMD 数据集为例)

评价指标 损失函数	ANMRR(%)	mAP(%)	P@5(%)	P@10(%)	P@100(%)	P@1000(%)
Contrastive Loss	1.12	82.87	89.52	86.89	45.10	5.22
Triplet loss	0.97	83.96	91.27	88.89	46.51	5.95
N-pair loss	0.99	83.50	90.53	87.76	45.83	5.32
Lifted structured Loss	0.98	83.96	90.93	87.92	45.89	5.81
log ratio loss 2019	0.99	83.67	90.78	87.90	45.90	5.88

表 5-6　不同的损失函数用于深度度量学习的检索性能(以 AID 数据集为例)

评价指标 损失函数	ANMRR(%)	mAP(%)	P@5(%)	P@10(%)	P@100(%)	P@1000(%)
Contrastive loss	0.89	84.79	90.97	87.89	73.59	13.86
Triplet loss	0.81	85.27	91.81	88.68	74.38	14.80
N-pair loss	0.83	85.00	91.39	88.18	73.95	14.12
Lifted structured loss	0.81	85.25	91.78	88.69	74.36	14.83
log ratio loss 2019	0.83	85.12	91.53	88.33	74.07	14.09

表 5-7　不同的损失函数用于深度度量学习的检索性能(以 PatternNet 数据集为例)

评价指标 损失函数	ANMRR(%)	mAP(%)	P@5(%)	P@10(%)	P@100(%)	P@1000(%)
Contrastive loss	0.75	83.31	90.45	86.55	88.05	14.62
Triplet loss	0.70	84.94	91.93	88.37	88.90	15.87
N-pair loss	0.73	84.11	90.96	87.91	88.53	15.26
Lifted structured loss	0.71	85.55	91.99	89.60	88.79	15.86
log ratio loss 2019	0.75	84.23	90.51	87.37	88.28	14.81

◎ 参考文献

[1] Kulis B. Metric learning: a survey[J]. Foundations and Trends in Machine Learning, 2012, 5(4): 287-364.

[2] A Bellet, A Habrard, M Sebban. A survey on metric learning for feature vectors and structured data[J]. arXiv: 1306. 6709, 2013.

[3] Weinberger K Q, Saul L K. Distance metric learning for large margin nearest neighbor classification[J]. Journal of machine learning research, 2009, 10: 207-244.

[4] Davis J V, Kulis B, Jain P, et al. Information-theoretic metric learning[C]// Machine Learning, Proceedings of the Twenty-Fourth International Conference (ICML 2007), Corvallis, Oregon, USA, June 20-24, 2007.

[5] Guillaumin M, Verbeek J, Schmid C. Is that you? Metric learning approaches for face identification[C]. 2009 IEEE 12th international conference on computer vision. IEEE, 2009: 498-505.

[6] Yang L, Jin R. Distance metric learning: a comprehensive survey[J]. Michigan State Universiy, 2006, 2(2): 4.

[7] E P Xing, A Y Ng, M I Jordan, S Russell. Distance metric learning, with application to clustering with side-information[J]. Proc. Adv. Neural Inf. Process. Syst. (NIPS), 2002: 505-512

[8] Weinberger K Q, Blitzer J, Saul L K. Distance metric learning for large margin nearest neighbor classification[C]. Advances in Neural Information Processing Systems, 2006: 1473-1480.

[9] Lee D D, Seung H S. Learning the parts of objects by non-negative matrix factorization[J]. Nature, 1999, 401(6755): 788-791.

[10] Goldberger J, Roweis S T, Hinton G E, et al. Neighbourhood components analysis[C]. MIT Press, 2004.

[11] Globerson A, Roweis S T. Metric Learning by Collapsing Classes[C]. Advances in Neural Information Processing Systems. DBLP, 2006.

[12] Domeniconi C, Gunopulos D, Peng J. Large margin nearest neighbor classifiers[J]. IEEE Transactions on Neural Networks, 2005, 16(4): 899-909.

[13] Kaya M, Bilge H Ş. Deep metric learning: a survey[J]. Symmetry, 2019, 11(9): 1066.

[14] 刘冰，李瑞麟，封举富，深度度量学习综述[J]. 智能系统学报，2019，14(6).

[15] B Harwood, G Carneiro, I Reid, T Drummond. Smartmining for deep metric learning[J]. In ICCV, 2017, 2, 3, 5: 2821-2829.

[16] Cao X, Chen B C, Lim S N. Unsupervised deep metric learning via auxiliary rotation Loss [J]. arXiv preprint arXiv: 1911. 07072, 2019.

[17] Wang J, Do H T, Woznica A, et al. Metric learning with multiple kernels[C]. Advances in

Neural Information Processing Systems, 2011: 1170-1178.

[18] Yang P, Huang K, Liu C L. Geometry preserving multi-task metric learning[J]. Machine Learning, 2013, 92(1): 133-175.

[19] Mishchuk A, Mishkin D, Radenovic F, et al. Working hard to know your neighbor's margins: Local descriptor learning loss[C]. Advances in Neural Information Processing Systems. Long Beach, USA, 2017: 4826-4837.

[20] Schroff F, Kalenichenko D, Philbin J. FaceNet: a unified embedding for face recognition and clustering[C]. Proceedings of the IEEE Conference on Computer Vision and Pattern Recognition. Boston, USA, 2015: 815-823.

[21] Wang J, Qian Y, Ye Q, et al. Image retrieval method based on metric learning for convolutional neural network[J]. IOP Conference Series: Materials Ence and Engineering, 2017, 231: 012002.

[22] Lu J, Hu J, Zhou J. Deep metric learning for visual understanding: an overview of recent advances[J]. IEEE Signal Processing Magazine, 2017, 34(6): 76-84.

[23] Hadsell R, Chopra S, Lecun Y. Dimensionality reduction by learning an invariant mapping [C]. 2006 IEEE Computer Society Conference on Computer Vision and Pattern Recognition. New York, USA, 2006, 2: 1735-1742.

[24] Chopra S, Hadsell R, Lecun Y. Learning a similarity metric discriminatively, with application to face verification[C]. 2005 IEEE Computer Society Conference on Computer Vision and Pattern Recognition. San Diego, USA, 2005: 539-546

[25] Hoffer E, Ailon N. Deep metric learning using triplet network[C]. Proceedings of the International Workshop on Similarity-Based Pattern Recognition, Copenhagen, Denmark, 2015: 84-92.

[26] Song H O, Xiang Yu, Jegelka S, et al. Deep metric learning via lifted structured feature embedding[C]. Proceedings of the IEEE Conference on Computer Vision and Pattern Recognition. Las Vegas, USA, 2016: 4004-4012.

[27] Sohn K. Improved deep metric learning with multi-class n-pair loss objective[C]. Proceedings of the 39th Conference on Neural Information Processing Systems. Barcelona, Spain, 2016: 1857-1865.

[28] Kim S, Seo M, Laptev I, et al. Deep metric learning beyond binary supervision[J]. Proceedings of the IEEE Conference on Computer Vision and Pattern Recognition, Long Beach, CA, USA, 2019: 2288-2297.

[29] Cheng G, Yang C, Yao X, et al. When deep learning meets metric learning: remote sensing image scene classification via learning discriminative CNNs[J]. IEEE Transactions on Geoence and Remote Sensing, 2018: 2811-2821.

[30] Cao R, Zhang Q, Zhu J, et al. Enhancing remote sensing image retrieval with triplet deep metric learning network[J]. International Journal of Remote Sensing, 2019.

[31] Roy S, Sangineto E, Demir B, et al. Metric-learning-based deep hashing network for

content-based retrieval of remote sensing images[J]. IEEE Geoscience and Remote Sensing Letters, 2020(99): 1.

[32] Yun M S, Nam W J, Lee S W. Coarse-to-fine deep metric learning for remote sensing image retrieval[J]. Remote Sensing, 2020, 12(2): 219.

[33] Hongwei Zhao, Lin Yuan, Haoyu Zhao. Similarity retention loss (SRL) based on deep metric learning for remote sensing image retrieval [J]. International Jouranal of Geo-Information, 2020.

第6章　分布式环境下的遥感图像智能检索

随着对地观测大数据时代的到来，可获取的遥感图像数据量呈指数级倍增，各行业部门和科研机构都积累了大量的遥感数据，这些庞大的数据资源蕴含着丰富的经济价值、社会价值和战略价值，为国民经济与社会发展带来了新的契机；高分辨率遥感图像已经成为土地利用监测、植被遥感、水体和海洋遥感、农业遥感、大气研究、环境监测、地质灾害调查等领域重要的数据来源。然而，空间信息数据量的增长，尤其是高分辨率遥感图像数据量的增长，对数据存储和计算系统提出了巨大挑战，传统的文件存储方式、数据库技术和计算模型等已不能很好地适应大数据时代的应用需求，海量空间数据的存储、管理及应用研究朝着分布式、高性能计算方向发展，云存储和云计算技术应运而生。云存储和云计算为改善现有遥感图像数据各自独立存储、分散管理(“数据孤岛”)的问题，提供了可行的解决方案。

近年来，深度学习在图像识别、语音识别、机器翻译、自然语言处理等领域的应用获得了巨大的成功。然而，面对越来越复杂的任务，大数据和大模型的处理和计算耗费的时间成本和内存越来越令人难以承受。将分布式技术和深度学习相结合，可以使深度学习的应用突破数据量和模型规模的限制。

本章以经典的分布式平台 Hadoop、分布式计算引擎 Spark 以及分布式深度学习架构 BigDL 为例，在对比分析大规模遥感图像数据的各种组织和管理策略的基础上，讨论基于深度学习的大规模遥感图像分布式检索框架设计方案，并通过标准遥感图像数据集对其性能予以验证。

6.1　分布式平台及分布式深度学习框架

21 世纪初，Google 先后在学术会议上发表了 3 篇关于分布式文件存储系统、分布式计算框架和分布式数据库的论文(参见文献[2][3][4])，掀起了研究分布式技术的热潮。随着分布式技术逐渐步入成熟，各大公司和科研机构相继开发出各种分布式系统，如 Google 的可扩展分布式文件系统(Google file system，GFS)、淘宝的分布式文件系统(Taobao file system，TFS)等。与此同时，各种分布式计算框架也层出不穷，其中针对固定数据集的批处理框架 MapReduce 和提供多种模式的流处理框架 Spark 最受关注并广为流行，已被成功应用于图像检索、图像分类、图像识别等计算机视觉任务。大数据和大规模催生了分布式深度学习平台，目前已提出的分布式深度学习框架有 Caffe-on-Spark、Deeplearning4j、SparkNet 和 BigDL 等，它们大多通过并行化的梯度下降算法(SGD)实现卷积神经网络训练速度的提升。

6.1.1　Hadoop 平台

Hadoop 是由 Apache 开发的一个经典的分布式系统基础架构，起源于开源搜索引擎 Apache Nutch，是目前最受关注、应用最广的开源分布式系统框架，已经形成了自己的生态体系。图 6-1 给出了 Hadoop 的生态图及构成其生态系统的组件。其中，分布式文件系统（Hadoop distributed file system，HDFS）和并行计算框架 MapReduce 构成了 Hadoop 的核心框架。其中，HDFS 以流式模式访问应用程序的数据，是 Hadoop 解决海量数据存储和管理的基础；MapReduce 是建立在 HDFS 基础上的分布式计算框架，为海量数据的并行计算提供了支持。构成 Hadoop 生态系统的其它组件中，Ambari 负责监控 Hadoop 集群；HBase、Hive 和 Pig 主要负责数据的存储和查询，其中，HBase 是一个构建在 HDFS 之上的分布式列存储系统，用于存储海量结构化数据；Hive 被用于大数据的数据仓库；Mahout 是一个开源的机器学习库，提供了对大数据进行高效数据分析和数据挖掘的支持；Flume 和 Sqoop 负责数据的导入/导出，如大数据的加载、日志聚合操作等；Zookeeper 通过节点方式提供相互间的通信，可以独立于 Hadoop 平台运行。此外，Hadoop 平台利用栅格空间数据开源库 GDAL 提供对多数栅格数据格式的读写及处理服务。

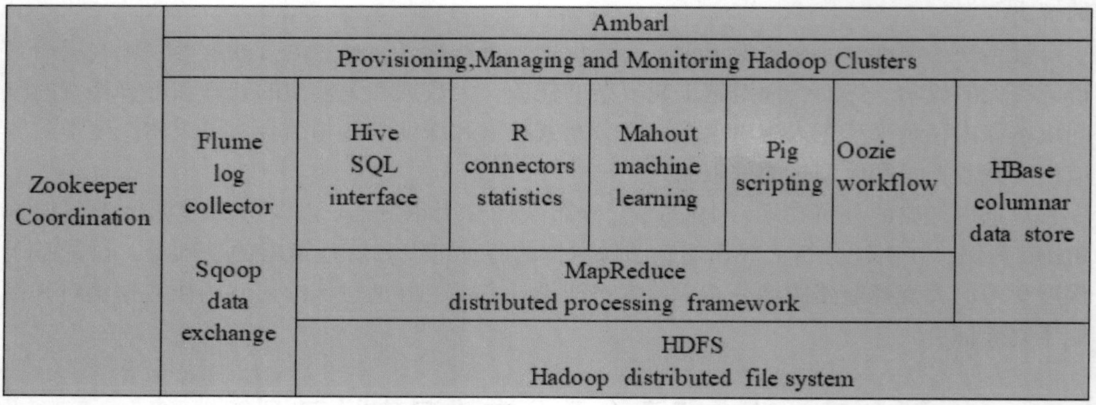

图 6-1　Hadoop 生态系统图[15]

Hadoop 的优点主要包括：

（1）通过为数据处理提供存储、计算资源等高效化的管理工具，从而能够处理更多的任务；

（2）根据使用者的需求，提供可扩展为无限大的存储空间和计算资源的同时，能够更快地处理更多的数据；

（3）通过多个服务器间的协作，能够自动检测到服务器故障，实现无间断工作。

Hadoop 允许在整个集群环境下使用简单编程模型计算机对大数据进行分布式存储和处理，具有高可靠性、高扩展性、高效性、高容错性等特性，已被成功应用于搜索引擎、电子商务、证券交易、电力网络、交通运输、搜索引擎等领域。越来越多的企业巨头和研究人员采用 Hadoop 来解决海量数据的存储和计算问题，例如阿里巴巴、雅虎、Facebook 等都构建了自己的 Hadoop 集群。

以下分别简要介绍 HDFS、MapReduce、HBase 和 GDAL。

一、HDFS

HDFS 是一个针对海量数据存储而开发的分布式文件系统，有很高的容错性和稳定性。一方面，HDFS 建立在“一次写入、多次读取”的高效访问机制下，通过流式数据访问模式，可以提供高吞吐量应用程序数据访问服务，适合大规模数据集上的应用；另一方面，HDFS 对计算机硬件的要求不高，可以部署在廉价和较低配置的硬件上，用耗费不高的硬件成本即可搭建一个集群实现海量数据的存储，便于系统扩展。

为了提高处理效率，HDFS 将数据块(block)作为存储和处理数据的逻辑单元，数据块的默认大小为 64M 或者 128M，支持用户自定义设置。数据块大小需要用户根据处理数据的实际情况进行合理的设置，这是因为：①数据块大小设置过小可能会造成一个文件被切分为过多数据块，增加了主节点中存储的元数据信息，消耗了主节点的存储空间；②数据块大小设置过大，则会导致分布式处理计算任务时，每个节点分到的数据过于庞大，从而影响数据的处理速度。此外，为了确保数据存储的可靠性，避免单个数据节点宕机时丢失数据，HDFS 提供了数据块在集群内节点上的备份存储服务。

HDFS 是典型的主从结构(Master-Slave 结构)计算机集群，包含一个主节点(namenode)和多个从节点(datanode)。其中，主节点负责整个文件系统的管理，如 HDFS 中的文件信息和对应文件的元数据信息(包括用户权限、权限、日志记录、磁盘空间分配、文件的命名规则等)，为集群间的数据通信提供服务接口；从节点是文件系统中实际存储数据的节点；每一个从节点上都存有唯一的数据块标识。

二、MapReduce

MapReduce 是基于 HDFS 的海量数据分布式处理计算框架，同样采用主从结构。MapReduce 采用了“分而治之”的思想：首先将海量数据分片，然后分发到各个节点上进行并行计算，最后将结果汇总。

MapReduce 框架的核心是映射(map)和合并(reduce)。映射是将由原始数据转化的键值对(key，value)经过运算后输出新键值对的过程；合并是将映射输出的新键值对根据键值进行合并的过程。MapReduce 运行机制中还有另外两个重要组成部分：输入分片(input split)和优化洗牌(shuffle)。其中，输入分片是指在进行映射计算之前，MapReduce 根据输入文件计算输入分片，每个输入分片对应一个映射任务；优化洗牌是 MapReduce 优化的关键步骤，将映射的输出作为合并的输入。

总之，MapReduce 提供了一个简便的并行程序设计框架，通过 Map 和 Reduce 实现基本的并行计算任务；此外，MapReduce 提供了抽象的操作和并行编程接口，基于 MapReduce 框架能够较为便捷地编写应用程序并运行在大集群上，从而以一种可靠和具有容错能力的方式并行处理 TB 级别以上的海量数据。与 HDFS 一样，MapReduce 对计算机性能的要求也不高，可以通过大量廉价的计算机实现海量数据的快速运算，而且由于将数据分布存储、数据通信、容错处理等大量复杂计算交由系统处理，从而大大减少了软件开发人员的负担。

三、HBase

HBase是一个建立在HDFS之上的分布式列存储系统，用于存储海量结构化数据，同样采用主从结构。图6-2所示为HBase的总体结构图，HBase由HMaster节点、HRegionServer节点和ZooKeeper集群组成。HBase系统中，区域(region)是分布式存储和负载均衡的最小单元，不同区域分布到不同的区域服务器上。HRegionserver负责本地区域的存放、管理、读写等操作；HMaster负责区域的管理和分配、数据库的创建和删除、HRegionServer的负载均衡等；ZooKeeper集群负责存放HBase集群的元数据及状态信息。客户端(Client)为访问HBase的接口，进行数据读写时，首先从HMaster中获取元数据，找到对应的HRegionServer后，通过HRegionServer读写数据。

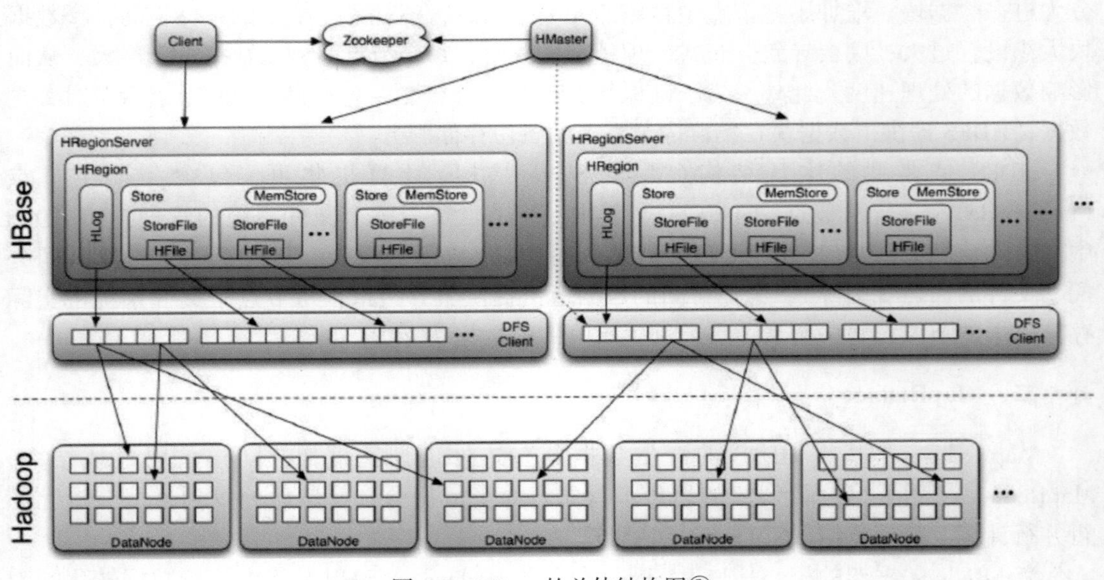

图6-2　HBase的总体结构图①

总之，Hbase提供了对物理上分散存储在HDFS之上数据的分布式管理，非常适合海量的小数据特征文件的存储和管理，具有高可靠性、高性能、高扩展性、便于迁移等特点，可实现低配置硬件环境下的大规模结构化存储集群的搭建。

四、GDAL

栅格空间数据开源库(geospatial data abstraction library，GDAL)是开源地理空间基金会

① http://hadoop.apache.org/

发布的一套 X/MIT 许可协议下的开源栅格空间数据转换库，提供了对包括 Arc/Info ASCII Grid(asc)、GeoTiff (tiff)、Erdas Imagine Images(img)、ASCII DEM(dem) 等在内的多种栅格数据的支持。GDAL 数据模型主要包括：数据集、坐标系统、仿射地理变换、地面控制点、元数据、波段信息以及颜色表。GDAL 利用单一的抽象数据模型表达，支持多种栅格文件格式，可对支持的栅格格式进行读取、写入、转换和处理等操作。此外，GDAL 具有很好的可移植性和可扩展性，支持 JAVA、PERL、Python 和. NET 等语言，具有易扩展特性。

综上所述，Hadoop 平台中 HDFS 的海量存储和管理数据的能力与 MapReduce 的计算能力相结合，辅之以 GDAL 强大的不同格式空间数据的支持，为大规模遥感图像数据分布式存储和管理提供了有力的技术支撑。

6.1.2 Spark 计算引擎

Apache Spark 是专为大规模数据处理而设计的快速、通用、可扩展的计算引擎。Spark 是由加州大学伯克利分校的 AMP 实验室(UC Berkeley AMP lab)开源的类似于 Hadoop MapReduce 的通用并行框架。Spark 继承了 MapReduce 的扩展性和高容错性，同时对 MapReduce 进行了优化。目前，Spark 已经发展成为一个包含 SparkSQL、Spark Streaming、GraphX、MLlib 等多个组件在内的生态系统，得到了众多互联网巨头公司(如 Intel、IBM、阿里、腾讯、百度、京东等)的支持。

与 MapReduce 相比，Spark 具有如下优势：

(1)运行速度更快。Spark 基于内存实现大数据并行计算，不需要频繁地读写 HDFS，满足了在大数据环境下数据处理的实时性，因此能够更好地应用于数据挖掘与机器学习等需要迭代的算法。

(2)适用场景更广。Spark 适用于复杂的批量处理、基于历史数据的交互式查询和基于实时数据流的数据处理等复杂场景。

(3)开发更简单。Spark 支持 Java 和 Scala 等多种语言，所提供的丰富的 API 可以支持近百种高级算子，数据源更丰富，可部署在多种集群中。

(4)容错性更高。Spark 引入了弹性分布式数据集(resilient distributed datasets，RDD)，如果数据集一部分被丢失，可以基于数据衍生过程进行重建。

下面简单介绍 Spark 生态系统、Spark 核心数据模型 RDD、Spark 集群架构及运行步骤。

一、Spark 生态系统

Spark 的生态系统如图 6-3 所示。Spark 系统的核心框架是 Spark core，此外还提供了基于结构化查询的数据仓库工具 Spark SQL、基于流数据处理的计算框架 Spark Streaming、基于机器学习算法的分布式学习库 MLlib，以及基于图计算的并行框架 GraphX 等。

其中，Spark Core 提供了 Spark 最核心的功能，其它组件的运行和扩展都是在 Spark core 的基础上进行的。构成 Spark 的其它重要组件中，Spark SQL 是 Spark 用来处理结构化数据的分布式 SQL 查询引擎，用户可以在 Spark SQL 上通过 SQL 语句进行操作，这些查询语句会被转换为 Spark 操作，最终形成可执行的物理操作；Spark Streaming 是 Spark 引擎

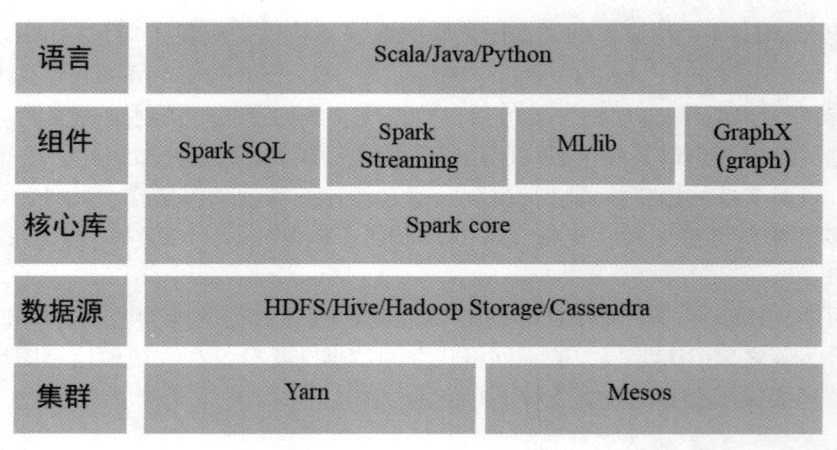

图 6-3　Spark 生态系统[18]

的一种扩展，适用于实时处理流式数据；MLlib 是 Spark 的可扩展机器学习库，由一系列机器学习算法和实用程序组成，如分类、聚类、回归、决策树、随机森林等数据分析与挖掘算法以及一些底层优化的方法；GraphX 是 Spark 的图计算引擎，提供了对图计算和图挖掘的简洁、易用且丰富的接口，极大地满足了对分布式图处理的需求。

二、Spark 的核心数据模型 RDD

RDD 是 Spark 的数据核心。RDD 对象实际上是用来存储数据块(block)和节点(node)等映射关系以及其它信息的元数据结构，逻辑上可以分为多个分区(partion)，每个分区对应于内存或磁盘中的一个块。如图 6-4 所示。

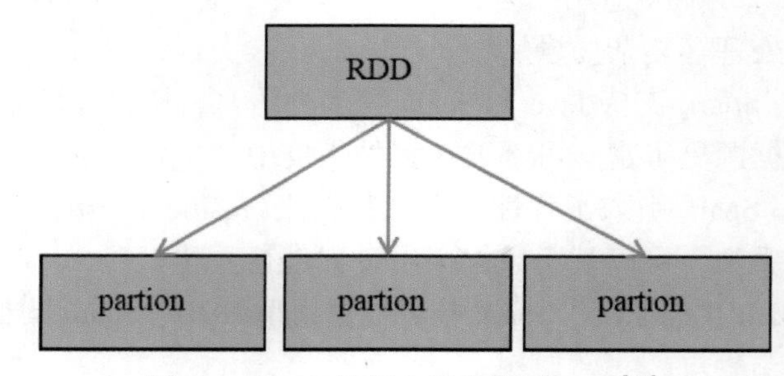

图 6-4　Spark 的核心数据模型 RDD[18]

RDD 主要有以下 3 个方面的特性：

(1)数据集合抽象特性。RDD 可以看作是被封装过的、具有一定扩展特性的数据集，是存储在物理介质上的数据的一种逻辑视图，是数据集合的抽象。

(2)分布式特性。RDD 的多级存储特性使其可以存储在多个节点的磁盘与内存中。

(3)弹性特性。RDD 分区的结构和数量可以通过再分区等操作，人为地进行设计和修改。

RDD 在 Spark 中的运行主要分为以下 3 个步骤：

(1)创建 RDD 对象。

(2)构建有向无环图(directed acyclic graph，DAG)：DAG 调度器负责对各个 RDD 之间的依赖关系进行分析和计算，并根据这些依赖关系构建 DAG；然后将 DAG 划分为不同的阶段，每个阶段由可以并发执行的多个任务构成。DAG 调度器将任务划分完成后提交到任务调度器。

(3)任务分发及运行：任务调度器通过集群管理器申请计算资源，将任务分发到不同计算节点上的进程，从而在进程中运行任务。

三、Spark 工作原理及运行步骤

Spark 的工作原理如图 6-5 所示，其中集群管理器(cluster manager)负责集群的资源调度，比如为计算节点分配 CPU 和内存等资源，并实时监控计算节点(worker node)的资源使用情况；驱动器程序(driver program)运行应用的 main()函数，并且创建一个代表集群环境的 SparkContext 对象，程序的执行从驱动器程序开始；SparkContext 对象的作用是联系集群管理器以及与进程(executor)交互，负责任务(task)的调度分配；集群上一个计算节点默认分配一个进程，任务是在进程上执行的最小单元；进程负责运行计算任务之后，并在完成之后将结果传回驱动器(driver)。

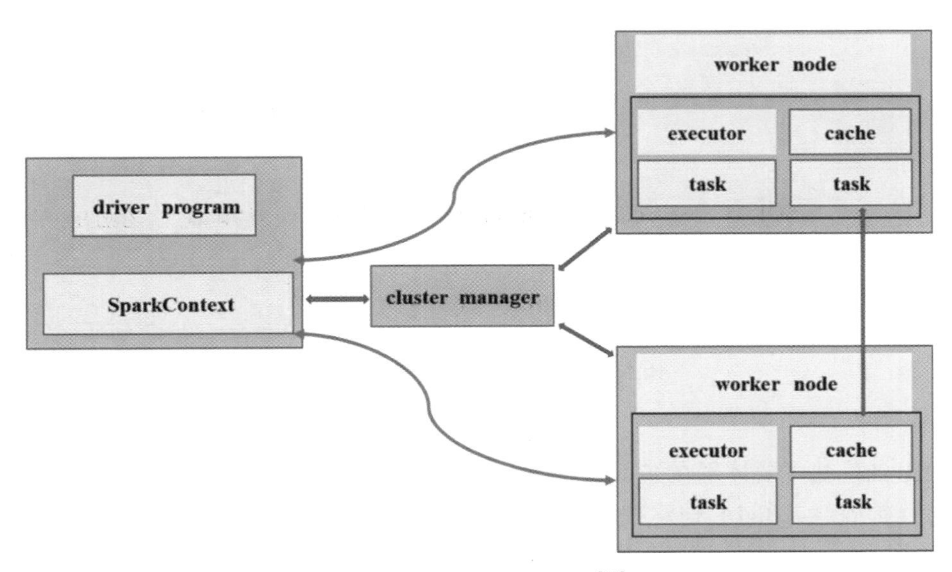

图 6-5 Spark 的工作原理[18]

Spark 的运行步骤如下：

(1)构建 Spark 应用的运行环境，启动 SparkContext 对象。

(2)SparkContext 对象向资源管理器申请进程资源。

(3)进程就绪之后，向 SparkContext 申请任务。

(4)SparkContext 将应用程序分发给进程。

(5)进程执行任务。

6.1.3　分布式深度学习框架 BigDL

在大数据时代，面对越来越复杂的任务，数据和深度学习模型的规模也变得日益庞大，用来训练图像分类器的带标签图像数据量动辄高达数百万甚至上千万。此时，如果不做任何剪枝处理，深度学习模型的参数数量可能会达到上百亿甚至几千亿。将分布式技术和深度学习相结合的分布式深度学习框架，能够实现深度学习模型的分布式高效训练，成为突破深度学习在数据和模型规模应用瓶颈的必然趋势。

BigDL 是 Intel 开发的用于大数据处理和分析的分布式深度学习框架，是一个运行在 Spark 上的标准独立库。BigDL 借助现有的 Spark 集群运行深度学习计算，并简化存储在 Hadoop 中大数据的加载，为用户提供了一个在现有 Hadoop/Spark 集群之上无缝运行其它深度学习框架应用程序的分布式平台；用户可以通过 BigDL，在现有的大数据平台上构建新的端到端的大数据分析及人工智能应用。如图 6-6 所示，BigDL 实现了深度学习和 Spark 生态系统的集成，一个 BigDL 程序可以与 Spark 组成部分(如 SQL、Spark Streaming、ML Pipeline 等)实现直接交互。

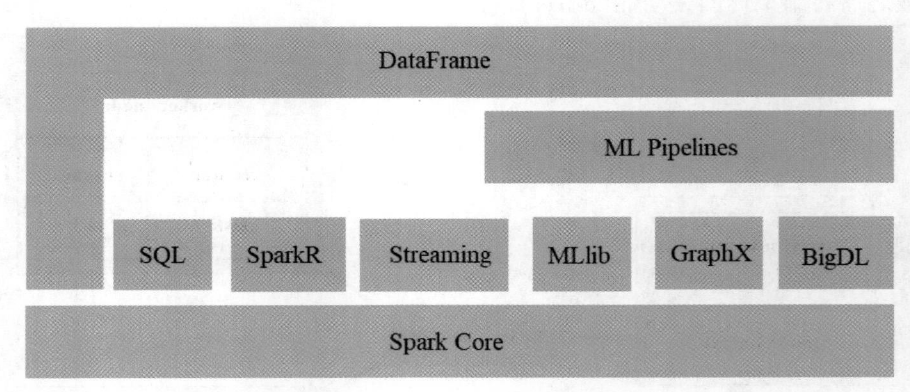

图 6-6　Apache Spark 中的 BigDL[19]

BigDL 的优势主要体现在如下几方面：

(1)可扩展性：BigDL 构建在 Spark 集群之上，可以充分发挥 Spark 集群强大的可扩展能力，数据规模增加时，扩展集群中的节点数即可实现大规模数据的高效并行计算。

(2)性能提升策略：与使用 GPU 加速训练过程的其它机器学习框架不同，BigDL 在执行计算任务时采用了 Intel 数学内核库(math kernel library，MKL)，如图 6-7 所示。Intel MKL 由一系列由计算优化过的小程序(从快速傅里叶变换到矩阵乘法)组成，常用于深度学习模型训练；此外，BigDL 针对每个 Spark 任务使用多线程编程。Intel MKL 和多线程编程使得运行在 BigDL 上的程序具有极高的性能。

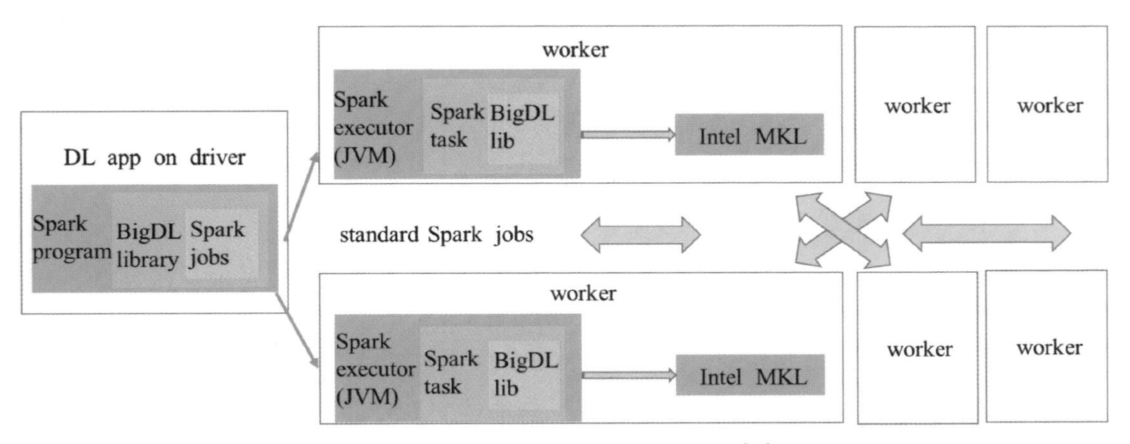

图 6-7　BigDL 运行于 Spark 集群之上[19]

此外，BigDL 的运行环境可以是单机、集群或者云，既可以直接运行在已有 Spark 集群上，也可以和其它的 Spark 的工作负载集成，还可以运行在其它大数据分析平台和公有云上。总之，BigDL 为深度学习提供了丰富的支持，并且具有良好的扩展性。自从 BigDL 开源以来，已被应用于解决包括目标检测、序列生成、推荐系统、反欺诈等在内的多种计算机视觉和机器学习任务。

6.2　大规模遥感图像的数据组织和管理

基于内容的图像检索应用于自然图像时，由于图像之间通常不具备空间相关性，特征向量与图像数据一一对应，检索是在查询图像与目标图像(候选图像)之间进行相似性匹配的过程，不需要研究图像的分块组织和管理问题。然而，遥感图像具有大场景成像特点，而用户提交的查询条件往往是覆盖一种或多种语义类别的图像块，因此，在实际的检索应用中，在查询图像和目标图像的整体视觉特征之间做相似性匹配是没有意义的，需要首先将大尺寸遥感图像基于语义类别(如同质纹理区域、单个人造目标、密集地物目标等)进行分块组织和管理，然后提取区域的视觉特征与查询图像的视觉特征，以进行相似性度量，将那些包含与查询图像特征相似区域的原始图像返回给用户，并对其中的相似区域予以标记。也就是说，基于内容的遥感图像检索本质上是查询图像与目标图像区域之间的相似性匹配。

早期的遥感图像检索系统在进行数据组织和管理时，为简便起见，通常采用重叠或者不重叠的规则区域分块组织策略(如 Tile 分块、四叉树分块、Nona 树分块等)。这类方法简单易行且实时性高，但是由于目标的整体性受到人为割裂，造成检索性能低下。为了改善遥感图像基于规则区域分块组织的弊端，人们尝试将图像分割算法(如边缘流算法、均值漂移算法等)应用于遥感图像检索，即根据某种规则聚合图像中性质相似、空间相邻的像素，从而将原始图像分割为若干分离的不规则同质区域，进而实现基于区域的遥感图像检索。近年来，随着可获取高分辨率遥感图像的急剧增加，目标检测技术得到快速发展，对遥感图像检索任务的需求从像素级发展到目标级，基于目标检测实现遥感图像目标级检索更符合人们的应用需求，已经成为研究的趋势。本节分别介绍基于规则区域的遥感图像分块组织策略、基于同质区域的遥感图像分割算法和基于目标检测的遥感图像数据管理，这些遥感图像的数据组织、管理策略和方法是分布式环境下存储和处理遥感图像数据的基础。

6.2.1　基于规则区域的遥感图像分块组织策略

基于规则区域的遥感图像分块是早期遥感图像检索系统中常用的数据分块组织方式，包括不重叠规则区域分块(如 Tile 分块、四叉树分块)和重叠区域分块(如 Nona 树)。基于规则区域划分遥感图像时，分块方式、分块尺寸、区域重叠比等都会影响到检索性能，合理有效的分块组织策略应该具备在检索精度、检索效率和存储空间之间达到较好平衡的能力。

一、基于不重叠区域的规则分块

1. Tile 分块

Tile 分块是遥感图像检索系统中最简单的基于不重叠区域的图像分块组织方式，这种方式简单、直观、易理解易实现、实时性高，常用于中低分辨率的遥感图像数据管理。

Tile 分块的基本思想是：将遥感图像从左至右、从上至下分成不重叠且尺寸相等的规则图像区域(例如 256×256 像素、128×128 像素、64×64 像素等)，图 6-8 所示为一幅遥感图像的 Tile 分块示意图，原始遥感图像按照 64×64 像素被分成规则的 4×4＝16 块。这种数据分块组织方式非常直观，便于实现图像的实时裁切和拼接，在成熟的遥感图像管理系统中应用很广。例如，Microsoft Terra Server 就是基于 Tile 分块来存储、组织和浏览海量多尺

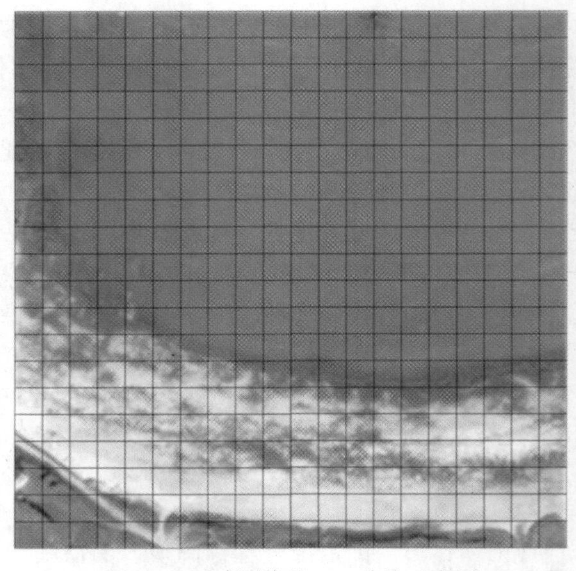

图 6-8　遥感图像的 Tile 分块示意图

度遥感图像数据的。遥感图像检索系统采用 Tile 分块管理数据，可以很方便地实现检索功能与现有的遥感图像系统其它功能的无缝集成。然而，Tile 分块在实际检索应用中存在较大局限性，这是由于 Tile 分块忽视了遥感图像相邻区域之间的相关性，造成了目标整体性的人为割裂，当查询图像同时覆盖多幅相邻但具有不同视觉特征的图像区域时，将会严重影响检索精度。

2. 四叉树分块

四叉树结构是基于空间划分组织数据的一类索引机制，常用于对海量数据建立空间索引。基于四叉树结构的数据分块将已知范围的空间划分为四个大小相等的子空间，如图 6-9 所示，可根据需要将每个或其中几个子空间继续划分下去，在遥感图像检索中已有应用，如 RISE-SIMR 系统就采用了四叉树分块。

基于四叉树结构的数据分块过程为：

对于一个四叉树节点，首先设定一个距离阈值，计算父节点预备切分得到的 4 个子节点两两之间的所有距离(1 和 2、2 和 4、4 和 3、3 和 1、1 和 3、2 和 4)；如果所有距离值都小于距离阈值，将不再对父节点继续划分，记录该父节点为一个叶子节点；否则，继续划分该父节点；对以上过程进行递归，直到满足以下列出的任一结束条件：

(1)子节点所代表的图像区域(以下称子图像块)的尺寸小于某个预设尺寸阈值(如 64×64 像素或 32×32 像素)；

(2)子图像块之间的距离小于某个距离阈值；

(3)四叉树分解级数达到某个阈值条件。

四叉树创建完成后，提取四叉树的所有叶子节点的特征建立特征库，特征向量与四叉树的叶子节点所表示的子图像块一一对应。四叉树第 k 级分解，可以产生的最大子图像块的个数为 4^k 个。

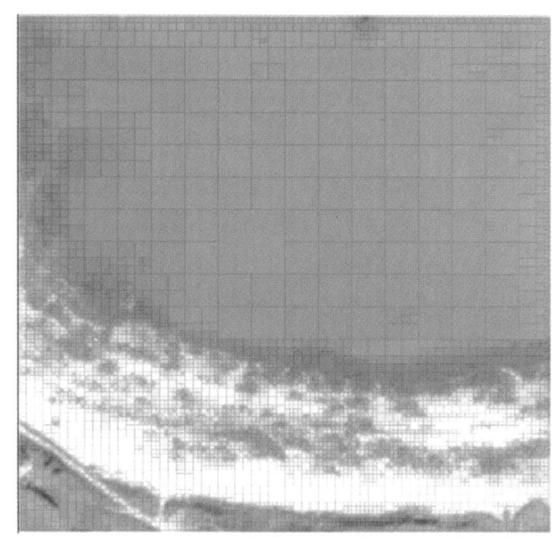

图 6-9 遥感图像的四叉树分块示意图

基于四叉树结构的图像数据分块与Tile分块相比，减少了特征向量的数量，便于实现图像特征索引，然而本质上仍属于不重叠区域的数据分块方式，用于遥感图像检索时，存在与Tile分块相似的局限性。

二、基于重叠区域的规则分块

基于重叠区域的遥感图像数据分块组织，如五叉树和Nona树，都是在四叉树基础上扩展的层状图像分解数据结构，基本思想是通过增加查询图像被目标图像区域覆盖的面积，从而达到提高检索性能的目的。

其中，Nona树结构是由Edward Remias等(1996)和G. Sheikholeslami等(1998)提出的一种基于四叉树递归的层状图像分解数据结构，是四叉树结构的一种扩展。不同的是，四叉树结构的一次分解将一个图像分成相同大小的互不重叠4个子图像块(4个子节点)，而Nona树的一次分解将一个图像分成相同大小的有重叠区域的9个子图像块(9个子节点)，如图6-10所示。如果一次分解将一个图像分成相同大小的有重叠区域的5个子图像块(如图6-10所示的1、2、3、4、5)，则为五叉树。设Nona树的分解级数为k，原图像的尺寸为$N×N$，则分割后的子图像块的尺寸为N^2，$N^2/2^2$，$N^2/2^4$，…，$N^2/2^{2k}$。

在Nona树分解过程中，一个父节点是否进一步分解产生5、6、7、8、9五个子图像块是由该父节点是否分解产生1、2、3、4四个子图像块所决定的。具体而言，首先设定一个距离阈值，然后分别计算一个父节点预备分解得到的四个子图像块1、2、3、4两两之间视觉特征的距离值，如果所有的距离值都小于距离阈值，那么这个父节点不进行任何分解；否则，顺时针两两判断相邻子图像块的距离值，包括以下四种情况：

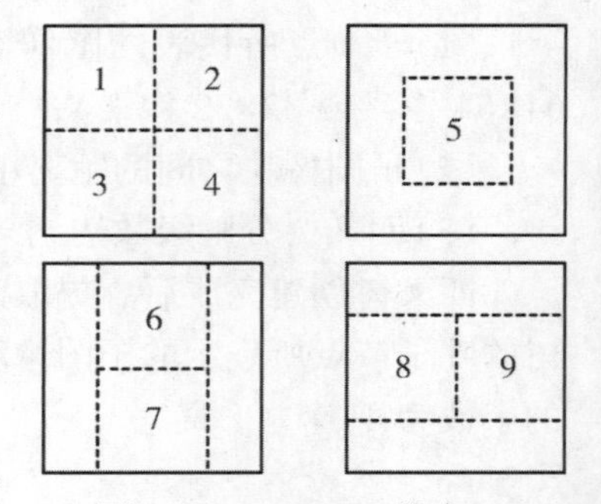

图6-10 Nona-tree节点

① 如果1和2的距离值小于距离阈值，则不需要分解产生子图像块6；

② 如果2和4的距离值小于距离阈值，则不需要分解产生子图像块9；

③ 如果4和3的距离值小于距离阈值，则不需要分解产生子图像块7；

④ 如果3和1的距离值小于距离阈值，则不需要分解产生子图像块8；

⑤ 如果①~④有一条不满足，则分解产生子图像块5。

对以上过程进行递归，直到满足以下任一阈值条件：

① 子图像块的尺寸小于某个预设尺寸阈值(如64×64或32×32)；

② 子图像块之间的距离小于某个距离阈值；

③ Nona树的分解级数达到某个阈值条件。

图6-11(a)~(d)给出对瑞士某城市的Quickbird卫星影像的Nona树分块结果图(叶子节点的最小尺寸取值分别为64、128、256、512)，原始影像的尺寸为4096×4096像素。采用的特征提取方法为2D Gabor函数。

图6-12和图6-13给出某城市航空影像基于Nona树的分块(叶子节点的最小尺寸为128)及检索结果。图6-13中，红色方框标注出与查询图像最为相似的前8个区域，采用的特征提取函数为2D Gabor函数。

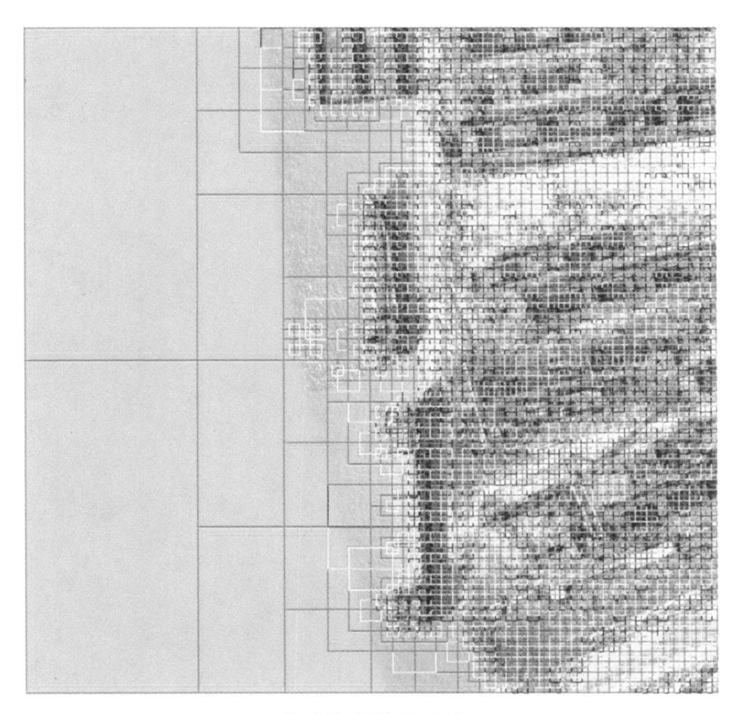

(a)叶子节点最小尺寸=64

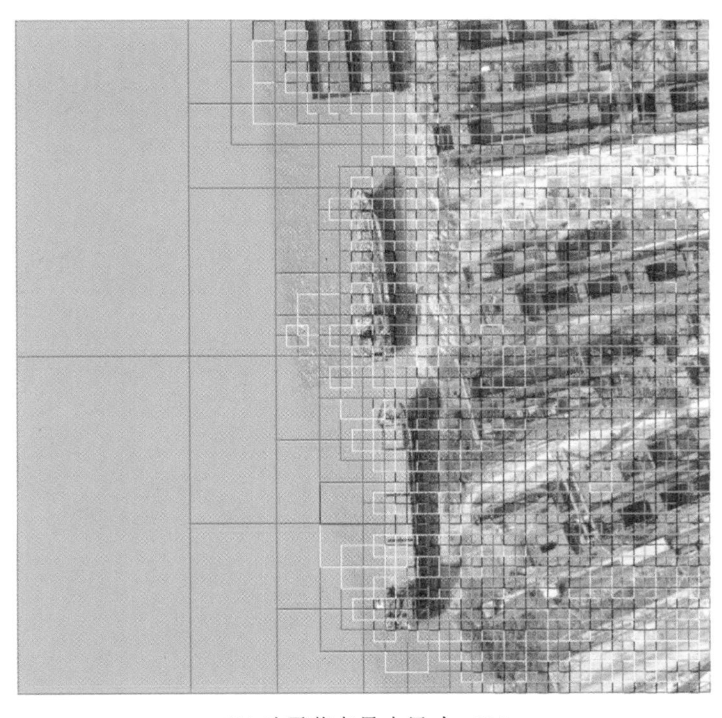

(b)叶子节点最小尺寸=128

图 6-11 遥感图像的 Nona 树分块结果(叶子节点的最小尺寸取值分别为 64、128、256、512)(1)

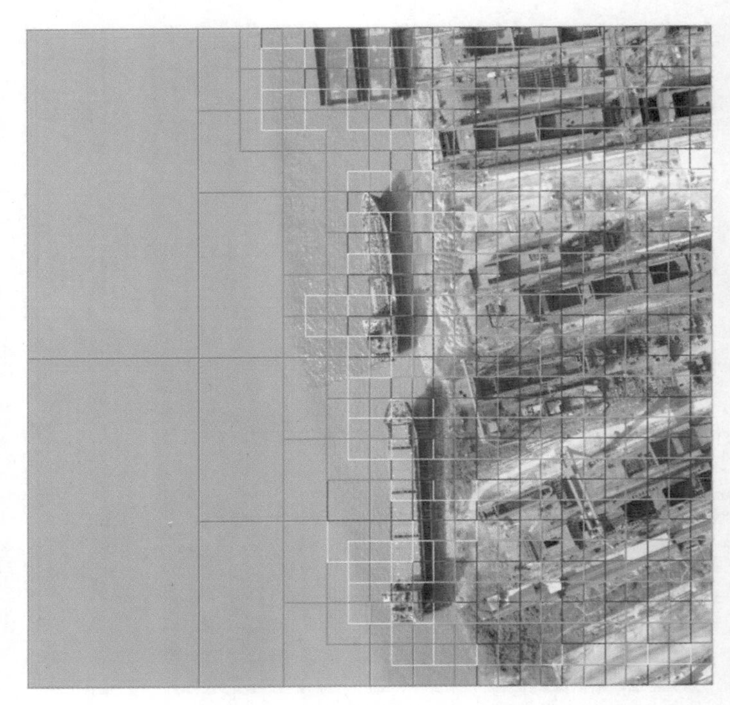

(c)叶子节点最小尺寸=256

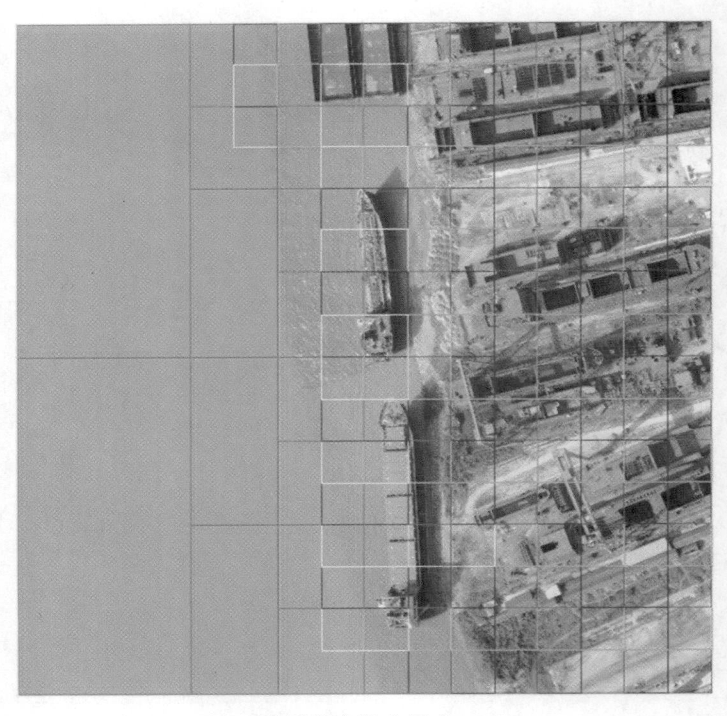

(d)叶子节点最小尺寸=512

图6-11 遥感图像的 Nona 树分块结果(叶子节点的最小尺寸取值分别为64、128、256、512)(2)

图 6-12　遥感图像的 Nona 树分块结果(nFloorValue=128)

图 6-13　基于 Nona 树和 2D Gabor 小波函数的遥感图像检索结果

6.2.2　基于同质区域的遥感图像分割算法

图像分割是将原始图像根据某种规则聚合其中性质相似、空间相连的像素，从而将原始图像分割为若干分离的、不规则同质区域的过程，常采用区域分裂或区域增长实现。区域增长首先在图像上随机选取一部分种子点，然后按照一定的相似度准则去合并相邻的像素，最终获得分割后的相似区域，区域增长算法的关键在于合理选取种子点。区域分裂首先按照一定的算法将图像割裂，然后对各个分裂的区域进行合并，最终迭代到算法收敛即可获得分割后的图像。传统的图像分割算法包括边缘流(edgeflow)算法、Meanshift 算法、分水岭算法(watershed segmentation，NWS)、多分辨率分割(multi-resolution segmentation，MRS)算法等。随着人工智能和深度学习的发展，人们在基于深度学习的语义分割方面开展了大量研究。本节介绍两种经典的图像分割算法：边缘流纹理分割算法和 JSEG 纹理算法。此外，考虑到绝大多数特征提取算法都是基于规则区域设计的，而纹理分割的结果产生的是不规则区域，本节将介绍两种不规则形状区域(即任意形状)的区域填充方法。

一、基于边缘流的纹理分割算法

边缘流算法是一种经典的纹理分割方法，对于自然图像、遥感图像、生物图像等都有较好的分割效果。边缘流是指图像中边缘向量指向最近的边缘的方向，借鉴了扩散和曲线演化的思想，首先指定每个像素点的边缘流方向，然后检测方向相反的边缘流相遇的位置，该位置即为图像中对象的边缘。

边缘流的计算方法为：设 $s = 4\sigma$ 为搜寻边缘的空间尺度，设 $\hat{I}_\sigma$ 为平滑图像高斯分布的方差。对于每一个像素点 (x, y)，沿着方向 θ 的预测误差为

$$\text{Error}(\sigma, \theta) = | \hat{I}_\sigma(x + 4\sigma\cos\theta, y + 4\sigma\sin\theta) - \hat{I}_\sigma(x, y) | \tag{6.1}$$

在方向 θ 上边缘的相似度为

$$P(\sigma, \theta) = \frac{\text{Error}(\sigma, \theta)}{\text{Error}(\sigma, \theta) + \text{Error}(\sigma, \theta + \pi)} \tag{6.2}$$

则在像素点 (x, y) 上的边缘方向估计为

$$\underset{\theta}{\text{argmax}} \int_{\theta-\pi/2}^{\theta+\pi/2} P(\sigma, \theta')\text{d}\theta' \tag{6.3}$$

在 θ 方向上的边缘能量计算如下：

$$E(\sigma, \theta) = \| \nabla_\theta G_\sigma(x, y) * I(x, y) \| \tag{6.4}$$

其中，$\nabla_\theta G_\sigma(x, y)$ 为高斯核在 θ 方向上的梯度。边缘流的计算方法如下：

$$\vec{S}(\sigma) = \int_{\theta-\pi/2}^{\theta+\pi/2} [E(\sigma, \theta')\cos(\theta') \quad E(\sigma, C)\sin(\theta')]^{\text{T}}\text{d}\theta' \tag{6.5}$$

这个向量场产生之后，这些向量向它们的边缘传播。当方向相反的两个流相遇时，停止传播，它们相遇的地点就是边缘。

基于边缘流的纹理分割步骤为：

(1)对于一幅图像，按式(6.1)至式(6.5)估计边缘方向，并计算每个像素的边缘流向量；

(2)对每一个像素点，若该像素点与其邻域内的像素点的边缘流方向相近，则向其邻域扩散边缘流；

(3)否则，当某像素点与其邻域的边缘流方向相反时，则停止扩散，边缘流停止扩散的位置就是介于两个像素之间的边缘。这时，所有的局部边缘能量在离该像素点最近的边缘上汇集。

其中，扩散过程描述如下：

设像素点 (x, y) 的边缘流为 $\boldsymbol{S}(x, y)$，其邻近点 (x', y') 的边缘流为 $\boldsymbol{S}(x', y')$。若 $\boldsymbol{S}(x, y) \cdot \boldsymbol{S}(x', y') > 0$，则边缘流扩散 $\boldsymbol{S}(x', y') = \boldsymbol{S}(x, y)$，否则边缘流不扩散。

图 6-14 给出一组遥感图像基于边缘流算法的纹理分割结果，可以看出，边缘流算法可以很好地实现遥感图像的纹理分割。

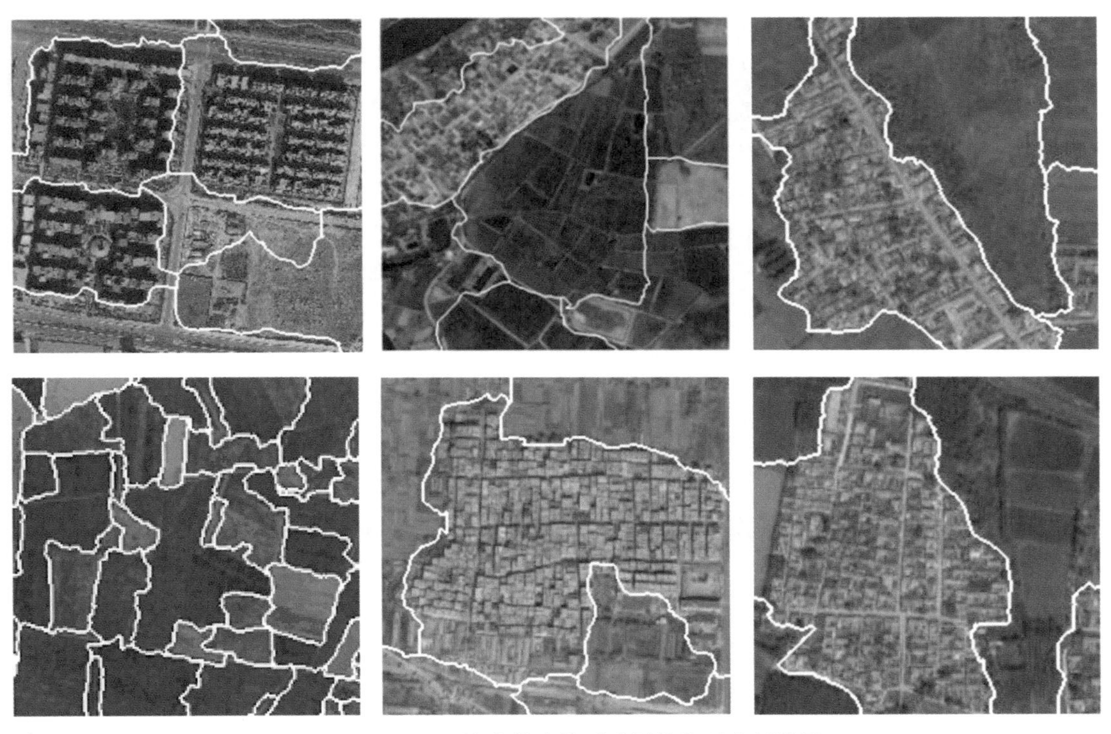

图 6-14 基于边缘流算法的遥感图像纹理分割结果

二、基于 JSEG 的纹理分割算法

基于 JSEG 的分割算法(Deng & Manjunath，2001)是一种基于区域生长的分割算法，应用于图像纹理分割时既融合了图像的颜色信息，同时也融合了图像的空间信息，且对于自然图像和遥感图像都具有较好的分割效果。基于 JSEG 的分割算法包含了两个重要步骤：颜色量化和空间分割，算法的基本流程如图 6-15 所示。

1. 颜色量化

颜色量化的目的是减少图像中包含的颜色数目。首先将颜色的 RGB 空间转换到 LUV 空间，再使用 PGF(peer group filtering)算法对图像进行非线性平滑去噪，最后用 GLA(generalized lloyd algorithm)算法完成量化，生成图像颜色类别图，其中每一个像素用一个颜色类别标签来标识。

2. 空间分割

空间分割是在颜色量化步骤产生的图像类别图基础上，用模板进行扫描，根据颜色向量在模板中的分布计算模板中心像素的 J 值，从而得到反映图像区域分布信息的J-图像，J-图像上像素的 J 值大小反映了其属于区域中心或是边界，因此可以根据 J-图像实现边缘分割。根据阈值在 J-图像上建立种子区域，然后采用区域生长和区域合并的方法对图像进行分割，分割效果采用整幅图的全局 J 值进行判断。

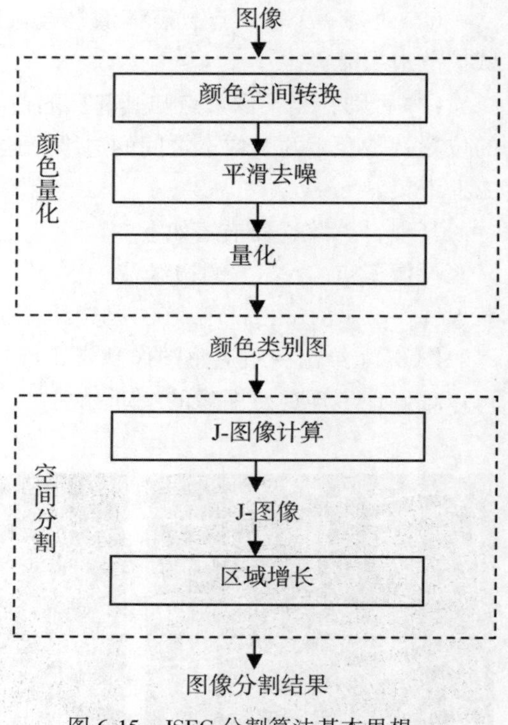

图 6-15　JSEG 分割算法基本思想

J-图像的计算过程如下：

对于一幅颜色类别图，Z 为所有数据点 $z=(x,\ y)$ 组成的集合，Z 的大小为 N，计算所有数据点的平均值：

$$m=\frac{1}{N}\sum_{z\in Z}z \tag{6.6}$$

假设 Z 可以分为 C 个区域 $\{Z_1,\ \cdots,\ Z_C\}$，计算每个区域的数据点的平均值 m_i：

$$m_i=\frac{1}{N_i}\sum_{z\in Z_i}z \tag{6.7}$$

定义颜色类别图的 J-图像为：

$$J=\frac{S_T-S_W}{S_W} \tag{6.8}$$

其中，$S_T=\sum_{z\in Z}\|z-m\|^2$，$S_W=\sum_{i=1}^{C}S_i=\sum_{i=1}^{C}\sum_{z\in Z}\|z-m_i\|^2$，表示同一个类别所有数据点的类内方差。

计算 J 的平均值，其中 J_k 表示第 k 个区域的 J 值；M_k 为第 k 个区域的数据点个数。

$$\bar{J}=\frac{1}{N}\sum_{k}M_kJ_k \tag{6.9}$$

图 6-16 给出一组自然图像基于 JSEG 算法的纹理分割结果，从图中可以看出，JSEG 算法在实现自然图像的纹理分割时可以取得不错的效果。

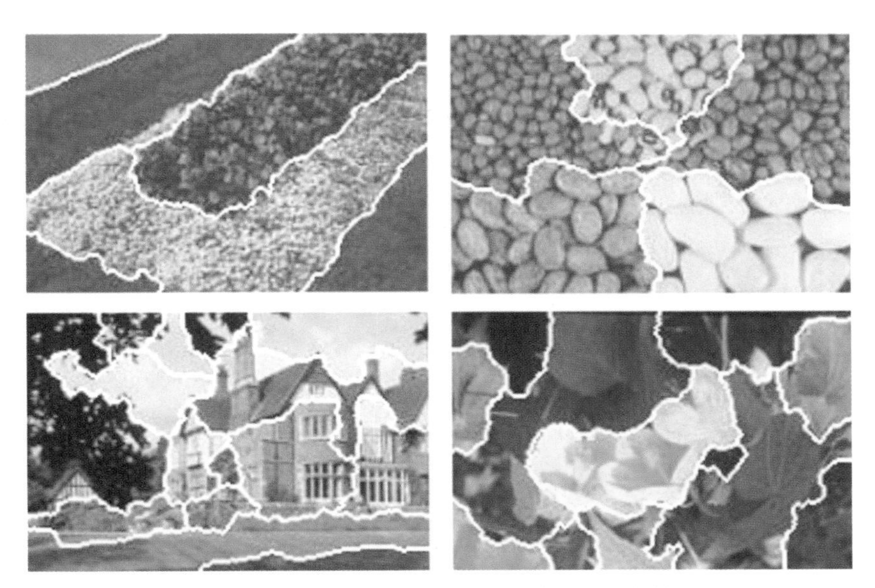

图 6-16　基于 JSEG 算法的自然图像纹理分割结果

三、任意形状区域的填充

纹理分割之后得到的同质区域的形状是不规则的(或称任意形状)，通常采用两种思路提取任意形状区域的特征：一种是不经过任何变换、直接从不规则区域上提取。一般做法是：首先将不规则区域分割为规则小像素区域，然后通过计算所有小像素区域纹理特征的平均值来表示整个不规则区域纹理特征(特征合并过程)。这种方法运算简便快捷，在具体应用中的性能与具体的特征合并算法有关。另一种方法是首先将不规则区域“拉伸”为规则区域，然后将现有的特征提取算法应用于规则区域，以此获取不规则区域的特征。这种方法又可以分为零填充法和有效值填充法。其中，零填充法将不规则区域边界外的部分用零填充为规则矩形；有效值填充法则采用填充镜像图像(镜像填充法)，或者首先采用零填充，然后判断是否不规则区域与零填充区域的边界，进而决定是否需要过渡性填充(对象填充法)等方法，从而将不规则区域变换为规则矩形。

定义拉伸前的不规则区域为 A，拉伸后的规则区域为 L，以下分别介绍镜像填充法、对象填充法和低通外插填充法。

1. 镜像填充法

镜像填充法的基本思想为：假设区域 A 边界为镜像，将区域 A 内的像素通过镜面“反射”到区域 A 的外部。填充过程可能需要几次才能完成，直到整个区域 L 都被填充完毕。镜像填充初始图像提供平滑外推来减弱原纹理图杂散高频分量。

2. 对象填充法

对象填充法的步骤如下：

(1) 首先采用零填充法将区域 A 拉伸为区域 L，即区域 A 边界外的部分用零填充。

(2) 从左到右、从上到下将区域 L 均匀划分成 8×8 或者 16×16 的子块区域，这样每个子块区域都可以分为子块区域所有像素都属于区域 A 、子块区域部分像素属于区域 A 和子块区域所有像素都不属于区域 A 三种情况；

(3) 以上的三种情况中，后两种情况的填充处理原则为：如果子块区域部分像素属于区域 A ，则不属于区域 A 的像素用属于区域 A 的像素的平均值填充；如果子块区域所有像素都不属于区域 A ，则通过计算邻近子块区域的像素值来确定填充值；如果邻近子块区域中没有找到已经填充过的子块区域，则操作转到下一个子块区域；

(4) 重复以上过程，直到所有子块区域完成填充；

(5) 对整个填充区域 L 采用低通滤波，以降低整个区域由于填充而产生的不连续性。

3. 低通外插填充法

低通外插填充法的步骤如下：

(1) 为了将区域 A 拉伸为区域 L ，将区域 A 边界外的部分用区域 A 内部的像素的平均值进行填充；

(2) 重复以下的填充迭代过程：

$$r^{k+1}(m,\ n) = \frac{r^k(m,\ n-1) + r^k(m-1,\ n) + r^k(m,\ n+1) + r^k(m+1,\ n)}{4} \tag{6.10}$$

(3) 直到区域 A 外的部分全部完成填充。

图 6-17 给出遥感图像经过边缘流纹理分割后产生的不规则形状区域的镜像填充效果。

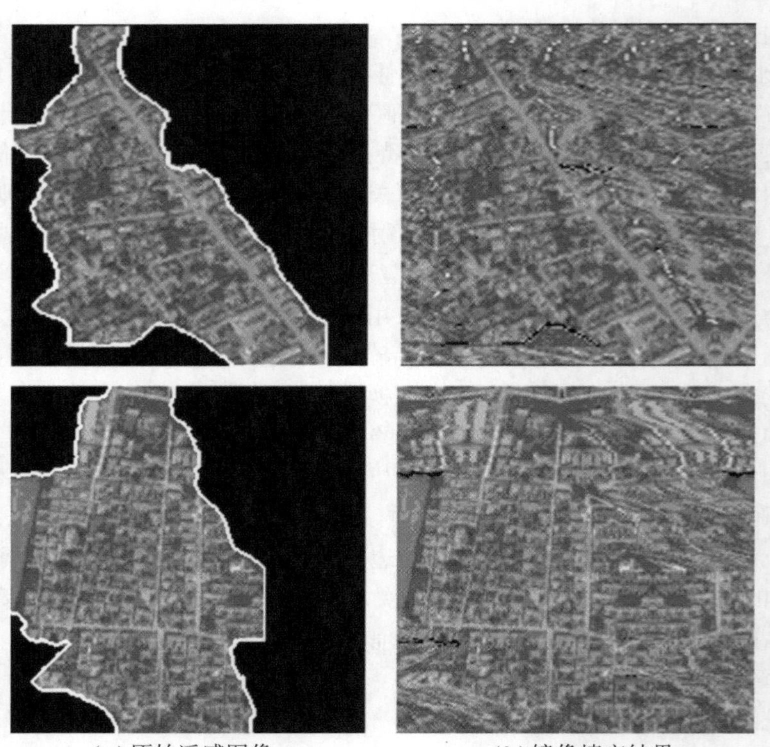

(a) 原始遥感图像　　　　(b) 镜像填充结果

图 6-17　遥感图像不规则形状区域的镜像填充结果

6.2.3 基于目标检测的遥感图像数据管理

目标检测是确定图像上是否包含某类感兴趣目标并对其进行分类的过程，是很多计算机视觉任务的基础。遥感图像目标检测的研究可以追溯到20世纪80年代，随着可获取的高分辨率遥感图像数据量越来越大，图像内容越来越丰富，人们越来越关注人造目标(如飞机、舰船、网球场、建筑物等)及其场景(如机场、停车场、港口、密集建筑等)的检测和提取。相应地，对遥感图像检索任务的需求也发展到目标级。基于目标检测实现遥感图像数据的分块组织和管理更符合应用需求，成为遥感图像检索的发展趋势。特别是随着深度学习理论和技术的发展及其在目标检测领域的应用，包括R-CNN、Fast R-CNN、Faster-RCNN、YOLO和SSD等在内的经典网络结构已被成功用于实现遥感图像目标检测。

Gong Cheng等(2016)将遥感图像的目标检测方法分为4类：基于模板匹配的目标检测、基于知识的目标检测、基于对象分析的目标检测和基于机器学习的目标检测。

(1)基于模板匹配的目标检测。该类方法首先为待检测目标创建一个参照模板，然后通过滑动窗口计算图像区域与参照模板的相似度，当相似度达到某个预设距离阈值时，即认为检测到目标。这类方法在某些特定应用中具有很高的计算效率，主要局限性在于：需要有一个精确的参照模板，不满足旋转不变性和尺度不变性，对噪声也比较敏感。

(2)基于知识的目标检测方法。该类方法将目标检测问题转换为规则匹配问题。基本思路是：从图像的亮度、结构、位置关系等特征出发分析目标特性，构建目标图像的先验知识库和识别规则，从而为后续识别提供指导。主要局限性在于：如何建立准确有效的先验知识库存在不确定性，不仅需要设计者具有丰富的专业知识和经验，而且制定规则有较大主观性。

(3)基于对象分析的目标检测。基本思路是：以对象为基本处理单元，基于像素级分割，将具有相似低层视觉特征的邻近像素集视为一个对象或超像素，本质上类似于传统的基于同质区域的图像分割。主要局限性在于：采用图像区域的低层视觉特征表达图像内容存在语义鸿沟。

(4)基于机器学习的目标检测算法。基于深度学习的目标检测提供了端到端的目标检测解决方案，包含两个步骤：目标定位和目标分类。目标定位时，一般需要采用穷举或者滑动窗口的方式生成候选区域，需要耗费较高的时间成本；目标分类时，首先提取候选区域的特征，然后通过训练分类器或者神经网络的方法实现分类。目前已经提出的基于深度学习的目标检测经典网络结构包括R-CNN、Fast R-CNN、Faster-RCNN、YOLO和SSD等。

本节重点介绍基于R-CNN的目标检测算法，在此之前，首先介绍候选目标区域选择算法——选择性搜索算法(selective search，SS)。

一、候选区域选择算法

选择性搜索算法是一种代表性的候选目标区域选择算法，基本思想是：首先应用基于图理论的分割算法生成小区域，然后迭代地运行自底而上的区域合并算法，生成目标区域。与其它同类算法相比，选择性搜索算法在精度和处理速度方面均有优势。

区域合并的算法流程描述如下：

(1)首先通过基于图表示的分割算法获取原始分割区域 $R=\{r_1, \cdots, r_n\}$；

(2)设置相似度集合 $S=\phi$，然后对 R 中所有的相邻区域计算相似度 $S(r_i, r_j)$，将其添加到相似度集合 S 中；

(3)将 S 中所有区域根据 $S(r_i, r_j)$ 排序，合并 $S(r_i, r_j)$ 最大的两个区域 r_i 和 r_j，合并后的新区域为 r_t。然后计算 r_t 与相邻区域的相似度，删去 S 中与原先两个区域有关的相似度，更新 S；

(4)迭代运行以上过程，直到 S 为空。

两个相邻区域的相似度 $S(r_i, r_j)$ 由颜色相似度 $S_{\text{color}}(r_i, r_j)$、纹理相似度 $S_{\text{texture}}(r_i, r_j)$、尺寸相似度 $S_{\text{size}}(r_i, r_j)$ 和填充相似度 $S_{\text{fill}}(r_i, r_j)$ 的线性组合确定，各自的计算公式如式(6.11)~式(6.14)所示。

$S_{\text{color}}(r_i, r_j)$：对于每个区域，利用 L1 范数正则化的方法，获取 RGB 三通道的颜色直方图，从而生成 75 维的向量 $C_i=\{c_i^1, \cdots, c_i^{75}\}$，计算公式为：

$$S_{\text{color}}(r_i, r_j)=\sum_{k=1}^{75}\min(c_i^k, c_j^k) \tag{6.11}$$

$S_{\text{texture}}(r_i, r_j)$：纹理相似度采用 SIFT-Like 特征。首先对 RGB 三通道的 8 个不同方向计算 Gaussian 微分，然后统计直方图生成 240 维的向量 $T_i=\{t_i^1, \cdots, t_i^{240}\}$，计算公式为：

$$S_{\text{texture}}(r_i, r_j)=\sum_{k=1}^{240}\min(t_i^k, t_j^k) \tag{6.12}$$

$S_{\text{size}}(r_i, r_j)$：$S_{\text{size}}(r_i, r_j)$ 代表区域内像素点的数目。计算 $S_{\text{size}}(r_i, r_j)$ 的目的是先合并小区域，从而避免单一大区域逐渐合并所有小区域的情况发生，计算公式为：

$$S_{\text{size}}(r_i, r_j)=1-\frac{\text{size}(r_i)+\text{size}(r_j)}{\text{size}(im)} \tag{6.13}$$

式中，$\text{size}(im)$ 代表在整幅图像的像素点个数。

$S_{\text{fill}}(r_i, r_j)$：$S_{\text{fill}}(r_i, r_j)$ 是一个反映 r_i 和 r_j 的最小包围框与其中像素点个数之间关系的值，二者应成反比。$S_{\text{fill}}(r_i, r_j)$ 的计算公式如下：

$$S_{\text{fill}}(r_i, r_j)=1-\frac{\text{size}(BB_{ij})-\text{size}(r_i)-\text{size}(r_j)}{\text{size}(im)} \tag{6.14}$$

最后将以上 4 个相似度加权，权重值范围为 0 到 1，得到最终的相似度 $S(r_i, r_j)$：

$$\begin{aligned}S(r_i, r_j)=&a_1 S_{\text{color}}(r_i, r_j)+a_2 S_{\text{texture}}(r_i, r_j)+a_3 S_{\text{size}}(r_i, r_j)\\&+a_4 S_{\text{fill}}(r_i, r_j),\ a_i\in(0, 1)\end{aligned} \tag{6.15}$$

其中，$a_i\in(0, 1)$，$i=1, 2, 3, 4$，表示 4 个相似度对应的权值。

选择性搜索算法的优点可以概括为：

① 多尺度特性：采用层次聚类思想满足了图像目标的多尺度特性；

② 多特征融合：采用特征组合方式综合考虑了遥感图像的多种视觉特征；

③ 高效性：相比穷举式搜索算法，选择性搜索算法在尽量不遗漏目标的前提下，极大地降低了计算开销。

图 6-18 给出一组基于选择性搜索算法的目标候选区域选择效果图，并与基于均值漂移的图像分割算法结果进行了对比。可以看出，均值漂移算法存在明显的漏检现象，而选择性搜索算法提取了原始图像的大量候选区域，最大限度地确保所有目标均被检测到。

(a)均值漂移

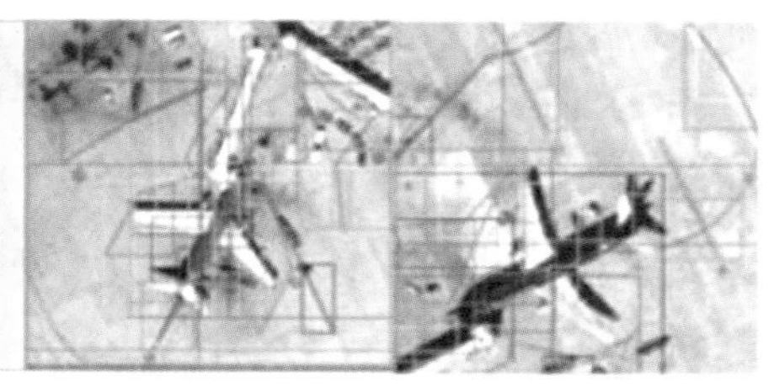

(b)选择性搜索

图 6-18 基于选择性搜索算法的目标候选区域选择结果(与均值漂移算法对比)

需要注意的是，经过候选区域选择之后，原始图像经过被分割成若干个包含小目标的矩形区域，但是此时候选区域框存在大量重叠，需要对大量无用框进行滤除，只保留包含有效目标的候选区域框。与此同时，这些保留的候选区域框的位置信息被存储，以便在后续的检索任务中实现目标位置的正确标记。

二、基于 R-CNN 的目标检测算法

R-CNN 算法的提出，掀起了利用深度学习技术进行目标检测研究的热潮，其算法步骤如下：

(1)对于输入图像，利用候选目标区域选择算法提取可能包含目标的候选区域；

(2)将每个提取的候选区域的尺寸调整为 224×224 像素，输入到卷积神经网络中提取视觉特征；

(3)训练一个分类器，对提取到的深度特征进行分类。

后来提出的 Fast-RCNN 和 Faster-RCNN 是在 R-CNN 基础上的改进。由于选择性搜索算法提取的候选区域是图像的一部分，很多时候存在重叠，对每个候选区域都提取深度特征会造成大量重复计算。Fast-RCNN 针对这一问题做了改进，将整幅图像输入神经网络提取一次特征，然后将候选区域的位置映射到特征图上，大大降低了计算开销。同时，Fast-RCNN 直接利用 Softmax 代替了 SVM 进行分类。

Faster-RCNN 算法的改进之处在于训练了一个区域生成网络(region proposal network, RPN)来替代选择性搜索算法，直接将整幅图像输入到卷积神经网络中，在最后一个卷积层后面加上 RPN 网络，直接生成候选区域，然后根据得到的深度特征进行分类。

检测到的所有目标构成候选的目标数据集，检索时返回与用户输入的查询目标特征相似的集合作为检索结果。

6.3　基于分布式平台的遥感图像数据存储及处理

高分辨率遥感图像获取能力的快速提升，使得海量遥感数据的存储和处理面临巨大的挑战。将深度学习应用于遥感图像任务时，数据和深度学习模型的规模变得日益庞大，例如，用来训练图像分类器的带标签图像数据量动辄高达数百万甚至上千万。此时，如果不做任何剪枝处理，深度学习模型的参数数量可能会达到上百亿甚至几千亿，这使得训练一个有效的复杂网络模型需要消耗大量的时间。基于 Hadoop/Spark 的遥感图像分布式存储和并行运算，以及基于 BigDL 的分布式深度学习训练，为解决这一问题提供了行之有效的解决方案。

6.3.1　基于 HDFS 的遥感图像及特征分布式存储

如前所述，分布式文件系统 HDFS 和并行计算框架 MapReduce 构成了 Hadoop 的核心框架。其中，HDFS 是 Hadoop 解决海量数据存储和管理的基础。分布式存储包括遥感数据及特征的分布式存储。

一、基于 HDFS 的遥感图像数据分布式存储

基于 HDFS 的遥感数据分布式存储步骤如下(参见图 6-19)：

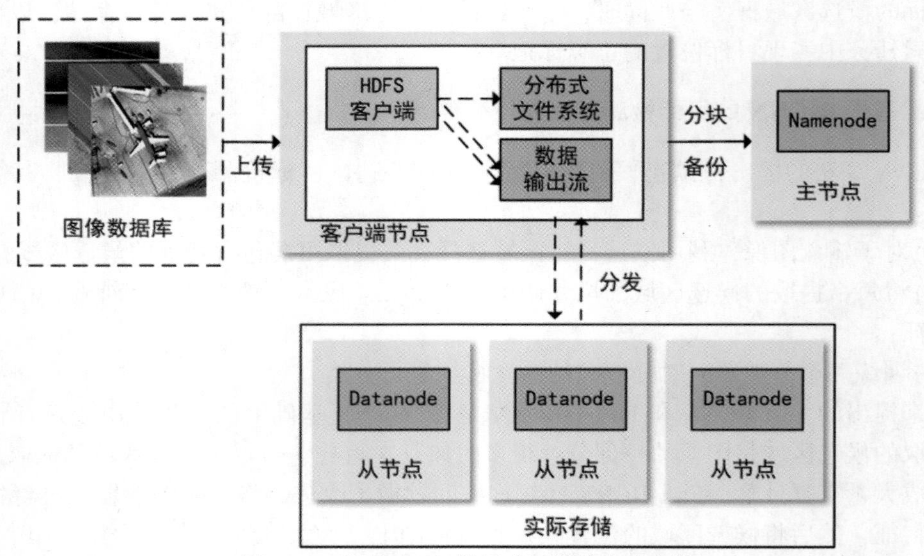

图 6-19　基于 HDFS 的遥感图像分布式存储

(1)在主节点上将原始遥感图像文件上传至 HDFS 文件系统，由 HDFS 对每一幅遥感图像按照固定大小(如 64M)进行数据分块(不足 64M 的图像则按照实际大小存储)；

(2)数据备份，保证每个数据块有 2 个以上副本；

(3)将每个数据块分发到集群中各个数据节点进行存储和管理，主节点上记录每个数

据块的存储位置。当需要读取图像文件时，主节点通过记录的存储位置向数据节点请求数据块，汇总后拼接为一个完整的文件进行读取。

由于 MapReduce 本身并不提供对栅格影像格式的支持，可利用栅格空间数据开源库 GDAL 提供对多数栅格数据格式(如 TIFF)的读写及处理能力。此外，由于 MapReduce 处理的数据都为<Key，Value>键值对，读取时将图像文件名作为 Key，图像的 RGB 三个波段的值转化为二进制数据流作为 Value。

二、基于 HDFS 的遥感特征分布式存储

HBase 是一个构建在 HDFS 之上的用于存储海量结构化数据的分布式列存储系统，是 Hadoop 生态系统的一个重要组件。表 6-1 给出一种基于 HBase 的遥感图像特征存储方案。其中，特征选取全局纹理特征(GLCM)、局部特征(如 SIFT)、中层视觉特征(BoVW 特征)和高层特征(ConvNet 特征)。其中，GLCM 特征包括能量、对比度、逆差矩、熵和差异性 5 种参数，共 5 维；SIFT 特征为 128 维；SIFT 特征经聚类构建视觉词袋模型后生成 BoVW 特征，特征为 256 维；对在大规模自然图像数据集(一般为 ImageNet)上预训练的卷积神经网络(如 VGG-16)经过标准遥感图像数据集(如 UCMD 数据集)精调之后，提取 ConvNet 特征(如采用倒数第二个全连接层)，共 4096 维。以上特征均以存入 HBase 的列簇中。

表 6-1 中，以遥感图像名称为行键进行存储，时间戳为存储特征的时刻，3 个列簇中分别存储该幅图像的 GLCM 特征、BoVW 特征和 ConvNet 特征。当需要对特征进行创建、更新、删除等时，以行键为关键词进行操作，操作完毕后更新时间戳。

表 6-1　一种基于 HBase 的遥感图像特征存储方案

行键(ImageName)	时间戳	列簇(GLCMFeature)	列簇(BoVWFeature)	列簇(CNNFeature)
遥感图像名称	T1	T1 时刻的 GLCM 纹理特征(5 维)	TI 时刻的 BoVW 特征(256 维)	TI 时刻的 ConvNet 特征(4096 维)

6.3.2 基于 MapReduce/Spark 的遥感数据并行处理

MapReduce 是基于 HDFS 的海量数据分布式处理计算框架，采用数据分片、分发到各个节点进行计算、结果汇总的过程完成数据分布式处理。分布式并行运算包括特征提取和聚类。

一、基于 MapReduce 的分布式特征提取

分布式环境下的特征提取算法步骤如下(如图 6-20 所示)：

(1)对于原始遥感图像数据，通过 MapReduce 框架将其以整幅图像为最小单位分片后分发给各个数据节点，由每个节点执行相应的 Map 任务；

(2)在 Map 任务中首先检测图像中包含的目标，然后分别提取目标的全局特征(GLCM 特征)、局部特征(SIFT)和 ConvNet 特征；

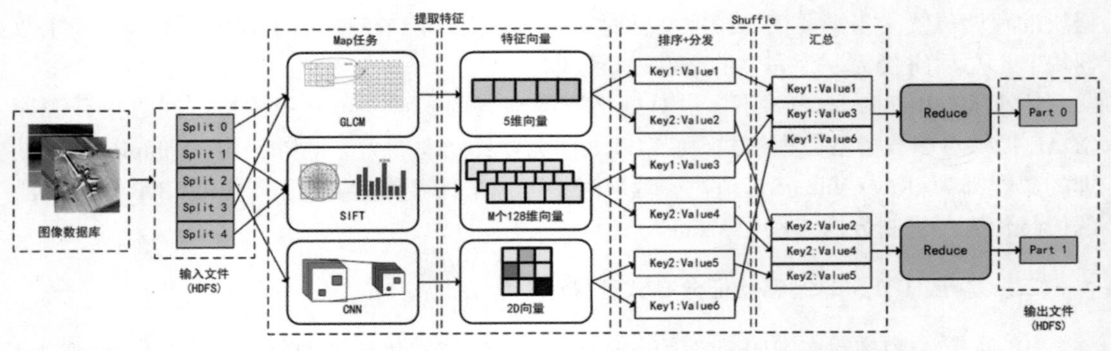

图6-20　基于MapReduce的遥感图像分布式并行特征提取

提取全局特征(如GLCM)时，选取代表性参数(如能量、对比度、逆差矩、熵和差异性等5种参数)，将这些参数组合成一个5维向量。

提取SIFT特征时，每幅目标图像中会检测到几十到上百个特征点，这些特征点都会被表示成一个128维的向量。根据图像的复杂程度，提取出来的SIFT特征文件为N行128维特征向量(N为检测到的特征点数目)。最后所有的SIFT特征文件要经过进一步聚类生成视觉词典，然后再根据视觉词典将每幅目标图像映射为一个BoVW向量。

提取ConvNet特征时，首先将目标图像归一化为大小为224×224的标准图像，然后输入到训练好的卷积神经网络中，将卷积神经网络作为一个特征提取器提取相应的ConvNet特征。

(3)每个节点执行完Map任务后，将提取的特征文件上传到HDFS中，提取的特征向量写入HBase，存储方案参见表6-1。

可见，MapReduce通过“分而治之”的思想，将较为耗时的海量遥感图像批处理任务分解为一个个针对单幅图像的小任务，在集群中分发给各个节点并行处理，大大加快了图像处理的速度。表6-2给出当分布式集群的节点数分别为1、3和5时，以上3类特征提取所需要的运行时间及相应的加速比。实验结果表明，随着分布式集群节点数量的增加，特征提取算法并行运行的速度显著提升，消耗时间显著下降；随着处理数据量的增加，分布式集群运行相对于单机运行的加速比渐渐提升，证明了分布式算法对处理海量数据有着良好的性能。可见，分布式集群处理海量数据计算任务时，通过增加分布式集群中的节点，可以有效降低任务运行的时间开销，这对实时处理海量遥感数据具有重要的意义。

表6-2　基于MapReduce的分布式特征提取算法运行时间与加速比

图像文件数量(个)	单节点(min)	3节点(min)	3节点加速比(倍)	5节点(min)	5节点加速比(倍)
25	78	35	2.23	21.5	3.62
50	151	65	2.31	40	3.81
100	286	117	2.45	71	4.03

二、基于 Spark 的分布式聚类

在提取了遥感图像的低层局部特征(如 SIFT)之后，为了构建中层视觉特征词袋模型，需要通过聚类算法(如 K-Means 聚类、层次聚类、DBSCAN 密度聚类、谱聚类等)对低层局部特征进行聚类，生成聚类中心。以经典的 K-Means 算法为例，聚类的基本步骤如下：

(1)设置初始聚类中心：从候选数据集中，随机选择 k 个数据样本作为初始聚类中心；

(2)聚类：逐个读取数据对象，根据预设的距离度量模型将候选集的所有数据进行分类，每个数据样本属于与之距离最近的聚类中心所代表的类别；

(3)生成新的聚类中心：所有数据样本分类完成之后，计算每个类别中所有数据样本的平均值，并将其作为新的聚类中心；

(4)完成聚类：当所有的聚类中心都不再移动或者当聚类次数达到阈值条件，输出聚类结果；否则重复(2)~(4)步。

基于 MapReduce 的分布式聚类的算法步骤如下：

(1)初始化阶段：读取遥感图像的局部特征文件(SIFT 文件)，从中随机选取 k 行特征向量作为初始聚类中心，并将其写入聚类中心文件；

(2)Map 阶段。将聚类中心文件分发给各个节点，读取 SIFT 文件的每一行(128 维特征)并将其分发给各个节点；由各个节点并行计算该行特征与 k 个聚类中心之间的距离，并将该行特征分配到与之距离最近的聚类中心。聚类中心的编号和特征以<Key，Value>键值对的形式输出；

(3)Reduce 阶段。对聚类结果进行汇总，利用 Reduce 的合并功能，将键值相同的记录划分到同一聚类中心进行特征归并，计算所有特征的平均值作为新的聚类中心；

(4)更新阶段。对比新的聚类中心与原聚类中心，如果不同，则更新聚类中心，用新聚类中心的值取代原聚类中心的值，写入聚类中心文件；

(5)判断阶段。如果所有聚类中心不再移动，或者聚类次数达到预设阈值，输出聚类结果；否则继续迭代更新聚类中心。

对比可见，基于 MapReduce 的分布式聚类对于单机聚类的改进在于：分布式集群中每个节点只处理一部分特征记录，即将特征记录划分类别的计算分散到各个节点上并行完成，从而有效提高了聚类算法的运行速度。

如前所述，由于 MapReduce 需要不断执行从 HDFS 中读写数据的操作，造成了较大的通信开销。因此，在处理迭代次数较多的算法时效率有限，而聚类算法往往需要数百上千次迭代才能得到较为理想的结果。针对 MapReduce 这一局限，Spark 通过创建 RDD 的方式将从 HDFS 中读取的数据实行了缓存，从而避免了频繁的数据读写操作，大大地节省了通信开销。基于 Spark 的分布式聚类与基于 MapReduce 的分布式聚类算法步骤类似，只是在初始化阶段中，增加了创建 RDD 的步骤，具体的算法步骤在此不再赘述。

表 6-3 和表 6-4 对比了当分布式集群中的节点数分别为 1、3 和 5 时，基于 MapReduce 和 Spark 的分布式聚类算法分别所需要的运行时间及相应的加速比。

表 6-3　基于 MapReduce 集群的分布式聚类算法运行时间与加速比

SIFT 特征数据量(MB)	单节点(min)	3 节点(min)	3 节点加速比(倍)	5 节点(min)	5 节点加速比(倍)
150	400	291	1.37	207	1.93
300	760	501	1.52	311	2.44
600	1603	977	1.64	510	3.14
1200	3169	1791	1.77	972	3.26

表 6-4　基于 Spark 集群的分布式聚类算法运行时间与加速比

SIFT 特征数据量(MB)	单节点(min)	3 节点(min)	3 节点加速比(倍)	5 节点(min)	5 节点加速比(倍)
150	12	5.5	2.18	4.2	2.86
300	26	9.5	2.74	7.5	3.47
600	60	20	3	13	4.61
1200	123	39	3.15	26	4.73

实验结果表明，随着分布式集群中节点数目的增加，两种分布式平台下的聚类算法的运行速度均有显著提升。随着处理数据量的增加，两种分布式平台相对于单机运行的加速比渐渐提升。可以注意到，当处理数据量较小时(如 SIFT 特征数据量为 150MB 时)，分布式集群中节点数增加时，加速不明显。这是由于集群启动会造成一定的时间开销，处理数据量较小时，这种启动消耗与分布式计算节省的时间成本相比在一个量级，加速优势不明显；此时单纯增加集群节点数量甚至可能会造成效率不升反降。而随着处理数据量的增加，集群启动消耗与分布式计算节省的时间相比几乎可以忽略，因而可以产生明显的加速效果，证明了分布式集群适合处理海量数据的并行计算任务。此外，对比两种分布式平台，发现当节点数为 3 和 5 时，Spark 集群可以产生比 MapReduce 集群高 20 倍以上的加速比，充分验证了 Spark 集群中 RDD 机制在节省通信开销方面的有效性。

6.3.3　基于 BigDL 的分布式深度学习训练算法

分布式深度学习训练算法可以有效解决深层网络模型训练过程中由于需要训练大量网络参数而带来的耗时问题。根据并行方式，可以将分布式深度学习训练算法分为模型并行和数据并行。

模型并行是指将单个网络模型拆分为多个部分，在分布式集群的多个节点分别训练部分网络。例如，将卷积神经网络的卷积层、全连接层拆分并分配到不同的节点进行训练，每个节点只负责单个网络层的训练，最终将所有网络层汇总，从而达到并行加速的效果。但是，通常情况下模型并行的实现难度较高，而且造成的通信开销也不低，因此较多适用于网络模型过大，单机内存无法加载的情况。

数据并行是指将训练数据集拆分，分布式集群中每个节点上都有整个网络模型的副本，每个节点只负责处理自己分配到的一部分训练数据，然后在各个节点之间同步模型参数。数据并行的训练过程中，由一个参数服务器辅助进行各节点之间参数的同步。如图

6-21 所示，训练时首先将模型参数 W 上传到参数服务器上，参数服务器将 W 参数传到各个节点。数据集被切分为许多个小批量，每个节点用当前的 W 参数计算本地小批量的梯度 ΔW，最后各节点将计算出的 ΔW 参数推送到参数服务器上，参数服务器按照式(6.16)计算最新的 W，然后向各个节点更新模型参数，进行下一轮训练。一般情况下，数据并行方法的容错率、集群利用率和训练效果均优于模型并行方法。

$$W' = W - \eta \Delta W \tag{6.16}$$

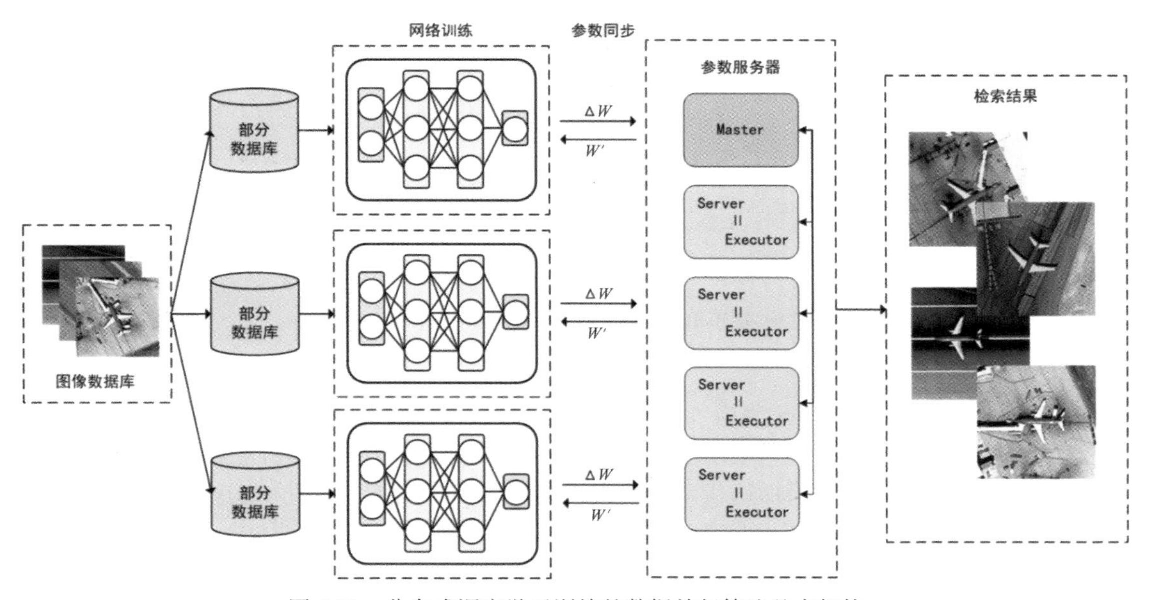

图 6-21　分布式深度学习训练的数据并行算法基本架构

BigDL 作为一个构建在 Hadoop/Spark 集群之上的分布式深度学习框架，为用户提供了端到端的大数据处理和分析及人工智能应用开发平台。基于 BigDL 的分布式深度学习训练算法流程如下：

(1)加载深度网络模型并做相应的设置，如学习率、激活函数等；

(2)通过 Spark 的 RDD 将数据集切分为若干小批量；

(3)参数服务器将网络参数同步到各个节点，并为每个节点分发一个小批量；

(4)每个节点对分配到的部分训练数据计算梯度，完成之后上传给参数服务器，等待分配下一个计算任务；

(5)参数服务器收到所有节点上传的梯度之后，汇总计算总梯度，更新网络参数，完成一次迭代训练。需要注意的是，采用同步更新网络参数的模式，即参数服务器在一次迭代过程中等待所有节点都完成计算之后再更新参数，能够有效避免由于梯度过时引起的精度下降问题；

(6)判断网络是否收敛或者是否达到预设迭代次数。若是，则完成训练；否则重复执行步骤(2)~(5)。

图 6-22 给出分布式集群中的节点数分别为 1、3 和 5 的分布式深度学习训练的算法性

能。其中，遥感图像数据集选用 UCMD 数据集，将在 ImageNet 上预训练好的 VGG-16 网络参数迁移到新模型，分别在单机、3 节点集群和 5 节点集群上用 UCMD 数据集进行精调。实验参数设置如下：迭代次数为 100，初始学习率设置为 0.005，训练的批次大小为 32，训练集/验证集/测试集的设置比例为 8∶1∶1。结果表明，增加分布式集群的节点，可以有效提升深度神经网络的训练速度。

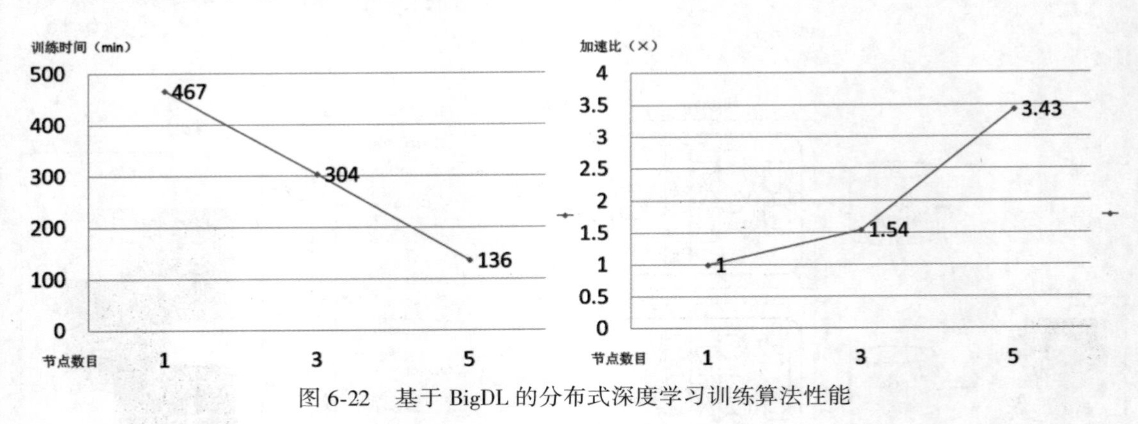

图 6-22　基于 BigDL 的分布式深度学习训练算法性能

图 6-23 给出当集群节点数为 5 时的分布式学习训练网络分类性能。数据集仍选用 UCMD，分布式并行训练神经网络时，由于梯度更新时的同步问题，可能会对网络的性能产生小幅影响，可以通过增加迭代次数，实现网络分类准确率的提升。实验结果表明，当集群节点数为 5，迭代次数达到 3000 次时，网络的平均分类准确率为 92.4%，可应用于后续的图像检索任务。

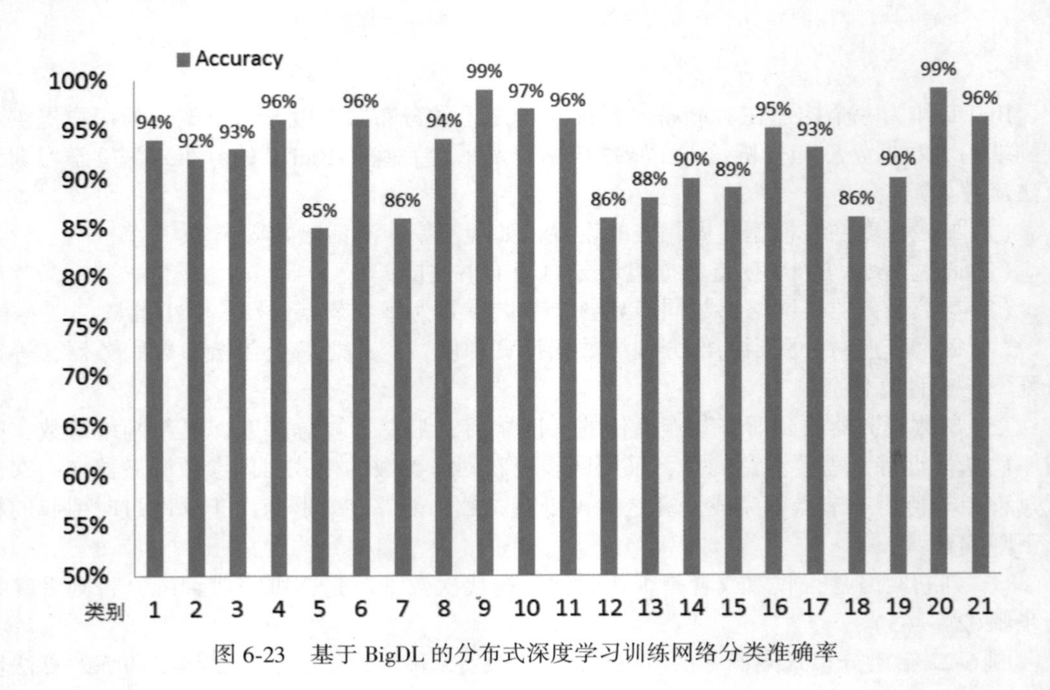

图 6-23　基于 BigDL 的分布式深度学习训练网络分类准确率

6.4 分布式环境下的遥感图像检索系统的设计与实现

分布式环境下大规模遥感图像目标级智能检索系统主要包括四个组成部分：分布式数据存储和管理、目标检测、特征提取和聚类、相似性匹配。首先构建分布式集群环境，基于 Hadoop 平台的 HDFS 实现原始遥感图像数据的分布式存储和管理；然后对所有节点的数据做目标检测和分割，构建目标库；接下来基于 BigDL 平台通过分布式训练提取目标的深度特征，并与人工设计特征相融合作为对遥感目标的描述，特征聚类同样基于分布式平台实现，提取的特征存储在 HDFS 平台的 HBase 中。检索时提取查询图像的融合特征，并与特征库进行相似性匹配，将相似性高的目标及包含该目标的相似图像返回给用户，同时对目标在图像中的位置予以标记。整个系统架构如图 6-24 所示。

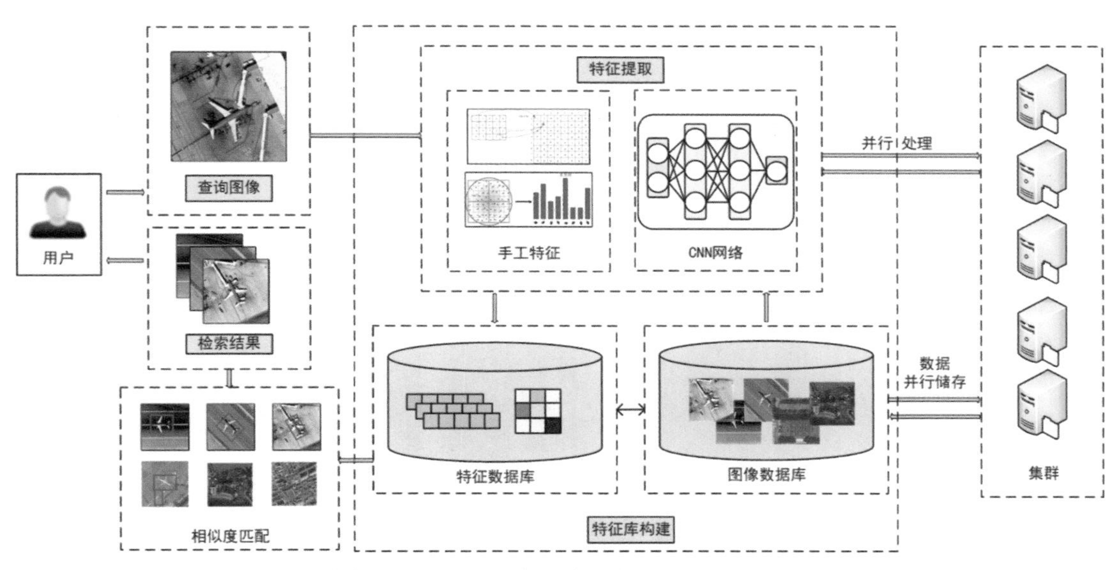

图 6-24 分布式环境下大规模遥感图像目标级智能检索系统架构

环境配置如下：系统开发平台为 Centos 6.5 操作系统，分布式集群通过 VMware Workstation 虚拟机搭建。软件开发工具选用 IntelliJ IDEA 和 Visual Studio 2017，采用 Java、C++、Python 和 Scala 联合开发，其中系统总体框架 Hadoop 基于 Java，数据存储模块、特征提取算法、系统显示界面使用 Java 开发。特征聚类、目标检测算法和深度学习特征提取算法分别通过 Scala、C++和 Python 开发，打包后在 Hadoop 中调用。

神经网络的构建采用迁移学习的方式，将在 ImageNet 上预训练的 VGG-16 网络的模型参数迁移到新的网络模型上进行精调，精调的过程采用创建—参数迁移—冻结网络—精调网络的步骤，具体如下所述：将 VGG-16 网络模型最后一层的输出改为精调所用的遥感图像数据集的输出类别数目，将预训练好的网络的所有参数迁移到新的网络模型中，冻结前 4 组卷积层的参数，允许最后一组卷积层的 3 个卷积层和 3 个全连接层的参数变化，最后用公开标准遥感数据集对网络进行训练，当网络收敛或者达到迭代次数时结束精调。

图6-25给出以人造目标(如飞机)为查询对象的一组检索结果，原始遥感图像数据由源自Google Earth的200幅分辨率为0.5m的大尺寸(6000×6000左右)遥感图像构成，共包含机场、道路、河流、沙滩、森林和住宅区6种地物类型，相似度计算采用余弦距离。其中红色框标注了检索到的相似目标。该网络可以扩展到海量遥感数据的检索，并通过增加分布式集群的节点数据提高检索性能。

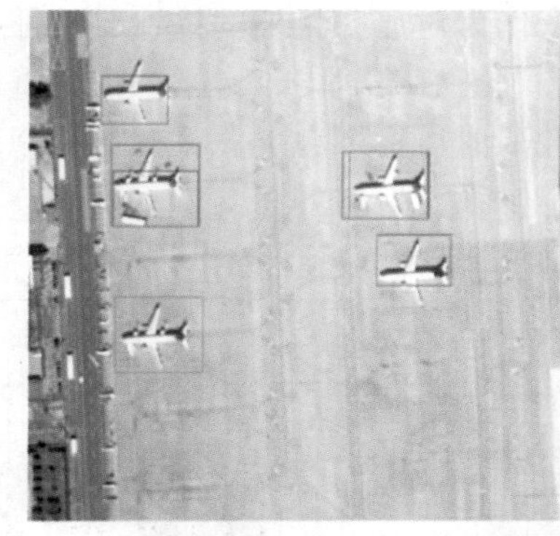

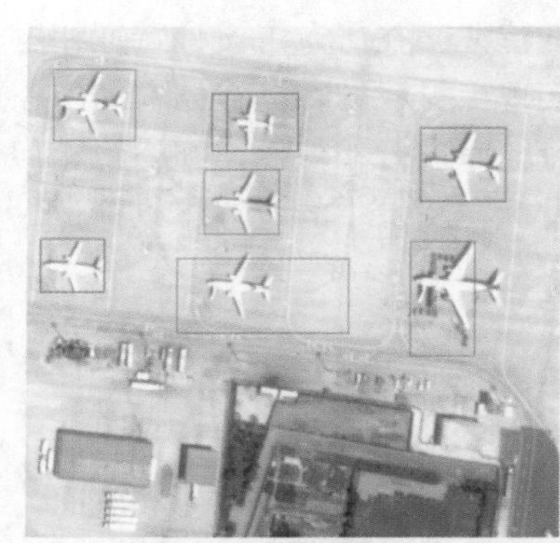

(a)查询图像　　(b)检索结果

图6-25　分布式环境下的一组遥感图像检索结果

◎ 参考文献

[1]康俊锋. 云计算环境下高分辨率遥感影像存储与高效管理技术研究[D]. 浙江大学, 2011.

[2]Ghemawat S, Gobioff H, Leung S T. The Google file system[C]. ACM SIGOPS Operating Systems Review, 2003: 29-43.

[3] Dean J, Ghemawat S. MapReduce: simplified data processing on large clusters [C]. Proceedings of Sixth Symposium on Operating System Design and Implementation (OSD2004). USENIX Association, 2004: 107-113.

[4]CHANG, Fay, DEAN, et al. Bigtable: a distributed storage system for structured data[J]. Acm Transactions on Computer Systems, 2008, 26(2): 1-26.

[5]Zaharia M, Chowdhury M, Franklin M, et al. Spark: cluster computing with working sets [C]. Usenix Conference on Hot Topics in Cloud Computing. USENIX Association, 2010: 36-45.

[6]Jai-Andaloussi S, Elabdouli A, Chaffai A, et al. Medical content based image retrieval by using the Hadoop framework[C]. ICT 2013. IEEE, 2013: 1-5.

[7]Rajak R, Raveendran D, Bh M C, et al. High resolution satellite image processing using hadoop framework[C]. IEEE International Conference on Cloud Computing in Emerging Markets. IEEE, 2016: 16-21.

[8]谷金平. 基于云计算的高光谱遥感图像检索研究[D]. 南京理工大学, 2017.

[9]Lin Y, Lv F, Zhu S, et al. Large-scale image classification: Fast feature extraction and SVM training[C]. IEEE Conference on Computer Vision and Pattern Recognition. IEEE Computer Society, 2011: 1689-1696.

[10]Duan P, Wang W, Zhang W, et al. Food image recognition using pervasive cloud computing [C]. IEEE International Conference on Green Computing and Communications and IEEE Internet of Things and IEEE Cyber, Physical and Social Computing. IEEE Computer Society, 2013: 1631-1637.

[11]Yahoo: Caffe on spark (2016). https: //github. com/yahoo/CaffeOnSpark.

[12] Team D. Deeplearning4j: open-source distributed deep learning for the jvm[J]. Apache Software Foundation License, 2016, 2: 2.

[13]Moritz P, Nishihara R, Stoica I, et al. Sparknet: training deep networks in spark[J]. arXiv preprint arXiv: 1511. 06051, 2015.

[14]Wang Y, Qiu X, Ding D, et al. BigDL: a distributed deep learning framework for big data [J]. arXiv preprint arXiv: 1804. 05839, 2018.

[15] White T. Hadoop: The definitive guide[J]. O'rlly Media Inc gravenstn highway north, 2012, 215(11): 1-4.

[16]魏祖宽, 刘兆宏. 基于 Hadoop 的大数据分析和处理[M]. 北京: 电子工业出版社, 2017.

[17]http: //hadoop. apache. org/

[18]https: //spark. apache. org/

[19]http: //software. intel. com/bigdl

[20] Bhatia S K, Samal A, Vadlamani P. RISE-SIMR: a robust image search engine for satellite image matching and retrieval[C]. International Symposium on Visual Computing. Springer, Berlin, Heidelberg, 2007: 245-254.

[21] Ashok Samal, Sanjiv Bhatia, Prasanth Vadlamani, David Marx. Searching satellite imagery with integrated measures, PR, 2009

[22]李德仁, 宁晓刚. 一种新的基于内容遥感图像检索的图像分块策略[J]. 武汉大学学

报(信息科学版), 2006, 31(8): 659-662.

[23] W Y Ma, B S Manjunath. EdgeFlow: a technique for boundary detection and segmentation [J]. IEEE Transactions on Image Processing, 2000, 9(8): 1375-1388.

[24] E Remias, G Sheikholeslami, A Zhang. Block-oriented image decomposition and retrieval in image database systems[J]. International Workshop on Multi-media Database Management Systems, Blue Mountain Lake, New York, 1996: 85-92.

[25] G Sheikholeslami, Wang Wenjie, Zhang Aidong. A model of image representation and indexing in image database systems[J]. State University of New-York at Buffalo -Dept. of Computer Science, July 20, 1998, Technical Report: 98-107.

[26] S Bhagavathy, B S Manjunath. Modeling and detection of geospatial objects using texture motifs[J]. IEEE Transactions on Geoscience and Remote Sensing, 2006, 44(12):. 3706-3715.

[27] Yining Deng, Charles Kenney, Michael S Moore, B S Manjunath. Peer group filtering and perceptual color image quantization [J]. IEEE International Symposium, Circuits and Systems, Jul 1999, 4: 21-24.

[28] Y G Wang, J Yang, Y C Chang. Color-texture image segmentation by integrating directional operators into JSEG method[J]. Pattern Recognition Letters, 2006: 8.

[29] Yining Deng, B S Manjunath. Unsupervised segmentation of color-texture regions in images and video[J]. IEEE Trans. Pattern Anal. Machine Intell., 2001, 23: 800-810.

[30] Ying Liu, Xiaofang Zhou, Wei-ying Ma. Extracting texture features from arbitrary-shaped regions for image retrieval[J]. ICME 2004: Taipei, Taiwan, 3: 1891-1894.

[31] S Kiranyaz, S Uhlmann, M Gabbouj. Effects of arbitrary-shaped regions on texture retrieval [J]. IEEE International Conference on Signal Processing and Communication, 2007, Dubai, United Arab Emirates: 13-16.

[32] Gong Cheng, Junwei Han. A survey on object detection in optical remote sensing images [J]. ISPRS Journal of Photogrammetry and Remote Sensing, 2016, 117: 11-28.

[33] Uijlings J R R, Sande K E A V D, Gevers T, et al. Selective search for object recognition [J]. International Journal of Computer Vision, 2013, 104(2): 154-171.

[34] Felzenszwalb P F, Huttenlocher D P. Efficient graph-based image segmentation [J]. International Journal of Computer Vision, 2004, 59(2): 167-181.

[35] Hosang J, Benenson R, Schiele B. How good are detection proposals, really? [J]. arXiv preprint arXiv: 1406. 6962, 2014.

第7章　基于哈希学习的遥感图像智能检索

基于内容的图像检索的核心是图像内容表达和相似性匹配。一直以来，图像内容表达都是基于内容的图像检索研究的重点，因为图像检索性能首先取决于提取或者学习的特征是否能够准确、有效地描述图像内容。图像内容表达经历了从传统的人工设计低层视觉特征提取到基于深度学习获取高层语义特征的发展，目前已经有大量研究成果。然而，与此同时，表达图像内容的特征维数越来越高，传统的相似性匹配已经不能满足大规模图像检索在时效性和存储容量方面的实际应用需求。如何实现大规模图像检索的准确及高效检索，已经成为计算机视觉、数据挖掘、机器学习等领域亟待解决的热点问题，可应用于大规模图像检索、数字媒体版权保护、视频过滤、姿态识别、目标跟踪、推荐系统等。

最近邻搜索算法被广泛应用于图像检索中的相似性匹配，然而，基于穷举搜索的精确最近邻搜索算法无法满足大规模数据的高效搜索需求。近似最近邻搜索是针对精确最近邻搜索的局限性而提出的一种实用替代方案，因其对空间和时间的需求大幅降低，而且能够得到不错的检索精度，近年来发展迅猛。基于树结构的近似最近邻搜索算法，在处理大规模图像数据时，存在由于维度过高引起的“维数灾难”以及高额存储代价问题；而基于哈希的近似最近邻搜索，将图像的高维特征向量映射到汉明空间(二值空间)中，生成一个低维的哈希序列来表征图像，既省时又省空间，能够有效克服最近邻搜索算法的局限性。随着深度学习的发展，深度哈希网络充分利用了深度学习强大的特征表达能力，提供了端到端的哈希函数学习模式，是解决大规模遥感图像检索准确高效检索的有效手段。

本章首先介绍哈希的概念及发展历程，然后归纳和讨论代表性的哈希编码和哈希排序方法；接下来介绍基于深度哈希网络的遥感图像检索方法，最后在公开数据集对不同方法的检索性能进行验证和分析。

7.1　基于哈希的最近邻搜索概述

7.1.1　最近邻搜索和近似最近邻搜索

基于内容的图像检索与基于文本的图像检索的一个不同之处在于，后者是精确查询，而前者属于典型的相似性查询(similarity search)问题，也称最近邻搜索(nearest neighbor search)或邻近搜索(proximity search)。如果将查询图像的特征理解为某个预设空间中的一个点，那么基于内容的图像检索可视为在该预设空间中，寻找与查询点距离最近或者距离值在某个阈值范围内的一组点的相似性查询问题。其中，预设空间可以是任意空间，比如特征空间、高斯核空间、语义空间等；距离可以通过某个距离度量函数定义，比如最常用的欧氏距离、余弦距离等。

精确的最近邻搜索问题的定义如下：

给定一个查询 q，从数据集 $X = \{x_1, x_2, \cdots, x_N\}$ 中寻找与其距离最近的点(称为最近邻)，表示为NN(q)，使得 $NN(q) = \mathrm{argmin}_{x \in X}\mathrm{dist}(q, x)$，其中，$\mathrm{dist}(q, x)$ 表示 q 与 x 之间的距离。例如，设 X 属于 d 维空间 $\mathbb{R}^d$，距离采用 ℓ_s 范式，$\|x - q\| = \left(\sum_{i=1}^{d} |x_i - q_i|^s\right)^{\frac{1}{s}}$。如果需要寻找的是距离 q 最近的 k 个近邻，则泛化为 k-NN 问题。

当数据量不大时，可以采用最简单直观的穷举搜索(exhaustive search，或称暴力搜索)。即基于线性扫描方式，将数据库中的候选点与查询点一一计算相似度，最后根据相似度的大小进行排序。然而，当数据量增大时，穷举搜索存在明显的局限性，一是穷举搜索的时间复杂度为线性复杂度 $O(|X|)$，在数据规模增大时缺乏可扩展性；二是随着数据量的增加，原始数据的存储空间问题变得十分严峻。这使得穷举搜索无法满足高效搜索需求。

近似最近邻(approximate nearest neighbor search，ANN)搜索技术作为最近邻搜索的实用替代方案，综合考虑了高效的相似性查询涉及的三个核心问题：搜索精度、搜索效率和存储空间。近似最近邻搜索不是精确的相似性查询，而是找出那些在很高概率上属于最近邻的点，付出的计算代价仅为次线性甚至常数时间复杂度，目标是以尽可能低的检索性能换取大幅的检索效率提升。近似最近邻搜索的定义为：

$$d(r, q) \leqslant (1 + \varepsilon) \cdot d(r^*, q), \ \varepsilon < 0 \tag{7.1}$$

式中，q 为查询点，r^* 为精确解，ε 为近似误差，d 为某种预设距离函数。根据约束条件，可以将近似最近邻搜索算法分为误差约束最近邻搜索(error-constrained NN)和时间约束最近邻搜索(time-constrained NN)。误差约束最近邻搜索通过限制误差实现近似最近邻搜索，如$(1+\varepsilon)$-近似最近邻搜索，对于任意常数 $\varepsilon>0$，可将搜索的计算复杂度降至 $O(\mathrm{dlog}(P))$；时间约束最近邻搜索则通过限制搜索时间实现近似最近邻搜索，在返回的 k 个近似最近邻尽可能接近 k 个精确最近邻的同时，使得搜索耗时尽可能小，可以通过缩短距离计算时间(如维度降低)或者减少距离计算次数(如设置计算次数提前终止搜索)来实现。

一类代表性的近似最近邻搜索算法是基于树结构的搜索。基于树结构的近似最近邻搜索的基本思想是采用树结构如KD树、M树、R树、R^*树、SR树等对数据空间进行递归划分构建索引。这类搜索算法在处理维数较低的情况时，能大大降低搜索的计算复杂度[比如 $O(\log(P))$]，但在处理高维数据时计算性能急剧下降，最差的情况下退化为穷举搜索，即所谓的维数灾难。而目前大多计算机视觉任务都使用高维特征表示图像内容，并使用复杂的距离函数计算高维特征之间的距离，这使得单纯采用树结构的搜索算法力不从心。此外，基于树结构的搜索算法所耗费的内存资源也成为影响系统性能的瓶颈，很多情况下，存储树结构所需的空间甚至超过了存储原始数据的空间。尽管研究人员针对高维度量空间的高额距离计算代价问题，提出一些基于距离的广义度量空间高维索引结构，如VP树和MPV树等，但依然存在存储空间瓶颈的问题。

另一类代表性的近似最近邻搜索算法是基于哈希的搜索。基于哈希的近似最近邻搜索的基本思想是将高维向量映射到低维空间中，生成一个低维的哈希序列(哈希码)来表征图像，通过对比哈希码的距离实现相似性查询。近年来，哈希以其高检索效率和低存储空间的优势，受到了研究人员的广泛关注，现有的大规模图像检索通常是基于哈希实现的。特别是随着深度学习的兴起和蓬勃，结合了深度学习和哈希的深度哈希网络可以端到端学习哈希函数，且充分利用了深度学习强大的图像特征学习能力，已经成为大规模图像高效检索发展的必然趋势。

7.1.2 哈希和基于二值哈希的近似最近邻搜索

基于哈希的近似最近邻搜索将高维向量映射为二值哈希码，通过对比哈希码的汉明距离实现相似性查询。哈希方法的重点是相似性保持，即保持哈希空间的相似性关系与原始数据空间的相似性关系尽可能一致，这是影响基于哈希的近似最近邻搜索精度的关键。

一、哈希的基本概念

哈希是将图像的高维特征向量映射到低维空间、生成图像低维表示的过程。以二进制哈希码为例[7]：

给定一个样本点 $x \in \mathbb{R}^D$ ，可以通过一系列哈希函数 $H = \{h_1, h_2, \cdots, h_K\}$ 计算一个 K 比特的二进制码 $y = \{y_1, y_2, \cdots, y_K\}$ ，即

$$y = \{h_1(x), h_2(x), \cdots, h_K(x)\} \tag{7.2}$$

其中，第 k 个比特 $y_k = h_k(x)$ 。可见，哈希函数执行的是从原始数据到二进制码的映射：h_k：$\mathbb{R}^D \to B$ ，这样一个二进制哈希编码过程就是样本点从原始空间到二进制空间(汉明空间)的一个映射：

$$H: x \to \{h_1(x), h_2(x), \cdots, h_K(x)\} \tag{7.3}$$

通过这个映射，可以对包含 n 个 D 维特征向量的数据集 $X = \{x_n\}_{n=1}^{N} \in \mathbb{R}^{D\times n}$ ，生成对应的二进制码：

$$Y = H(X) = \{h_1(X), h_2(X), \cdots, h_K(X)\} \tag{7.4}$$

这里 X 的二进制哈希码为 $Y \in B^{K\times n}$ 。两个二进制码在汉明空间之间的距离定义为：

$$d_H(y_i, y_j) = |y_i - y_j| = \sum_{k=1}^{K} |h_k(x_i) - h_k(x_j)| \tag{7.5}$$

式中，$y_i = [h_1(x_i), \cdots, h_k(x_i), \cdots, h_K(x_i)]$，$y_j = [h_1(x_j), \cdots, h_k(x_j), \cdots, h_K(x_j)]$。

哈希方法具有两大优点：一是对存储空间的要求大大降低。例如，存储 8000 万幅尺寸为 32×32 像素的图像数据需要 600GB 容量(数据格式为 double 类型)，如果转换为 64bit 的二进制码，则仅需 600MB 存储空间[7]；二是计算复杂度低，计算两个二进制哈希码之间的汉明距离仅需要位运算。哈希方法的缺点是由于损失了大量原始数据可能导致检索精度降低。因此，提升哈希方法的精度一直是研究人员关注的重点。Torralba 等(2008)提出，以图像压缩为例，可以使用少量位数表示图像信息而不影响图像识别的准确率。因此，从理论上讲，哈希方法可以实现保证精度的同时减少检索时间[9]。

二、基于哈希的近似最近邻搜索算法

基于哈希的近似最近邻搜索包括哈希编码和哈希排序两个步骤，如图 7-1 所示。哈希编码过程又可以分为投影和量化两个阶段。哈希编码是设计哈希函数生成哈希码的过程，哈希函数设计的目标是尽可能保持原始空间中样本点之间的相似性关系；哈希排序是对数据库中的点进行排序的过程。

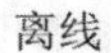

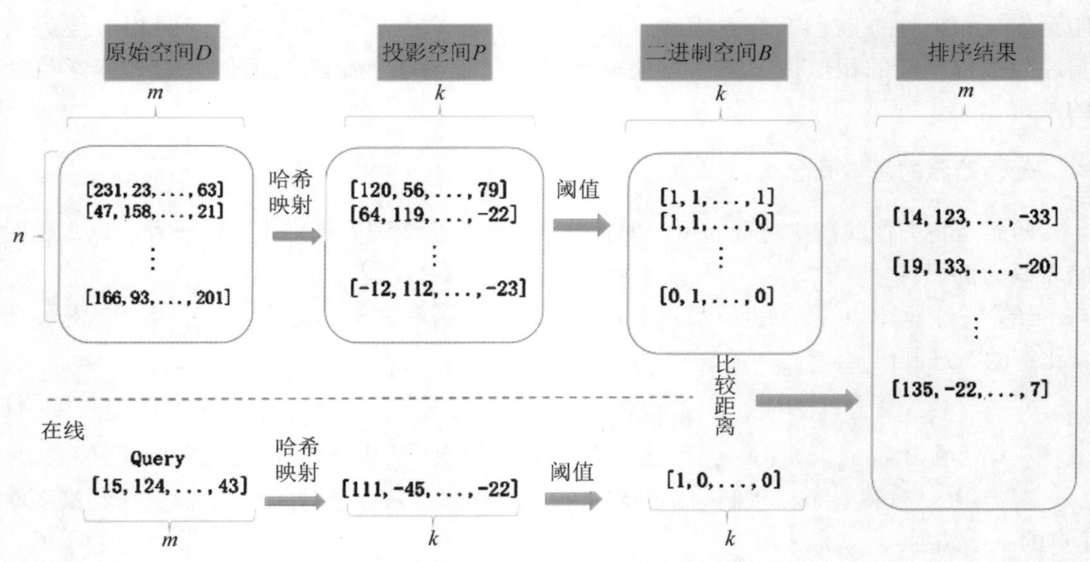

图 7-1　基于哈希的近似最近邻搜索(Pipeline)

哈希编码一般遵循两个原则。一是码长短。码长短可以保证生成的哈希码占用较小的内存空间和保证高计算效率。二是保距。即原始空间中相似的样本点编码之后得到的二进制哈希码之间的汉明距离要小。此外，哈希编码一般还需要满足平衡性和独立性。平衡性指的是编码以后的所有点中为 0 和为 1 的编码各占一半，这样才能保证熵最大，哈希编码性能最好；独立性指的是不同哈希函数之间要相互独立，从而保证对数据空间进行最有效的分割，尽量避免信息冗余。

1. 哈希函数的设计

哈希函数的目标是将样本表示成一串固定长度的二值编码(0/1 或-1/+1)，使得相似的样本具有相似的二值码。相似性保持是设计哈希函数最基本的原则。目前已经提出很多种设计哈希函数的方法，例如采用随机投影的超平面或者超球面作为哈希函数、通过成对标签约束或者三元组约束优化哈希函数参数、基于核方法构建哈希函数等。其中，最简单常用的是基于线性投影的哈希函数，式(7.6)给出第 k 个哈希函数的泛化形式：

$$h_k(x) = \mathrm{sgn}(f(w_k^{\mathrm{T}} + b_k)) \tag{7.6}$$

式中，$f(\cdot)$ 为一个预定义的函数，可以是非线性的。不同的 $f(\cdot)$ 决定了哈希函数的不同性质；参数 $\{\boldsymbol{w}_k, b_k\}_{k=1}^{K}$ 中，$\boldsymbol{w}_k$ 表示投影向量，b_k 表示截距；生成的 $h_k(x) \in \{-1, 1\}$，可以根据下式将其范围变换为 $\{0, 1\}$：

$$y_k(x) = \frac{1}{2}[1 + h_k(x)] \tag{7.7}$$

经典的局部敏感哈希(locality sensitive hashing, LSH)采用随机投影生成的超平面作为哈希函数，根据数据点落在超平面的哪一侧，分别生成 0 或 1，虽然有严格的理论基础，但是在实际应用中，需要较长的二进制码才能得到令人满意的检索效果。为了得到码长更短、检索性能更好的二值码，研究人员做了很多努力，包括构建不同的目标函数、采用不同的优化方法、利用图像的标签信息、使用非线性模型等。

哈希函数的目标是得到二值编码，但是由于优化过程中会遇到离散取值的约束，为此，常采用一个更宽松的约束，比如不再要求“二值码”是二值的，而是只要在一个规定的范围中即可。优化结束后，再对松弛过的“二值码”进行量化，得到最终的二值码。

2. 基于哈希的近似最近邻搜索搜索策略

基于哈希的近似最近邻搜索有两种策略：一种是哈希表查找，通过构建哈希表，使得距离近的数据点的碰撞概率(collision probability)最大而距离远的点的碰撞概率最小，可进一步分为单表(图 7-2(b)所示)和多表(图 7-2(a)所示)；另一种是哈希码排序(图 7-2(c)所示)，通过计算查询点与所有候选点之间的哈希距离获取距离最近的一组点，由于需要进行穷举搜索和重排序，计算效率不如哈希表查找。一种实用的方法是将哈希表查找和哈

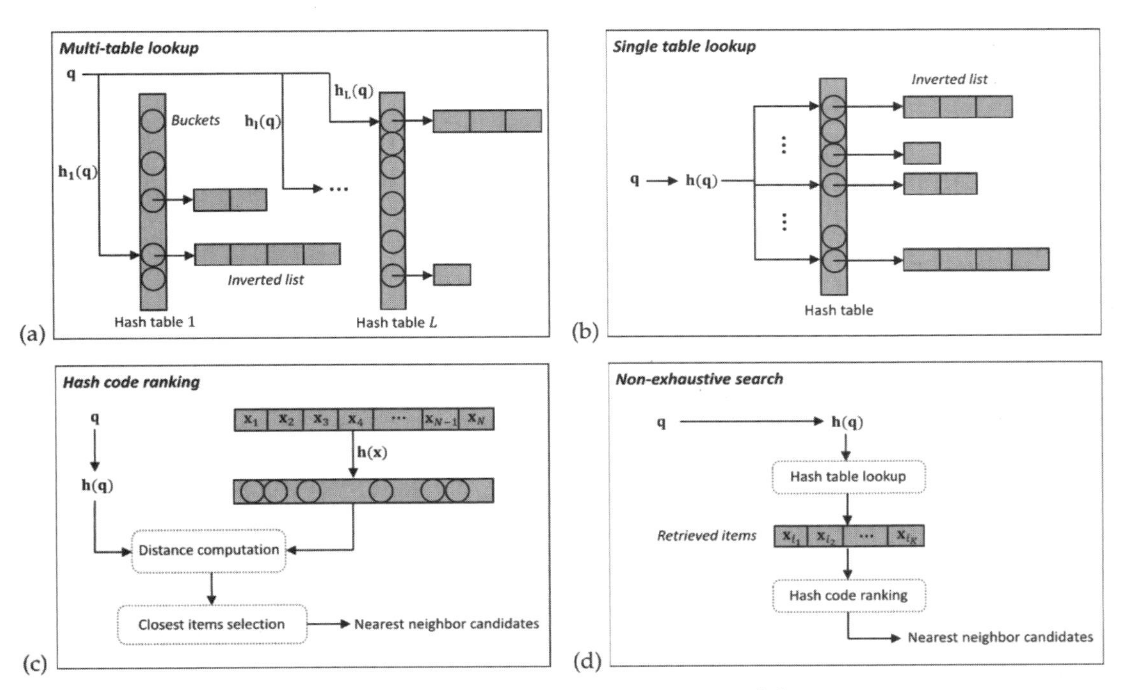

图 7-2　基于哈希的近似最近邻搜索策略[12]

希码排序结合起来(图 7-2(d)所示)，首先利用倒排索引检索一个小候选数据集构建哈希表，然后基于该候选数据集计算哈希码之间的距离实现最近邻搜索。

7.1.3　量化和基于量化的近似最近邻搜索

二值哈希编码将原始高维数据特征投影为低维二值码，将近似最近邻搜索的计算复杂度降低到次线性甚至常数时间复杂度，而且在内存消耗问题上也很有优势。但是二值哈希的局限性表现在：优化目标中由于二值码的存在常常引入不连续项很难优化；而且二值码的表达能力有限，很多数据点与查询样本具有不同的汉明距离，在检索结果中不能被准确排序，影响了近似最近邻检索的精度。基于量化的编码将原始高维特征投影为码本中最近的码本单词(聚类中心)的整数索引，可以看作一种整数哈希方法。

一、量化和基于量化的近似最近邻搜索

量化是将一个数学变量划分成一段离散表示的过程。从数学上描述，量化是指任意实数 x 可以约等为其最近的整数，记为 $q(x)$，同时产生了一个量化误差，即 $\varepsilon = q(x) - x$，或 $q(x) = x + \varepsilon$。在近似最近邻搜索中，量化就是指将大规模数据用一个有限的重构点集合(即重构字典)来表示的过程。例如，对于数据集合 $X = \{X_n;\ i = 0,\ 1,\ \cdots,\ N\}$，给定一个重构字典 $C = \{C_i;\ i = 0,\ 1,\ \cdots,\ k\}$，其中，字典里的元素即为聚类中心，量化就是将数据库中的数据点 X_n 用字典里距离该数据点最近的聚类中心来表示。如果用 $\tilde{X}_n$ 表示 X_n 的重构点，给定查询点 q，查询点与候选数据点之间的距离用查询点与候选数据点的重构点之间的距离来近似(采用欧氏距离)，即 $\| q - X_n \|_2^2 \approx \|q - \tilde{X}_n\|_2^2$。显然，近似距离与原始距离越接近，最近邻搜索的准确度越高。

与二值哈希编码相比，基于量化的近似最近邻搜索具有以下特点：

(1)量化编码的表达能力更优，而且目标函数不存在不连续项，优化过程相对更容易求解。

(2)量化编码同样具有内存占用低的优势。量化编码中每个数据样本被量化到最近的聚类中心，因此每个数据样本仅需要保存其最近的聚类中心的索引(通常为整数)，因此仅占用很低的内存。

(3)基于量化编码的相似性查询同样具有计算效率高的优势。检索时查询图像被量化到最近的聚类中心，因此相似性查询转变为聚类中心之间的距离计算。如果提前聚类中心之间的距离并存储在距离查找表中，那检索时仅需要查表操作，因此具有很高的计算效率。

二、基于量化的近似最近邻搜索方法

基于量化的近似最近邻搜索可以分为传统方法和基于深度学习的方法。传统的量化方法采用人工设计的特征，可以分为无监督量化和监督量化。代表性的无监督量化方法主要包括乘积量化(product quantization，PQ)和组合量化(composite quantization，CQ)。其中，乘积量化将高维向量空间分解为有限个子空间的笛卡儿积，然后分别量化这些子空间，距离计算采用对称距离或非对称距离；乘积量化是在矢量量化(vector quantization，VQ)的基础上发展而来的量化方法，乘积量化器可以非常低的存储器/时间成本生成指数级的码本。

何凯明团队进一步提出优化的乘积向量，通过在空间分解和量化码本方面最小化量化失真实现对乘积量化的优化，包含两种新的优化方法：一种是交替求解两个较小的子问题的非参数方法，另一种是在输入数据服从某种高斯分布的情况下保证获得最优解的参数化方法。组合量化提出一种新的复合量化的压缩编码方法，其思想是：利用从字典中选择的几个元素的组合来精确地近似一个向量，并由所选元素的索引组成的短代码来表示该向量，有效地利用短代码计算查询点到候选数据点的近似距离。代表性的监督量化方法包含监督组合量化(supervised composite quantization)等。监督组合量化提出了一种紧凑的编码方法——监督量化，该方法同时学习特征选择，将数据库点线性转换为低维判别子空间，并对变换后的空间中的数据点进行量化，优化准则是量化后的点不仅精确地逼近变换后的点，而且在语义上可分离。

随着深度学习的发展，人们利用深度神经网络端到端地进行特征提取和量化，以期获得更高的检索性能。这方面代表性工作包括：深度量化网络(deep quantization network, DQN)提出一种新的用于监督哈希的深度量化网络架构，该架构学习了与哈希编码兼容的深度图像表示，并在优化框架中形式化地控制量化误差；深度视觉语义量化(deep visual semantic quantization, DVSQ)是第一个从带标签图像数据和一般文本域的语义信息中学习深度量化模型的方法，主要贡献在于使用精心设计的混合网络和指定的损失函数共同学习深层视觉语义嵌入和视觉语义量化器，支持最大内积搜索，同时基于快速查找距离表的学习码本计算，实现图像高效检索；乘积量化网络(product quantization network, PQN)将视频数据的帧级特征学习、帧级特征聚合和视频级特征量化集成在一个神经网络中，其中乘积量化作为卷积神经网络的一个层，输入为来自低层的特征，输出为特征的量化结果；其它研究包括采用不对称三元组损失进行优化以提升视频检索性能等。

总体而言，相比二值哈希方法，目前基于量化的近似最近邻搜索的研究还比较有限。

7.2 哈希方法分类

可以从不同角度对哈希方法进行分类，比如根据设计哈希函数时是否依赖数据集，可以分为数据独立的哈希和数据依赖的哈希；根据哈希过程，可以分为传统的投影-量化方法和基于深度学习的端到端方法；根据相似度保持方法，可以分为成对相似性保持(pairwise similarity preserving)、多对相似性保持(multiwise similarity preserving)、隐式相似性保持(implicit similarity preserving)。不同的方法根据是否使用数据的标签信息，又可以分为无监督哈希、半监督哈希和监督哈希。哈希排序方法可以分为基于汉明距离的排序、基于加权汉明距离的排序和基于非对称距离的排序等。

7.2.1 数据独立哈希方法和数据依赖哈希方法

最早提出的局部敏感哈希，直接采用随机投影生成的超平面作为哈希函数，根据数据点落在超平面的哪一侧分别生成 0 或 1，是典型的数据独立哈希方法。后续的研究从采用不同的距离度量、提高搜索精度、降低存储空间方面对局部敏感哈希提出一些改进方法，如随机投影哈希(random projection based hash，RPH)、MinHash(min-wise independent permutation hashing)等。局部敏感哈希及其改进算法已被应用于信息检索、快速目标检测、图像匹配等领域。

局部敏感哈希的优点是逼近原则从理论上保证了搜索精度。然而，由于哈希函数的生成不依赖数据分布，生成的二值码随机性较大，为了达到满意的精度，往往需要较长编码位数和较多哈希表，导致局部敏感哈希及其改进算法应用于大规模图像数据时，检索性能受限。此外，理论上的精度保证只适用于某个度量空间，难以克服由适用的度量空间和实际的语义相似性产生的语义鸿沟。因而后来的大量研究集中转向数据依赖的哈希方法，即使用数据点的内在分布信息及特定任务指导哈希函数的设计，一些复杂的机器学习算法被引入哈希函数的设计，比如 boosting 算法、度量学习、核方法等。这种数据依赖的哈希方法又称为哈希学习方法(learning to hash)，目前基于哈希的研究大多侧重于哈希学习。数据依赖的哈希学习根据是否使用数据的标签信息，可以进一步分为无监督哈希方法、半监督方法和监督方法。

无监督哈希在学习哈希函数时，仅根据图像数据间的分布或流形结构学习哈希函数，而未使用图像的标签数据。代表性的研究工作包括：谱哈希(spectral hashing，SH)、迭代量化(iterative quantization，ITQ)、离散图哈希等。

半监督哈希学习使用了图像的部分标签信息学习哈希函数，与无监督哈希方法相比提高了检索精度。代表性方法包为半监督哈希(semi-supervised hashing，SSH)。此外，基于度量学习的半监督哈希将度量学习引入局部敏感哈希以提高搜索效率，由于度量距离函数学习用到了标签数据，而局部敏感哈希是无监督过程，被认为属于半监督哈希。

监督哈希学习则使用了图像的全部标签信息来学习有效的编码，检索精度通常比无监督方法和半监督方法要高。代表性的监督哈希学习方法包括：监督离散哈希(supervised discrete hashing，SDH)、监督核哈希(kernel supervised hashing，KSH)、快速监督哈希(fast supervised hashing，FastH)等。

7.2.2　基于投影-量化的哈希编码和深度哈希学习

传统的哈希学习中，哈希编码过程通常分为两个阶段：投影和量化(参见图 7-1)。在投影阶段，使用 k 个哈希函数将原始空间中 n 个 m 维的点映射到 k 维的投影空间 P 中，该映射要尽可能地保持原始空间中点之间的相似性关系。在量化阶段，使用 k 个阈值将投影空间 P 中的点映射到二进制空间 B 中，即将其每一维度量化为“0”或“1”。量化过程的要求也是保距，即投影空间中相似的点在量化后得到的二进制码之间，汉明距离要尽可能小。

设 $X=\{x_1, x_2, \cdots, x_n\}$，$x_i \in \mathbb{R}^D$ 为原始空间中的数据点，即 $X=\mathbb{R}^{D\times n}$。哈希编码的目标就是找到一个投影矩阵 $W \in \mathbb{R}^{D\times K}$，其中，$K$ 表示二进制码长度。设 $w_j \in \mathbb{R}^D$ 为矩阵 W 的第 j 列($j=1, \cdots, K$)，w_j 表示第 j 个投影函数，第 j 个哈希函数 $H_j(\cdot)$ 的定义为：

$$y_{ij} = x_i w_j \tag{7.8}$$

$$H_j(x_i) = Q(y_{ij}) \tag{7.9}$$

其中，量化过程 $Q_j(\cdot)$ 定义如下：

$$Q(y_{ij}) = \begin{cases} 1, & y_{ij} \geqslant t_j \\ 0, & \text{其他} \end{cases} \tag{7.10}$$

式中，t_j 表示第 j 位阈值。由此，哈希编码的整个过程可以表示为：$H(X) = Q(P(X)) = Q(XW)$，P（·）表示投影过程，Q（·）表示量化过程。可以看出，一个哈希函数将数据点投影为一位，要想得到 K 位二进制码，需要 K 个哈希函数。传统哈希编码方法的区别主要在于目标函数的构造以及量化过程。

近年来，深度学习被广泛应用到不同的领域并取得了良好的效果，研究人员将深度学习引入哈希学习领域，成为哈希学习的重要研究方向。最早的基于深度学习的哈希方法是2009年由Hinton研究组提出的语义哈希（semantic hashing，SH），采用受限玻尔兹曼机作为非线性哈希函数，语义哈希的不足之处在于仍采用人工设计特征作为网络输入，没有充分利用深度神经网络强大的特征学习能力。随着深度学习的发展，越来越多基于深度学习的哈希方法被提出，这些方法根据编码过程中是否用到图像的语义信息，也可以分为无监督、半监督和监督方法。

一、深度无监督哈希

在深度无监督哈希方面，Lin K 等（2016）提出一个无监督二值哈希的深度学习框架——DeepBit，并将其应用于视觉对象匹配，其中图像特征和哈希编码采用独立学习模式；Huang C 等（2016）训练了一个能够同时学习图像特征和哈希函数的卷积神经网络；Huang S 等（2017）提出一个无监督三元组哈希（unsupervised triplet hashing，UTH）方法并用于图像检索。随着生成对抗网络（GAN）的提出，研究人员探索生成对抗网络在无监督哈希中的应用，目标是为深度无监督哈希方法提供更多的训练样本，同时用来指导哈希方法的无监督训练。这方面的研究包括 Zieba M.（2018）提出的二值生成对抗网络（BinGAN）、无监督深度生成对抗哈希网络（UHashGAN）等。其中，UHashGAN 将深度生成对抗网络中的判别器作为哈希函数，不需要任何有监督的预训练。

二、深度监督哈希

由于深度神经网络的训练常常需要类别标签作为监督，因此深度哈希方法中最常见的是监督深度哈希方法，即以图像作为输入，利用成对或者三元组的语义相似性作为约束训练深度神经网络，生成二值码。

代表性的深度监督哈希研究工作包括：Rongkai Xia 等人（2014）提出一种两阶段的卷积神经网络哈希（CNN hashing，CNNH），首次将深度神经网络的强大特征表达能力用于哈希，并通过实验验证了 CNNH 能够获得比人工设计特征显著的性能提升。但是，CNNH 仍然不是端到端的方法，尽管学习到的哈希码可以指导特征学习，可学习到的特征不能为二值哈希码学习提供反馈，因此并没有充分发挥出深度网络的优势。他们在 2015 年进一步提出一个一阶段的 NINH（network in network hashing）网络结构，设计了一个三元组损失函数以获取图像之间的相似度。深度监督哈希的其它研究工作包括：深度哈希(deep hashing，DH)致力于寻找多层非线性变换以更好地保持数据点的非线性关系；深度监督哈希(deep supervised hashing，DSH)通过编码输入图像对的有监督信息最大化输出空间的区分性，并在实数值输出上应用量化误差作为正则化项；深度语义排序哈希(deep semantic ranking based hashing，DSRH)利用多标签图像之间的多级语义相似性去学习哈希函数；深度语义保持排序哈希(deep semantic-preserving and rank-based hashing，DSRH)提出联合学习图像表达用于哈希和分类，分别采用三元组排序损失和正交约束以及最小化分类误差作为约束；深度成对监督哈希(deep pairwise-supervised hashing，DPSH)使用图像对的语义相似性指导卷积神经网络同时学习特征和哈希函数，目标是对成对语义标签进行最大似然估计和最小化量化误差；监督的位可扩展深度哈希(DRSCH)考虑到在实际情况下需要输出不同长度的哈希码，构建了一个 10 层网络，其中包含两个全连接层：一个用于输出二进制哈希码，另一个用于权衡哈希码的每一位。输出哈希码的每个比特位均根据其重要性进行加权，一方面能产生更有效的哈希码，另一方面可以舍弃权重小无关紧要的位，从而灵活地根据不同情况来改变码长，而无需进行额外的计算；不对称监督哈希方法(asymmetric deep supervised hashing，ADSH)针对对称哈希在训练大规模数据集中的耗时问题，提出对待查询样本和数据集样本采用不对称哈希的思路：仅对查询样本学习深度哈希函数以生成二值码，而数据集样本则直接学习得到二值码等。

三、深度半监督哈希

为了克服监督方法需要大量带标签样本数据的限制，研究人员提出深度半监督哈希方法。代表性的研究工作为：Zhang J.等人(2019)首次提出一种用于大规模图像检索的半监督深度哈希方法(semi-supervised deep hashing，SSDH)，通过设计半监督损失函数及语义相似性约束，实现既保持语义特征、又充分利用无标签图像数据结构的目的。

7.2.3　哈希排序方法

哈希学习在解决大规模数据的近似最近邻搜索问题时，可以获得较好的时间性能，但是如何提高哈希学习的精度，一直是研究人员关注的问题，不仅需要关注在哈希编码过程中原始空间与投影空间之间的相似性保持，还需要关注哈希码的排序问题。

哈希排序指的是在某个距离空间对哈希码进行排序的问题，如最常用的基于汉明距离的二进制哈希码排序。但是，基于汉明距离的二进制码排序无法解决那些与查询点的汉明距离相同的二进制码的排序问题；而且，随着汉明距离的增加，与查询点具有相同汉明距离的二进制码的个数呈指数增长。基于以上弊端，近年来哈希排序得到了人们的关注，主要研究工作集中在基于加权汉明距离和基于非对称距离的哈希排序。以下分别简要介绍基于汉明距离的哈希排序、基于加权汉明距离的哈希排序和基于非对称距离的哈希排序。

一、基于汉明距离的哈希排序

如前所述，二进制哈希通过将每个数据集点映射成紧凑的二进制代码，从而将原始数据空间中的相似数据点映射到汉明距离空间中的相似二进制代码。基于汉明距离的哈希排序返回二进制哈希码空间中与查询点的汉明距离小于某个阈值的数据点，大多数二进制哈希是通过基于汉明距离对实现哈希排序的，如局部敏感哈希、语义哈希、谱散列等。

虽然基于汉明距离的哈希排序以其简单易用得到了广泛的应用，但是在实际应用中存在局限性，例如，局部敏感哈希通常需要较长的代码才能获得良好的精度，但是长代码导致低召回率，基于汉明距离的排序会导致查询时间过长，增加内存占用。此外，由于汉明距离是离散的，在实际应用中存在由于某些数据点与查询点具有相同的汉明距离而难以排序的问题。

二、基于加权汉明距离的哈希排序

针对基于汉明距离的哈希排序难以处理与查询点具有相同汉明距离的数据点的排序问题，为了提高检索精度，人们提出基于加权汉明距离的哈希排序。代表性研究工作包括：X.Zhang 等人(2012)提出一种基于主成分分析的哈希码查询敏感排序算法(QsRank)，该算法取目标邻域半径 ε 以及将查询点的原始特征作为输入，对哈希码空间中邻域半径 ε 内目标的统计特性进行建模；与基于汉明距离的排序不同，QsRank 算法并不直接将查询点压缩为二进制哈希码，造成的信息损失更小，所得到的排序比汉明距离更准确，并且可以灵活性调整精度和效率之间的平衡。L.Zhang 等人(2013)提出一种加权汉明距离排序算法(WhRank)，该算法通过给不同的哈希位分配不同等级的权重，以实现更细粒度的排序，从而提高二进制哈希的性能。与 QsRank 相比，WhRank 可应用于目前大多数二进制哈希方法，且不受邻域半径的限制，因而适用性更强。此外，Liu X.等人(2016)提出一种构建具有多视图的多哈希表的通用方法，从哈希比特位和哈希表两个方面考虑生成细粒度的排序结果，一方面弥补了哈希量化导致的部分信息丢失，另一方面自适应地结合来自不同源或视图的辅助信息，能够有效提高搜索性能。

三、基于非对称距离的哈希排序

在大规模检索中，大多数嵌入算法采用的都是基于对称距离的哈希排序方法，但是在实际应用中，非对称距离排序可能产生更高的检索准确率。这方面的研究包括：A. Gordo 等人(2014)提出了两种可以广泛应用于二进制嵌入算法的非对称距离，并且证明了这两种算法比对称汉明距离显著提高了检索精度；Yueming Lv 等人(2015)提出的非对称哈希方案中，使用紧凑哈希码减少存储需求，使用长哈希码提高检索精度，通过计算查询的长哈希码和存储图像的紧凑哈希码之间的汉明距离实现图像检索，以产生高精度和召回率；此外，Zhenyu Weng 等(2016)提出了一种基于超球面的非对称距离检索方法；Yuan Cao 等人(2017)提出了两种加权非对称距离算法，即基于 Otsu 阈值的算法(WoRank)和基于分数计算的算法(WsRank)等。

表 7-1 从哈希函数、相似性保持、Sgn 函数、距离函数、编码方式、监督方式 6 个方面，对目前代表性的哈希方法进行了总结和归纳。

表 7-1　代表性哈希方法

	方法	哈希函数	相似度保持	Sgn 函数	距离函数	监督方式
传统方法	Spectral Hashing[21]	PCA	pairwise	sign	Hamming	Unsupervised
	ITQ[22]	PCA	point-wise	sign	Hamming	Unsupervised
	Discrete Graph Hashing[23]	Anchor Graphs	pairwise	sign	Hamming	Unsupervised
	LSH[11]	locally sensitive hash function family	pairwise	-	Hamming	Unsupervised
	KSH[28]	kernel function	pairwise	sign	code inner products	Supervised
深度学习方法	SH[30]	deep generative model	point-wise	sigmoid	Hamming	Supervised
	CNNH[36]	DNN	range constraints	sign	Hamming	Supervised
	SSDH[45]	DNN	triplet	sigmoid	Euclidean	Supervised
	DNNH[37]	DNN	triplet	sigmoid	Hamming	Supervised
	DLBHC[72]	DNN	point-wise	sigmoid	Euclidean	Supervised
	DSRH[40]	DNN	point-wise	sign	Hamming	Supervised
	ADSH[44]	DNN	pairwise	tanh	Hamming	Supervised

其它关于哈希的研究包括分布式哈希和跨模态哈希等。其中，分布式哈希编码方法的思想是将某种已有的量化或哈希编码方法扩展到分布式环境中，跨模态哈希则研究从多种模态数据中搜索具有相同语义类别的数据。总之，哈希方法的发展体现了从数据独立到数据依赖、从传统的投影加量化到基于深度学习的端到端的方式、从单模态到多模态、从单机到分布式的趋势。

7.3　基于深度哈希的遥感图像智能检索

深度哈希将深度学习和哈希学习相结合，在保证搜索效率和内存的同时，充分利用深度神经网络强大的特征学习能力保证查询精度，代表了哈希学习的主流研究方向，已被用于解决大规模遥感图像数据的准确高效检索。本节首先总结目前哈希学习在遥感图像检索中的研究进展，然后介绍几种代表性深度哈希方法的基本思想、总体框架和算法流程，并以 UCMD、AID 和 NWPU 数据集为例，对比了多种哈希学习方法用于遥感图像检索的性能。

7.3.1　基于哈希学习的遥感图像检索研究进展

近年来，哈希学习在遥感图像检索方面的研究受到越来越多的关注，主要研究工作包括：

B. Demir 等人(2016)采用人工设计特征在核空间学习哈希函数，提出了两种基于核空间的哈希方法——无监督核方法(kernel-based unsupervised hashing LSH，KULSH)和有监督核方法(kernel-based supervised-hashing LSH，KSLSH)，并分别在 UCMD 和海洋图像数据集(multispectral medium resolution image spectrometer，MERIS)上进行了验证。检索结果表明，KULSH 和 KSLSH 与基于 k-NN 的方法和基于 SVM 的方法相比，能够在精度只有极小降低的同时，大幅度降低检索时间和存储空间。KULSH 和 KSLSH 两种方法相比，KULSH 在学习哈希函数的时候不需要训练数据，因此时间效率更高，而 KSLSH 由于利用了有限标签数据的语义相似性信息，因而具有更高的检索精度。在他们的后续研究中，考虑到一幅遥感图像通常包含多种土地覆盖类型，如果仅仅用一种全局特征描述子和单个哈希编码，可能无法表达遥感图像丰富的语义内容，从而导致检索结果不准确。基于此提出一种无监督多哈希编码的遥感图像检索方法，在 UCMD 数据集上的实验结果表明，多哈希编码比单哈希编码具有明显的性能提升[61]。

Y. Li 等人(2018)对目前的几种深度哈希网络进行了总结，研究了影响检索性能的关键参数，并首次将深度哈希网络用于解决大规模遥感图像检索；分别对标记样本有限的数据集(如 UCMD)和标记数据充足的数据集(如 SAT4)进行实验的结果，验证了训练算法及调参策略的有效性。在 Y. Li 等(2018)的另一项工作中，针对目前大规模遥感图像检索都是基于单一数据源的问题，提出一种不依赖数据源的深度哈希网络(source-invariant deep hashing convolutional neural networks，SIDHCNNs)，通过使用一系列设计好的优化约束端到端解决遥感图像检索的跨源问题，其有效性在双源数据集(多光谱影像和全色波段影像)上得到了验证。

S. Roy 等人(2018，2020)针对遥感图像带标签数据有限的问题，提出一种基于度量学习的哈希网络用于大规模遥感图像检索方法——MiLaN。首先通过在 ImageNet 上预训练的深度神经网络获取遥感图像的中间表达，然后以此训练另一个网络，其最终的特征表达通过三种不同的损失函数进行优化，生成紧凑二进制码。MiLaN 既避免了过拟合，又实现了相似度保持，其性能在 UCMD 和 AID 数据集上得到了验证。

Peng Li 等人(2017)针对目前数据独立哈希没有利用遥感图像特征的不足和数据依赖哈希应用于遥感图像应用时的高时间消耗问题，提出一种有效学习哈希函数的方法——部分随机哈希方法(partial randomness hashing，PRH)，首先采用随机投影将遥感图像从原始空间映射到低维汉明空间，然后通过训练样本数据学习一个变换权值矩阵，以获得更准确的二值码。他们的实验数据为 SAT-4 和 SAT-6 航空数据集，分别包含了 500000 和 405000 图像块，并与 LSH、Spectral Hashing、IsoHash、Manifold-Hashing、Iterative Quantization、SpH 等方法进行了对比。他们的后续研究工作是提出一种新的基于量化的深度学习哈希框架(quantized deep learning to hash，QDLH) 用于遥感图像检索，这是在量化深度神经网络用于遥感领域方面首次公开发表的研究工作，他们引入加权成对熵损失函数，目的是强化哈希码的类间 cohesion 从而提高检索效率。他们的实验数据是 UCMD 和 AID 数据集，对比算法包括 LSH、KULSH、PRH、KSLSN、SDH、DHN、DPSN、DHNNs，并在多种卷积神经网络下(AlexNet，VGG，GoogLeNet 和 ResNet-18)进行了验证。

其它研究包括：Cheng Chen 等人(2012)提出一种深度语义哈希(deep semantic hashing，DSH)，可以不需要松弛直接学习离散哈希码，从而更好地描述遥感图像的语义内容，他们的实验数据来自 GF-2 卫星和 Google Earth；Xu Tang 等人(2019)提出一种基于对抗自编码器(adversarial autoencoder，AAE)的半监督深度哈希方法(semi-supervised deep hashing method based on AAE，SSHAAE)用于大规模遥感图像检索；Chao Liu 等人(2019)提出一种 GAN 辅助的哈希学习方法(GAAH)用于遥感图像检索，并在 UCMD 数据集上进行了验证。

7.3.2　基于语义排序哈希的遥感图像检索

基于语义排序的哈希学习(deep semantic ranking based hashing，DSRH)是针对多标签图像检索提出的一种深度哈希方法。基本思想是：基于语义排序学习哈希函数，以保持语义空间中多标签图像之间的多级相似性。基于 DSRH 的图像检索整体框架图如图 7-3 所示，首先利用深度卷积神经网络提取图像丰富的多级语义信息，同时通过语义排序监督学习深度哈希函数，排序依据为查询图像和候选图像之间共享类标签的数量。由于从深度特征表示、语义排序两方面学习到哈希码的映射关系，DSRH 比常规的两阶段哈希方法更有效。

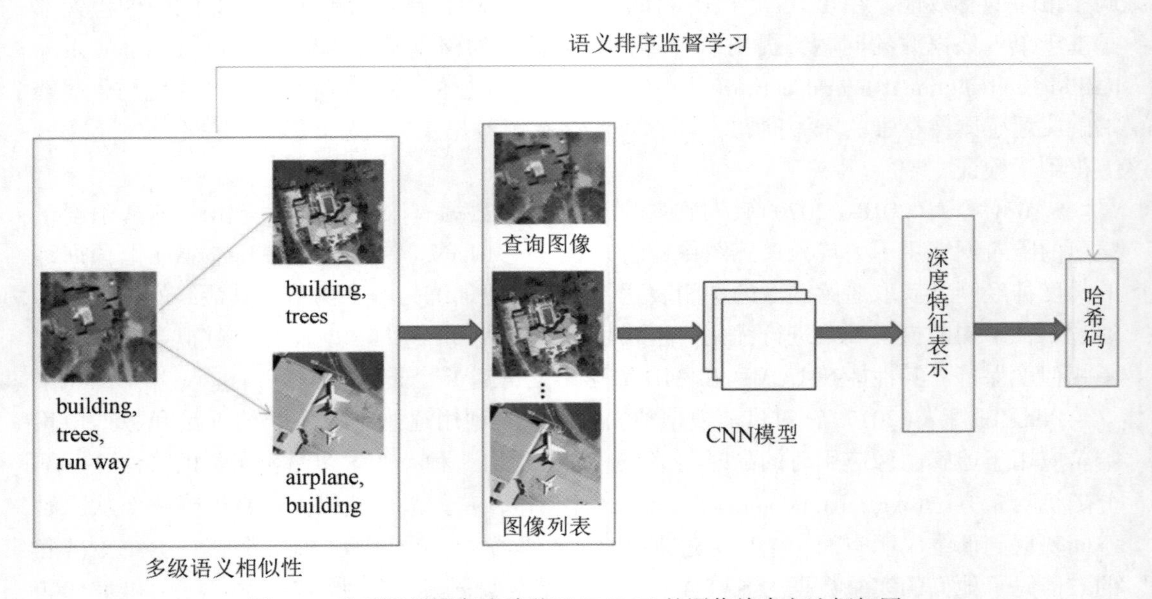

图 7-3　基于语义排序哈希学习(DSRH)的图像检索方法框架图

DSRH 的具体算法流程分为以下 3 个步骤：

首先，将输入图像的尺寸调整为 224×224 像素；

然后，将图像输入 5 个卷积层和 2 个全连接层，获得图像的深层特征表示；

最后，将图像的深层特征输入哈希层以生成紧凑的二进制代码。第二个全连接层(FCb)依赖于图像类别，有很强的不变性，不利于获取微秒的语义差别。为了减少可能的信息丢失，在第一个全连接层(FCa)和哈希层之间添加了旁路连接。通过将哈希层同时与两个全连接层连接，从而获得更加丰富的信息。

基于 DSRH 的深度哈希函数结构如图 7-4 所示。

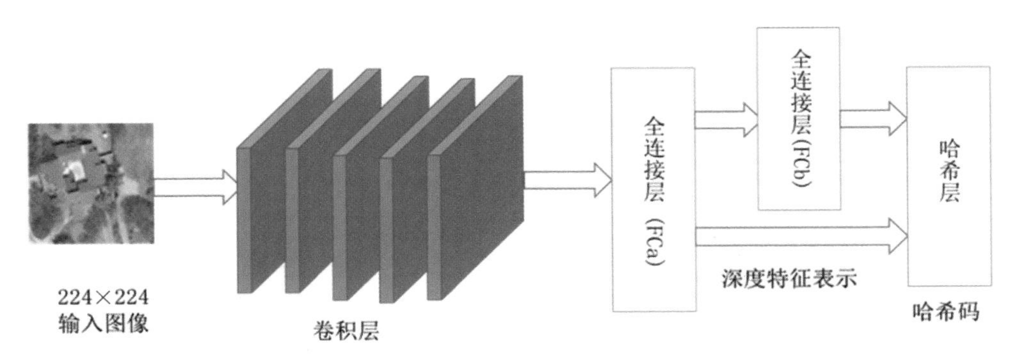

图 7-4　基于语义排序的哈希学习(DSRH)的深度哈希函数结构图

深度哈希函数的定义如下式所示：

$$\mathrm{h}(x;\ w)=\mathrm{sign}(w^{\mathrm{T}}[f_a(x);\ f_b(x)]) \tag{7.11}$$

DSRH 的语义排序监督过程描述如下：在检索单标签数据集时，图像对之间是否相似取决于它们是否具有相同的标签，哈希函数的学习只需保证相似图像对之间的汉明距离小，不相似图像对之间的汉明距离大。但是对于多标签数据集，图像之间存在多级相似性，相似性的值取决于图像对之间共享公共标签的数量。这种情况下，保持多级语义相似性的一种基本思路是对于单个数据点，使根据汉明距离计算出的排序与从语义标签中得出的排序保持一致。假设 q 为查询点，候选点 x 和 q 之间的相似性级别设置为 r，根据以下规则产生 q 的排序列表：对于与 q 共享所有标签的候选点，设置 $r=|\gamma_q|$；如果第二相似的候选点，设置 $r=|\gamma_q|-1$；以此类推，与 q 不存在共享标签的候选点，设置 $r=0$。可以采用归一化折扣累计收益(normalized discounted cumulative gain，NDCG)衡量排序质量，如下式所示：

$$\mathrm{NDCG}@p=\frac{1}{Z}\sum_{i=1}^{p}\frac{2^{r_i}-1}{\log\ (1+i)} \tag{7.12}$$

其中，p 表示一个排序列表的截断位置，Z 为常量，r_i 为排序列表中第 i 个数据点的相似等级。

此外，DSRH 采用了一种基于代理损失的策略，将一组三元组哈希码上定义的排序损失作为代理损失，以解决非平滑和多元排序度量导致的优化问题，然后使用随机梯度下降算法来优化模型参数。DSRH 的语义排序损失函数定义如下：

$$L(\mathrm{h}(q),\ \{h(x_i)\}_{i=1}^{M})=\sum_{i=1}^{M}\sum_{j:\ r_j<r_i}[\delta d_H(h(q),\ h(x_i),\ h(x_j))+\rho] \tag{7.13}$$

其中，q 为查询图像，q 的排序列表为 $\{X_i\}_{i=1}^{M}$，M 是排序列表的长度。

图 7-5 给出一组基于语义排序的哈希学习(DSRH)方法在多标签数据集 MLRSD 上的

检索结果。结果表明，DSRH 算法中的多级语义排序监督，可以使哈希函数更好地保持多标签图像的语义信息。

(a)查询图像　　　　(b)Top10 检索结果

图 7-5　基于语义排序的哈希学习(DSRH)的遥感图像检索结果

7.3.3　基于深度监督哈希的遥感图像检索

深度监督哈希(deep supervised hashing，DSH)采用成对图像(相似/不相似)作为训练输入，为了学习到数据集图像紧凑、相似性保留的二进制哈希码表示，精心设计了一个损失函数，保证在汉明空间中相似的(无论是视觉相似还是语义相似)图像被编码为相近的二进制代码，最大限度地提高输出空间的可区分性。同时，对哈希网络的实值输出进行正则化，以此来接近所需的离散值(1/-1)。基于 DSH 的图像检索整体框架图如图 7-6 所示。

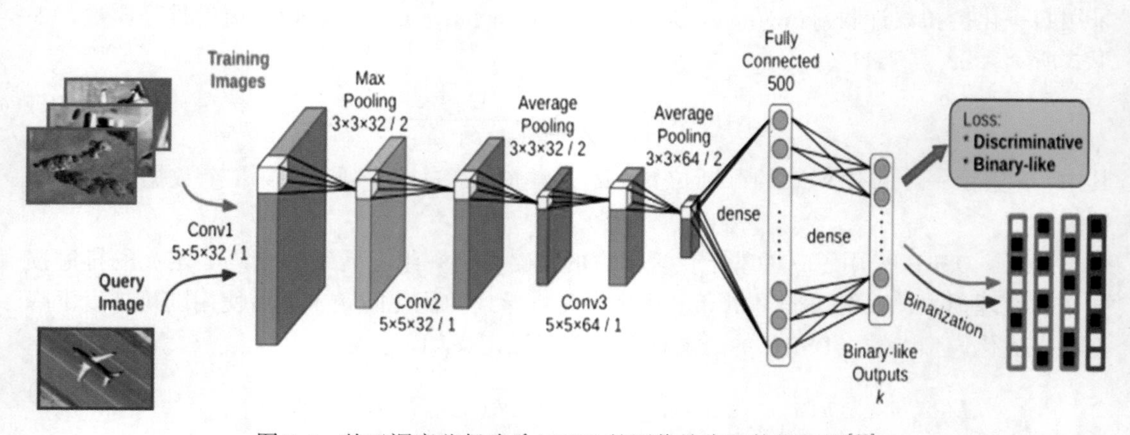

图 7-6　基于深度监督哈希(DSH)的图像检索整体框架图[39]

具体算法流程描述如下：

(1)特征提取。网络结构由3个卷积池化层和2个全连接层组成。3个卷积层分别有32、32和64个过滤器，过滤器大小5×5，步幅为1。池化层大小为3×3，步幅为2。第一个全连接层包含500个节点，第二个全连接层(输出层)包含K(代码长度)个节点。

(2)损失函数。将RGB空间表示为Ω，哈希函数的目标是学习从Ω到k位二进制代码的映射关系F，即F：$\Omega \to \{+1, -1\}^k$，为了实现相似图像的编码应尽可能接近，而不同图像的编码远离的目标，语义保持哈希函数设计思路为：对于Ω空间中图像对I_1，I_2及相应的二进制网络输出b_1，$b_2 \in \{+1, 1\}k$，定义$y = 0$表示两者相似，否则$y = 1$。损失函数的定义如下：

$$L(b_1, b_2, y) = \frac{1}{2}(1 - y)D_h(b_1, b_2) + \frac{1}{2}y\max(m - D_h(b_1, b_2), 0) \tag{7.13}$$

$$\text{s. t.} \quad b_j \in \{+1, -1\}^k, j \in \{1, 2\}$$

式中，$D_h(\cdot, \cdot)$表示两个二进制向量之间的汉明距离，$m(>0)$是一个阈值参数。第一项惩罚相似的图像映射成不同的二进制哈希码，第二项惩罚不相似的图像映射成相近的哈希码。假设从训练图像集中随机选取N个训练对$\{(I_i, 1, I_i, 2, y_i) \mid i = 1, \cdots, N\}$，设计的目标是最小化整体损失函数：

$$\Gamma = \sum_{i=1}^{N} L(b_i, 1, b_i, 2, y_i) \tag{7.14}$$

$$\text{s. t.} \quad b_{i,j} \in \{+1, -1\}^k, i \in \{1, \cdots, N\}, j \in \{1, 2\}$$

(3)量化。由于式(7.14)所示的优化目标中二值码的存在引入了不连续项，使得使用反向传播算法来训练网络变得不可行。常用的解决方案是利用sigmoid或者tanh函数来近似阈值化过程。然而，使用这样的非线性函数将不可避免地减慢甚至限制网络的收敛。为了克服这种限制，DSH对网络的实值输出施加一个正则项以近似得到所需的离散输出值(+1／-1)，其定义如下式所示：

$$L_r(b_1, b_2, y) = \frac{1}{2}(1 - y)\|b_1 - b_2\|_2^2 + \frac{1}{2}y \quad \max(m - \|b_1 - b_2\|_2^2, 0) \tag{7.15}$$
$$+ \alpha(\| \mid b_1 \mid - 1\|_1 + \| \mid b_2 \mid - 1\|_1)$$

式中，下标r表示松弛的损失函数，1表示全1向量，α代表正则项的加权参数。使用L2-范数来衡量网络输出之间的距离，因为低阶范数产生的子梯度会平等对待具有不同距离的图像对，不会利用图像对之间不同距离量级的信息。而正则项选择L1范数可大大减少计算量，有利地加速训练过程。通过将式(7.15)代入式(7.14)，损失函数重写为：

$$L_r = \sum_{i=1}^{N} \left\{ \frac{1}{2}(1 - y_i)\|b_i, 1 - b_i, 2\|_2^2 + \frac{1}{2}y_i \max(m - \|b_i, 1 - b_i, 2\|_2^2, 0) \right.$$
$$\left. + \alpha(\| \mid b_i, 1 \mid - 1\|_1 + \| \mid b_i, 2 \mid - 1\|_1) \right\} \tag{7.16}$$

表7-2给出深度监督哈希(DSH)方法在UCMD和AID数据集上的检索性能评价结果，并与传统无监督的、使用浅层特征(512-维GIST特征)的LSH、KSH方法以及使用深层语

义特征的深度哈希方法 CNNH 进行了对比。实验中通过交叉验证将 α 设置为 0.01，$m=2k$ (k 代表二进制码长)。选择 mAP 作为评价指标为了充分利用存储空间，采用基于小批次的在线方式生成图像对，在每次迭代中图像对从整个训练集随机挑选得到，保证了被抽取样本的等可能性。结果表明，相较于传统的哈希方法和 CNNH，DSH 通过端到端的学习较好地保证了输入图像对之间的哈希码相似度的保留。

表 7-2　深度监督哈希方法(DSH)性能定量分析(mAP:%)

方法	特征	UCMD		AID	
		32bit	64bit	32bit	64bit
LSH[11]	非监督/浅层	38.86	51.41	29.80	40.58
KSH[28]	非监督/浅层	30.39	33.26	29.67	21.35
CNNH[36]	监督/深层	53.37	53.24	41.56	40.23
DSH[39]	监督/深层	62.15	65.42	41.45	43.25

图 7-7 给出一组基于深度监督哈希(DSH)方法的遥感图像检索结果。以 AID 数据集为例，选择农田(farmland)作为查询类别。红色框表示错误检索类别其下标出所属类别。结果表明深度监督哈希在解决类内差异方面具有良好的语义保持能力。

(a)查询图像　　(b)检索结果(Top10)

图 7-7　基于深度监督哈希(DSH)的遥感图像检索结果

7.3.4　基于二进制哈希码的遥感图像检索

基于二进制哈希码(deep learning of binary hash codes, DLBHC)的检索方法的基本思想是：一方面在深度卷积神经网络中添加了一个潜在属性层，当数据标签可用时，通过使用隐藏层中表示类标签的潜在概念来学习二进制代码；另一方面提出由粗到细的分层搜索策略对检索的相似的图像进行重排，提高图像检索的准确率。也就是说，DLBHC 不仅关注哈希编码过程中原始空间与投影空间之间的相似性保持，同时关注哈希码的排序问题。

基于 DLBHC 的图像检索整体框架图如图 7-8 所示，主要由三个模块组成：模块一在大型数据集 ImageNet 上对卷积神经网络进行有监督的预训练，以学习丰富的中层图像表示；模块二向网络中添加了一个潜在层，并且在目标域数据集上进行精调，同时学习特定域的图像特征表示和哈希映射函数；模块三通过提出的分层深度搜索策略检索与查询相似的排名前 k 的图像。

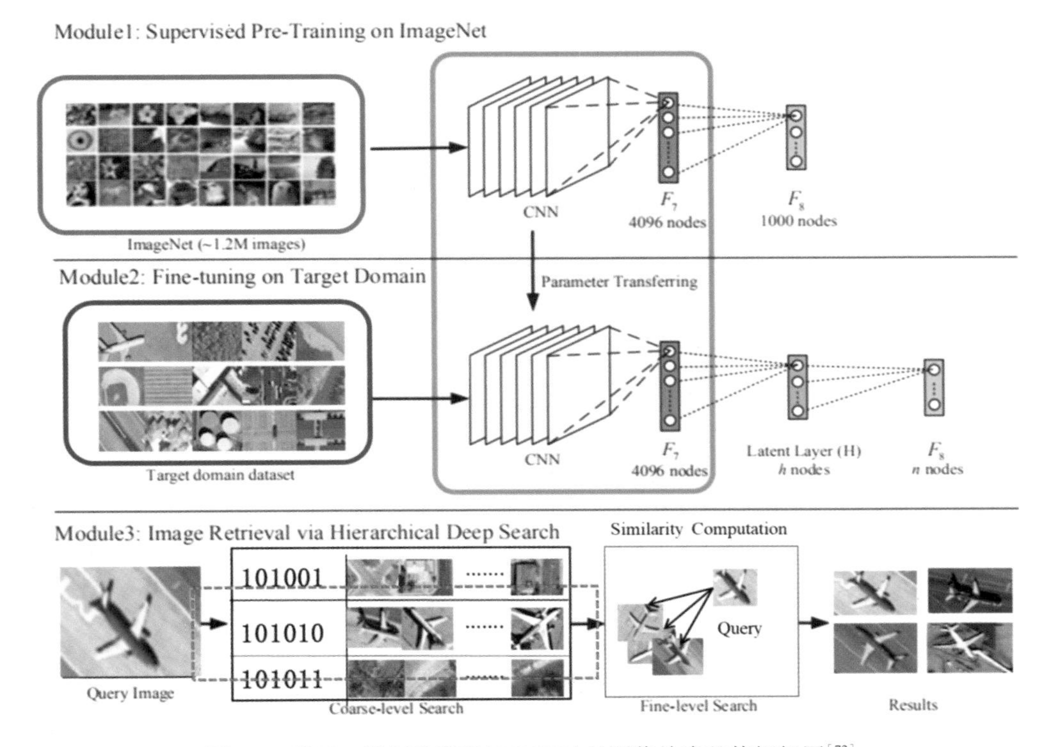

图 7-8 基于二进制哈希码(DLBHC)的图像检索整体框架图[72]

DLBHC 方法提出同时学习特定域的图像表示和哈希映射函数的深度哈希框架。具体流程可以描述为：

(1)学习近似的二进制哈希码。如图 7-8 所示，假设最终分类层 F8 的输出结果依赖于潜在层 H 的 h 个隐藏属性，生成相似的二进制近似哈希码的图像将具有相同的标签，F7 和 F8 之间的潜在层 H 是一个全连接层，其神经元激活值受分类层 F8 的影响更新，其神经元被 sigmoid 函数激活，激活值近似为$\{0, 1\}$。

为了实现域自适应，DLBHC 通过反向传播在目标域数据集上对网络进行了精调，初始权重被设置为从 ImageNet 数据集训练的权重，潜在层 H 和最终的分类层 F8 的权重进行随机初始化，潜在层 H 的初始随机权值类似于 LSH，使用随机投影来构造哈希比特，然后将其修改为更适合于深度监督学习的数据。研究表明，在不对深度卷积神经网络模型进行大幅度修改的情况下，DLBHC 能够实现同时学习特定域的视觉特征表示和哈希近似函数。

(2)分层深度搜索。Zeiler 和 Fergus(2014)对深度卷积神经网络进行了分析，认为浅层网络学习图像的局部视觉描述，而深层网络捕获图像的高级语义信息。DLBHC 采用一种粗到细的搜索策略来快速、准确地进行图像检索，首先通过潜在层检索出一组具有相似的高级语义特征的图像候选池，即候选池中的图像在隐藏层具有相似的二进制激活值；然后为了进一步过滤出外观相似的图像，基于 F7 的中层图像特征对候选池进行相似性重新排序，实现精确检索。具体过程如下：

给定图像 I，设潜在层的输出用 Out(H)表示，然后对 Out(H)进行阈值化处理得到二进制码。对于潜在层，每个比特位 $j=1, \cdots, h$(其中 h 是潜在层中的节点数)，输出的二进制代码为：

$$H^j = \begin{cases} 1, & \mathrm{Out}(H) \geqslant 0.5 \\ 0, & \text{其它} \end{cases} \tag{7.17}$$

用 $T = \{I_1, I_2, \cdots, I_n\}$ 代表数据集中的 n 幅图像，每幅图像对应的哈希码表示为 $T_H = \{H_1, H_2, \cdots, H_n\}$, $H_i \in \{0, 1\}^h$。给定一个查询图像 I_q 及其二进制码 H_q，将 H_q 与 $H_i \in T_H$ 之间的汉明距离低于设置阈值的 m 个图像组成一个候选池 $P = \{I_1^c, I_2^c, \cdots, I_m^c\}$，然后使用 F7 层提取的中级特征对候选池 P 进行一个细粒度的搜索过程，用 V_q 和 V_i^P 分别表示查询图像 I_q 和候选池 P 中的图像 I_i^c 的特征向量，用欧氏距离去衡量两者之间的相似度，返回与查询图像最为相似的前 k 幅图像。

表 7-3 给出基于 DLBHC 方法在 UCMD、AID 数据集上的检索性能定量评价结果，并与传统的采用无监督浅层特征(512 维 GIST 特征)的方法(如 LSH、KSH)以及使用深层语义特征的方法(如 CNNH)进行了对比。返回图像的数量分别设为 200、400、600，采用 mAP 作为评价指标。

结果表明，基于 DLBHC 方法的检索通过添加潜在层学习遥感图像的深层特征表示以及哈希映射关系，有效提高了检索性能。

表 7-3　基于 DLBHC 的遥感图像检索性能分析表(mAP:%)

方法	特征	UCMD			AID		
		200	400	600	200	400	600
LSH[11]	非监督/浅层	20.3	21.4	21.7	17.5	18.3	18.5
KSH[28]	非监督/浅层	33.7	34.5	40.2	30.5	33.6	34.0
CNNH[36]	监督/深层	63.2	64.3	65.1	45.2	45.8	46.2
DLBHC[72]	监督/深层	75.4	76.2	76.9	65.1	67.4	68.0

图 7-9 给出一组基于二进制哈希码(DLBHC)的遥感图像检索结果。以 AID 为数据集，选择中心(center)作为查询类别。同样的，红色框表示错误检索类别，并在其下注明所属类别，结果表明，DLBHC 在解决类内差异时具有良好的语义保持能力。

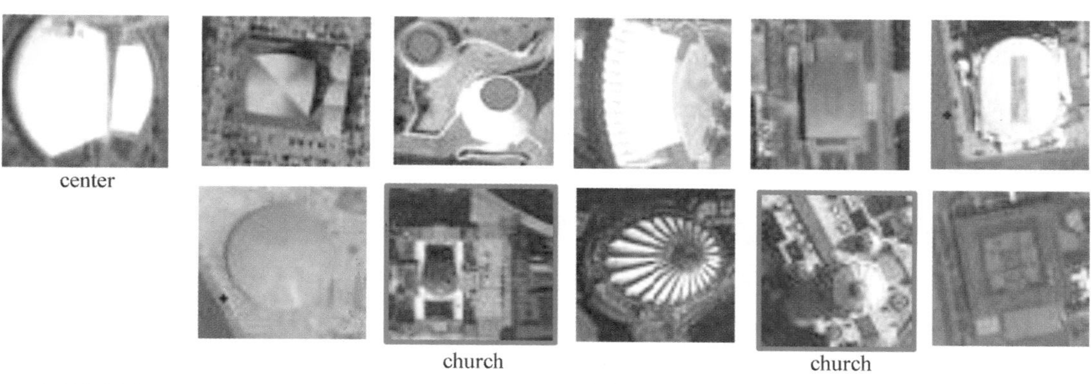

(a)查询图像 (b)检索结果(Top10)

图 7-9 基于二进制哈希码(DLBHC)的遥感图像检索结果

7.3.5 基于语义保持深度哈希网络的遥感图像检索

Roy 等人(2020)提出一种基于度量学习的语义保持深度哈希网络——MiLaN,并将其用于大规模遥感图像检索。MiLaN 的基本思想是:(1)使用预先训练好的深度神经网络作为遥感图像的中间特征表示，而无需重新训练或精调，避免了少量带标签的遥感图像数据集样本在大型深度神经网络的训练中产生过拟合的问题；(2)学习基于语义的度量空间，使学习到的特征对于最终的目标检索任务而言是最优的；(3)计算紧凑的二进制哈希码以进行快速搜索。

设训练图像为：$I=\{X_1, X_2, \cdots, X_P\}$，其中每幅图像 X_i 与相对应的类标签 $Y_i \in Y=\{Y_1, Y_2, \cdots, Y_P\}$。通过设计哈希函数将图像编码成二进制码，即 $h: I \rightarrow \{0, 1\}^K$，其中，$K$ 是哈希码中的位数，h 应能在度量空间中保留图像对之间的语义相似性。基于 MiLaN 的图像检索总体框架图如图 7-10 所示。

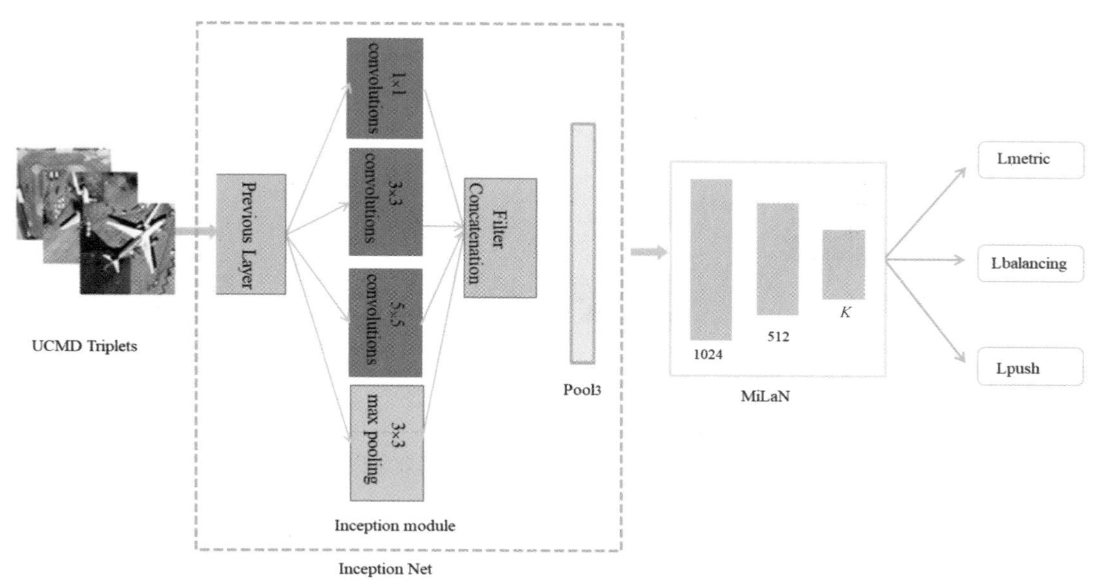

图 7-10 基于语义保持深度哈希网络(MiLaN)的遥感图像检索框架图[66]

基于 MiLaN 的遥感图像检索的流程可以描述为：

(1)特征提取。为了解决遥感图像带标签样本数据不足的问题，采用预训练网络提取遥感图像的高级语义特征。在实际训练中，首先通过小批次的方法随机挑选有效的三元组作为 Inception Net 网络输入，然后提取 Inception Net 网络 softmax 分类层的前一层的特征作为遥感图像的中间特征表示，该层由 2048 个神经元组成。训练集中的每幅图像经特征提取层之后都用一个 2048 维度的特征向量作为遥感图像的中间特征表示；

(2)训练哈希网络。哈希网络 f 的主要目标是训练一个语义保留的度量空间，最大程度上保留输入图像组之间的语义相似性，其映射关系为 $\mathrm{R}^{2048} \rightarrow \mathrm{R}^{K}$。哈希网络主要由三个全连接层组成，三个全连接层分别有 1024、512 和 K 个神经元，K 是所需哈希码的位数，训练时对全连接层的权重进行随机初始化，其中前两层使用 Leaky ReLU 非线性激活函数，允许负梯度在反向传递过程中流动，并在最后一层中使用 sigmoid 函数激活，以限制网络输出范围为[0，1]。将 Inception Net 提取的 2048 维遥感图像维特征向量：$G=\{g_1, g_2, \cdots, g_P\}$，$g_i \in R^{2048}$ 作为哈希网络的输入，然后从度量空间语义保留和哈希码独立有效性两方面来设计损失函数，最后通过随机梯度下降优化算法训练网络，从而得到一个较好的哈希映射网络。

训练哈希网络 f 最主要的损失就是三元组损失，它保证了在度量空间中相同类别图像对特征之间的欧氏距离近，不同类别图像特征间欧氏距离远(直观效果如图 7-11 所示)。具体而言，三元组样本 $\mathrm{T}=\{(g_i^a, g_i^p, g_i^n)\}$ 从 G 中随机抽样得到，其中 g_i^a 称为锚点，g_i^a 和 g_i^p 为同一类样本，g_i^a 和 g_i^n 为不同类别样本。在一个小批次中，随机挑选 M 个有效三元组，损失函数定义如式(7.18)，a 表示最小边界阈值，用于控制正样本和负样本之间的相对距离。

$$L_{\text{Metric}} = \sum_{i=1}^{M} \max(0,\ \| f(g_i^a) - f(g_i^p) \|_2^2 - \| f(g_i^a) - f(g_i^n) \|_2^2 + a) \tag{7.18}$$

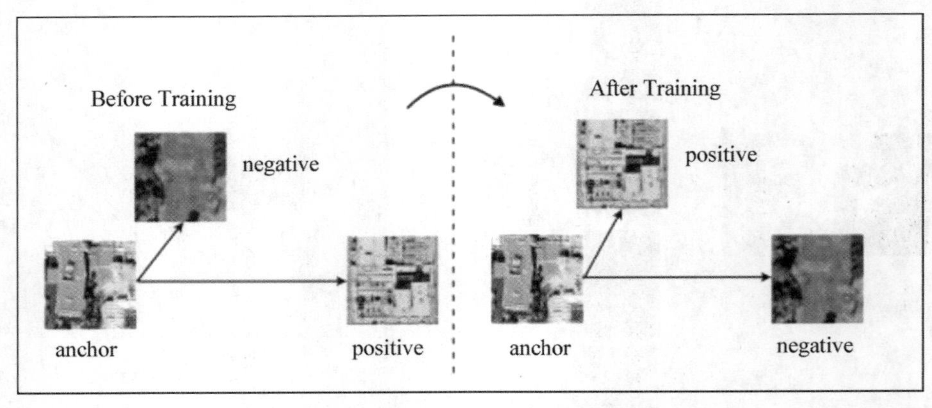

图 7-11　三元损失函数的直观效果图

为了将最终的实际激活值推向 sigmoid 的两端 0 或 1，MiLaN 采用了第二个损失函数 Lpush，将其定义为一个批次尺寸内哈希网络输出的激活值和 0.5 的平方差之和，通过最大化 Lpush 保证哈希码的二值有效性。

$$L_{\text{Push}} = -\frac{1}{K}\sum_{i=1}^{M}\| f(g_i) - 0.51 \|^2 \tag{7.19}$$

此外，MiLaN 采用第三个损失函数 $L_{\text{Balancing}}$ 保证哈希编码的平衡性，具体做法是鼓励每个输出神经元以 50%的概率生成 0 或 1，从而使得编码以后的所有哈希位中为 0 和为 1 的数量比较均衡，以保证熵最大，哈希编码性能最好。$L_{\text{Balancing}}$的定义如下式所示：

$$L_{\text{Balancing}} = \sum_{i=1}^{M}[\text{mean}(f(g_i)) - 0.5]^2 \tag{7.20}$$

将以上三个损失函数的加权和定义为哈希网络 f 最终的目标函数 L：

$$L = L_{\text{Metric}} + a_1 * L_{\text{Push}} + a_2 * L_{\text{Balancing}} \tag{7.21}$$

式中，a_1、a_2 表示对应的损失函数的权重。

(3)哈希模型训练好之后，对于输入图像，将哈希网络 f 的最后一层输出进行简单的阈值化处理得到二进码，记作 $b=h(f(g))$，如下式所示：

$$bn = \text{sign}(f(g) - 0.5) + 1)/2,\ 1 < n < K \tag{7.22}$$

检索时，计算查询图像 X_q 和候选图像之间的汉明距离，并将结果按距离值排序，返回排名前 k 的图像集作为检索结果。

图 7-12 给出 3 组基于 MiLaN 方法的遥感图像的检索结果。以 UCMD、AID 和 NWPU-RESISC45 作为数据集，分别选择密集住宅(dense residential)、沙滩(beach)和梯田(terrace)作为查询类别。检索结果充分验证了 MiLaN 用于遥感图像检索的优越性，这是因为学习到的哈希码不仅保证了度量空间的语义性，还考虑到哈希码的有效性和均衡性。

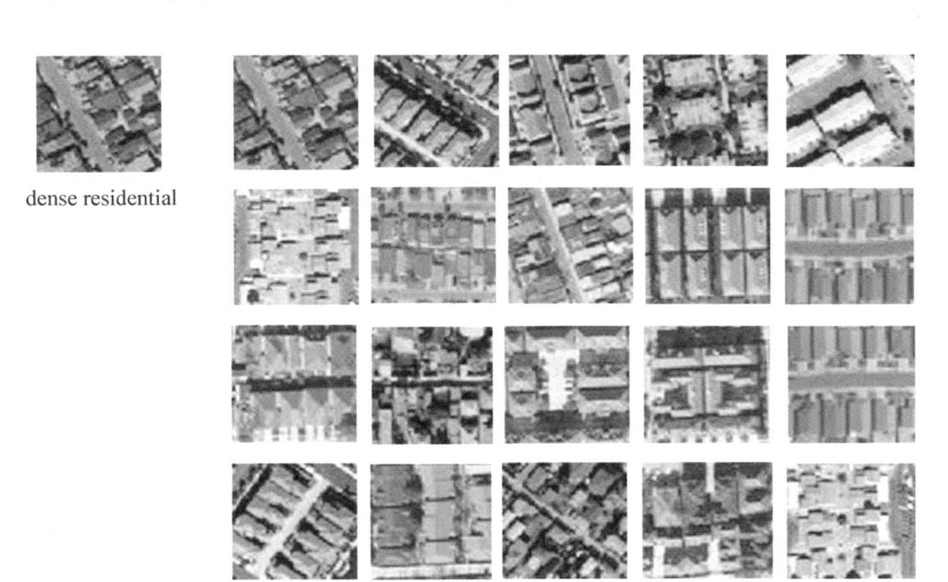

(a)查询图像　　(b)检索结果(Top20)

A. 以 UCMD 数据集为例

图 7-12　基于 MiLaN 的遥感图像检索结果(1)

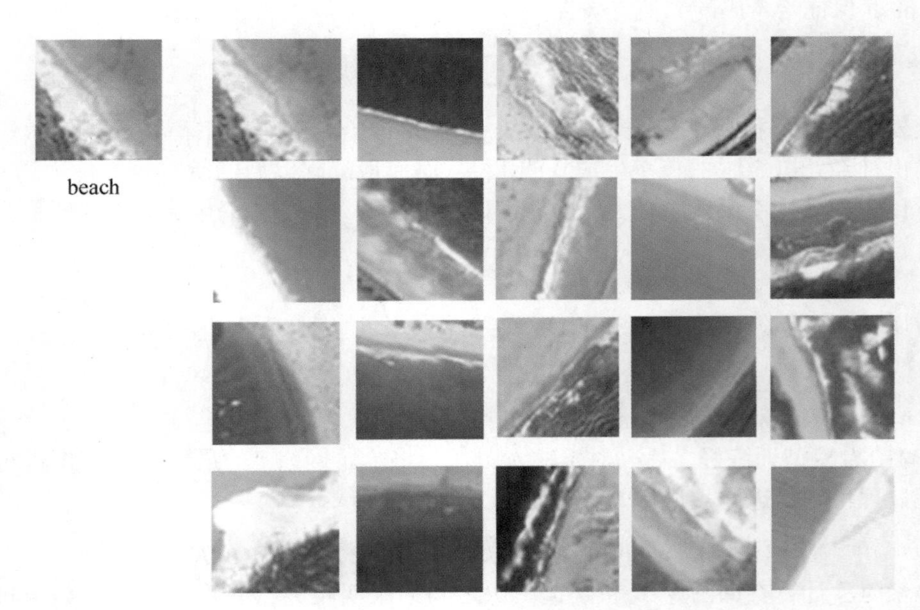

(a)查询图像　　　　(b)检索结果(Top20)

B. 以 AID 数据集为例

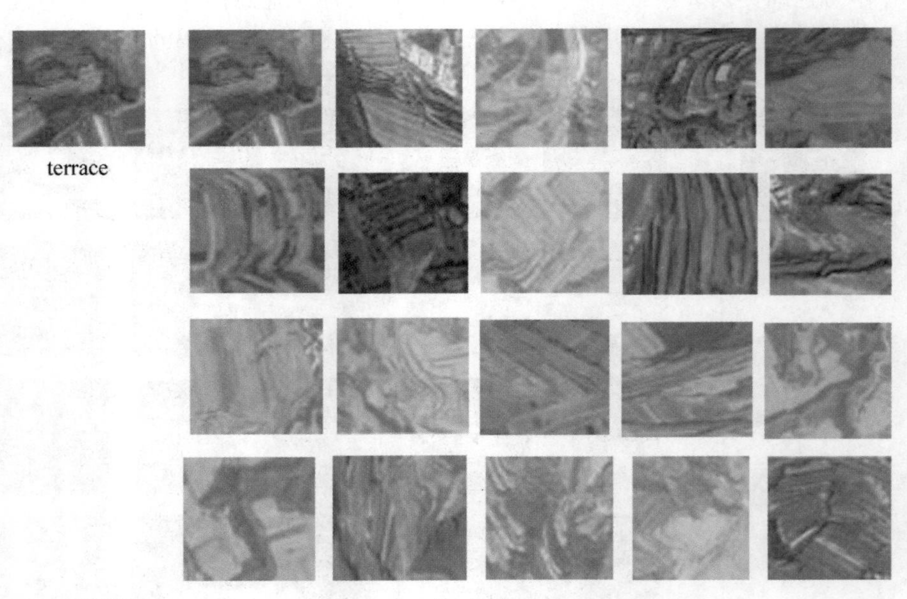

(a)查询图像　　　　(b)检索结果(Top20)

C. 以 NWPU-RESISC45 数据集为例

图 7-12　基于 MiLaN 的遥感图像检索结果(2)

表 7-4 对典型的深度哈希学习用于遥感图像检索时的遥感性能进行了对比分析。其中，LSH、KSH、KULSH 属于无监督哈希方法，其余的则属于监督哈希方法，MiLaN(E)表示未对 MiLaN 最终的实值特征进行如式(7.22)所示的阈值化处理。实验环境配置为：Python 2.7，Tensorflow 1.2.0，Scipy 1.1.0，Pillow 5.1.0；实验参数设置为：$a=0.2$；$a_1=0.001$；$a_2=1$；$M=30$。采用 mAP 作为评价指标。可以看出，总体而言，监督哈希方法检索性能优于无监督哈希方法，深层哈希方法优于浅层哈希方法。MiLaN 与其它深度哈希方法(如 DHN、DPSH 和 DHNN)相比性能更好。MiLaN 与 MiLaN(E)相比，由于减少了量化处理带来的信息丢失，MiLaN(E)的检索精度比 MiLaN 略有提升，但是显然 MiLaN 在检索效率方面具有明显优势。总之，结果充分证明了 MiLaN 哈希网络的设计保证了深度语义哈希网络学习的特征可以很容易地被二值化，同时更好地保留了原始图像空间中的语义相似性。图 7-13 所示的性能对比曲线图反映了当 K 分别为 32 位、64 位和 96 位时，返回不同数量图像时的检索精确率，同样充分体现了 MiLaN 在遥感图像检索中的优越性能。

表 7-4　典型的深度哈希学习方法用于遥感图像检索的性能对比分析(mAP@20:%)

方法	特征	UCMD		AID		NWPU-RESISC45	
		K=32	K=64	K=32	K=64	K=32	K=64
LSH[11]	非监督/浅层	38.9	51.4	29.8	40.1	14.8	18.6
KSH[28]	非监督/浅层	30.4	33.3	29.7	21.4	27.6	29.4
PRH[67]	非监督/浅层	57.1	65.6	47.5	56.0	40.5	45.7
KULSH[60]	监督/深层	53.8	62.5	41.5	50.9	30.7	41.3
KSLSH[60]	监督/深层	88.7	90.2	72.2	76.1	60.2	65.9
DSH[39]	监督/深层	63.2	67.5	41.9	45.9	40.1	40.6
DHN[74]	监督/深层	67.1	73.1	69.5	74.6	60.7	59.2
DPSH[42]	监督/深层	74.8	81.7	30.1	33.9	23.5	25.6
MiLaN[66]	监督/深层	89.8	90.1	90.6	91.5	73.8	74.1
MiLaN(E)[66]	监督/深层	90.8	91.6	91.8	92.5	74.0	74.6

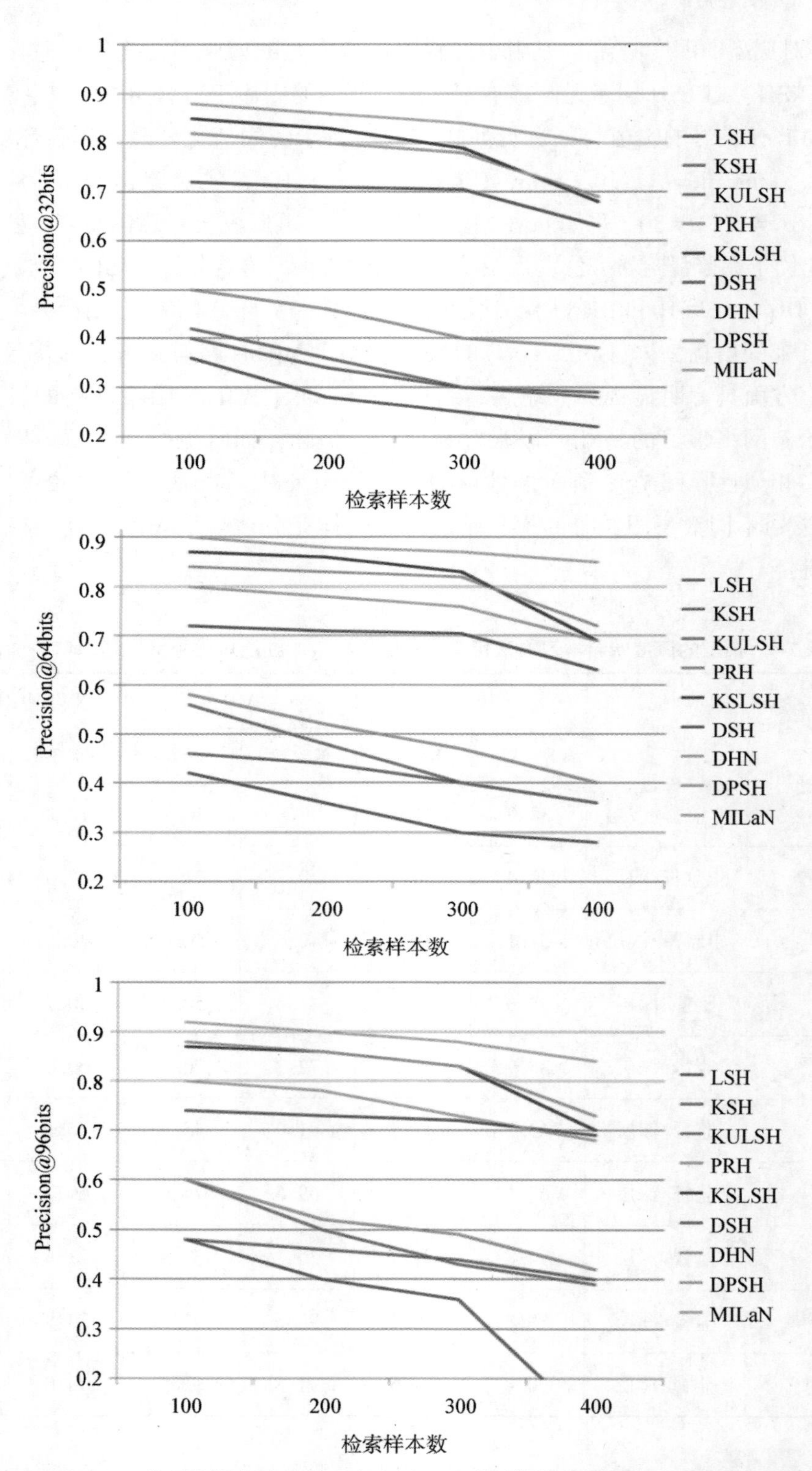

图 7-13　典型的深度哈希学习方法用于遥感图像检索的性能对比曲线图

◎ 参考文献

[1]G Shakhnarovich, T Darrell, P Indyk. Nearest-Neighbor Methods in Learning and Vision: Theory and Practice. Cambridge, MA, USA: MIT Press, 2006.

[2]J Wang, S Kumar, S F Chang. Semi-supervised hashing for largescale search[J]. IEEE Trans. Pattern Anal. Mach. Intell., 2012, 34(12): 2393-2406.

[3] Ciaccia P, Patella M. PAC nearest neighbor queries: Approximate and controlled search in high-dimensional and metric spaces[C]//Proceedings of 16th International Conference on Data Engineering (Cat. No. 00CB37073). IEEE, 2000: 244-255.

[4]A. Andoni and P Indyk. Near-optimal hashing algorithms for approximate nearest neighbor in high dimensions[J]. Proc. 47th Annu. IEEE Symp. Found. Comput. Sci., 2006: 459-468.

[5]P Indyk and R Motwani. Approximate nearest neighbors: towards removing the curse of dimensionality[J]. Proc. 30th Annu. ACM Symp. Theory Comput., 1998: 604-613.

[6]Wang J, Zhang T, Sebe N, et al. A survey on learning to hash[J]. IEEE Trans. Pattern Anal. Mach. Intell, 2018, 40(4): 769-790.

[7]Wang J, Liu W, Kumar S, et al. Learning to hash for indexing big data—a survey[J]. Proceedings of the IEEE, 2015, 104(1): 34-57.

[8]Torralba A, Fergus R, Weiss Y. Small codes and large image databases for recognition[C]. 2008 IEEE Conference on Computer Vision and Pattern Recognition. IEEE, 2008.

[9]曹媛. 基于哈希学习的近似最近邻搜索方法的研究[D]. 大连理工大学, 2019.

[10]Cao Y, Qi H, Zhou W, et al. Binary hashing for approximate nearest neighbor search on big data: A survey[J]. IEEE Access, 2017.

[11]Indyk P. Sublinear time algorithms for metric space problems[C]. Proceedings of the thirty-first annual ACM symposium on Theory of computing, 1999.

[12]Wang J, Zhang T, Sebe N, et al. A survey on learning to hash[J]. IEEE transactions on pattern analysis and machine intelligence, 2017, 40(4): 769-790.

[13]Hervé Jégou, Douze M, Schmid C. Product quantization for nearest neighbor search[J]. IEEE Transactions on Pattern Analysis & Machine Intelligence, 2010, 33(1): 117-128.

[14]Zhang T, Du C, Wang J. Composite quantization for approximate nearest neighbor search [J]. ICML, 2014: 838-846.

[15]Ge T, He K, Ke Q, et al. Optimized product quantization for approximate nearest neighbor search[C]. 2013 IEEE Conference on Computer Vision and Pattern Recognition. IEEE, 2013.

[16]Wang X. Supervised quantization for similarity search[C]. IEEE Conference on Computer Vision & Pattern Recognition. IEEE, 2016.

[17]Yue Cao, Mingsheng Long, Jianmin Wang, et al. Deep quantization network for efficient image retrieval[J]. AAI'16: Proceedings of the Thirtieth AAAI Conference on Artificial In-

telligenceFebruary 2016: 3457-3463.

[18] Cao Y, Long M, Wang J, et al. Deep visual-semantic quantization for efficient image retrieval[C]. Computer Vision & Pattern Recognition. IEEE, 2017.

[19] Yu T, Meng J, Fang C, et al. Product quantization network for fast visual search[J]. International Journal of Computer Vision, 2020(12).

[20] Jingdong Wang, Heng Tao Shen, Jingkuan Song, et al. Hashing for similarity search: a Survey[J]. CoRR, abs/1408.2927, 2014.

[21] Y Weiss, A Torralba, R Fergus. Spectral Hashing[J]. Proc. Int. Conf. Neural Inf. Process. Syst., 2008: 1753-1760.

[22] Gong Y, Lazebnik S, Gordo A, et al. Iterative quantization: a procrustean approach to learning binary codes for large-scale image retrieval[J]. Pattern Analysis and Machine Intelligence, IEEE Transactions on, 2012.

[23] Wei Liu, Cun Mu, Sanjiv Kumar, et al. Discrete graph hashing[J]. Advances in Neural Information Processing Systems 27 (NIPS 2014).

[24] Heo J P, Lee Y, He J, et al. Spherical hashing[C]. IEEE Conference on Computer Vision & Pattern Recognition. IEEE, 2012.

[25] J Wang, S Kumar, S F Chang. Semi-supervised hashing for large scale search[J]. IEEE Transactions on Pattern Analysis and Machine Intelligence, 2012, 34(12): 2393-2406.

[26] P Jain, B Kulis, I S Dhillon, et al. Online metric learning and fast similarity search[J]. Advances in Neural Information Processing Systems, 2008: 761-768.

[27] F Shen, C Shen, W Liu, H T Shen. Supervised discrete hashing[J]. Proceedings of the IEEE International Conference on Computer Vision and Pattern Recognition, Boston, Massachusetts, USA, 2015.

[28] W Liu, J Wang, R Ji, et al. Supervised hashing with kernels[J]. Proceedings of the IEEE International Conference on Computer Vision and Pattern Recognition, Providence, RI, USA, 2012: 2074-2081.

[29] Gui J, Liu T, Sun Z, et al. Fast supervised discrete hashing[J]. IEEE Trans Pattern Anal Mach Intell, 2018(99): 490-496.

[30] R Salakhutdinov G E Hinton. Semantic hashing[J]. Int. J. Approx. Reasoning, 2009, 50(7): 969-978.

[31] Lin K, Lu J, Chen C S, et al. Learning compact binary descriptors with unsupervised deep neural networks[C]. IEEE Conference on Computer Vision and Pattern Recognition (CVPR). IEEE, 2016.

[32] Huang C, Loy C C, Tang X. Unsupervised learning of discriminative attributes and visual representations[C]. Computer Vision & Pattern Recognition. IEEE, 2016.

[33] Huang S, Xiong Y, Zhang Y, et al. Unsupervised triplet hashing for fast image retrieval[C]//Proceedings of the on Thematic Workshops of ACM Multimedia 2017. 2017: 84-92.

[34] Zieba M, Semberecki P, El-Gaaly T, et al. BinGAN: learning compact binary descriptors

with a regularized GAN[J]. 2018.

[35]Dizaji K G, Zheng F, Nourabadi N S, et al. Unsupervised deep generative adversarial hashing network[C]. 2018 IEEE/CVF Conference on Computer Vision and Pattern Recognition (CVPR). IEEE, 2018.

[36]Rongkai Xia, Yan Pan, Hanjiang Lai, et al. Supervised hashing for image retrieval via image representation learning[J]. AAAI, 2014.

[37]Lai H, Pan Y, Liu Y, et al. Simultaneous feature learning and hash coding with deep neural networks[C]. 2015 IEEE Conference on Computer Vision and Pattern Recognition (CVPR). IEEE, 2015.

[38]Lu J, Liong V E, Zhou J. Deep hashing for scalable image search[J]. IEEE Transactions on Image Processing, 2017, 26(5): 2352-2367.

[39]H Liu, R Wang, S Shan, X Chen. Deep supervised hashing for fast image retrieval[J]. 2016 IEEE Conference on Computer Vision and Pattern Recognition (CVPR), Las Vegas, NV, 2016: 2064-2072. doi: 10.1109/CVPR.2016.227.

[40] Zhao F, Huang Y, Wang L, et al. Deep semantic ranking based hashing for multi-label image retrieval[C]//Proceedings of the IEEE conference on computer vision and pattern recognition. 2015: 1556-1564.

[41]YAO T, Long F, MEI T, et al. Deep semantic-preserving and ranking-based hashing for image retrieval[J]. International Joint Conference on Artificial Intelligence, 2016: 3931-3937.

[42]Wu-Jun Li, Sheng Wang, Wang-Cheng Kang. Feature learning based deep supervised hashing with pairwise labels[J]. IJCAI, 2016.

[43]Bit-Scalable Deep Hashing with Regularized similarity learning for image retrieval and person re-identification, 2015

[44]Jiang Q Y, Li W J. Asymmetric deep supervised hashing[J]. Association for the Advancement of Artificial Intelligence, 2018.

[45]Zhang J, Peng Y. SSDH: semi-supervised deep hashing for large scale image retrieval[J]. IEEE Transactions on Circuits and Systems for Video Technology, 2019, 29(1): 212-225.

[46]X Zhang, L Zhang, H Y Shum. Q srank: query-sensitive hash code ranking for efficient-neighbor search[J]. Proc. IEEE Conf. Comput. Vis. Pattern Recognit., 2012: 2058-2065.

[47]L Zhang, Y Zhang, J Tang, et al. Binary code ranking with weighted hamming distance[J]. Proc. IEEE Conf. Comput. Vis. Pattern Recognit., 2013: 1586-1593.

[48]Liu X, Huang L, Deng C, et al. Query-adaptive hash code ranking for large-scale multi-view visual search[J]. IEEE Transactions on Image Processing, 2016, 25(10): 4514-4524.

[49]A Gordo, F Perronnin, Y Gong, S Lazebnik. Asymmetric distances for binary embeddings[J]. IEEE Trans. Pattern Anal. Mach. Intell., 2014, 36(1): 33-47.

[50]Lv Y, Ng W W Y, Zeng Z, et al. Asymmetric cyclical hashing for large scale image retriev-

al[J]. IEEE Transactions on Multimedia, 2015, 17(8): 1225-1235.

[51]Zhenyu Weng, Wenbin Yao, Ziqiang Sun, Yuesheng Zhu. Asymmetric distance for spherical hashing[J]. 2016 IEEE International Conference on Image Processing (ICIP).

[52]Cao Y, Qi H, Kato J, et al. Hash ranking with weighted asymmetric distance for image search[J]. IEEE Transactions on Computational Imaging, 2017, 3(4): 1008-1019.

[53] Leng C, Wu J, Cheng J, et al. Hashing for Distributed Data[C]// International Conference on Machine Learning. JMLR. org, 2015.

[54]Zhai D, Liu X, Ji X, et al. Supervised distributed hashing for large-scale multimedia retrieval[J]. IEEE Transactions on Multimedia, 2017, 20(3): 675-686.

[55]Nikodimos Provatas, Ioannis Konstantinou, Nectarios Koziris. Towards faster distributed deep learning using data hashing techniques[J]. 2019 IEEE International Conference on Big Data

[56]Liu Z, Chen F, Duan S. Distributed fast supervised discrete hashing[J]. IEEE Access, 2019, 7: 90003-90011.

[57]Osman Durmaz, Hasan Sakir Bilge. Fast image similarity search by distributed locality sensitive hashing[J]. Pattern Recognition Letters, 2019(1281): 361-369.

[58]Jiang Q Y, Li W J. Deep cross-modal hashing[C]. Proceedings of the IEEE conference on computer vision and pattern recognition, 2017: 3232-3240.

[59]Liu X, Yu G, Domeniconi C, et al. Ranking-based deep cross-modal hashing[C]. Proceedings of the AAAI Conference on Artificial Intelligence, 2019.

[60]B Demir, L Bruzzone. Hashing-based scalable remote sensing image search and retrieval in large archives[J]. IEEE Transactions on Geoscience and Remote Sensing, 2016, 54(2): 892-904.

[61]T Reato, B Demir, L Bruzzone. An unsupervised multicode hashing method for accurate and scalable remote sensing image retrieval[J]. IEEE Geoscience and Remote Sensing Letters, 2019, 16(2): 276-280.

[62]Y Li, Y Zhang, X Huang, et al. Large-scale remote sensing image retrieval by deep hashing neural networks[J]. IEEE Transactions on Geoscience and Remote Sensing, 2018, 56(2): 950-965.

[63]Basu S, Ganguly S, Mukhopadhyay S, et al. Deepsat: a learning framework for satellite imagery[C]. Proceedings of the 23rd Sigspatial international conference on advances in geographic information systems, 2015: 1-10.

[64]Li Y, Zhang Y, Huang X, et al. Learning source-invariant deep hashing convolutional neural networks for cross-source remote sensing image retrieval[J]. IEEE Transactions on Geoscience and Remote Sensing, 2018, 56(11): 6521-6536.

[65]S Roy, E Sangineto, B Demir, N Sebe. Deep metric and hashcode learning for content-based retrieval of remote sensing images[J]. IGARSS. IEEE, 2018: 4539-4542.

[66]Subhankar Roy, Enver Sangineto, Begüm Demir, Nicu Sebe. 2020-metric-learning-based

deep hashing network for content-based retrieval of remote sensing images[J]. IEEE Geoscience and Remote Sensing Letters, 2020.

[67]Li P, Ren P. Partial randomness hashing for large-scale remote sensing image retrieval[J]. IEEE Geoscience and Remote Sensing Letters, 2017, 14(3): 464-468.

[68]Li P, Han L, Tao X, et al. Hashing nets for hashing: a quantized deep learning to hash framework for remote sensing image retrieval[J]. IEEE Transactions on Geoscience and Remote Sensing, 2020(99): 1-15.

[69]Cheng Chen, Huanxin Zou, Ningyuan Shao et al. Deep semantic hashing retrieval of remote sensing images[J]. IGARSS 2018—2018 IEEE International Geoscience and Remote Sensing Symposium.

[70]Xu Tang, Chao Liu, Xiangrong Zhang et al. Remote sensing image retrieval based on semi-supervised deep hashing learning[J]. IGARSS 2019 - 2019 IEEE International Geoscience and Remote Sensing Symposium.

[71]Liu C, Ma J, Tang X, et al. Adversarial hash-code learning for remote sensing image retrieval[C]. IGARSS 2019—2019 IEEE International Geoscience and Remote Sensing Symposium. IEEE, 2019.

[72]Kevin Lin, Huei-Fang Yang, Jen-Hao Hsiao, Chu-Song Chen. Deep learning of binary hash codes for fast image retrieval[J]. CVPR 2015 Workshop.

[73]M D Zeiler, R Fergus. Visualizing and understanding convolutional networks[J]. Proc. ECCV: 818-833. Springer, 2014.

[74]H Zhu, M Long, J Wang, Y Cao. Deep hashing network for effificient similarity retrieval [J]. Proc. AAAI Conf. Artif. Intell., 2016: 2415-2421.

第8章　基于图像描述生成的遥感图像智能检索

人类每天都要接收大量视觉信息。尽管“一幅图胜过千言万语”，然而很多时候，面对浩如烟海的图像数据，人们仍然希望计算机能够自动生成简洁而准确的句子来描述图像想要传达的信息。让计算机模拟人的能力去解译视觉世界，是人工智能的目标之一。

图像描述生成(image captioning)就是让计算机试图理解图像并生成符合图像语义内容的自然语言描述的过程，涵盖计算机视觉和自然语言处理两大研究方向，已经成为人工智能领域的研究热点，可应用于生物、医学、商业、军事、教育、数字图书馆等众多领域，如人机交互、早期教育、辅助视障人士阅读、视频智能过滤等，其中最典型的应用之一就是搜索引擎中的图像检索。

尽管在过去的几十年里，特别是近几年，很多计算机视觉任务，如自动标注、目标检测和识别、语义分割、场景分类等都取得了显著的成果。然而，让计算机模拟人类的视觉和认知，并且用符合人类规范的自然语言描述一幅图像所包含的丰富语义信息，从而为用户提供有价值的信息，仍是极富挑战性的工作。这是因为，图像描述生成与以上计算机视觉任务相比，其目标是要产生准确自然、新颖灵活、词汇丰富的综合性描述语句，而不仅仅是预测一个或多个标签；综合性描述语句中除了包含图像的目标及其所属的语义类别，还应该包含目标的属性信息以及目标之间的相互关系，并根据图像所包含目标之间的相关性具备一定的推理功能。而遥感图像数据的尺度模糊性、类别模糊性和旋转歧义性等特点，更是增加了这一工作的难度。

本章首先介绍图像描述生成的概念及发展、标准的图像描述生成自然图像集及常用的性能评价指标，然后总结传统的和基于深度学习的图像描述生成方法，重点介绍基于深度学习的图像描述生成系统的基本架构和关键技术；接下来分析遥感图像描述生成的难点及研究现状，给出基于多尺度和上下文注意力机制的解决方案；最后基于公开遥感图像描述数据集，设计并实现了一个基于图像描述生成的遥感图像智能检索系统，并对检索结果进行了分析。

8.1　图像描述生成概述

图像描述生成的本质是从视觉到语言(visual to language，V2L)，即根据图像给出能够描述图像语义内容的自然语句，而不仅仅是标注图像的类别标签。图像描述生成由图像语义理解和生成自然语言描述两部分组成。图像语义理解很大程度上依赖于图像特征提取，常常通过提取图像的全局特征或者局部特征来实现。生成自然语言描述是指将描述图像的词连接成符合图像语义内容、满足语法规范、容易理解的语句，涉及句法(syntactic)规范及语义推理。图像描述生成方法可以分为传统的方法和基于深度学习的方法两大类。传统的方法大致可以分为基于模板的图像描述生成(template-based image caption)和基于检索的图像描述生成(retrieval-based image caption)两类，属于早期的研究；基于深度学习的方法是近年来随着深度学习的发展而兴起的，又可以根据数据来源、体系架构、学习方式、语言生成模型等做进一步分类。

8.1.1 图像描述生成的起源及发展

早在21世纪初，人们就开始了从图像中获取语义信息，并将其表达为自然语言的探索性研究，但由于受到当时技术条件的制约，仅能在有限条件下给出简单的描述，不能满足实际应用需求。直到2010年以后，图像描述生成的研究才开始面向更有普遍意义的图像。具有开创性的研究工作包括：Ali Farhadi 等人(2010)构建了描述图像的〈目标、动作、场景〉三元组，通过定量地评估从图像到三元组的映射和从标注的描述语句到三元组的映射之间的相似性，在图像和描述语句之间建立连接，从而证实了计算机能够自动生成包含更丰富图像内容的语句。如图 8-1 所示，Ali Farhadi 等给出对自然图像预测的结果，包括

(a)原始图像	(b)预测三元组	(c)生成的描述语句
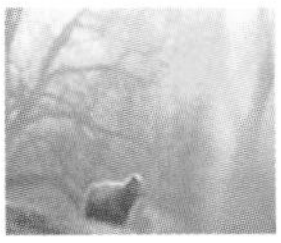	(pet, sleep, ground) (dog, sleep, ground) (animal, sleep, ground) (animal, stand, ground) (goat, stand, ground)	see something unexpected. Cow in the grassfield. Beautiful scenery surrounds a fluffly sheep. Dog hearding sheep in open terrain. Cattle feeding at a trough.
	(furniture, place, furniture) (furniture, place, room) (furniture, place, home) (bottle, place, table) (display, place, table)	Refrigerator almost empty. Foods and utensils. Eatables in the refrigerator. The inside of a refrigerator apples, cottage cheese, tupperwares and lunch bags. Squash apenny white store with a hand statue, picnic tables in front of the building.
	(transportation, move, track) (bike, ride, track) (transportation, move, road) (pet, sleep, ground) (bike, ride, road)	A man stands next to a train on a cloudy day A backpacker stands beside a green train This is a picture of a man standing next to a green train There are two men standing on a rocky beach, smiling at the camera. This is a person laying down in the grass next to their bike in front of a strange white building.
	(display, place, table) (furniture, place, furniture) (furniture, place, furniture) (bottle, place, table) (furniture, place, home)	This is a lot of technology. Somebody's screensaver of a pumpkin A black laptop is connected to a black Dell monitor This is a dual monitor setup Old school Computer monitor with way to many stickers on it

图 8-1 图像描述生成的较早期研究[3]

〈目标，动作，场景〉三元组和最终生成的描述语句，不过他们认为自己所使用的语句模型过于简单。另一项代表性工作中，Kulkarni 等人(2011)认为自动生成描述图像的语句与目标检测、语义分割、场景分类等计算机视觉任务相比，不限于仅仅识别图像场景及场景内包含的目标，而是生成完整的语句表达图像中目标的位置信息以及目标之间的相互关系；为了使语句流畅，需要生成合适的修饰词以及介词短语。Kulkarni 等人(2011)将这种基于模板的图像描述生成思路应用于 PASCAL 自然图像集，实验结果表明，针对图像集中大多数图像能够获得令人满意的效果，如图 8-2(a)所示。不过，他们也承认在一些图像上会存在包括漏检、检测不正确、属性不正确、数量计算困难、全部不正确等情况，如图 8-2(b)所示。

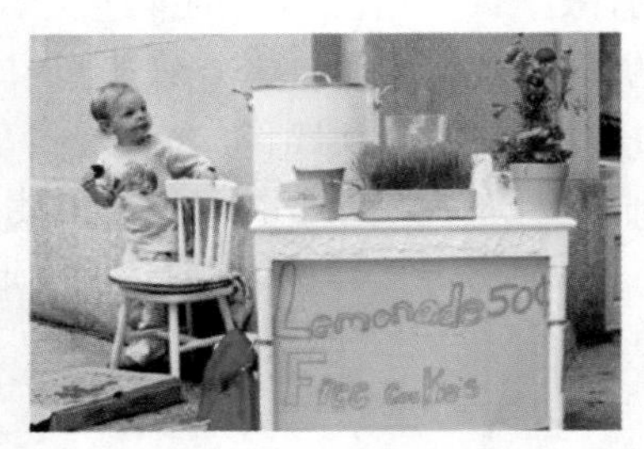

This picture shows one person, one grass, one chair, and one potted plant. The person is near the green grass, and in the chair. The green grass is by the chair, and near the potted plant.

There are two aeroplanes. The first shiny aerophane is near the second shiny aeroplane.

(a)语义正确的描述

Incorrect detections:

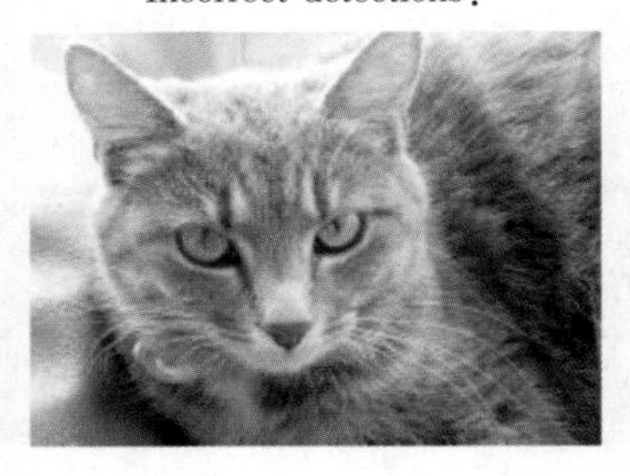

There are one road and one cat. the furry road is in the furry cat.

Just all wrong!

There are one potted plant, one tree, one dog and one road. The gray potted plant is beneath the tree. The tree is near the black dog. The road is near the black dog. The black dlg is near the gray potted plant.

(b)语义不正确的描述

图 8-2　图像描述生成的较早期研究[4]

综合而言，在较早期的研究中，图像理解主要基于传统方法，例如使用人工设计的特征，如 LBP、SIFT、HOG 等特征描述子提取图像特征，然后采用 SVM 等分类器进行类别判定，得到图像中的目标及属性；再根据图像的目标和属性信息，利用基于模板填充或基于检索的方法生成具有语义和句法的语句。其中，基于模板填充的方法首先预先定义模板，然后将提取出的图像特征(如目标、属性、关系、动作等)填入预设的模板，从而生成对一幅图像的简单语句；这类方法实现起来简单易行，能够保证语义和句法正确性，缺点是固定的模板无法产生多样性的输出、句式刻板固定、表达能力有限。基于检索的方法旨在基于相似图像集合及相应的描述生成对查询图像的描述语句，虽然生成的描述语句句式相对灵活和多样，但是这类方法的性能在很大程度上依赖于检索性能，无法保证语义的正确性。总之，传统方法生成描述语句的表现力非常有限。

随着深度学习推动的人工智能浪潮在各个研究领域的渗透，也极大地影响和推动了图像描述生成的发展。一方面，深度学习极大地促进了计算机视觉的发展，提供了一种从训练数据中自动学习特征的端到端机制，克服了人工设计特征在特征表达方面的局限性，在图像描述生成任务中使用深度卷积神经网络(如 AlexNet、VGG、GoogLeNet、ResNet 等)作为图像特征编码器已经成为研究主流；另一方面，在描述语言自动生成方面，人们开始研究通过训练深度循环神经网络将词汇自动解译为自然语言，从而生成更加灵活和富有创造性的语句。

基于深度学习的图像描述生成的开创性工作是 2014 年百度研究院提出的 m-RNN (multimodal recurrent neural network)模型和 2015 年谷歌公司提出的 NIC(neural image caption generator)模型。他们提出的结合了深度卷积神经网络和循环神经网络/长短记忆网络的基本编-解码架构(encoder-decoder architecture)，以其优越的句法正确性、语义准确性和对新图像的泛化能力，奠定了基于深度学习的图像描述生成研究的地位，使其逐渐取代传统的基于模板和基于检索的方法，成为自然语言处理研究和发展的主流架构。在后续的研究中，人们在基本编-解码架构的基础上做了多种改进，以适应各种不同的任务需求。

8.1.2 数据集及性能评价

一、图像描述生成自然图像数据集

表 8-1 列出了目前常用的图像描述生成自然图像集，从图像数据、每幅图像标记的语句数量、标记数量、类别等方面进行了归纳。

表 8-1 常用的图像描述生成自然图像集

数据集名称	图像数量	语句数量(句/幅)	标记数量	类别	发布时间(年)	其它说明
IAPR TC-12[7]	20000	1-5	—	17	2006	—
BBC News[8]	3361	1	—	—	2008	—
Pascal 1K[9]	1000	5	—	—	2010	—
MIT-Adobe 5K[10]	5000	—	—	—	2011	图像增强 图像修饰
VLT 2K[11]	2424	3	7272	10	2013	平均长度为19.9个单词
Flickr 8k[12]	8108	5	40540	—	2013	—

续表

数据集名称	图像数量	语句数量(句/幅)	标记数量	类别	发布时间(年)	其它说明
Flickr 30k[13]	31783	5	158915	—	2014	—
FlickrStyle 10k[14]	10000	—	—	—	2016	—
Abstract Scenes[15]	10000	6	—	—	2013	—
MS COCO[16]	164062	5	820310	80	2014	平均长度为 10.4 个单词
Deja-Image Captions[17]	4000000	Varies	—	—	2015	—
Instagram[18]	>10000	—	—	—	2016	—
Visual Genome[19]	108077	50	5400000 区域描述	33877 对象类别	2017.5	密集 Caption
Conceptual Captions[20]	3369218	—	75995	—	2018	—

二、常用的图像描述生成性能评价指标

评价图像描述生成的质量时，一般以所生成的语言描述的准确程度(即语义含义是否相符)和流畅程度(即句法结构及语法正确性)作为衡量标准，包含客观评价指标和主观评价指标。

1. 客观评价指标

常用的图像描述生成质量定量评价指标包括 BLEU、ROGUE、METEOR、CIDEr 和 SPICE 等。指标的值越高，表示生成的描述语句与人工标注的参考语句越接近，即生成的描述语句质量越好。这些指标的计算一般都需要使用候选语句(即待评价的语句)和参考语句(即人工标注的语句)。

(1) BLEU(Bilingual evaluation Understudy，双语互译质量评估辅助工具)是由 Papineni K.等人(2002)提出的指标。BLEU 通过计算候选语句与参考语句中 n 元组共同出现的程度来衡量二者之间的相似度。其中，n 元组是由句子中的一个或多个连续的单词组成的片段。

计算 BLEU 时，首先根据下式计算语料层的重合度：

$$CP_n(C,\ S)\ ) = \frac{\sum_i \sum_k \min[h_k(c_i)\ ,\ \max_{j \in m} h_k(s_{ij})\ ]}{\sum_i \sum_k h_k(c_i)} \tag{8.1}$$

式中，$c_i \in C$，表示候选语句；$S_i = \{s_{i1},\ s_{i2},\ \cdots,\ s_{im}\} \in S$，表示对应的一组参考语句。假设 $\omega_k \in \Omega$ 表示第 k 组可能的 n 元组，$h_k(c_i)$ 表示 ω_k 在候选语句 c_i 中出现的次数，$h_k(s_{ij})$ 表示 ω_k 在参考语句 s_{ij} 中出现的次数。由于 $CP_n(C,\ S)$ 倾向于较短的句子，在句子较短时得分更高，因此引入一个惩罚因子 BP(brevity penalty)：

$$b(C,\ S) = \begin{cases} 1,\ l_c > l_s \\ e^{1-\frac{l_s}{l_c}},\ l_c \leqslant l_s \end{cases} \tag{8.2}$$

其中，l_c 表示候选语句 c_i 的长度；l_s 表示参考语句 s_{ij} 的有效长度(若一个候选语句对应多个参考语句，那么选择与候选语句长度最接近的一个参考语句的长度作为有效长度)。

计算最终 BLEU 值的公式为：

$$\mathrm{BLEU}_N(C, S) = b(C, S)\exp\sum_{n=1}^{N} w_n \log C\, P_n(C, S) \tag{8.3}$$

其中，$N = 1, 2, 3, 4$，权重 $\omega_n = 1/N$，取值范围为 $[0, 1]$。

(2) ROUGE(recall-oriented understudy for gisting evaluation，面向召回的摘要评价替补指标)是由 Lin C.Y.(2004)提出的评价指标。与 BLEU 类似，ROUGE 主要侧重于翻译的充分性和忠实性，忽略了评价参考译文的流畅度，由 ROUGE-N、ROUGE-L、ROUGE-W、ROUGE-S 等一系列指标组成。

ROUGE-N (N-gram co-occurrence statistics)：候选语句和参考语句中同时出现的 n-gram 的最大值。ROUGE-N 是与召回率(Recall)相关的度量指标，等式的分母是在参考语句侧出现的 n-gram 数量的总和。

$$\mathrm{ROUGE\_N} = \frac{\sum_{S \in \{\mathrm{ReferemceSummaries}\}} \sum_{\mathrm{gram}_n \in S} \mathrm{Count}_{\mathrm{match}}(\mathrm{gram}_n)}{\sum_{S \in \{\mathrm{ReferenceSummaries}\}} \sum_{\mathrm{gram}_n \in S} \mathrm{Count}(\mathrm{gram}_n)} \tag{8.4}$$

其中，n 代表 n 元组，$\mathrm{Count}_{\mathrm{match}}(\mathrm{gram}_n)$ 是待测评语句中出现的最大匹配 n-grams 的个数。

ROUGE-L (longest common subsequence)：基于最长公共子序列(Longest Common Subsequence，LCS)的度量指标。通过计算 F-score 值求得，采用归一化成对 LCS 来比较两种文本之间的相似性，计算公式如下：

$$R_l = \max_j \frac{l(c_i, s_{ij})}{|s_{ij}|} \tag{8.5}$$

$$P_l = \max_j \frac{l(c_i, s_{ij})}{|c_i|} \tag{8.6}$$

$$\mathrm{ROUGE}_l(c_i, S_i) = \frac{(1+\beta^2) R_l P_l}{R_l + \beta^2 P_l} \tag{8.7}$$

其中，$l(c_i, s_{ij})$ 是候选语句和参考语句之间 LCS 的长度，R_l 和 P_l 分别表示召回率和精度，β 是一个常量。

ROUGE-W (weighted longest common subsequence)：考虑到基本的 LCS 没有区分它们嵌入序列中不同空间关系的 LCS，通过加权方式对其进行改进(weighed LCS，WLCS)，即简单地记住到目前为止与常规二维动态程序表计算 LCS 所遇到的连续匹配的长度，并使用 k 表示以单词 s_i 和 c_j 结尾的当前连续匹配的长度。给定两个句子 X 和 Y，可以使用以下动态过程来计算参考语句 S 和候选语句 C 的 WLCS 分数：

$$R_{\mathrm{wlcs}} = f^{-1} \frac{\mathrm{WLCS}(S, C)}{|s_i|} \tag{8.8}$$

$$P_{\mathrm{wlcs}} = f^{-1} \frac{\mathrm{WLCS}(S, C)}{|c_i|} \tag{8.9}$$

$$\text{ROUGE}_{\text{wlcs}} = \frac{(1+\beta^2) R_{\text{wlcs}} P_{\text{wlcs}}}{R_{\text{wlcs}} + \beta^2 P_{\text{wlcs}}} \tag{8.10}$$

其中，f^{-1} 是 f 的反函数。

ROUGE-S (skip-bigram co-occurrence statistics)：用于度量候选语句和一组参考语句之间的不连续二元组共现性的度量指标。

$$R_{\text{skip2}} = \frac{\text{SKIP2(S, C)}}{|s_i|} \tag{8.11}$$

$$P_{\text{skip2}} = \frac{\text{SKIP2(S, C)}}{|c_i|} \tag{8.12}$$

$$\text{ROUGE}_{\text{S}} = \frac{(1+\beta^2) R_{\text{skip2}} \text{P}_{\text{skip2}}}{R_{\text{skip2}} + \beta^2 P_{\text{skip2}}} \tag{8.13}$$

其中，SKIP2(S，C)是候选语句和参考语句之间跳过大的匹配数，β 控制 R_{skip2} 和 P_{skip2} 的相对重要性。

(3) METEOR(metric for evaluation of translation with explicit ordering，显式排序翻译评价指标)是由 Satanjeev Banerjee 等人(2005)提出的指标。METEOR 通过计算候选语句与参考语句之间精确率和召回率的平均值衡量二者之间的相似度。METEOR 需要预先给定一组校准(alignment) m，而这一校准基于 WordNet 的同义词库，通过最小化对应语句中连续有序的块(chunks)ch 得到。METEOR 的计算公式为：

$$\text{Pen} = \gamma\left(\frac{\text{ch}}{m}\right)^{\theta} \tag{8.14}$$

$$F_{\text{mean}} = \frac{P_m R_m}{\alpha P_m + (1-\alpha) R_m} \tag{8.15}$$

$$P_m = \frac{|m|}{\sum_k h_k(c_i)} \tag{8.16}$$

$$R_m = \frac{|m|}{\sum_k h_k(s_{ij})} \tag{8.17}$$

$$\text{METEOR} = (1-\text{Pen}) F_{\text{mean}} \tag{8.18}$$

其中，S_i 和 C_i 分别表示参考语句和候选语句；Pen 表示惩罚项；α，β，γ 为评价参数；m 表示候选语句和参考语句中匹配上的单词个数；ch 表示语句对中连续且同序的匹配语块(chunks)的个数，P_m 和 R_m 分别表示精确率和召回率。

(4) CIDEr(Consensus-based Image Descripton Evaluation，一致性图像描述评价)是由 Vedantam 等人(2015)提出的评价指标。CIDEr 通过计算每个 n 元组的 TF-IDF 权重来衡量候选语句和参考语句之间的一致性，计算公式为：

$$g_k(s_{ij}) = \frac{h_k(s_{ij})}{\sum_{w_l \in \Omega} h_l(s_{ij})} \log\left(\frac{|I|}{\sum_{I_p \in I} \min(1, \sum_q h_k(s_{pq}))}\right) \tag{8.19}$$

$$\text{CIDEr}_n(c_i, S_i) = \frac{1}{m}\sum_j \frac{g^n(c_i)\cdot g^n(s_{ij})}{\| g^n(c_i)\| \| g^n(s_{ij})\|} \tag{8.20}$$

$$\text{CIDEr}(c_i, S_i) = \sum_{n=1}^{N} w_n \text{CIDEr}_n(c_i, S_i) \tag{8.21}$$

其中，ω_n 为权重，$\omega_n = \frac{1}{N}$；

$g_k(s_{ij})$ 为 TF-IDF 权重；

$h_k(s_{ij})$ 为 w_k 在参考语句 s_{ij} 中出现的次数；

$h_k(c_i)$ 为 w_k 在候选语句 c_i 中出现的次数；

w_k 为父词条；

s_{ij} 为参考语句；

c_i 为候选语句；

Ω 为所有父词条的词汇表；

I 为所有图像数据集的集合；

$g^n(c_i)$ 为由 $g_k(s_{ij})$，即 TF-IDF 权重构成的向量，$\| g^n(c_i)\|$ 为向量 $g^n(c_i)$ 的大小。

为了避免当一个句子经过人工判断得分很低，但是在自动计算标准中却得分很高的情况，通过增加了截断(clipping)和基于长度的高斯惩罚，得到 CIDEr-D。

$$\text{CIDEr\_D}_n(c_i, S_i) = \frac{10}{m}\sum_j e^{\frac{-[l(c_i)-l(s_{ij})]^2}{2\sigma^2}} \times \frac{\min\ (g^n(c_i),\ g^n(c_i)\cdot g^n(s_{ij}))}{\| g^n(c_i)\| \| g^n(s_{ij})\|} \tag{8.22}$$

$$\text{CIDEr\_D}(c_i, S_i) = \sum_{n=1}^{N} w_n \text{CIDEr\_D}_n(c_i, S_i) \tag{8.23}$$

其中，$l(c_i)$ 和 $l(s_{ij})$ 分别表示候选语句和参考句子的长度。

(5) SPICE(semantic propositional image caption evaluation，语义命题图像描述生成评价)是由 Peter Anderson 等人(2016)提出的评价指标。SPICE 基于图的语义表示对句子中的对象、属性和关系进行编码，通过计算 F-score 值度量候选语句和参考语句的相似性。SPICE 的计算公式如下：

$$T(G(c)) \triangleq O(c) \cup E(c) \cup K(c) \tag{8.24}$$

$$P(c, S) = \frac{| T(G(c)) \otimes T(G(S))|}{| T(G(c))|} \tag{8.25}$$

$$R(c, S) = \frac{| T(G(c)) \otimes T(G(S))|}{| T(G(S))|} \tag{8.26}$$

$$\text{SPICE}(c, S) = F_1(c, S) = \frac{2\cdot P(c, S)\cdot R(c, S)}{P(c, S) + R(c, S)} \tag{8.27}$$

其中，$G(c) = \langle O(c), E(c), K(c)\rangle$，各参数意义如下：

c：候选语句；

S：参考语句；

$O(c) \subseteq C$：c 中提到的对象集合；

$E(c) \subseteq O(c) \times R \times O(c)$：表示对象之间关系的超边集合；

$K(c) \subseteq O(c) \times A$：一组与对象相关联的属性集合；

T：从场景图中返回逻辑元组的函数；

P：精确率；

R：召回率；

$\otimes$：二进制匹配操作符。

2. 主观评价指标

(1)分级评价(human score)。一种常用的定性评价指标是将人对图像描述生成结果的主观性进行分级评价，比如分为 4 级[27]：完全正确(without any error)、少量错误(with minor error)、描述部分相关(with a somewhat related description)和描述完全不相关(with an unrelated description)；或者分为 3 级[28]：完全正确(totally right)、部分正确(partly right)和完全错误(totally wrong)。

(2)一致性评价(human agreement)。另一种主观评价指标是通过人对于图像描述生成的主观一致性进行评价，比如通过从测试集中采集一个额外的人工图像描述作为预测，然后通过定量评价指标计算一致性；或者通过计算针对一个给定词 w 的 HP(human precision)和 HR(human recall)衡量一致性。

具体而言，通过对 $k+1$ 人候选语句中使用的单词与前 k 个参考句子中使用的单词进行比较，来计算给定单词 w 的人工精确度和召回率。其中，每个负图像的权值为 1，每个正图像的权值等于包含单词 w 的描述数量，计算公式如下：

$$H_P = \frac{pk}{pk + (1-p)^k} \tag{8.28}$$

$$H_R = p \tag{8.29}$$

其中，$p = P(\omega = 1 \mid o = 1)$，$q = P(o = 1)$。

一致性评价性模型中参数说明如下：

o：对象或视觉概念；

ω：与 o 相关的单词；

n：图像总数；

k：每幅图像的描述数量。

8.2　基于传统方法的图像描述生成

如前所述，传统的图像描述生成方法可分为基于模板的方法和基于检索的方法。基于模板的方法旨在基于预设模板生成描述语句，生成的语句虽然语法正确，但句式简单，缺乏多样性和灵活性，表达能力有限；基于检索的方法旨在基于相似图像的描述生成查询图像的描述语句，生成的语句相对灵活多样，但语句质量依赖于图像检索算法，不能确保语义正确性。以下简要介绍两种方法的代表性研究工作。

8.2.1　基于模板的方法

基于模板的图像描述生成方法的基本思想是：首先识别和检测出图像中所包含的目标、属性、场景、动作等视觉概念，然后基于早期语言模型(如 sentence template、n-

Grams、grammar rules 等)中定义的句子模板或特定的语法规则，将检测到的视觉概念连接起来，生成一个完整的句子描述。例如，Kulkarni 等人(2011)将基于模板的图像描述生成方法总结为 6 个步骤：(1)对象检测；(2)属性分类；(3)增加前置词；(4)构建条件随机场；(5)标签预测；(6)语句生成，如图 8-3 所示。其它代表性研究工作包括：Mitchell 等(2012)基于目标检测将图像表示为 <对象，动作，空间关系> 三元组，然后将图像描述转换成一个树形结构(syntactic trees，句法树)的生成过程，通过对象名词的聚类和排序来确定图像的内容，最后使用三元语言模型从树中选择单词生成图像描述；Ushiku 等人(2012)提出一种基于多关键字短语的图像描述生成方法，首先基于学习方法估计图像的多关键字短语，然后采用语法模型将其连接起来构成对图像的描述；Li S.等人(2011)将从图像上提取的语义信息(含对象属性和空间关系)存储为≪adj_1，obj_1>，prep，<adj_2，obj_2≫格式，借助庞大的 n-Gram 语料库统计各种可能的 n 元序列频率来收集构成三元组的候选短语，然后利用动态规划实现词组融合，找出最佳相容的词组集合作为查询图像的描述；Elliott D.和 Keller F.等人(2013)采用视觉依赖表示(visual dependency representation，VDR)获取图像中目标之间的空间关系以增强图像描述能力，并采用基于模板的方法生成对图像的描述。此外，除了基于预测单词生成图像描述，也有一些基于短语生成图像描述的研究，如 Ushiku 等(2012)利用基于模型和相似性的公共子空间学习方法训练短语分类器，训练阶段提取连续词作为短语，将图像特征和短语特征映射到相同的子空间，测试阶段通过多层堆叠的定向搜索来生成图像的描述语句。

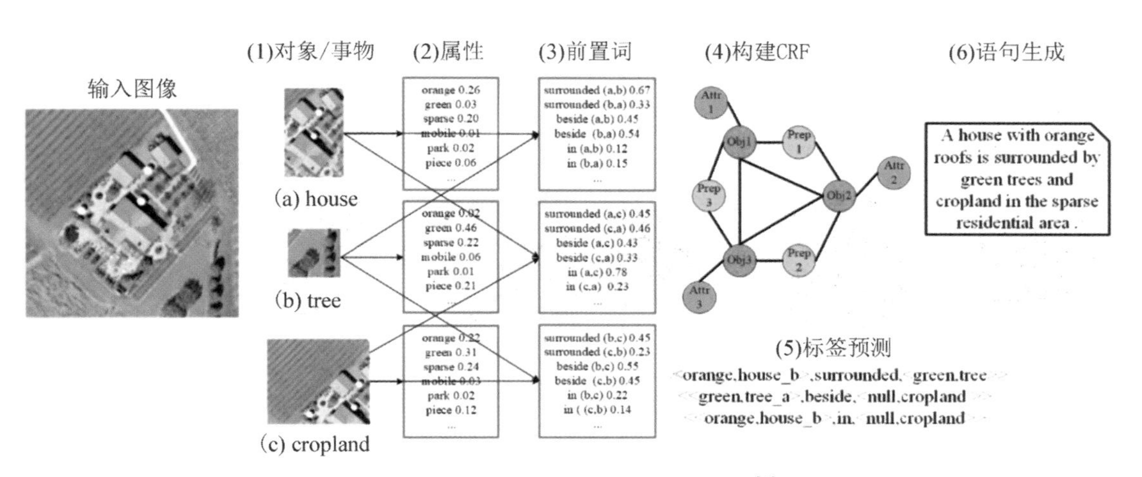

图 8-3　基于模板的图像描述生成框图[4]

基于模板的图像描述方法不需要训练大量样本数据，就可以生成语法正确的句子，方法简单直观，而且所产生的描述通常与图像内容相关度较高；缺点是生成语句过程严格受限于预先定义的语义类别，使得生成的句子缺乏新颖性和复杂性，而且由于采用的模板比较固定，生成的描述语句结构往往比较单一刻板，句式表达能力及灵活程度有限。此外，该类方法必须为图像中包含的每个对象、属性、动作和场景等信息指定标准的类别标签，标注工作量较大，且严重依赖分类器的性能。

8.2.2　基于检索的方法

基于检索的方法旨在将图像描述生成视为一个视觉空间或多模态空间的相似性查询问题，即利用视觉空间或多模态空间的图像相似性实现从图像到文本的迁移。基于视觉空间的描述生成方法通常包括两个步骤：(1)在选定的视觉空间中，给定相似性度量函数，获取查询图像的候选图像集；(2)对候选图像集的文本描述根据图像特征做重排序，或者根据某种规则将候选图像集的文本描述进行归纳和重组，生成对于查询图像的最终描述语句。Ordonez V. 等(2011)用 5 个步骤总结了基于检索的图像描述生成方法：(1)输入查询图像；(2)检索相似图像；(3)提取相似图像集的高级信息；(4)重排序；(5)返回相关度最高的描述语句，如图 8-4 所示。其它代表性研究工作包括：Farhadi 等人(2010)通过构建一个 <对象，动作，场景>语义空间来连接图像和语句，对于给定的查询图像，首先基于马尔可夫随机场将其映射到语义空间，通过度量该图像与每个语句之间的语义距离，搜索距离最近的语句作为图像描述；Hodosh M.等人(2013)将图像描述生成看作一个排序任务，利用典型相关分析技术将图像和文本项投影到一个公共空间中，通过计算图像和语句之间的余弦相似度来选择排名靠前的语句作为查询图像的描述。另一种思路是，不直接使用检索到的句子作为查询图像的描述，而是利用检索到的语句为查询图像生成新的描述，如 Gupta 等人(2012)使用 Stanford Corenlp 工具包导出数据集中每个图像对应的短语列表，基于图像的全局特征检索出相似图像，然后使用训练好的短语相关性模型，从已检索到的与图像相关联的短语中选择相近短语生成最终的描述语句。

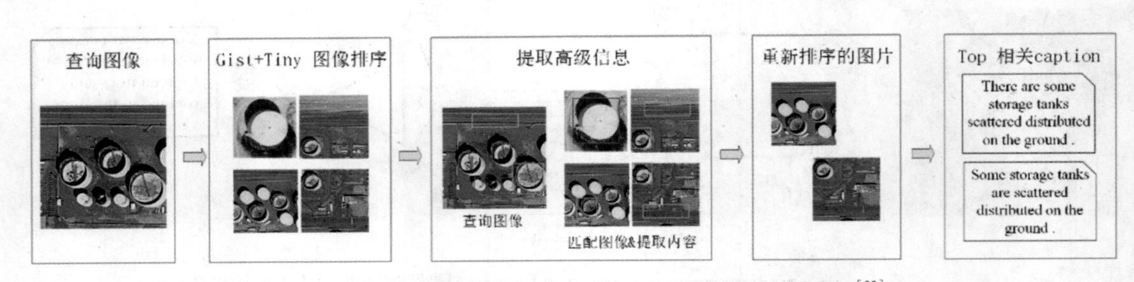

图 8-4　基于检索的图像描述生成框图(以视觉空间为例)[33]

基于检索的图像描述生成方法的性能主要取决于两个因素：一是图像检索和图像重排序过程中选取的图像特征描述图像内容的准确程度；二是从候选集图像选取的文本描述是否准确、全面。与基于模板的方法相比，基于检索的方法生成的语句自然度和流畅性更流畅。缺点是严重依赖于图像检索结果，尤其是当数据集中缺少足够的相似图像时，生成的描述语句将与待描述图像的内容存在较大的偏差。此外，基于检索的图像描述生成方法鲁棒性比较差，在某些条件下甚至可能生成与图像内容无关的句子。

8.3 基于深度学习的图像描述生成方法

传统的图像描述生成方法依赖于前期复杂的视觉处理过程，而对后端生成语句的语言模型优化不足，导致生成的图像描述语句表现力有限。而基于深度学习的图像描述生成方法得益于卷积神经网络强大的特征提取能力和循环神经网络/长短记忆模型对时序信息的建模能力，能够克服基于模板和基于检索方法在句法正确性、句式灵活性、词汇丰富度、语义准确性方面的不足，且具有更好的泛化能力，已经成为图像描述生成的主流研究方向。

8.3.1 基于深度学习的图像描述生成方法的分类

Hossain M.Z.等人(2018)根据数据来源、架构、学习方式、语言生成模型、描述语句个数等方面的不同，将基于深度学习的图像描述生成方法做了进一步分类，如图 8-5 所示。例如，根据数据来源不同，可以分为视觉空间方法和多模态空间方法；根据架构的不同，可以分为基本的编-解码架构方法和组合架构方法；根据学习方式的不同，可以分为监督学习方法、无监督学习方法、强化学习方法和对抗网络学习方法；根据语言生成模型的不同，可以分为基于循环神经网络的方法和基于长短记忆模型的方法；根据描述语句的数量，可以分为稠密描述生成和全场景描述生成等。

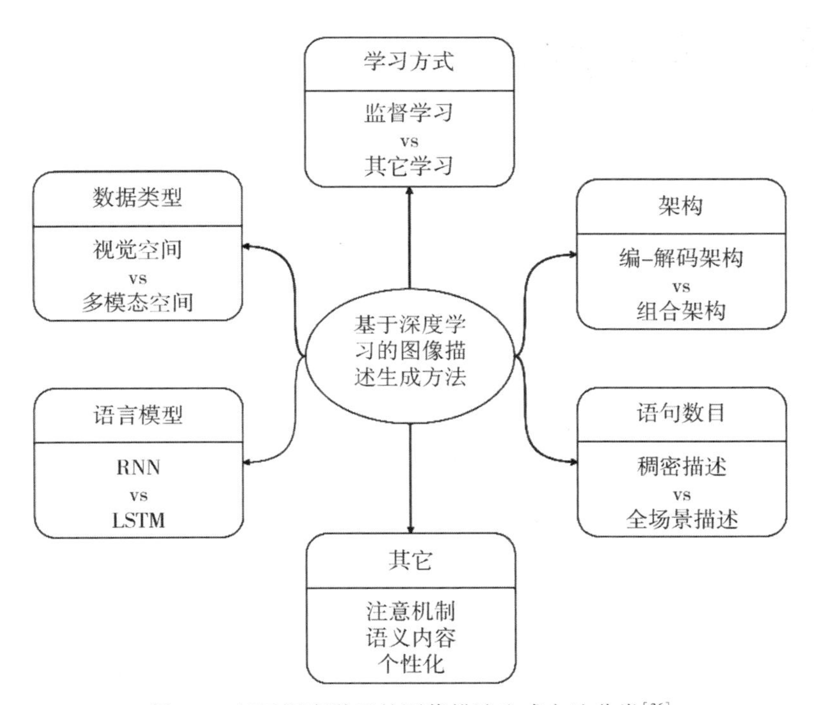

图 8-5 基于深度学习的图像描述生成方法分类[36]

8.3.2 基于编-解码架构的图像描述生成

编-解码架构是在图像描述生成中被广泛应用的一种结构，最初用于解决机器翻译中的序列-序列(sequence to sequence，Seq2seq)学习问题，其中编码端和解码端均采用 RNN 架构，分别对两种不同的语言进行建模。图像描述生成解决的是视觉-语言(visual to language，V2L)学习问题，也继承了这种编-解码思想，将原机器翻译模型中作为编码器提取源语言特征的循环神经网络(RNN)，替换为卷积神经网络提取图像特征，输入由文本变为图像。至于解码端，早期的研究仍采用 RNN，将其用于解码器，接受卷积神经网络(CNN)的输出作为其输入；但是，由于 RNN 内部单元更新在反向传播过程中存在梯度消失问题，而长短记忆网络(LSTM)作为一种特殊的循环神经网络架构，能缓解梯度消失问题，后来编-解码的解码端更常采用 LSTM 及其变体 GRU，以获得更好的长期记忆。编码端的输出即为描述语句。图 8-6 给出了基于基本编-解码架构的图像描述生成框架，将一幅原始图像输入一个由 CNN 和 RNN 组成的端到端神经网络，网络自动输出完整的描述语句。受益于 CNN 强大的特征提取能力和 RNN/LSTM 对时序信息的捕获和建模能力，基于编-解码架构的图像描述生成在性能上优于传统的基于模板和基于检索的图像描述生成方法。

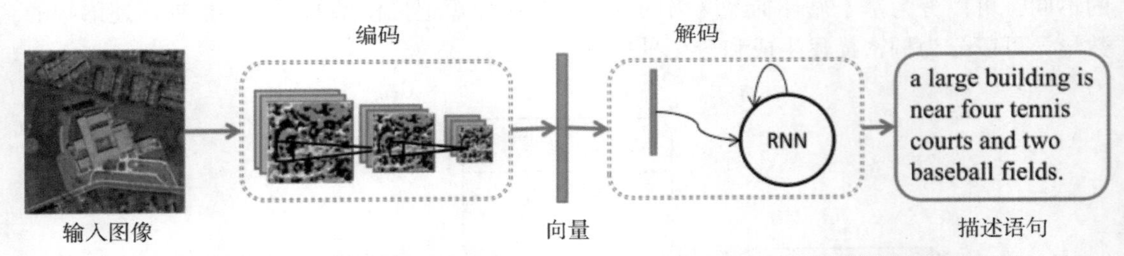

图 8-6　基于基本编-解码架构(vanilla encoder-decoder architecture)的图像描述生成框图

如 8.1 节所述，m-RNN 模型和 NIC 模型开创了将深度卷积神经网络和循环神经网络结合起来解决图像描述生成问题的研究。同期的另一项代表性研究是 Andrej Karpathy 和李飞飞等人(2015)提出的基于稠密图像标注的多模态循环神经网络图像描述生成框架，利用图像和对应的文本描述学习视觉和语言之间的模态间相关性。

以上工作奠定了编-解码架构在基于深度学习的图像描述生成研究中的主流地位。为了满足不同的任务需求以及提高图像描述生成的性能，人们在基本编-解码架构的基础上做了多种改进。代表性研究工作包括：在编码端或者解码端增加注意力模块，以适应局部注意视觉任务需求；在编码端和解码端之间增加共享多模态空间模块，以适应多模态转换视觉任务需求；结合生成对抗网络，以及强化学习，解决带标签训练样本不足以及图像描述多样化问题等。具体到编码和解码过程，在编码端的改进主要体现在使用编码端多实例训练词语检测器提取关键词作为输入，引入目标检测作为编码端的输入等；在解码端的改进主要体现在使用神经网络来提取句子模板，解码过程风格化，逐级分层解码，使用卷积神经网络作为解码器，解码端基于图像上下文通过知识图谱引入外部知识，解码端的相似性-多样性多模型联合训练，解码端采用扩展的 LSTM 模型——g-LSTM，增加从图像中提取的语义信息作为 LSTM 块每个单元的输入，在解码端采用多层 LSTMs 模型从而增加编-解码垂直深度的网络结构，等等。

此外，通过在基本编-解码架构上增加视觉概念模块和重排序模块，发展出一种组合架构。如图 8-7 所示，基于这种组合架构的图像描述生成一般包括以下几个步骤：

(1)利用卷积神经网络获取图像视觉特征；

(2)从图像视觉特征获取图像的视觉概念(如图像属性)；

(3)基于图像视觉特征和视觉概念生成多个图像描述；

(4)使用深度多模态相似模型对生成的多个图像描述进行重新排序，选择质量最高的作为最终的图像描述。

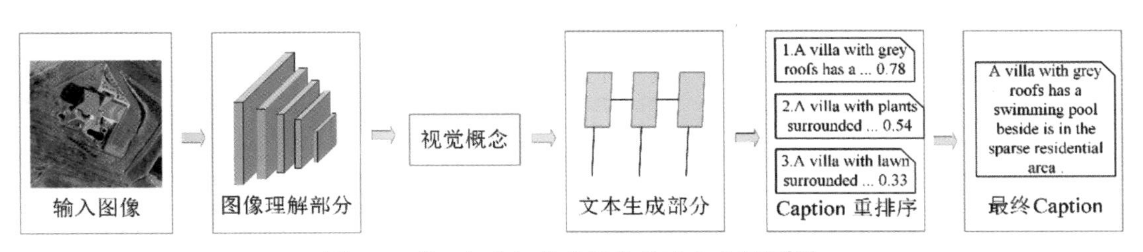

图 8-7 基于组合架构的图像描述生成框图[36]

8.3.3 基于多模态机器学习的图像描述生成

多模态机器学习(multimodal machine learning)研究兴起于 20 世纪 70 年代，旨在通过机器学习的方法处理和理解多模态信息(图像、视频、音频、文本等)，应用领域包括图像描述生成、视觉描述、听觉-视觉双模态语音识别(audio-visual speech recognition，AVSR)、视觉问答(visual-question answer，VQA)、多媒体信息检索、情感分析等领域。多模态机器学习的核心技术包括表示学习(representation learning)、模态转化(translation)、对齐(alignment)、融合(fusion)和协同学习(co-learning)等。

基于多模态机器学习的图像描述生成与基于单一模态(如图像)的方法相比，图像特征和相应的语句描述不是各自独立地传入解码端，而是通过从图像和相应的语句描述学习一个共享多模态空间，然后把多模态表示传入解码端。图 8-8 给出了一个基于多模态空间的图像描述生成方法基本流程，其中包含一个图像-语言编码器、一个多模态模块和一个语言解码器。图像描述生成的过程为：首先，图像编码器使用深度卷积神经网络作为特征提取器提取图像特征；语言编码器提取词特征并为每一个词学习一个稠密词嵌入(dense word embedding)；然后，多模态模块将图像特征映射到与词向量的公共空间中；最后，将映射产生的多模态表示传入语言解码器生成最终的描述语句。

以下简要描述多模态映射过程。首先将编码后的图像表示为

$$v_i = W_m[\mathrm{CNN}_{\theta_C}(I_b)] + b_m \tag{8.30}$$

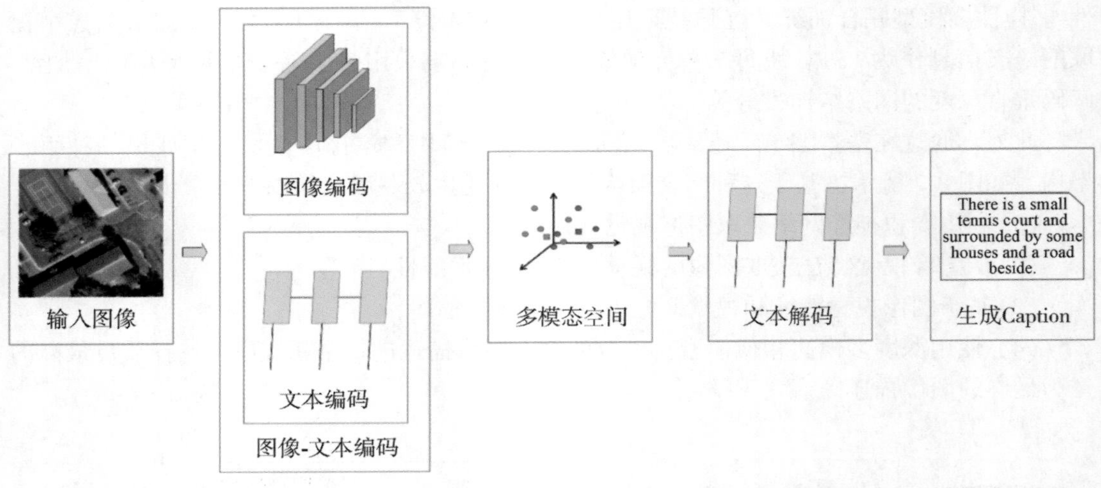

图 8-8　基于多模态空间的图像描述生成方法框图[36]

其中，$\mathrm{CNN}_{\theta_C}(I_b)$ 将图像像素转换为分类器之前的全连接层的激活向量，W_m 和 b_m 为模型中可训练的参数，因此每个图像都被表示为一个一维向量。

同样地，将编码后的文本表示为一维的文本向量：

$$v_s = W_s[\mathrm{Test}_{\theta_t}(T_s)] + b_s \tag{8.31}$$

然后，将每个图像和句子映射为一组公共 h 维空间中的向量，通过将图像句子得分作为单个区域词得分的函数来得到：

$$S_{kl} = \sum \max(v_I^{\mathrm{T}} v_s) \tag{8.32}$$

基于多模态机器学习的图像描述生成方面的主要代表性工作包括：最早的研究来自 Ryan Kiros 等人(2014)，他们提出一个联合学习词特征和图像特征的图像-文本多模态深度网络模型，可以在没有模板、结构化预测或者句法树的情况下生成图像的描述语句，而且可以扩展到其它模态；在他们的后续研究中，实现了多模态联合视觉-语义嵌入模型和结构-内容多模态神经语言模型(structure-content neural language model，SC-NLM)的统一，引入 SC-NLM 的好处是可以摆脱语句的结构，而适应编码器所产生的内容。此外，Mao 等人(2015)提出一个多模态循环神经网络(multi-modal recurrent neural network，m-RNN)，使用 DCNN 提取图像的全局特征，网络中插入一个两层词嵌入系统用来学习词特征，最后将词特征、图像特征以及 RNN 的隐藏层一起输入到多模态层，经过 Softmax 生成下一个词的概率分布；Xinlei Chen 等人(2015)提出另一种多模态学习方法，他们通过在解码端增加一个循环视觉隐藏层(recurrent visual hidden layer)实现视觉特征动态更新，这种双向映射机制不仅能将图像特征翻译为文字，还能反过来从文字得到图像特征；Karpathy A.和 Fei-fei Li 等人(2016)提出的多模态循环神经网络架构中，使用了图像区域卷积和双向循环神经网络，首先通过多模态嵌入对齐视觉区域和语义片段，然后以此训练一个多模态 RNN 模型，从而根据输入图像自动生成对应区域的文本描述。

8.3.4 基于注意力机制的图像描述生成

视觉注意力机制是人类视觉所特有的信号处理机制，即人类在观察视觉信息时，能够快速获取感兴趣的目标区域。注意力模型最近几年被广泛应用于包括图像理解、语音识别、自然语言处理等在内的各个领域，其在机器翻译领域的成功应用，使其在图像描述生成领域也成为研究热点。

在图像描述生成的编-解码架构中引入注意力机制，能够使编码或者解码处理聚焦在输入图像的某个显著区域而非图像整体，显然更符合人的视觉特性。基于注意力机制的图像描述生成方法的一般思路，是将来自输入图像的各种视觉线索在编码端使用注意力机制生成视觉内容权重，然后在解码端根据视觉权重将注意力集中在输入图像的对应区域，以生成对输入图像的描述。图 8-9 给出了一个典型的基于注意力机制的图像描述生成流程。

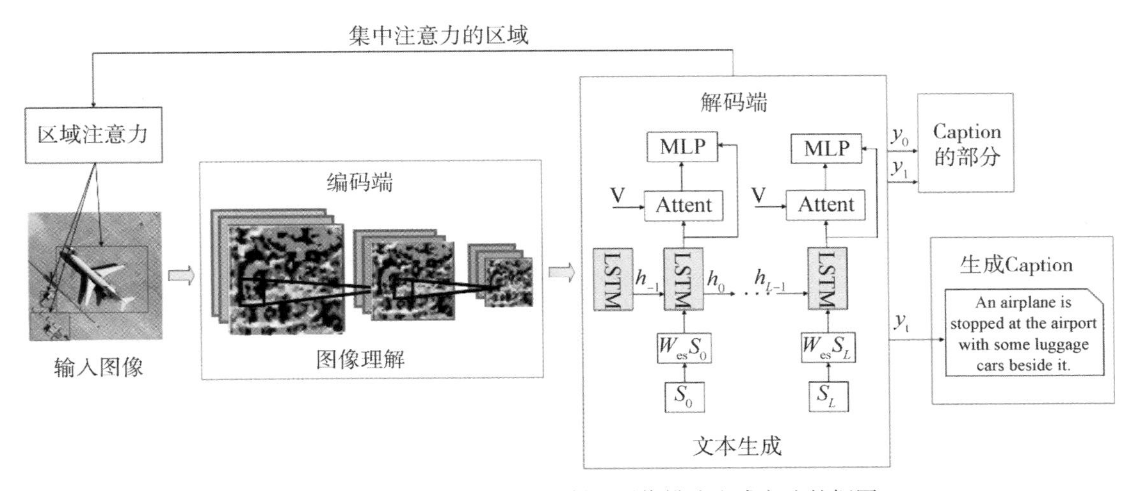

图 8-9 典型的基于注意力机制的图像描述生成方法的框图

注意力机制在生成输出序列的同时，对图像的不同区域赋予不同的权重，将编码器变化产生的中间变量与感兴趣区域的变化相关联，通过调整注意系数，实现对输入图像不同区域的动态聚焦。对应于图像的描述向量，第 i 个中间向量 v_i 可以表示为

$$v_i = \sum_j \alpha_{ij} h_j \tag{8.33}$$

其中，权重 α_{ij} 可根据图像第 j 个区域与生成的句子中第 $i-1$ 个单词的关联性计算得到。其中，a(·)为对齐模型。

$$e_{ij} = a(s_{i-1}, h_j) \tag{8.34}$$

$$\alpha_{ij} = \frac{\exp(e_{ij})}{\sum_k \exp(e_{ik})} \tag{8.35}$$

Xu K.等人(2015)首次将注意力机制应用于图像描述生成研究，其基本思想是利用卷积层获取图像特征后，对图像特征进行注意力加权，之后再送入 RNN 中进行解码。他们提出两种注意力机制：软注意力机制和硬注意力机制，其中，软注意力机制在实际应用中更为广泛。基于注意力机制的图像描述生成方面的其它代表性研究工作包括：Li L.等人(2017)提出一种基于全局-局部注意力机制的图像描述方法，该模型将注意力机制分为对象级的局部表示和图像级的全局表示，能够更加准确预测显著对象的同时，保持图像全局的上下文信息；Lu J.等人(2017)提出“视觉哨兵”(visual sentinel)概念，视觉哨兵被认为隐式地存储了解码端已知的信息，长期和短期的视觉信息和语言信息；他们还提出了一种相对于传统注意力机制而言可解释性更强的注意力改进机制——自适应注意力机制，可以让模型在生成每个单词的同时，自适应地决定是否需要利用图像信息；Anderson 等人(2017)提出的自下而上和自上而下模型除了将目标检测引入编码端之外，在解码端还使用了注意力 LSTM 层，并且根据输出的语言特征对输入的图像特征进行实时注意力调整；You Q.等人(2016)提出基于语义注意力机制的图像描述生成方法，基本思想是在编码过程之后对图像特征进行语义层面的分类，在解码端选择相应类别的图像特征进行文本生成；Long Chen 等人(2017)提出一种同时引入空间注意力和通道注意力机制的图像描述生成方法；Qi Wu 等人(2016)利用基于语言特征的注意力机制，将高层语义概念直接作为解码端的输入，在获取语句的过程中对这些概念进行注意，从而验证高层语义信息对于解决视觉-语言问题的有效性，等等。

8.3.5　基于生成对抗网络的图像描述生成

基于监督学习的图像描述生成需要大量带标签样本数据，而现实生活中，每天都会增加大量无标签数据，对这些数据都进行实时标注是不现实的。因此，科研人员将注意力转向基于无监督学习和强化学习的图像描述生成研究，生成对抗网络就是一种从未标记数据中学习深层特征的无监督技术。

基于 GAN 的图像描述生成旨在通过在一对网络(生成器和判别器)之间的竞争过程来生成图像的语句描述，一般是生成器用于生成语义相关描述，判别器(或评估器)用于评估生成的句子或段落对图像的描述程度。图 8-10 给出了一个基于生成对抗网络的图像描

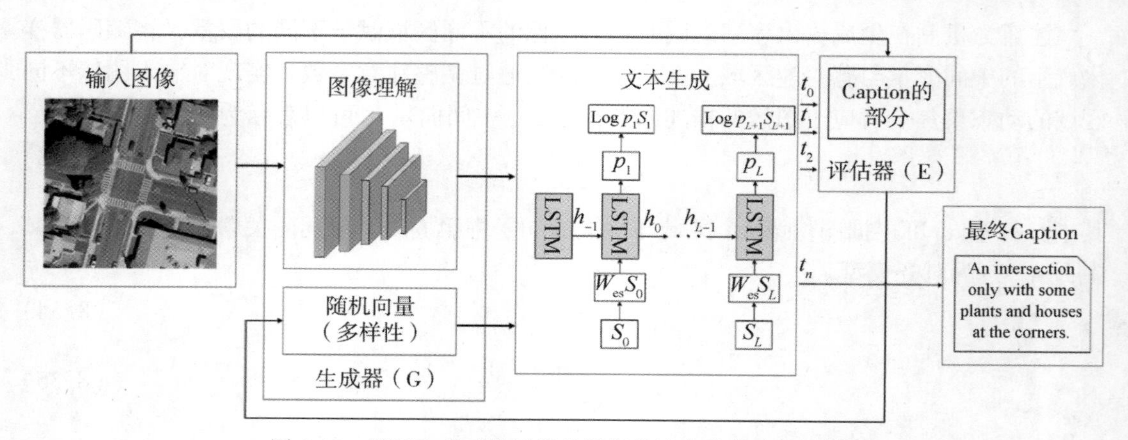

图 8-10　基于生成对抗网络的图像描述生成方法框图[36]

述生成流程，生成器增加了随机变量以满足描述的多样性，评估器对生成的描述进行评估，评估结果可用于指导随机变量的动态调整，通过二者的竞争生成最终的语句描述。

基于 GAN 的图像描述生成的代表性研究工作包括：Dai B.等人(2017)提出同时学习一个用来生成描述的生成网络和一个用来评价生成句子是否与图像对应的评价网络，并使用增强学习中的策略梯度来克服生成器训练的问题；Rakshith Shetty 等人(2017)提出一种可以为一幅图像生成多个描述的方法，通过使用对抗训练与近似的 Gumbel 采样器相结合实现生成样本和真实样本分布的隐式匹配；在训练过程中，生成器由判别器提供的损失值进行学习，而判别器具有真实的数据分布特性，能够区分生成样本和真实样本，从而允许网络学习不同的数据分布，使生成的图像描述更接近人类的描述。

基于强化学习的图像描述生成方法将图像描述视为一个决策过程，在决策中有一个主体与环境交互并执行一系列操作，以实现优化。优化目标是：给定一个图像 I，生成一个句子 $S=\{\omega_1, \omega_2, \cdots, \omega_T\}$，它正确地描述了图像的内容。其中，$\omega_i$ 表示句子 S 中的一个单词，T 为句子长度。基于强化学习的图像描述生成模型通常包括策略网络(policy network)和估值网络(value network)，模型中网络为主体，环境为给定的图像 I 和当前为止预测的单词 $\{\omega_1, \omega_2, \cdots, \omega_t\}$，动作为预测下一个单词 ω_{t+1}。

决策过程为：由策略网络 p_π 提供主体在每个状态 $p_\pi(a_t \mid s_t)$ 采取行动的概率，其中当前状态 $s_t=\{I, \omega_1, \omega_2, \cdots, \omega_t\}$ 时，动作 $a_t=\omega_{t+1}$。具体而言，首先采用卷积神经网络对图像 I 的视觉信息进行编码，然后将视觉信息输入 RNN 的初始输入节点 x_0，循环神经网络的隐藏状态 h_t 随着时间 t 不断变化，提供了在每个时间步长采取一个动作的策略。具体流程可表示为

$$x_0 = W^{x,v}\mathrm{CNN}_P(I) \tag{8.36}$$

$$h_t = \mathrm{RNN}_P(h_{t-1}, x_t) \tag{8.37}$$

$$x_t = \phi(\omega_{t-1}), \quad t > 0 \tag{8.38}$$

$$p_\pi(a_t \mid s_t) = \varphi(h_t) \tag{8.39}$$

其中，$W^{x,v}$ 为视觉信息线性嵌入模型的权重；ϕ 和 φ 表示 RNN_P 的输入和输出模型。可见，这种策略网络-估值网络机制能够调整网络来预测正确的词语。基于强化学习的图像描述生成的一些研究工作可参见文献[63][64][65]等。

8.4 基于深度学习的遥感图像描述生成

遥感图像描述生成能够帮助人们从语义的层面理解遥感图像内容，可应用于遥感图像检索、资源调查、灾害检测、军事情报生成等领域。尽管针对自然图像生成描述语言的研究已经取得了显著的进步，如图像理解从传统的人工设计特征提取发展为基于深度神经网络的特征学习，自然描述语言的生成从传统的基于模板或检索的方法发展为基于递归神经网络的方法，但是目前在遥感领域的研究和应用仍然相当有限，遥感图像描述生成仍然是一个具有很大挑战性的研究方向。这是因为遥感图像来自于“上帝视角”(view of god)，存

在尺度模糊性、类别模糊性和旋转歧义性等特点。因此，无论是理解遥感图像本身的语义，还是把这种理解翻译成准确、自然、灵活的语言进行描述，都比普通的自然图像难度大得多。一方面，需要充分利用遥感图像多层次视觉信息和上下文注意力机制，挖掘目标之间的空间关系，实现遥感图像的多尺度语义描述，尽可能解决语义类别歧义难题；另一方面，需要具有专业背景的人员对大量遥感图像进行人工标注，创建更大规模、更具多样性的描述生成数据集，解决目前样本数据有限的困境。

8.4.1　难点及研究现状

遥感图像描述生成的主要难点可以归纳为多尺度特性和语义类别歧义两个方面。

一、多尺度特性

在遥感图像上，相同类型的地物在不同尺度下常常表现出完全不同的语义特征，以机场为例，像素级语义特征为地面材质特征，如金属、混凝土、土壤等；目标级语义特征为人造目标，如飞机、航站楼、跑道等；场景级语义特征为机场、港口等，如图 8-11 所示。生成的遥感图像描述应该能够体现遥感图像的多尺度特性。

(a) airport

(b) harbor

图 8-11　遥感图像的多尺度特性

二、语义类别歧义

与自然图像相比，遥感场景往往是同时覆盖多种土地覆盖类型或多种地物目标的大尺度区域(如城市和乡村的交界区域、海港和陆地的交界地区等)，缺乏显著目标。这种情况下，如果仅使用单一语义标签来定义遥感场景，很容易产生语义类别歧义，如图 8-12 所示。语义类别歧义增加了遥感图像描述生成的难度。

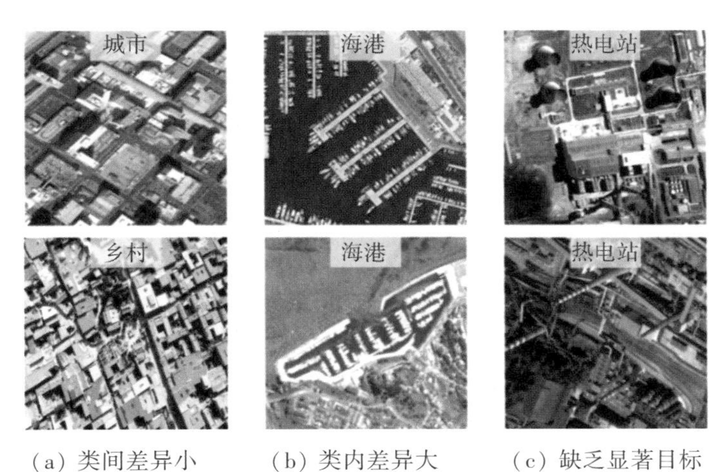

(a) 类间差异小　(b) 类内差异大　(c) 缺乏显著目标

图 8-12 遥感图像的语义类别歧义特性

在遥感图像描述生成方面，中科院西安光机所的卢孝强教授团队和西北工业大学的李学龙教授团队开展了较为深入的研究。此外，西安电子科技大学人工智能学院焦李成教授和张向荣教授、北航宇航学院图像处理中心的史振威教授、中科院电子所付琨研究员和孙显研究员等人及国外一些学者也开展了一些类似的研究。具体包括：卢孝强教授团队最早在基于深度学习的遥感图像描述生成领域发表研究成果，他们首次创建了遥感图像描述生成的 2 个公开数据集：UCM-Captions 和 Sydney-Captions，并提出一种多模态深度神经网络结构，用于生成高分辨率遥感图像的描述语句，以实现遥感图像的语义层理解。在后续的工作中，为了生成更准确、更灵活的描述语句，他们分析了遥感图像语句标注时需要考虑的特性(尺度歧义，旋转歧义和类别歧义等)，并创建了一个大规模数据集 RSICD，同样采用了编-解码结构用于生成遥感图像描述语句；他们的后续研究包括：提出了一个使用语义嵌入来衡量遥感图像和描述语句的协同语义度量学习框架，并使用客观-主观指标进行综合性能评价；他们提出了一个基于视觉-语音的多模态检索方法，为此，基于 UCM、Sydney 和 RSICD 三个数据集创建了一个具有丰富多样性的大规模遥感图像语料库，并设计了一个融合了特征提取和多模态学习的深度视觉-语音神经网络；最新的研究中，他们提出一个新颖的检索主题循环记忆网络结构(retrieval topic recurrent memory network, RTRMN)，目的是解决当描述一幅图像的 5 个语句之间存在歧义时，导致产生的最终描述语句可能带有歧义的问题。

张向荣教授团队的研究同样也是基于编-解码结构，具体包括：基于 CNN-RNN 网络实现目标检测及描述语句生成；提出了一个基于属性注意力机制的框架，给不同的属性赋以不同的权重；在他们的另一项工作中，提出了一种多尺度剪裁的训练机制，该机制在提取更多细粒度信息的同时，能有效增强基本模型的泛化性能。

其它研究包括：Z.Shi 等人(2017)将遥感图像描述生成的难点总结为多尺度语义和语义歧义，提出一个基于两阶段的框架来为遥感图像生成描述语句，图像的多层次理解基于 FCN 实现，数据源来自 Google Earth 和高分 2 号卫星影像，从客观、主观以及计算代价 3

个方面对算法性能进行了评价；Zhang Z.等人(2019)提出一种新的注意力模型(visual aligning attention model，VAA)，解码端的注意力层通过一个精心设计的注意力损失函数进行优化，同时采用视觉模板过滤掉非视觉词，从而去除其在训练注意力层时的影响；Yuan Z.等人(2019)提出一种多层次注意力和多标签属性图卷积神经网络，目标是充分考虑遥感图像的尺度差异及空间特性；Kumar 等(2019)提出了一种基于区域的遥感图像描述生成方法，在他们的网络结构中，去掉了全连接层，强化了“域”(这里指类别)概率以突出图像中的类别信息；此外，他们基于无人机数据集 UAVIC 创建了一个目标更加多样的遥感图像描述生成数据集。

8.4.2　遥感图像描述生成标准数据集

一、UCM-Captions 数据集

UCM-Captions 数据集①由B.Qu 等人(2016)基于 UCMD 创建而成。UCM-Captions 数据集中，每幅图像对应 5 个描述语句，共计 10500 个描述语句。针对同一图像的 5 个描述语句是完全不同的，但同一类图像的语句描述差异较小，如图 8-13 所示。

	*Two houses are surrounded by verdant lawn in the sparse residential area.* *This is a sparse residential area with two houses surrounded by verdant lawn.* *Two houses are surrounded by verdant lawn in the sparse residential area.* *Two houses with verdant lawn surrounded in the sparse residential area.* *Two houses with verdant lawn surrounded.*
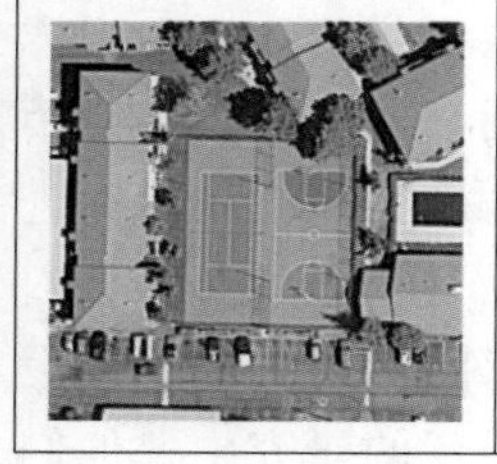	*Two tennis courts arranged neatly with some plants surrounded.* *Two tennis courts are surrounded by some trees and buildings.* *There are two tennis courts surrounded by some plants and buildings.* *There are two tennis courts surrounded by some trees and buildings.* *There are two tennis courts arranged neatly and surrounded by some plants and buildings.*

图 8-13　UCM-Captions 数据集示例[66](原始图像编号为#1845 和#2083)

二、Sydney-Captions 数据集

Sydney-Captions② 数据集是B.Qu 等人(2016)基于 Sydney 数据集创建的。Sydney 数据集由 Google Earth 上获取的澳大利亚悉尼地区整幅卫星影像生成，整幅图像尺寸为 18000×

---

① UCM-Captions 下载地址：https://github.com/201528014227051/RSICD_optimal；https://pan.baidu.com/s/1mjPToHq

② Sydney-Captions 下载地址：https://github.com/201528014227051/RSICD_optimal；https://pan.baidu.com/s/1hujEmcG

14000，分辨率为 0.5m。创建方法为：首先将整幅图像裁切为 1008 幅尺寸为 500×500 的不重叠图像，然后从中挑选 7 类 613 幅具有明显类别特征的图像，每幅图像包含一个场景类别标签，如图 8-14 所示。Sydney-Captions 数据集中，每幅图像对应 5 个描述语句，一共有 3065 个描述语句，如图 8-15 所示。Sydney-Captions 与 UCM-Captions 类似，也是只关注句式结构的不同，而没有考虑标注的人不同的问题。

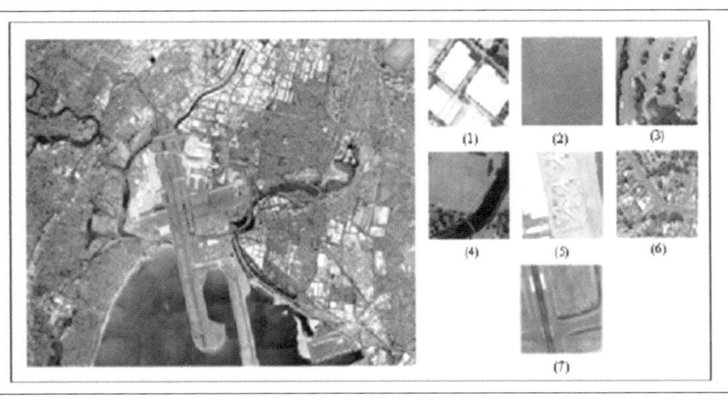

类别	个数
住宅区	242
机场	22
草坪	50
河流	46
海洋	91
工业区	96
道路	66

图 8-14 Sydney-Captions 数据集示例(共 7 类)[66]

	*Lots of houses with different colors of roofs arranged neatly.* *A residential area with houses arranged neatly while a railway go through this area.* *A town with many houses densely arranged and some roads and railways go through this area.* *There are many houses arranged neatly while a railway go through this area.* *A residential area with houses densely arranged while a railway go through this area.*
	*Many warehouses arranged neatly in the industrial area.* *Lots of warehouses arranged in lines in the industrial area.* *Many different warehouses arranged neatly in the industrial area with some roads go through.* *Some roads go through the industrial area.* *Many warehouses arranged in lines in the industrial area with some roads goes through*

图 8-15 Sydney-Captions 示例[66](原始图像编号分别为#36 和#465)

三、RSICD 数据集

RSICD① 是一个用于研究遥感图像描述生成的大规模航空影像数据集，与前两个数据

① RSICD 下载地址：
https://github.com/201528014227051/RSICD_optimal
http://pan.baidu.com/s/1bp71tE3

集一样，也是卢孝强教授团队创建的。RSICD 的数据来源比较丰富，由包括 Google Earth、百度地图、MapABC、天地图等在内的超过 10000 幅原始图像构成。RSICD 数据集的创建过程为：首先将原始图像裁切成 10921 幅、共 30 个类别、分辨率不同、尺寸均为 224×224 的图像，然后由具有标注经验和遥感背景的志愿者对其进行标注，每个类别及数量信息如表 8-2 所示。在标注 RSICD 时，充分考虑了遥感图像的尺度模糊、分类歧义、方向模糊等特点，尽量确保高类内多样性和低类间差异性。为了保证标注的多样性，每一位志愿者仅对一幅图像标注 1~2 个描述语句，共生成 24233 个描述语句，总词汇量为 3323，其中包含 5 个、4 个、3 个、2 个、1 个描述语句的图像数量分别是 724、1495、2182、1667、4853；在此基础上，通过扩充生成 54605 个描述语句，如图 8-16 所示。

表 8-2　RSICD 数据集类别(共 10921 幅图像、30 个类别)[68]

类别	数量	类别	数量	类别	数量
Airport	420	Farmland	370	Playground	1031
Bare Land	310	Forest	250	Pond	420
Baseball Field	276	Industrial	390	Viaduct	420
Beach	400	Meadow	280	Port	389
Bridge	459	Medium Residential	290	Railway Station	260
Center	260	Mountain	340	Resort	290
Church	240	Park	350	River	410
Commercial	350	School	300	Sparse Residential	300
Dense Residential	410	Square	330	Storage Tanks	396

An old court is surrounded by white houses.
A playground is surrounded by many trees and long buildings.
A playground with basketball fields next to it is surrounded by many trees and buildings.
Many green trees and several long buildings are around a playground.
This narrow, oval football field and closing basketball court, tennis court, parking lot together from this area, with plants wreathing it.

Four planes are stopped on the open space between the parking lot.
Four white planes are between two white buildings.
Some cars and two buildings are near four planes.
Four planes are parked next to two buildings on an airport.
Four white planes are between two white buildings.

图 8-16　RSICD 数据集示例[68]

四、基于 UAVIC 的描述生成数据集

UAVIC 是 MIT 的 Dhaksha 团队提供的无人机图像和视频数据集，其中包含 840 幅原始图像(6000×3376)和 2 个原始视频。在此基础上创建的描述数据集共 12 个类别(如表 8-3 所示)，每幅图像尺寸为 400×400，每一幅图像标注 5 个描述语句，如图 8-17 所示；视频数据中每帧图像中包含的有用信息也被标识出来用于创建数据集。与 UCM-Captions 相比，UAVIC 数据集词汇量更丰富。但是作者并未提供该数据集更详细的信息以及下载地址。

表 8-3 UAVIC 数据集类别[77]

类别	数量	类别	数量
Barren lands	150	Residential	150
Farmlands	150	Roads	150
Forests	97	Runway	60
Gardens	52	Solar Panels	150
Highways	150	Water Bodies	100

The aerial view of forests alongside roads.
The growth of trees are more dense in that area.
There is a group of trees scattered.
There are many cell towers located in between the forests.
The area consists of green lands with some trees grown in it.

图 8-17 UAVIC 数据集示例[77]

五、NWPU-Captions 数据集

NWPU-Captions 是由武汉大学和华中科技大学基于标准遥感图像集 NWPU-RESISC45① 联合创建的遥感图像描述生成数据集。NWPU-Captions 由 6 位具有标注经验和遥感领域相关知识的志愿者历时 4 个多月标注完成。选择 NWPU-RESISC45 图像集的原因是：该图像集规模大(31500 幅图像)、地物种类多(45 个类别)，而且该图像集体现了更丰富的图像变化以及更高的类内多样性和类间相似性，如相同类别的不同视角、平移、物体姿态、外观、空间分辨率、光照、背景、遮挡等方面的变化，以及语义重叠的细粒度类别，如圆形和矩形农田、商业和工业区域、篮球场和网球场等。与 RSICD 数据集不同的是，NWPU-Captions 中每幅图像的 5 个不同的描述语句完全由人工标注完成，以期

① 下载地址：http://www.escience.cn/people/JunweiHan/NWPU-RESISC45.html

最大限度保证句式结构、词汇及语义的多样性(如图 8-18 所示)，标注语句总计 157500，总词汇量为 1655。标注时尽量使用综合性的语句对遥感图像进行个性化的标注，且满足以下约束条件：

(1)当图像中有多个对象时，不以“There is”开头；

(2)在没有对比的情况下，不用含糊的概念，例如“large”“tall”“many”；

(3)不使用方向名词，例如“北”“南”“东”和“西”；

(4)句子至少包含 6 个词。

NWPU-Captions 是目前规模最大、最具有挑战性的遥感图像描述生成数据集。

The industrial area has lots of neatly arranged red workshops.
Different buildings in the industrial area have different orientations.
Neatly planned factories and roads in an industrial area.
Many houses of different shapes and sizes are in the industrial area.
There are many red buildings on the industrial area.

The ground track field is surrounded by lots of buildings arranged neatly.
There's a little track in the upper left corner.
There is a road between the track field and the residential area, And there is a lot of vegetation around.
There are many buildings next to the ground track field.
There are many gray buildings beside the ground track field.

图 8-18　NWPU-Captions 数据集示例

表 8-4 对以上 5 种遥感图像描述生成数据集从图像数量、类别数、词汇量、描述语句总量、类别均衡性等方面进行了综合对比。

表 8-4　遥感图像描述生成数据集对比

数据集	图像数量	类别	词汇量	描述语句数量	每幅图像句子数	大小	分辨率	类别均衡	标注
UCM-Captions	2100	21	293	10500	5	256×256	0. 3048m	均衡	同一人
Sydney-Captions	613	7	166	3065	5	500×500	0. 5m	不均衡	同一人
RSICD	10921	30	1255	54605	5	224×224	—	均衡	不同人
UAVIC	1285	12	940	—	5	400×400	—	—	—
NWPU-Captions	31500	45	1655	157500	5	256×256	0. 228m	均衡	不同人

8.4.3 基于多尺度和上下文注意力机制的遥感图像描述生成

基于深度神经网络的编-解码架构在自然图像描述生成方面取得的成功已经得到验证。本节给出一个顾及遥感图像多尺度和上下文注意力机制的描述生成模型框架，如图 8-19 所示。整个框架基于基本的编-解码架构，由基于深度学习的编码端和基于 LSTM 的解码端两部分组成。考虑到图像特征表达对于包括图像描述在内的计算机视觉任务至关重要，通过编码端获取遥感图像的多尺度特征表达和全局上下文特征表达，将其联合特征作为 LSTM 解码端的输入，以生成符合多尺度特性和上下文语境的描述语句。

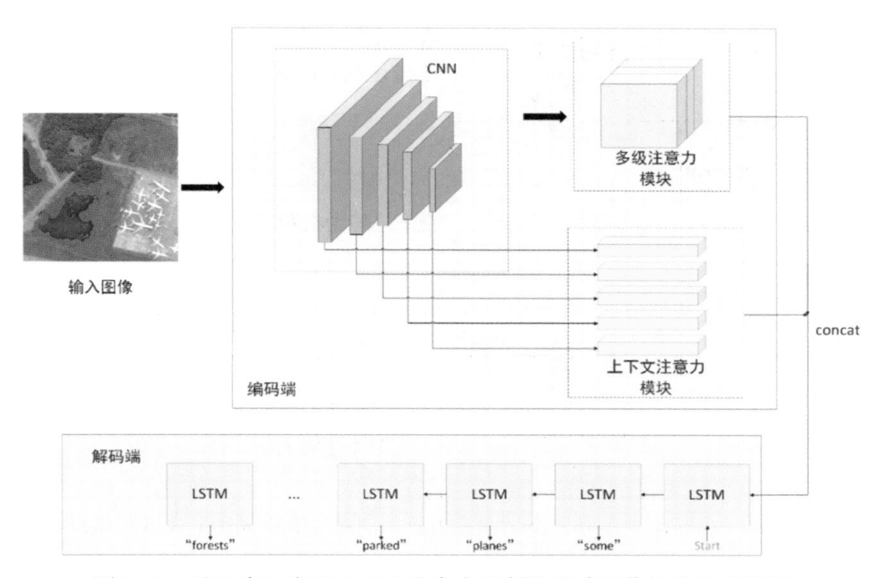

图 8-19 基于多尺度和上下文注意力机制的遥感图像描述生成框图

基于多尺度和上下文注意力机制的遥感图像描述生成算法的具体算法流程描述如下(参见图 8-20)：

(1)特征提取：首先，将原始遥感图像数据输入编码端，提取深度特征。这里采用 VGG-16 作为骨干网络来提取图像的视觉特征，提取的深度特征经过上采样后，传入注意力模块。

(2)多尺度特征表达：将不同网络层的特征图串联在一起，特征图通道中包含了不同层次的深度特征，将多尺度的深度表示嵌入到融合特征的不同通道中，以便利用通道注意和空间注意机制对不同尺度的特征进行自适应选择。其中，通道注意力用于学习具有不同尺度的选择性特征，而空间注意力机制用于增强网络对特定对象的聚焦。图像的多尺度特征可以由式(8.45)得到。

$$F_{fc} = \mathrm{VGG}_{fc}(X) \tag{8.40}$$

$$F_{L1} = \mathrm{VGG}_{\mathrm{conv4}}(X) \tag{8.41}$$

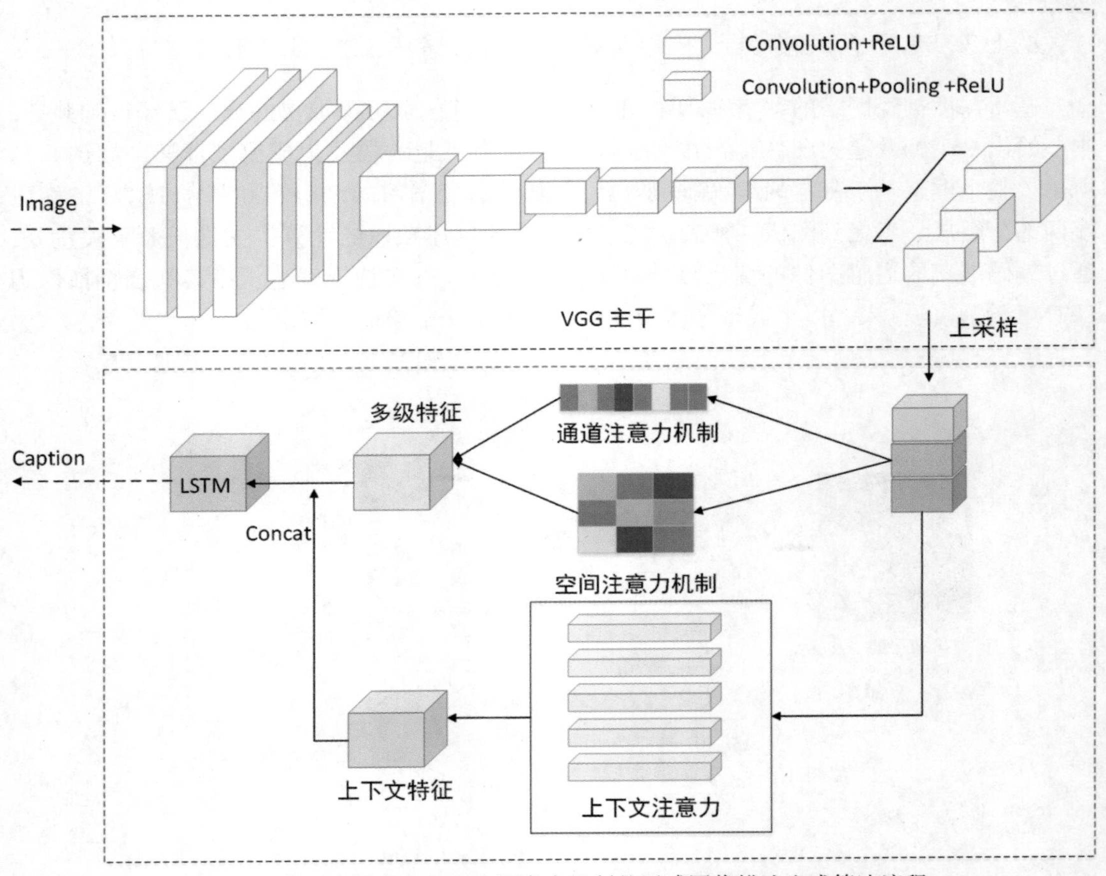

图 8-20　基于多尺度和上下文注意力机制的遥感图像描述生成算法流程

$$F_{L2} = \mathrm{VGG}_{\mathrm{conv5}}(X) \tag{8.42}$$

$$\alpha = \mathrm{softmax}[W_i \tanh((W_s V + b_s) \oplus W_{hs} h_{t-1}) + b_i] \tag{8.43}$$

$$\beta = \mathrm{softmax}[W_i' \tanh((W_c \oplus V + b_c) \oplus W_{hc} h_{t-1}) + b_i'] \tag{8.44}$$

$$F_{ml} = \mathrm{Att}[\mathrm{concat}(F_{L1}, \mathrm{upsample}(F_{L2})), \alpha, \beta] + F_{fc} \tag{8.45}$$

其中，F_{fc} 是全连接层特征；F_{L1} 和 F_{L2} 分别表示 VGG-16 的 conv4_3 和 conv5_3 的特征图；F_{ml} 是用于描述生成的最终多尺度特征；α 和 β 分别对应空间注意力权重和通道注意力权重；V 表示卷积层特征图；$W_s \in \mathbb{R}^{k\times C}$，$W_{hs} \in \mathbb{R}^{k\times d}$，$W_i \in \mathbb{R}^{k}$ 是将图像视觉特征图和隐藏状态转换为同一维度的矩阵。

(3)全局上下文特征表达：图像上下文信息是图像的高级概念，可以通过上下文注意力机制挖掘图像周围潜在的上下文信息，具体模型如下式所述：

$$F_c = \mathrm{upsample}(F_{L1}, F_{L2}, F_{L2}, F_{L3}, F_{L4}, F_{L5}) \tag{8.46}$$

$$\alpha_{ij} = \frac{\exp(e_{ij})}{\sum_k \exp(e_{ik})} \tag{8.47}$$

$$e_{ij} = a(s_{i-1},\ W_{sh}\text{concat}(F_{ml},\ W_c F_c)) \tag{8.48}$$

$$F\text{con}_i = \sum_j \alpha_{ij} h_j \tag{8.49}$$

其中，$F_{L1} \sim F_{L5}$ 分别是 VGG-16 的卷积层 conv1_3 ~ conv5_3 的特征图；$a(\cdot)$ 为对齐模型；W_{sh} 为维度调整因子；W_c 可以改变上下文的权重，使属性可以聚焦于图像中的不同对象。

(4)描述语句生成：将多尺度特征和全局上下文特征联合起来，输入 LSTM 解码端，从而生成最终描述语句。LSTM 解码端利用句子 $S = \{S_1,\ S_1,\ \cdots,\ S_L\}$ 、图像特征多尺度特征 F_{ml} 和上下文信息 F_{con} 依次生成描述遥感图像的词汇，LSTM 解码端的计算定义如下：

$$i_t = \sigma(W_{ix} x_t + W_{ih} h_{t-1} + b_i) \tag{8.50}$$

$$f_t = \sigma(W_{fx} x_t + W_{fh} h_{t-1} + b_f) \tag{8.51}$$

$$o_t = \sigma(W_{ox} x_t + W_{oh} h_{t-1} + b_o) \tag{8.52}$$

$$c_t = i_t \odot \varphi(W_{zx} x_t + W_{zh} h_{t-1} + b_z) + f_t \odot c_{t-1} \tag{8.53}$$

$$h_t = o_t \odot \tanh(c_t) \tag{8.54}$$

$$s_t = softmax(W_s h_t) \tag{8.55}$$

最后，利用最小化交叉熵损失对 LSTM 进行训练。

$$L(\theta) = -\sum_{t=1}^{T} \log[p_\theta(s_t \mid s_1^*,\ \cdots,\ s_L^*)] \tag{8.56}$$

表 8-5 给出基于多尺度和上下文注意力机制的遥感图像描述生成算法在 Sydney-Captions、UCM-Captions、RSICD 和 NWPU-Captions 4 个数据集上的性能评价结果，评价指标采用 BLEU、METEOR、ROUGE、CIDEr 和 SPICE。其中，采用经过了预训练的 VGG-16 作为特征提取的骨干网络，LSTM 的隐藏层节点数为 512 个，并采用集束搜索(beam search)，beam size 大小为 2。采用初始学习速率为$\times 10^{-3}$的 Adam 优化器作为优化工具。对于"dropout"层，将"drop probability"设置为 0.5。表 8-5 中，"基本架构"表示基本的编-解码架构，"ML+CA 架构"表示在基本的编解码架构基础上，增加了多尺度模块(multi-level module)和上下文注意力模块(context attention module)部分。实验结果表明，增加对遥感图像多尺度和上下文注意力的特征表达，可以有效提高遥感图像描述生成算法的性能。

表 8-5 基于多尺度和上下文注意力的遥感图像描述生成算法性能对比分析

数据集	方法	BLEU-1	BLEU-2	BLEU-3	BLEU-4	METEOR	ROUGE_L	CIDEr	SPICE
UCM-Captions	基本架构	0.708	0.596	0.552	0.459	0.342	0.661	2.92	0.428
	ML+CA 架构	0.815	0.757	0.693	0.645	0.424	0.763	3.18	0.466

续表

数据集	方法	BLEU-1	BLEU-2	BLEU-3	BLEU-4	METEOR	ROUGE_L	CIDEr	SPICE
Sydney-Captions	基本架构	0.696	0.612	0.543	0.504	0.358	0.634	2.20	0.418
	ML+CA 架构	0.814	0.735	0.658	0.580	0.411	0.719	2.30	0.429
RSICD	基本架构	0.637	0.475	0.400	0.300	0.290	0.533	2.25	0.429
	ML+CA 架构	0.757	0.633	0.538	0.461	0.351	0.645	2.35	0.463
NWPU-Captions	基本架构	0.747	0.627	0.535	0.459	0.337	0.635	2.38	0.428
	ML+CA 架构	0.805	0.721	0.660	0.608	0.416	0.759	2.99	0.501

图 8-21～图 8-24 分别给出基于多尺度和上下文注意力机制的遥感图像描述生成算法在 Sydney-Captions、UCM-captions、RSICD 和 NWPU-Captions 数据集上描述语句生成结果。其中类别属性标记为绿色，新颖的词汇标记为黄色，近义词标为蓝色，错词和漏词标为红色。可以看出，网络预测的结果与人工标注的 GT 保持了较好的语义一致性(类别属性正确)，且词汇表达具有一定的新颖性。

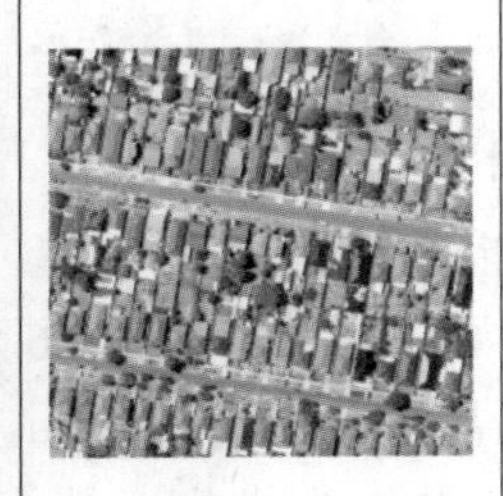	**Predict：** A residential area with many houses arranged neatly and divided by some roads. **Ground truth：** Lots of houses arranged in lines with some roads go through this area. Many houses arranged in lines in the dense residential area. A residential area with many houses arranged in lines. A residential area with lots of houses arranged in lines. Lots of houses arranged in lines with some roads go across this area.
	**Predict：** An industrial area with many white buildings and some roads go through this area. **Ground truth：** An industrial area with many white and grey buildings densely arranged while a lawn beside. There is a lawn with a industrial area beside. Many white and grey buildings arranged densely in the industrial area while a lawn beside. There are many white and grey buildings arranged densely in the industrial area with a lawn beside. An industrial area with many white and grey buildings densely arranged while a lawn beside.

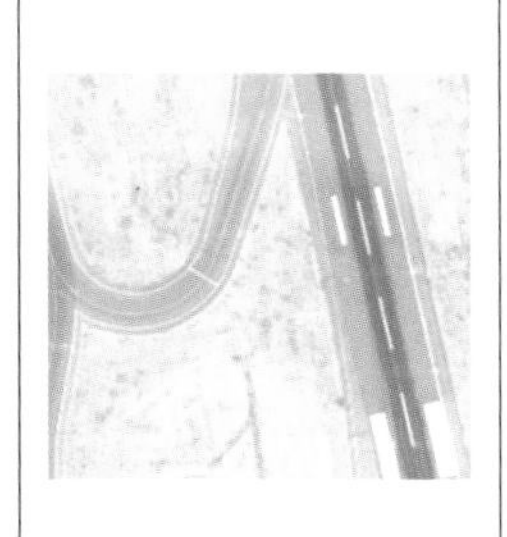	**Predict:** There are some runways intersected to each other with some lawns beside. **Ground truth:** Some curving runways with some marking lines on it while some lawns beside. There are some marking lines on the runways while some lawns beside. Some curved runways with many marking lines on it while some lawns beside. There are some curved runways with many marking lines on it while some lawns beside. Some marking lines are on the runways while some lawns beside.

（以 Sydney-Captions 数据集为例）

图 8-21　基于多尺度和上下文注意力机制的遥感图像描述生成结果

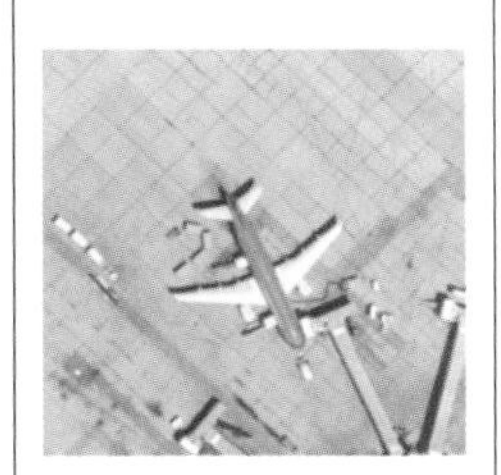	**Predict:** An airplane is stopped at the airport. **Ground truth:** There is an airplanes at the airport with some luggage cars beside it. Ared airplane is stopped at the airport. An airplane with red fuselage is stopped at the airport. There is an airplane stopped at the airport with some luggage cars beside it. An airplane with red fuselage is stopped at the airport.
	**Predict:** There are some buildings with grey roofs. **Ground truth:** There are some buildings with grey and orange roofs. Some buildings with grey and orange roofs. There are some buildings with different colors of roofs. There are some buildings with plants and cars beside them. Some buildings and plants.
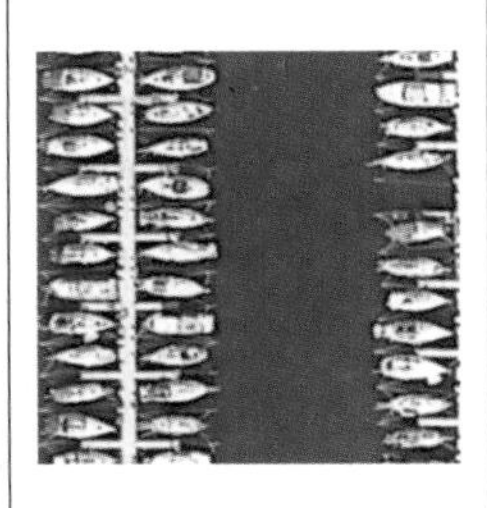	**Predict:** Many boats docked neatly at the harbor and the water is deep blue. **Ground truth:** Lots of boats docked at the harbor and the water is deep blue. Lots of boats docked in lines at the harbor. Many boats docked in lines at the harbor and the water is deep blue. Many boats docked in lines at the harbor and the boats are closed to each other. Lots of boats docked in lines at the harbor.

（以 UCM-Captions 数据集为例）

图 8-22　基于多尺度和上下文注意力机制的遥感图像描述生成结果

<table>
<tr><td></td><td>
Predict: Many buildings and some green trees are around a playground
Ground truth:
The block formed by two roads has a football field, a basketball court and several buildings
Many buildings and some green trees are around a playground and a basketball field.
A playground is surrounded by many buildings.
A playground with a basketball field next to it is surrounded by some green trees and many buildings.
A playground is surrounded by many buildings.
</td></tr>
<tr><td>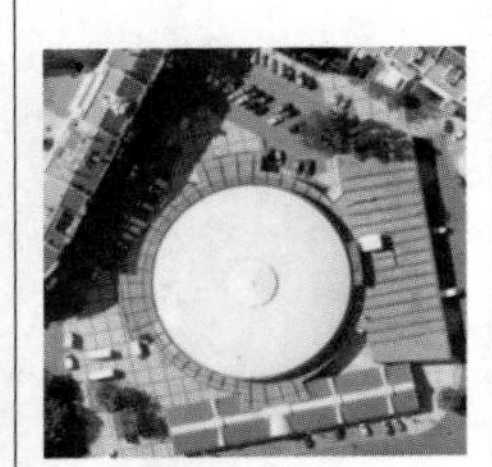</td><td>
Predict: A white center is near a road with some cars and buildings
Ground truth:
The round white building and some square buildings are enclosed by streets and red roof houses together with cars parked around.
The round white building and some square buildings are enclosed by streets and red roof houses together with cars parked around.
The white round center is near a row ofred buildings and the parking lot.
There lies a well designed round center with white roof besides a row of houses.
A white circle center building is near two red buildings with many cars and several green trees.
</td></tr>
<tr><td></td><td>
Predict: Many buildings and some green trees are in the industrial.
Ground truth:
There is a factory including a parking lot and a sports field.
There is a factory including a parking lot and a sports field.
There grey and blue plants in the industrial.
It is a bustling industrial area separated by roads.
Many industrial buildings are in a factory.
</td></tr>
</table>

（以 RSICD 数据集为例）

图 8-23　基于多尺度和上下文注意力机制的遥感图像描述生成结果

<table>
<tr><td>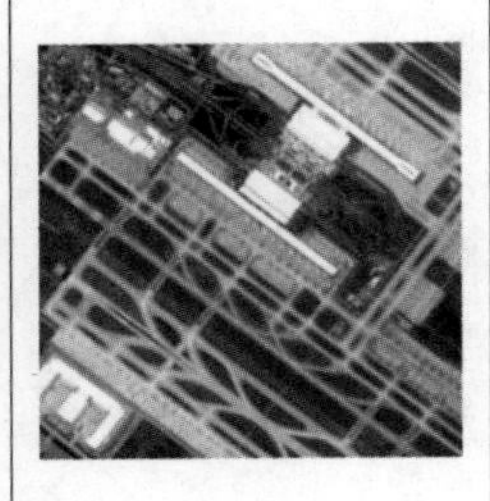</td><td>
Predict: An airport with some staggered runways and buildings in the vacant lot and some planes parked on the airport.
Ground truth:
An airport with some staggered runways and two terminals on the lawn.
The airport was built in the middle of lush vegetation.
A huge complex airport with many runways and buildings and many aircraft parked.
There are several planes on the tarmac with several runways in the airport.
There are many intersecting roads in the airfield.
</td></tr>
</table>

<table>
<tr><td></td><td>

Predict: A baseball diamond next to a parking lot and some buildings beside.
Ground truth:
A baseball diamond between some buildings and some roads beside.
There are three baseball fields in the picture, One of which is about a quarter as large as the other two.
There is a baseball diamond in the grass along the roads surrounded by the houses and many trees.
A baseball diamond is surrounded by many buildings with a road pass by.
Three roads are next to the baseball diamond.
</td></tr>
<tr><td></td><td>

Predict: The church with a green circular pointed tower and the rest of the church has some orange sloping roofs.
Ground truth:
The church with a white hexagon tower is surrounded by other buildings.
This is a church, and it is a rectangular building.
A white church with six spherical and two tan circular roofs, Surrounded by buildings, roads, cars.
The church is on the open place next to some buildings.
A church with white and brown roofs is on a square beside a brown building.
</td></tr>
</table>

(以 NWPU-Captions 数据集为例)

图 8-24 基于多尺度和上下文注意力机制的遥感图像描述生成结果

8.5 基于图像描述生成的遥感图像检索系统设计与实现

人们在搜索图像时，通常希望搜索到场景语义相似的图像。而图像场景语义的理解通常包含了三个层次的内容：检测并识别图像中包含的目标(比如人、动物、物品等)，判定目标的属性(比如衣服的颜色、物体的大小等)，分析目标与目标之间的空间关系或动作(比如人站在栏杆前面、正在奔跑的小狗等)并加以推理或联想，比如根据“食物、刀叉、盘子”等相互之间具有关联性的目标，推理出“厨房、食堂”，甚至联想出“聚餐”等场景，或者根据的“人、火车轨道”可以推理出“人正在等车”等。

图像描述生成将对图像视觉内容的描述由词或标注扩展到短语再到句子，构建了包含对象、对象属性及对象之间空间关系的图像细节语义信息表达模型，有利于增强对图像场景语义的理解，有效改善图像检索的性能。Wei X.等人(2017)提出一种基于场景图的检索方法，如图 8-25 所示，将检索任务转变为图像描述生成和图像描述匹配的问题，图像检索过程由图像描述生成、创建场景图、场景图匹配 3 个步骤组成。具体算法流程描述如下：

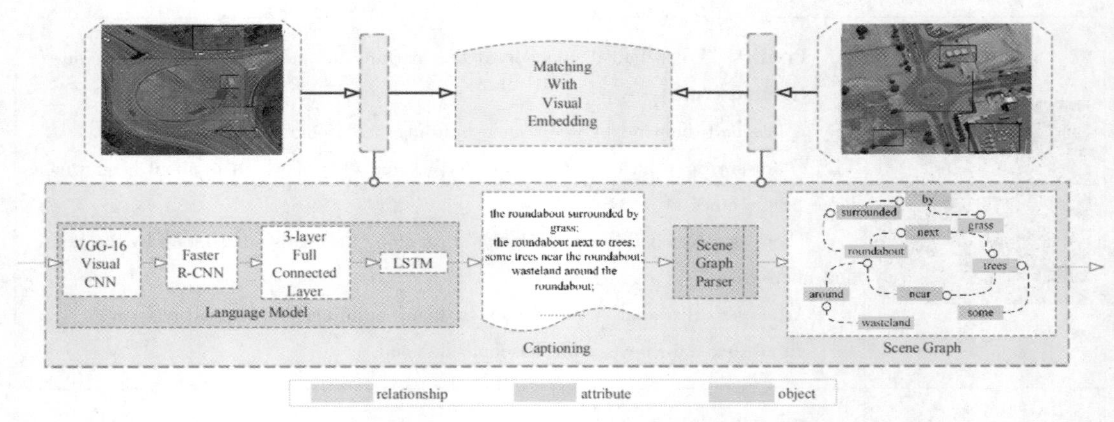

图 8-25　基于图像描述场景图的检索系统框图[80]

一、图像-描述

首先，生成图像的稠密描述，即基于区域的描述。具体方法为：首先采用 VGG-16 网络获得具有 $3 \times W \times H$ 形状的所有区域的深层特征，并输出特征张量 $C \times W' \times H'$，其中 $C = 512$，$W' = [W/16]$ 和 $H' = [H/16]$；然后，将输出张量传递到具有 Faster R-CNN 相同结构的下一层。选择 B 个兴趣区域并输出三个张量，其中包含有关区域权重的信息(一个长度为 B 的向量，表示每个兴趣区域的置信权重)、区域坐标即形状 $B \times 4$ 的矩阵)和区域特征张量(形状为 $B \times C \times X \times Y$ 的张量)；接下来，采用一个具有 3 层全连接神经网络的网络处理输出区域特征，并为下一层生成一个维度为 $B \times D(D = 4096)$ 的矩阵；最后，采用 LSTM 语言模型生成图像描述。图 8-26 给出一个稠密描述生成示例。

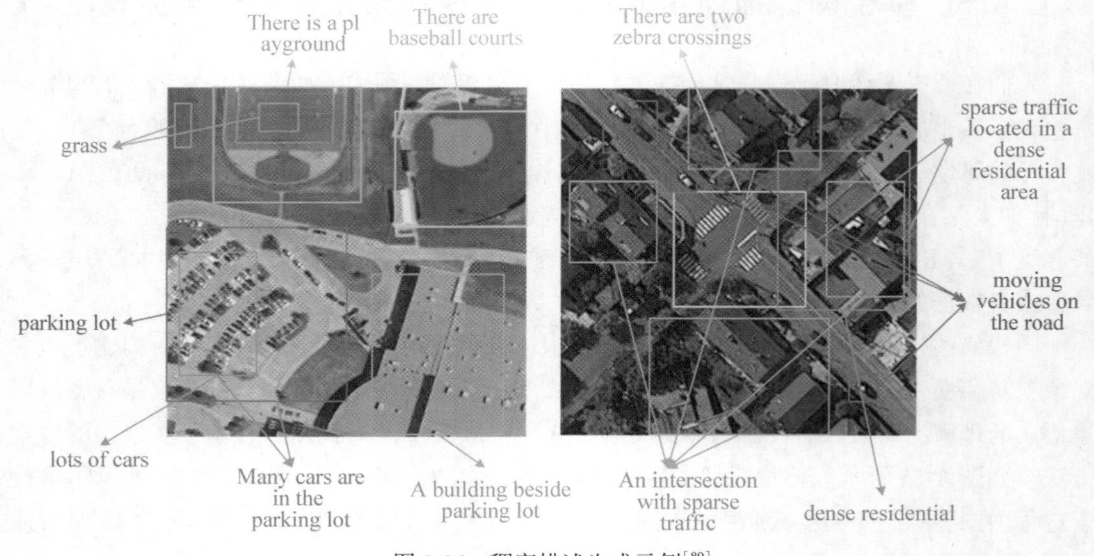

图 8-26　稠密描述生成示例[80]

二、图像描述-场景图

场景图是一种用于描述场景特定语义信息的规范化数据结构。其中，节点代表对象，边代表对象之间的关系。对于给定的对象类别集合 C，属性类别集合 A 和关系类别集合 R，一个场景图可以定义为一个元组 $G(O, E)$，其中 $O = \{o_1, o_2, \cdots, o_n\}$ 表示对象集合，$E \in O \times R \times O$ 表示边集合。每个对象都可以表示为 $o_i = (c_i, A_i)$ 的形式，其中 $c_i \in C$，$A_i \in A$ 分别表示对象类别和对象属性。由于场景图仅仅表示了图像中可以被描述的一个场景，为了用场景图描述图像，可以将场景图中每一个对象实例“关联到”图像中一个特定区域。例如，一幅图像可以用候选框集合 B 来表示，那么一个场景图 $G(O, E)$ 可以映射为图像中的一个区域 $\gamma: O \rightarrow B$，其中 $o \in O$。显然，对于包含复杂场景的图像，相对一大段纯文本描述，从场景图中获取图像的对象-属性-关系等语义信息要容易得多。将图像描述解析为场景图的形式化描述为[82]：

$$G(c) = < O(c), E(c), K(c) > \tag{8.57}$$

其中，$O(c)$ 表示包含在语句 c 中的对象集；$E(c)$ 表示两个对象之间关系的边集；$K(c)$ 表示描述对象的属性集。

图 8-27 给出一幅原始图像及其生成的场景图。

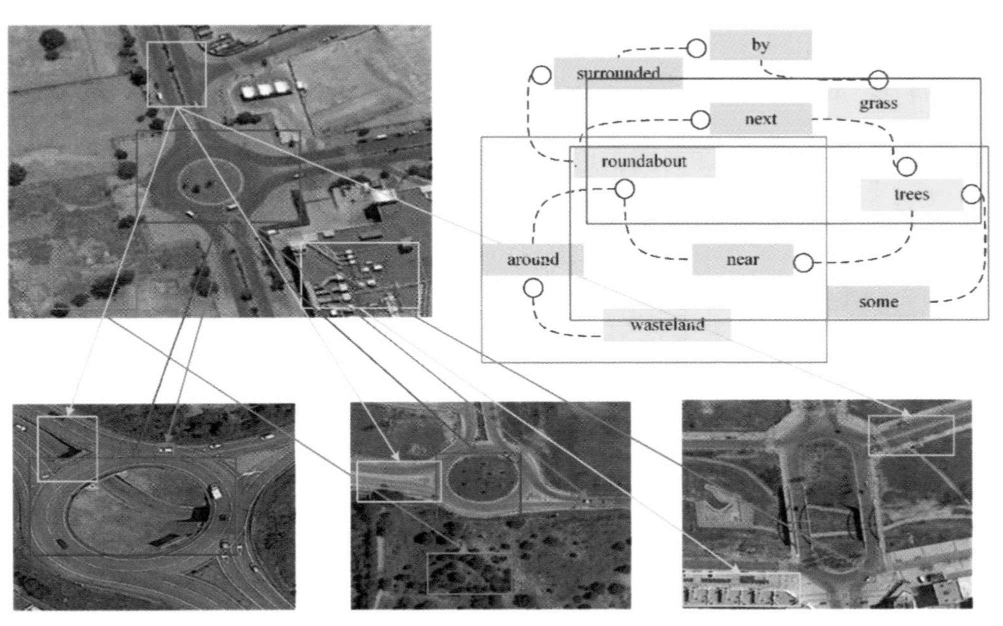

图 8-27 查询图像及其生成的场景图[80]（查询图像。右上方：用于查询图像的场景图的一部分。示例输出相关图像，其中包含非常相似的视觉概念，如“环岛”“绿植”“道路”“建筑”和“汽车”来查询图像）

三、场景图匹配

场景图匹配是通过视觉概念嵌入计算场景图之间的相似度，并以此对相似图像进行排序。视觉嵌入可以用来衡量场景图所包含的视觉概念之间的语义距离。

基于视觉概念嵌入的场景图匹配可被视为元组匹配的问题，它聚集了两个场景图之间所有元组对之间的相似性。形式上，定义一个函数 T，从场景图中获得逻辑组元组[82]：

$$T(G(c)) = O(c) \cup E(c) \cup K(c) \tag{8.58}$$

用于图像检索时，对于给定的查询图像 q 和一组候选图像 $I = \{i_1, i_2, \ldots i_m\}$，检索的目标是根据候选图像与查询图像 q 的场景图之间所有元组之间的相似性对候选图像进行排序。首先通过人工生成的图像描述训练 Word2vec 模型，从而将元组的描述转换为单词向量，并通过计算元组之间的距离来度量它们之间的语义相似性。这样就将图像的相似性度量转换为元组匹配，公式如下：

$$\text{similarity}(q, i) = \frac{\sum_{n=1}^{N} \sum_{m=1}^{M} \| t_{q_n} - t_{i_m} \|}{N \times M} \tag{8.59}$$

其中，N 是集合 $T(G(q))$ 的元素个数；M 是集合 $T(G(i))$ 的元素个数；$t_{q_n} \in T(G(q))$；$t_{i_m} \in T(G(i))$。

表 8-6 给出基于场景图的遥感图像检索为性能评价结果。同样以 UCM-Captions、Sydney-Captions、RSICD 和 NWPU-Captions 为数据集，采用 Inception V3 网络提取遥感图像的深度视觉特征，用于提取文本语义特征的递归神经网络为 GRU。选取 R@ K 评价检索性能，R@ K 定义为 top K 检索结果中正确项所占的百分比（这里 K 设置为 10）。表中，“TtoI”表示从描述检索图像，“ItoT”则表示从图像检索描述。

表 8-6　基于图像描述场景图的遥感图像检索结果（R@10：%）

数据集	TtoI	ItoT
	R@ 10	R@ 10
UCM-Captions	77. 6	94. 8
	75. 2	93. 8
Sydney-Captions	47. 1	54. 8
	52. 8	58. 6
RSICD	46. 3	52. 4
	46. 6	51. 1
NWPU-Captions	64. 5	81. 9
	63. 3	80. 8

图 8-28～图 8-31 给出 4 组基于场景图的遥感图像检索结果。分别以 UCM-Captions、

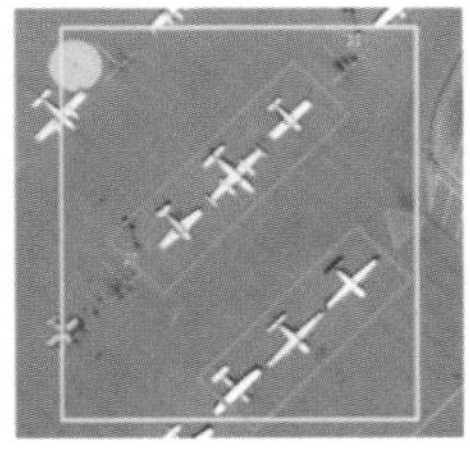

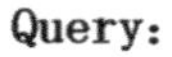
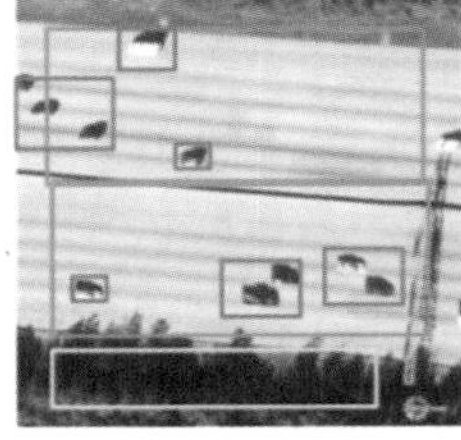

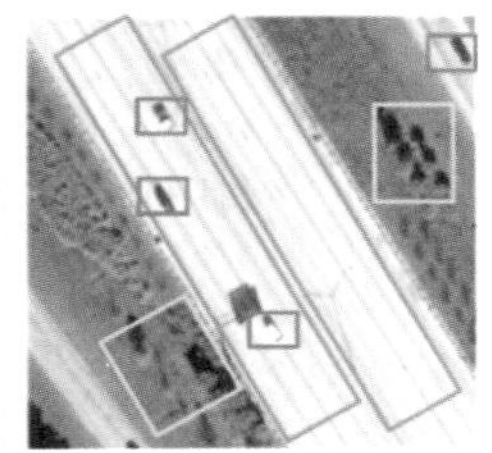

图 8-28　基于图像描述场景图的遥感图像检索结果(以 UCM-Captions 数据集为例)

图 8-29　基于图像描述场景图的遥感图像检索结果(以 Sydney-Captions 数据集为例)

Query:
Many green trees and some buildings are in a medium residential area .

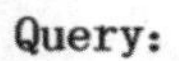

Query:
Two long boats are parked next to a dock .

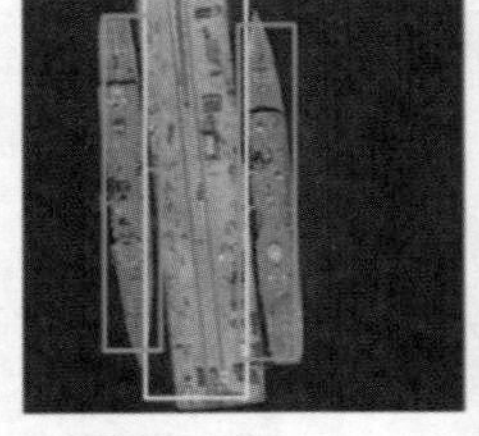

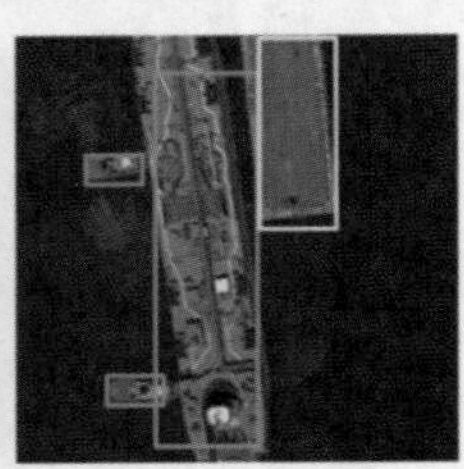

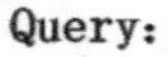

Query:
A large piece of meadows and several trees are around a baseball field.

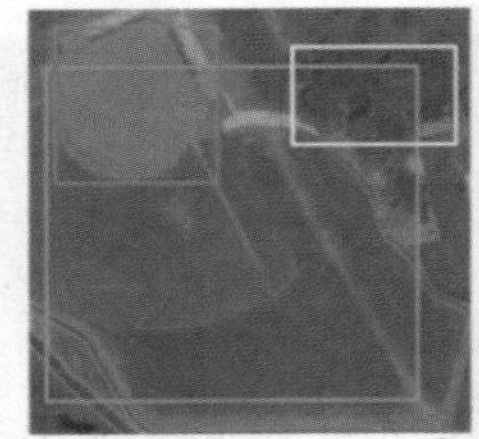

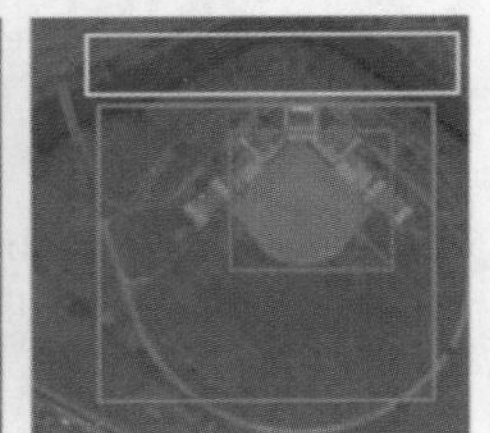

图 8-30　基于图像描述场景图的遥感图像检索结果(以 RSICD 数据集为例)

Query:
There is a bridge over the river with many buildings and trees beside .

Query:
The industrial area has some neatly arranged blue workshops of different sizes and lots of industrial equipment .

Query:
There are many buildings beside the ground track field .

图 8-31　基于图像描述场景图的遥感图像检索结果(以 NWPU-Captions 数据集为例)

Sydney-Captions、RSICD 和 NWPU-Captions 数据集为例，提交的查询条件为图像描述，检索结果为遥感图像。生成的图像描述中，用不同颜色表示不同的语义类别，在检索的图像中用相同颜色的方框标出对应的场景。检索结果表明，基于场景图的方法可以实现用描述语句检索出匹配的遥感场景。

◎ 参考文献

[1] Kojima A, Tamura T, Fukunaga K. Natural language description of human activities from video images based on concept hierarchy of actions[J]. International Journal of Computer Vision, 2002, 50(2): 171-184.

[2] Corinne Thomas, Corinne Thomas. Automatic generation of natural language descriptions for images[J]. Proceedings of the Recherche Dinformation Assistee Par Ordinateur, 2004.

[3] Farhadi A, Hejrati S M M, Sadeghi M A, et al. Every picture tells a story: generating sentences from images[C]. European Conference on Computer Vision- ECCV. Springer, Berlin, Heidelberg, 2010: 15-29.

[4] Kulkarni G, Premraj V, Ordonez V, et al. Babytalk: understanding and generating simple image descriptions[J]. IEEE Transactions on Pattern Analysis and Machine Intelligence, 2013, 35(12): 2891-2903.

[5] Mao J, Xu W, Yang Y, et al. Explain images with multimodal recurrent neural networks [J]. arXiv preprint arXiv: 1410. 1090, 2014.

[6] Vinyals O, Toshev A, Bengio S, et al. Show and tell: a neural image caption generator[J]. 2015 IEEE Conference on Computer Vision and Pattern Recognition (CVPR), Boston, MA, 2015: 3156-3164. doi: 10. 1109/CVPR. 2015. 7298935.

[7] Escalante H J, Hernandez C A, Gonzalez J A, et al. The segmented and annotated IAPR TC-12 benchmark[J]. Computer Vision and Image Understanding, 2010, 114(4): 419-428.

[8] Feng Y, Lapata M. Automatic image annotation using auxiliary text information [C]. Proceedings of the 46th Annual Meeting of the Association for Computational Linguistics, Columbus, Ohio, USA. DBLP, 2008.

[9] Rashtchian C, Young P, Hodosh M, et al. Collecting image annotations using Amazon's Mechanical Turk[C]. Proceedings of the NAACL HLT 2010 Workshop on Creating Speech and Language Data with Amazon's Mechanical Turk, 2010.

[10] V Bychkovsky, S Paris, E Chan, F Durand. Learning photographic global tonal adjustment with a database of input / output image pairs[J]. The Twenty-Fourth IEEE Conference on Computer Vision and Pattern Recognition, 2011.

[11] Elliott D, Keller F. Image description using visual dependency representations [J]. Conference on Empirical Methods in Natural Language Processing, 2013.

[12] Young P, Lai A, Hodosh M, et al. From image descriptions to visual denotations[J]. Transactions of the Association for Computational Linguistics, 2014, 2: 67-78.

[13] Bryan A Plummer, Liwei Wang, Chris M Cervantes, et al. Flickr30k entities: collecting region-to-phrase correspondences for richer image-to-sentence models[J]. Proceedings of the IEEE International Conference On Computer Vision, 2015: 2641-2649.

[14] Gan C, Gan Z, He X, et al. StyleNet: generating attractive visual captions with styles[C]. IEEE Conference on Computer Vision & Pattern Recognition. IEEE, 2017.

[15] Zitnick C L, Parikh D, Vanderwende L. Learning the visual interpretation of sentences[C]. IEEE International Conference on Computer Vision. IEEE, 2013.

[16] Lin T Y, Maire M, Belongie S, et al. Microsoft COCO: common objects in context[J]. ECCV, 2014: 5, 6.

[17] Chen J, Kuznetsova P, Warren D, et al. Déjà image-captions: a corpus of expressive descriptions in repetition[C]. Proceedings of the 2015 Conference of the North American Chapter of the Association for Computational Linguistics: Human Language Technologies, 2015.

[18] Manovich L. Instagram and contemporary image[J]. Manovich. net, New York, 2016.

[19] Krishna R, Zhu Y, Groth O, et al. Visual genome: connecting language and vision using crowdsourced dense image annotations[J]. International Journal of Computer Vision, 2017, 123(1): 32-73.

[20] Sharma P, Ding N, Goodman S, et al. Conceptual captions: a cleaned, hypernymed, image alt-text dataset for automatic image captioning[C]. Proceedings of the 56th Annual Meeting of the Association for Computational Linguistics (Volume 1: Long Papers), 2018.

[21] Papineni K, Roukos S, Ward T, et al. Bleu: a method for automatic evaluation of machine translation[C]. Proc. 40th Annu. Meeting Assoc. Comput. Linguistics, Philadelphia, PA, USA, 2002: 311-318.

[22] Lin C Y. ROUGE: a package for automatic evaluation of summaries[C]. Workshop on Text Summarization Branches Out at ACL, 2004.

[23] Satanjeev Banerjee and Alon Lavie. METEOR: an automatic metric for MT evaluation with improved correlation with human judgments[J]. Proceedings of the Acl Workshop on Intrinsic and Extrinsic Evaluation Measures for Machine Translation and/or Summarization, 2005, 29: 65-72.

[24] Vedantam R, Zitnick C L, Parikh D. CIDEr: consensus-based image description evaluation [C]. Computer Vision and Pattern Recognition, 2015: 4566-4575.

[25] Peter Anderson, Basura Fernando, Mark Johnson, Stephen Gould. Spice: semantic propositional image caption evaluation [J]. European Conference on Computer Vision. Springer, 2016: 382-398.

[26] Raffaella Bernardi, Ruket Cakici, Desmond Elliott, et al. Automatic description generation from images: a survey of models, datasets, and evaluation measures[J]. Journal of Artificial Intelligence Research (JAIR), 2016, 55: 409-442.

[27] B Wang, X Lu, X Zheng, et al. Semantic descriptions of high-resolution remote sensing

images[J]. IEEE Geosci. Remote Sens. Lett., 2019, 16(8): 1274-1278.

[28]X Chen, H Fang, T Lin, et al. Microsoft COCO captions: data collection and evaluation server[J]. 2015, arXiv: 1504.00325. Available: https://arxiv.org/abs/1504.00325.

[29] Mitchell M, Dodge J, Goyal A, et al. Midge: Generating image descriptions from computer vision detections[C]//Proceedings of the 13th Conference of the European Chapter of the Association for Computational Linguistics. 2012: 747-756.

[30]Ushiku, Yoshitaka, Harada, Tatsuya, Kuniyoshi, Yasuo. Efficient image annotation for automatic sentence generation[C]. Acm International Conference on Multimedia. ACM, 2012.

[31]Li S, Kulkarni G, Berg T L, et al. Composing simple image descriptions using web-scale n-grams[C]. Fifteenth Conference on Computational Natural Language Learning, 2011: 220-228.

[32]Ordonez V, Kulkarni G, Berg T L. Im2text: describing images using 1 million captioned photographs[J]. NIPS, 2011.

[33]Hodosh M, Young P, Hockenmaier J. Framing image description as a ranking task: data, models and evaluation metrics[J]. Journal of Artificial Intelligence Research, 2013, 47(1): 853-899.

[34]Gupta A, Verma Y, Jawahar C V. Choosing linguistics over vision to describe images[C]. Twenty-sixth Aaai Conference on Artificial Intelligence, 2012.

[35]Hossain M Z, Sohel F, Shiratuddin M F, et al. A comprehensive survey of deep learning for image captioning[J]. ACM Computing Surveys, 2018, 51(6).

[36]Karpathy A, Fei-Fei L. Deep visual-semantic alignments for generating image descriptions[C]. Proceedings of the IEEE conference on computer vision and pattern recognition, 2015: 3128-3137.

[37]Xu K, Ba J, Kiros R, et al. Show, attend and tell: neural image caption generation with visual attention[C]. Computer Vision and Pattern Recognition, 2015: 2048-2057.

[38]Lu J, Xiong C, Parikh D, et al. Knowing when to look: adaptive attention via a visual sentinel for image captioning[C]. IEEE Conference on Computer Vision & Pattern Recognition. IEEE Computer Society, 2017.

[39]Ryan Kiros, Ruslan Salakhutdinov, Rich Zemel. Multimodal neural language models[J]. Proceedings of the 31st International Conference on Machine Learning (ICML-14), 2014: 595-603.

[40] Rakshith Shetty, Marcus Rohrbach, Lisa Anne Hendricks, et al. Speaking the same language: matching machine to human captions by adversarial training[J]. IEEE International Conference on Computer Vision (ICCV)2017: 4155-4164.

[41]Zhou Ren, Xiaoyu Wang, Ning Zhang, et al. Deep reinforcement learning-based image captioning with embedding reward[J]. Proceedings of the IEEE conference on computer vision and pattern recognition (CVPR)2017: 1151-1159.

[42] Hao Fang, Saurabh Gupta, Forrest Iandola, et al. From captions to visual concepts and back[J]. Proceedings of the IEEE Conference on Computer Vision and Pattern Recognition 2015: 1473-1482.

[43] Anderson P, He X, Buehler C, et al. Bottom-up and top-down attention for image captioning and visual question answering[C]. Proceedings of the IEEE conference on computer vision and pattern recognition, 2018: 6077-6086.

[44] Nannan Li, Zhenzhong Chen. Image captioning with visual-semantic LSTM[J]. IJCAI, 2018.

[45] Jiasen Lu, Jianwei Yang et al. Neural Baby Talk[J]. CVPR, 2018.

[46] A. Mathews, L. Xie and X. He. SemStyle: learning to generate stylised image captions using unaligned text[J]. 2018 IEEE/CVF Conference on Computer Vision and Pattern Recognition, Salt Lake City, UT, 2018: 8591-8600. doi: 10. 1109/CVPR. 2018. 00896.

[47] Gu J, Cai J, Wang G, et al. Stack-captioning: coarse-to-fine learning for image captioning [C]. Proceedings of the AAAI Conference on Artificial Intelligence. 2018, 32(1).

[48] Aneja J, Deshpande A, Schwing A G. Convolutional image captioning[C]. Proceedings of the IEEE conference on computer vision and pattern recognition, 2018: 5561-5570.

[49] Lu D, Whitehead S, Huang L, et al. Entity-aware image caption generation[J]. arXiv preprint arXiv: 1804. 07889, 2018.

[50] Chen F, Ji R, Sun X, et al. Groupcap: group-based image captioning with structured relevance and diversity constraints[C]. Proceedings of the IEEE conference on computer vision and pattern recognition, 2018: 1345-1353.

[51] Jia X, Gavves E, Fernando B, et al. Guiding the long-short term memory model for image caption generation[C]. IEEE International Conference on Computer Vision. IEEE Computer Society, 2015: 2407-2415.

[52] Xinyu Xiao, Lingfeng Wang, Kun Ding, et al. Deep hierarchical encoder-decoder network for image captioning[J]. IEEE Transactions on Multimedia, 2019, 21(11).

[53] Mao, J, Xu, W, Yang, Y, et al. Deep captioning with multimodal recurrent neural networks (m-RNN)[C]. International Conference on Learning Representations, 2015.

[54] Li L, Tang S, Zhang Y, et al. GLA: global-local attention for image description[J]. IEEE Transactions on Multimedia, 2017: 1-1.

[55] Xinlei Chen and C Lawrence Zitnick. Mind's eye: are current visual representation for image caption generation[J]. Proceedings of the IEEE Conference on Computer Vision and Pattern Recognition, 2015: 2422-2431.

[56] Karpathy A, Fei-fei L. Deep visual-semantic alignments for generating image descriptions [J]. IEEE Transactions on Pattern Analysis and Machine Intelligence, 2016: 1-1.

[57] You Q, Jin H, Wang Z, et al. Image captioning with semantic attention[C]. 2016 IEEE Conference on Computer Vision and Pattern Recognition (CVPR). IEEE, 2016.

[58] Chen L, Zhang H, Xiao J, et al. Sca-cnn: spatial and channel-wise attention in convolutional networks for image captioning[C]. Proceedings of the IEEE conference on computer vision and pattern recognition, 2017: 5659-5667.

[59] Qi Wu, Chunhua Shen, Lingqiao Liu, et al. What value does explicit high level concepts have in vision to language problems? [J]. CVPR 2016, Las Vegas, NV, USA, 2016: 203-212. IEEE Computer Society.

[60] Dai B, Lin D. Contrastive Learning for Image Captioning[J]. 2017.

[61] Chris J Maddison, Andriy Mnih, Yee Whye Teh. The concrete distribution: a continuous relaxation of discrete random variables [J]. International Conference on Learning Representations (ICLR), 2017.

[62] Vijay R Konda, John N Tsitsiklis. Actor-critic algorithms [J]. Advances in neural information processing systems, 2000: 1008-1014.

[63] Zhou Ren, Hailin Jin, Zhe Lin, et al. Joint image-text representation by gaussian visual-semantic embedding[J]. Proceedings of the 2016 ACM on Multimedia Conference. ACM, 2016: 207-211.

[64] Steven J Rennie, Etienne Marcheret, Youssef Mroueh, et al. Self-critical sequence training for image captioning [J]. Proceedings of the IEEE conference on computer vision and pattern recognition (CVPR), 2017: 1179-1195.

[65] B Qu, X Li, D Tao. Deep semantic understanding of high resolution remote sensing image [J]. Proc. Int. Conf. Comput., Inf. Telecommun. Syst., 2016: 1-5.

[66] Lu X, Wang B, Zheng X, et al. Exploring models and data for remote sensing image caption generation[J]. IEEE Transactions on Geoscience and Remote Sensing, 2017, 56(4): 2183-2195.

[67] Lu X, Wang B, Zheng X, et al. Exploring models and data for remote sensing image caption generation[J]. IEEE Transactions on Geoscience and Remote Sensing, 2017, 56(4): 2183-2195.

[68] Guo Mao, Yuan Yuan, Lu Xiaoqiang. Deep cross-modal retrieval for remote sensing image and audio[C]. Institute of Electrical and Electronics Engineers Inc., 2018.

[69] B Wang, X Zheng, B Qu. Retrieval topic recurrent memory network for remote sensing image captioning[J]. IEEE Journal of Selected Topics in Applied Earth Observations and Remote Sensing, 2020, 13: 256-270.

[70] X Zhang, X Li, J An, et al. Natural language description of remote sensing images based on deep learning[J]. Proc. IEEE Int. Geosci. Remote Sens. Symp. (IGARSS), Fort Worth, TX, USA, 2017: 4798-4801.

[71] X Zhang, X Wang, X Tang, et al. Description generation for remote sensing images using attribute attention mechanism[J]. Remote Sens., 2019, 11(6): 612.

[72] X Zhang, Q Wang, S Chen, X Li. Multi-scale cropping mechanism for remote sensing image captioning[J]. Proc. IEEE Int. Geosci. Remote Sens. Symp. (IGARSS), 2019:

10039-10042.

[73] Z Shi, Z Zou. Can a machine generate humanlike language descriptions for a remote sensing image? [J]. IEEE Trans. Geosci. Remote Sens., 2017, 55(6): 3623-3634.

[74] Zhang Z, Zhang W, Diao W, et al. VAA: visual aligning attention model for remote sensing image captioning[J]. IEEE Access, 2019, 7: 137355-137364.

[75] Yuan Z, Li X, Wang Q. Exploring multi-level attention and semantic relationship for remote sensing image captioning[J]. IEEE Access, 2019.

[76] Kumar, S. Chandeesh, et al. Region Driven Remote Sensing Image Captioning [J]. Procedia Computer Science, 2019(165): 32-40.

[77] Zhang F, Du B, Zhang L. Saliency-guided unsupervised feature learning for scene classification[J]. Geoscience & Remote Sensing IEEE Transactions on, 2015, 53(4): 2175-2184.

[78] Cheng G, Han J, Lu X. Remote sensing image scene classification: benchmark and state of the art[J]. Proceedings of the IEEE, 2017, 105(10): 1865-1883.

[79] Wei X, Qi Y, Liu J, et al. Image retrieval by dense caption reasoning[C]. 2017 IEEE Visual Communications and Image Processing (VCIP). IEEE, 2017.

[80] J Johnson, R Krishna, M Stark, et al. Image retrieval using scene graphs[J]. CVPR 2015. IEEE Computer Society Conference on, 2015: 3668-3678.

[81] P Anderson, B Fernando, M Johnson, S Gould. Spice: semantic propositional image caption evaluation[J]. ECCV, 2016: 382-398.

第 9 章　遥感图像智能检索的热点及未来研究方向

9.1　多源遥感图像与非遥感数据跨模态检索

人们很早就意识到了跨模态检索的重要性，跨模态检索的研究迄今已经有几十年的历史。跨模态检索的需求伴随着多媒体检索技术的发展过程。比如，基于文本检索图像就体现了跨模态检索需求，只不过由于匹配的是查询关键词和图像的标注，从技术的角度看，仍属于单模态检索。随着传感器技术和互联网的发展，飞速增长的多模态数据带来了大量的跨模态检索应用需求。但是由于跨模态数据之间存在异构性，不同模态的数据往往分布在不同的特征空间上，因此跨模态检索研究的意义和难度显而易见，特别是在遥感领域，遥感数据本身具有的多样性、复杂性和海量性，使得遥感数据的跨模态检索研究更具挑战性。

跨模态检索最大的难点在于如何克服模态之间的鸿沟，即不同模态数据的低层表示不一致以及由此带来的相似性匹配问题。因此，如何在多种模态数据之间建立关联，是跨模态检索研究的关键。基本的研究思路：一是通过学习一个多模态数据的共享表示层，基于共享表示层建模多个模态数据之间的关联；二是将各种不同模态的数据经过抽象侯映射到一个公共表示空间，在该公共空间建立不同模态之间的关联，可以分为单模态学习和关联学习两个部分。

近年来，深度学习在各种模态数据处理上的成功，为将其用于建模多模态数据、发展跨模态信息检索提供了技术支撑。基于深度学习的跨模态检索已经成为研究的主流和趋势。很多单模态深度学习模型，如深度自编码器、深度信念网络、深度玻尔兹曼机等，已被扩展成多模态的模型，以适应跨模态检索需求。深度学习用于建模多模态数据的优势包括：

(1)有效克服多模态数据低层表示的异构性。不同模态数据的低层表示存在很大的差异，难以在数据之间建立的关联。而采用深层网络模型，不同模态的数据经过了多层非线性变换，在抽象的高层表示之间建立关联则会容易得多。

(2)深度学习网络模型往往具有通用性。针对不同模态的数据，深度学习网络模型采用了类似的基本单元和网络结构，这些基本单元和网络结构在处理不同模态数据时，自动学习不同模态数据的特征，具有较好的通用性，便于建立统一的多模态数据模型。

目前针对自然图像的跨模态检索研究已经取得一些卓有成效的进展(可参见文献[2][3][4][5][6])，但是遥感领域的跨模态检索研究仍相当有限，具体包括：卢孝强团队[7][8]提出了一种新的深度跨模态遥感图像-语音检索方法(deep image-voice retrieval, DIVR)，通过利用空洞卷积模块捕获遥感图像和语音的多尺度上下文信息，最后生成低内存、高效率的哈希码。他们在遥感数据跨模态检索方面开展了持续性的研究；Datcu M 研究团队[9][10]提出一种深度神经网络架构，学习一个对所有输入的模态具有更强判别能力，更能保持语义信息的特征空间，并用于全色遥感图像和多光谱遥感图像的跨模态检索；Yansheng Li 等(2008)提出了基于深度哈希卷积神经网络的遥感图像检索方法。这些工作是遥感数据跨模态检索的探索和开创性研究，但是仍有一些不足，如：将不同模态的特征映射到一个公共的潜在嵌入空间当中，在该空间中进行语义对齐时采用平等地、无差别的方式处理不同类型的单词或图像区域，很难捕捉到细粒度的语义差别，忽略了各模态数据的上下文信息等，因此在一定程度上影响了跨模态检索的性能。

在遥感数据的跨模态检索方面值得进一步深入开展的工作和研究的方向包括：

(1)多模态遥感数据集的构建。目前仍缺乏公开的遥感数据多模态数据集，而大量数据对于训练深度学习网络模型是很有必要的。

(2)模态多样性研究。目前的研究大多针对两种模态(如图像-文本和图像-音频)，未来需要针对多种模态数据(图像、文本、音频、视频、3D 等)的多样性，解决实际应用问题。

(4)如何在多种模态数据之间建立关联的同时，充分利用各自丰富的上下文信息，实现更有效的语义对齐。

(5)基于跨模态哈希的检索。即将跨模态与哈希技术相结合，将多模态数据映射到公共的汉明空间，以满足遥感数据跨模态检索的低内存、高效率需求。

(6)基于度量学习的跨模态检索。将度量学习应用于跨模态检索，在多模态之间学习一种度量，使得语义类别相似的数据距离更近而语义类别不同的数据距离更远，提升跨模态检索性能。

9.2　针对遥感图像复杂场景的多标签检索

遥感图像通常是由多种地物构成的复杂场景，但是目前的遥感图像检索大多是针对不同类别或场景进行的单标签检索，特点在于：(1)图像库中的图像用各自包含的一种主要地物类别进行描述；(2)查询结果中，除了包含与查询图像相似的类别，通常还会包含其它地物类别，而这些类别是未知的。例如，以建筑物作为查询条件，返回的查询结果中可能除了建筑物之外，还包括与其同时出现的道路、树木等类别。可见，单标签难以有效、准确、全面地描述遥感图像内容，单标签无法满足用户更精细的检索需求(如查询包含停车场、公园和湖泊的遥感图像)。

多标签遥感图像检索主要包括影像多标签分析、特征提取及相似性度量三部分。其中，多标签分析指的是通过判断图像包含的具体地物类别，以获得描述图像的多标签向量，可以通过监督或非监督方法实现。监督方法方面，如通过图像分类获得图像的多种地物类别信息；B. Chaudhuri 等(2018)提出一种非监督的标签传播方法，首先通过图像分割算法将图像分割成一系列同质区域，其次选择少量图像作为训练样本并对各训练图像进行多标签标注，然后通过标签传播基于标注的训练图像得到图像库中未标注图像包含的多标签，最后通过自动区域标注方法将图像的多标签赋给各分割区域。但是他们的标签传播算法依赖于人工设计特征实现多标签分析，限制了检索精度。类似的，O. E. Dai 等(2018)

提出一种基于空间和光谱信息的特征描述并用于遥感图像的多标签检索研究。受以上工作启发，Shao Z. 等(2020)提出一种基于全卷积神经网络(FCN)的遥感图像多标签检索方法，充分利用了 FCN 通过多层次的网络结构对图像进行特征学习的同时，实现了由原始输入图像到分类结果图的映射，因此可以将多标签分析和特征提取整合到统一的网络框架中。

在遥感图像的多标签检索方面值得进一步深入开展的工作和研究的方向包括：

(1)多标签遥感数据集的构建。现有的遥感图像公开标准数据集，如 RSD、RSSCN7、AID 以及 PatternNet 等，均是基于单标签进行标注的。多标签遥感数据集只有：UCMD 多标签数据集 MLRSD、DLRSD 和 WHDLD，且地物类别数有限，分别为 17、17 和 6。为了设计更有效的多标签分析方法，需要构建包含更多地物类别的更大规模的多标签遥感数据集。

(2)多标签检索的相似性度量。

(3)将多标签检索与跨模态相结合，实现跨模态多标签检索算法。

9.3 基于神经网络搜索的遥感图像智能检索

大部分机器学习算法提出于 20 世纪八九十年代，甚至更早，但是为人工智能带来革命性技术突破的，是大数据和大模型，即在前所未有的大数据(尤其是带标签的训练数据)的支撑下，通过庞大的计算机集群(尤其以 GPU 集群为主)，训练大规模的机器学习模型(尤其是深层神经网络)。大数据、大模型为人工智能的蓬勃发展奠定了坚实的基础，也提出了更现实的技术挑战。分布式机器学习(AutoML)的目的正是高效地利用大数据训练更准确的大模型，比如如何分配训练任务、调配计算资源、协调各个功能模块，以达到训练速度与精度的平衡。在深度学习领域，虽然已经提出的网络模型越来越灵活、越来越强大，但是随着网络性能的不断上升，网络结构越来越复杂，众多的超参数和网络结构参数会产生爆炸性的组合，网络模型性能的提升变得越来越困难。如何让机器自动搜索网络架构并进行模型优化，实现真正的端到端学习，是自动化深度学习(AutoDL)的研究目标，如图 9-1 所示。

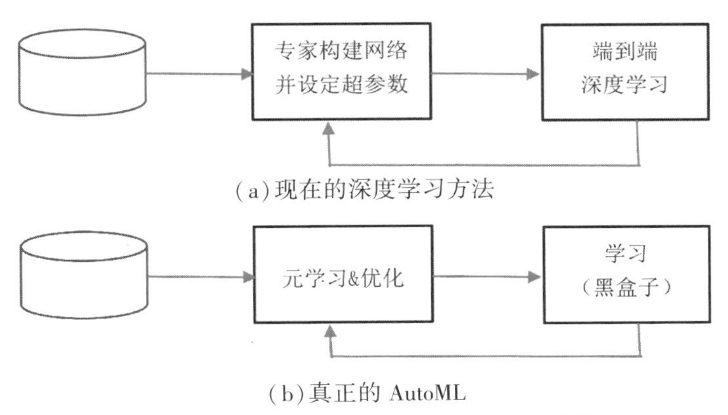

图 9-1 传统的深度学习和 AutoDL 比较[16]

神经架构搜索(neural architecture search,NAS)是一种基于策略梯度的自动化深度学习方法，可以针对特定数据集生成指定的子网络，通过训练评估性能，并反馈给搜索策略，以便计算策略梯度更新搜索算法，一般包括搜索空间、搜索策略和评估三个部分，如图 9-2 所示。其中，搜索空间定义了一个可供搜索的网络结构集合(包括网络的结构和配置)；搜索策略定义了使用怎样的算法准确地找到最优的网络结构参数配置，一般分为强化学习和进化算法。搜索策略从一个预定义的搜索空间中选择一种架构 A，该架构被传递给一个性能评价策略，后者将评价结果返回给搜索策略。由于神经网络模型高度依赖于数据集的规模，往往需要通过加速方案(如通过对 NAS 搜索空间的优化)节约搜索时间。

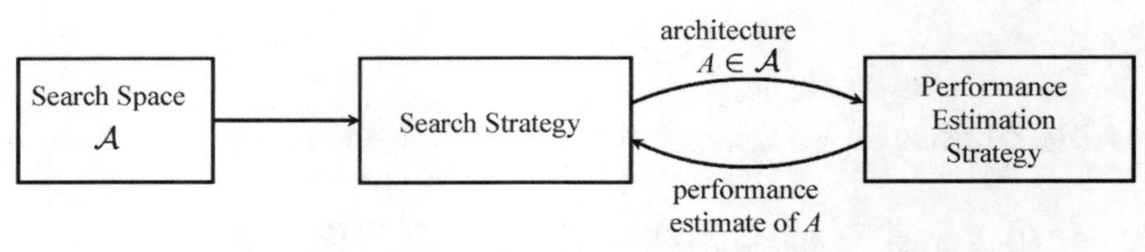

图 9-2　神经网络搜索基本思想

2016 年，Google 提出使用强化学习进行神经网络结构搜索(NAS)的方法，并在图像分类和语言建模任务上超越了此前手工设计的网络。目前，神经网络架构搜索已经发展为深度学习领域的热点研究方向。如何应用包括神经网络架构搜索在内的自动深度学习方法，解决海量遥感图像检索中模型构建和训练依赖专家知识和耗时的调参优化问题，值得进一步研究。

◎ 参考文献

[1]Peng Y, Huang X, Zhao Y. An overview of cross-media retrieval: concepts, methodologies, benchmarks, and challenges[J]. IEEE Transactions on Circuits and Systems for Video Technology, 2018, 28(9): 2372-2385.

[2] Ryan Kiros, Ruslan Salakhutdinov, and Richard S Zemel. Unifying visual-semantic embeddings with multimodal neural language models[J]. NIPS, 2014.

[3]F Yan, K Mikolajczyk. Deep correlation for matching images and text[J]. 2015 IEEE Conference on Computer Vision and Pattern Recognition (CVPR), Boston, MA, 2015: 3441-3450. doi: 10. 1109/CVPR. 2015. 7298966.

[4]Yunchao Wei, Yao Zhao, Canyi Lu, et al. Cross-modal retrieval with cnn visual features: a new baseline[J]. IEEE, 2017.

[5] Yen-Chun Chen, Linjie Li, Licheng Yu, et al. Uniter: learning universal image-text representations[J]. In CVPR, 2019.

[6]Gou Mao, Yuan Yuan, Lu Xiaoqiang. Deep Cross-modal retrieval for remote sensing image and audio[J]. 10th IAPR Workshop on Pattern Recognition in Remote Sensing (PRRS).

IEEE, 2018: 1-7.

[7]Yansheng Li, Yongjun Zhang, Xin Huang, Jiayi Ma. Learning source invariant deep hashing convolutional neural networks for cross-source remote sensing image retrieval[J]. IEEE Transactions on Geoscience and Remote Sensing 2018(99): 1-16.

[8]U. Chaudhuri, B. Banerjee, A. Bhattacharya, M. Datcu. CMIRNET: a deep learning based model for cross-modal retrieval in remote sensing[J]. arXiv: 1904.04794, 2019. Available: http: //arxiv. org/abs/1904.04794.

[9]Bhattacharya A, Datcu M. A deep learning based model for cross-modal retrieval in remote sensing[J]. Pattern Recognition Letters, 2020, 131.

[10]Wang M, Song T. Remote sensing image retrieval by scene semantic matching[J]. IEEE Transactions on Geoscience & Remote Sensing, 2013, 51(5): 2874-2886.

[11]B Chaudhuri, B Demir, S Chaudhuri, Bruzzone. Multilabel remote sensing image retrieval using a semisupervised graph-theoretic method[J]. IEEE Trans. Geosci. Remote Sens., 2018, 56(2): 1144-1158.

[12]O E Dai, B Demir, B Sankur, L Bruzzone. A novel system for content-based retrieval of single and multi-label high-dimensional remote sensing images[J]. IEEE Journal of Selected Topics in Applied Earth Observations and Remote Sensing, 2018, 11(7): 2473-2490.

[13]Shao Z, Zhou W, Deng X, et al. Multilabel remote sensing image retrieval based on fully convolutional network[J]. IEEE Journal of Selected Topics in Applied Earth Observations and Remote Sensing, 2020, 13(1): 318-328.

[14]周维勋. 基于深度学习特征的遥感图像检索研究[D]. 武汉大学, 2019.

[15]王健宗, 瞿晓阳. 深入理解 AutoML 和 AutoDL[M]. 北京: 机械工业出版社, 2019.

[16] Zoph B, Le Q V. Neural architecture search with reinforcement learning[J]. arXiv preprint arXiv: 1611. 01578, 2016.